Das Gesamtwerk

Assmann, Technische Mechanik

umfaßt folgende Bände:

Band 1: Statik

Band 2: Festigkeitslehre
Aufgaben zur Festigkeitslehre

Band 3: Kinematik und Kinetik
Aufgaben zur Kinematik und Kinetik

Technische Mechanik

Lehr- und Übungsbuch

Band I · Statik

von

Bruno Assmann

Fachhochschule Frankfurt/Main

Mit 552 Abbildungen, 82 Beispielen, 6 Tabellen
und 411 Aufgaben mit Lösungen

10. verbesserte Auflage

R. Oldenbourg Verlag München Wien 1987

Hinweis:
Die Textabbildungen sind innerhalb eines Kapitels durchnumeriert und haben die Kapitelnummer vorgesetzt, z.B. Abb. 6-22 (Abb. 22 im Kapitel 6).
Die Abbildungen der Übungsaufgaben haben ein vorgesetztes A. Die Nummer der Abbildung entspricht der Aufgabennummer, z.B. Abb. A 2-62/63 (Abbildung für die Aufgaben 62 und 63 im 2. Kapitel).

CIP-Kurztitelaufnahme der Deutschen Bibliothek

Assmann, Bruno:
Technische Mechanik : Lehr- u. Übungsbuch /
von Bruno Assmann. – München ; Wien :
Oldenbourg

Band 1. Assmann, Bruno: Statik. –
[Hauptbd.]. – 10., verb. Aufl. – 1987

Assmann, Bruno:
Statik / von Bruno Assmann. – München ; Wien :
Oldenbourg
(Technische Mechanik / von Bruno Assmann ; Bd. 1)

[Hauptbd.]. – 10., verb. Aufl. – 1987.
ISBN 3-486-20502-1

Gesamtherstellung: R. Oldenbourg Graphische Betriebe GmbH, München

ISBN 3-486-20502-1

Inhalt

Vorwort

Dieses Buch ist als Lehrbuch konzipiert. Es richtet sich vornehmlich an Studenten von Fachhochschulen.

Ein Lehrbuch muß auf ein bestimmtes Lernziel ausgerichtet sein. Welches Lernziel habe ich mir gestellt? Vielleicht wird diese Frage klarer beantwortet, wenn ich mit der Negation beginne. Dieses Buch sieht seine Aufgabe nicht darin, Lösungsrezepte für verschiedene Aufgabentypen zu vermitteln.

Das Hauptanliegen dieses Buches ist es, ein Gefühl für die Wirkung von Kräften und Momenten an verschiedenen Gebilden bei unterschiedlichen Belastungen zu vermitteln. Ohne dieses Einfühlungsvermögen für die Wirkung von Belastungen ist z.B. ein guter Konstrukteur nicht denkbar. Jeder, der als Ingenieur gearbeitet hat, weiß, daß viele Probleme nicht durch eine exakte Berechnung lösbar sind. Hier findet derjenige Ingenieur die beste Lösung, der sich in die Ursachen und Wirkungen am besten hineindenken kann. Im diskutierten Fall sind das Belastungen und die durch diese verursachten Wirkungen in verschiedenen Bauteilen. Dieses Gefühl für die angesprochenen physikalischen Vorgänge ist nicht ersetzbar. Es stellt den „human factor" im Lösungsprozeß dar, dem der Computer allenfalls als Hilfsmittel dient. Technik ist nach meiner Überzeugung soviel Kunst wie Wissenschaft.

Wie habe ich versucht, dieses Lernziel zu erreichen? Nach einem Einführungskapitel sind im Kapitel 2 sechs Lehrsätze zusammengefaßt. Diese formulieren sehr einfache Tatbestände, die aus allgemeiner Erfahrung einsichtig sind. Die Lehrsätze stellen die Grundlage der gesamten Statik dar. Ich bin immer wieder von ihnen ausgegangen, bzw. habe diskutierte Fälle auf sie zurückgeführt. Der Benutzer dieses Buches bleibt aufgefordert, die erarbeiteten Lösungsverfahren nicht schematisch zu „lernen" sondern die Lösung von den Grundlagen her zu verstehen. Insofern hängt das Erreichen des Lernzieles auch vom Studenten selbst ab.

Aus Erfahrung weiß ich, daß diejenigen Fragen am meisten zum Verständnis beitragen, die auftauchen, nachdem man alles verstanden zu haben glaubt. Diese Fragen stellen sich aber erst, nachdem der Stoff in den verschiedensten Anwendungen durchgearbeitet wurde. Das oben postulierte Lernziel ist demnach nur zu erreichen, wenn man viele Aufgaben löst. Diese sind hauptsächlich mit dem Ziel gestaltet worden, solche klärenden Fragen aufzuwerfen. Mir erscheint es besonders wichtig, daß man sich jedoch nicht mit der Lösung einer Aufgabe zufrieden gibt, sondern daran anschließend das Ergebnis analysiert. Erhält man z.B. in einem Stabverband für einen Stab in der Rechnung eine Druckbelastung, dann sollte man sich überlegen, wieso in dieser Anordnung von Stäben und Kräften der Stab gedrückt sein muß. Das nicht zu unterschätzende Nebenprodukt dieser Arbeit ist die Fähigkeit zu einer zusätzlichen Kontrolle der Rechnung.

Nur wenn man sich die Statik wie oben angedeutet, erarbeitet hat, kann man die Erkenntnisse auf viele andere Gebiete übertragen. Die Vielfalt der Anwendungen ist hier besonders groß.

Ich erbitte Hinweise, Kritiken, Meinungen zu diesem Buch und danke im Voraus dafür.

Ich danke dem Verlag für viele Bemühungen um dieses Buch.

Frankfurt am Main, im August 1987 *Bruno Assmann*

Verwendete Bezeichnungen
(Auswahl)

F; $\vec{F}$	Kraft allgemein
G	Gewichtskraft
S	Seilkraft; Stabkraft
A	Fläche
Cu	Culmannsche Gerade
$a, b, h, l \ldots$	Längen allgemein
d	Durchmesser
e	Radius des Reibungskreises
f	Arm der rollenden Reibung
g	Fallbeschleunigung
M	Moment
m	Masse
q	Streckenlast
r	Radius
V	Volumen
α	Winkel allgemein
ρ	Reibungswinkel; Dichte
μ	Reibungszahl

Indizes

x, y, z	Richtungssinn nach vorgegebenem Koordinatensystem
A, B, C . . .	bezogen auf so bezeichnete Punkte
a	axial
o	Ruhezustand (Haftreibung)
n	Normalrichtung
R	Reibung
res	resultierend
t	Tangentialrichtung
u	Umfangsrichtung
z	Zapfen

1. Einführung

1.1 Was ist Mechanik?

1.1.1 Begriffsbestimmung

Die Mechanik ist die Lehre von der Wirkung von Kräften auf Körper. Sie ist ein Teilgebiet der Physik.
Die technische Mechanik wendet die physikalischen Erkenntnisse auf Gegenstände und Vorgägnge der Technik an. Man kann das Gebiet nach der Beschaffenheit der betrachteten Körper (starr, elastisch, flüssig, gasförmig) und nach ihrem Zustand (Ruhe, beschleunigte Bewegung) einteilen. Im nachfolgenden Schema sind die einzelnen Zweige der technischen Mechanik aufgeführt.

Technische Mechanik

	Statik	Kinetik
Körper		
starr	Statik starrer Körper	Kinetik fester Körper (starr und elastisch)
elastisch	Festigkeitslehre	
flüssig	Hydrostatik	Hydrodynamik } Strömungslehre
gasförmig	Aerostatik	Gasdynamik } Strömungslehre

Dieses Buch befaßt sich mit der Statik starrer Körper. Da eine Verwechslung mit der Festigkeitslehre, der Hydro- und Aerostatik nicht möglich ist, spricht man einfach von Statik. In diesem Sinne *ist die Statik die Lehre von der Wirkung von Kräften auf starre Körper* in Ruhe bzw. *im Gleichgewicht.*
Die in dieser Definition gebrachten Begriffe werden nachfolgend erläutert.

1.1.2 Die Kraft

Greift eine Kraft an einem ruhenden starren Körper an und wird ihre Wirkung nicht durch eine andere Kraft aufgehoben (z.B. durch Reibung), dann wird der starre Körper in Richtung der Kraft in Bewegung gesetzt. Ein in Bewegung befindlicher Körper wird je nach Angriffsrichtung der Kraft beschleunigt, verzögert oder aus einer geradlinigen Bahn gelenkt, wobei Beschleunigung oder Verzögerung auftreten kann. An einem Körper angreifende Kräfte deformieren diesen (durchgebogener Balken).

Die *Kraft* kann demnach als *Ursache von Bewegungs- oder Formänderung* aufgefaßt werden, wobei beide Erscheinungen gleichzeitig auftreten können. Sie kann sowohl durch unmittelbaren Kontakt zwischen den Körpern als auch auf eine Entfernung wie bei Gravitations- und magnetischen Kräften übertragen werden. Für die Wirkung ist die Art der Übertragung gleichgültig.

Die Krafteinheit, an der die Größe einer Kraft gemessen wird, ist das Newton (s. nachfolgenden Abschnitt). Wie aus der eingangs beschriebenen Wirkung einer Kraft hervorgeht, ist es zusätzlich zur Größe notwendig, die Angriffsrichtung der Kraft anzugeben, um ihre Wirkung zu beschreiben. Die Angriffsrichtung wird festgelegt durch die *Wirkungslinie* der Kraft – das ist die Linie, in der die Kraft angreift – und durch den *Wirkungssinn* (Richtung) entlang dieser Linie.
Zusammenfassend kann gesagt werden:

Eine Kraft ist durch 3 Angaben definiert:

1. Größe
2. Lage der Wirkungslinie
3. Richtung entlang dieser Linie.

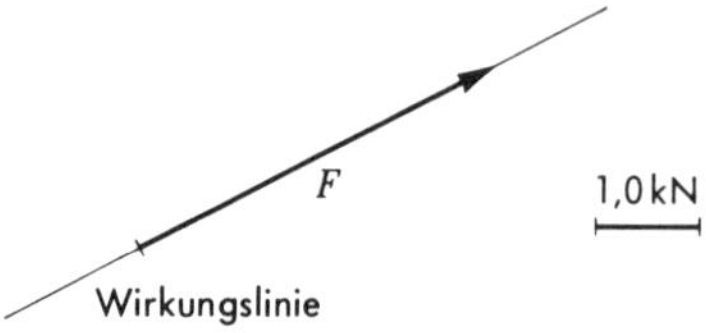

Abb. 1-1

Eine physikalische Größe, für deren Beschreibung diese 3 Angaben notwendig sind, nennt man einen *Vektor*. Zeichnerisch dargestellt wird ein Vektor durch einen in der Wirkungslinie liegenden Pfeil. Die Pfeilrichtung gibt den Wirkungssinn, die Pfeillänge, nach einer Umrechnung mit einer Maßstabskonstanten, die Größe der Kraft an.

Ein Vektor wird durch einen über dem Buchstaben liegenden Pfeil gekennzeichnet, z.B. $\vec{F}$. Mit dieser Angabe sind Größe und Richtung z.B. einer Kraft $\vec{F} = 50$ N gemeint. Die Größe allein wird durch das Formelzeichen ohne Pfeil angegeben, z.B. $F = 50$ N. Man kann auch auf den Pfeil verzichten, wenn die Richtung eindeutig gegeben ist. Das ist dann der Fall, wenn ein Pfeil bezeichnet wird (Abb. 1-1). Auch im Text kann man das Formelzeichen allein verwenden, wenn man sich auf Abbildungen bezieht, aus denen die Wirkungsrichtung hervorgeht und damit die Vektoreigenschaft eindeutig ist.

1.1.3 Das Gleichgewicht

Ein Körper ist im Gleichgewicht, wenn er in Ruhe ist. Es sollte aber dabei bedacht werden, daß Ruhe ein Sonderfall der geradlinigen Bewegung mit konstanter Geschwindigkeit ist. Ausführlicher erläutert ist der Gleichgewichtszustand in den Kapiteln 2 und 6.

1.1.4 Der starre Körper

Jeder feste Körper wird durch angreifende Kräfte deformiert. Sind die Deformationen so klein, daß dabei die Änderung der Geometrie des Gebildes auf die statische Berechnung praktisch ohne Einfluß bleibt und vernachlässigt werden kann, dann wird dieser Körper als starr angesehen.

Mit den relativ sehr kleinen Deformationen dieser hier als starr angenommenen Körper befaßt sich die Festigkeitslehre.

1.2 Das internationale Einheitensystem

Das Ergebnis einer technischen Berechnung besteht aus einer Maßzahl und einer Einheit, z.B. $F = 50$ N; 50 ist die Maßzahl, N die Einheit.

Für die technische Mechanik, soweit sie die gasförmigen Körper nicht betrifft, müssen 3 Einheiten als Grundeinheiten definiert werden. Aus diesen Grundeinheiten werden die anderen Einheiten abgeleitet.

Als Basiseinheiten werden definiert:

Meter für die Länge,
Kilogramm für die Masse,
Sekunde für die Zeit.

Das Meter

Das Meter war ursprünglich als der Abstand von zwei Strichen auf dem bei Paris aufbewahrten Urmeter definiert. Die Formbeständigkeit dieses Metallstabes entspricht nicht mehr den Anforderungen an die Rekonstruierbarkeit. Deshalb hat man, nachdem zunächst die Wellenlänge eines bestimmten Lichts zur Definition benutzt wurde, die Basiseinheit der Länge auf die Basiseinheit der Zeit bezogen. Dazu benutzt man die Universalkonstante Lichtgeschwindigkeit. Das Meter ist jetzt definiert als die Länge, die das Licht in einer bestimmten Zeit zurücklegt. Diese Festlegung ist erst nach der Entwicklung von extrem genauen Atomuhren möglich geworden.

Das Kilogramm.

Der Prototyp der Masseneinheit 1 kg wird bei Paris in Form eines Platin-Iridium-Zylinders aufbewahrt. Diese Masse entspricht sehr genau der von 1000 cm^3 Wasser bei 4 °C.

Die Sekunde

Die Sekunde ist die Zeiteinheit. Sie entspricht sehr genau dem 86400sten Teil eines mittleren Sonnentages. Sie ist definiert als ein Vielfaches der Periode einer bestimmten atomaren Strahlung.

Aus diesen drei Grundeinheiten können andere Einheiten abgeleitet werden, z.B. für Geschwindigkeiten m/s, für Beschleunigung m/s^2, usw.

Die für die Statik besonders wichtige Kraft ist eine nach dem NEWTONschen Gesetz abgeleitete Größe*). Als Einheit wird die Kraft definiert, die der Masse von 1 kg eine Beschleunigung von 1 m/s^2 erteilt. Diese Krafteinheit wird „Newton" bezeichnet und mit N abgekürzt.

$$1\,\mathrm{N} = 1\,\mathrm{kg} \cdot 1\,\frac{\mathrm{m}}{\mathrm{s}^2}$$

$$\mathbf{1\,N = 1\,\frac{kgm}{s^2}}$$

*) Sir Isaac Newton (1643 - 1727), englischer Naturforscher.

Folgende, auf dem Dezimalsystem basierende Einheiten sind noch üblich

$$1\ \text{kN} = 1000\ \text{N}$$
$$1\ \text{MN} = 10^6\ \text{N}$$

Da in der Literatur z.T. das aus dem Technischen Maßsystem stammende kp verwendet wird, soll hier die Umrechnung der beiden Einheiten gebracht werden.

Die Masse 1 kg erzeugt auf ihrer Unterlage auf der Erde definitionsgemäß die Kraft 1 kp. Es gilt demnach nach dem NEWTONschen Gesetz:

Kraft = Masse x Beschleunigung

in diesem Fall

Gewichtskraft = Masse x Erdbeschleunigung

$$\mathbf{G = m \cdot g} \qquad \textbf{Gl. 1-1}$$

$$1\ \text{kp} = 1\ \text{kg} \cdot 9{,}80665\ \frac{\text{m}}{\text{s}^2}$$

$$1\ \text{kp} = 9{,}80665\ \frac{\text{kg m}}{\text{s}^2}$$

$$\mathbf{1\ kp \approx 9{,}81\ N}$$

Das ist die Umrechnungsgleichung für die Krafteinheiten beider Systeme.

Die Gleichung 1-1 wird zur Berechnung von Gewichtskräften häufig gebraucht. Man sollte sich merken, daß eine Masse von 1 kg auf der Erde eine Gewichtskraft von ca. 10 N erzeugt. Genauer Normwert ist 9,80665 N, gerechnet wird oft mit 9,81 N, was für die meisten technischen Belange ausreicht.

1.3 Einiges zur Lösung von Aufgaben

Der angehende Ingenieur sollte sich möglichst früh das exakte und systematische Arbeiten beim Lösen einer technischen Aufgabe aneignen. Dadurch werden Fehler vermieden und Kontrollen sind viel leichter, auch von anderen Personen, durchführbar. Nachfolgend sollen dafür einige Hinweise gegeben werden, die, sinngemäß angewendet, für alle technischen Aufgaben gelten.

1. Nach dem Durchdenken der Aufgabe sollte immer eine Skizze angefertigt werden, die in den Proportionen möglichst genau sein sollte, um Täuschungen vorzubeugen. Die wirkenden Kräfte werden eingetragen. Diesem Vorgang, Freimachen genannt, ist wegen der Wichtigkeit ein eigenes Kapitel (5) gewidmet. Oft ist es der besseren Übersichtlichkeit wegen zweckmäßig, mit mehreren Farben zu arbeiten. Die Skizze soll so groß sein, daß Bezeichnungen eingetragen werden können. Ist es nicht offensichtlich, ob ein System statisch bestimmt ist, dann müssen die gesuchten und gegebenen Größen systematisch zusammengestellt werden.
2. Wahl des Lösungsweges

   Analytische Lösung

Die verwendeten Gleichungen sollen in allgemeiner Form, am besten links außen geschrieben werden, z.B.

$$\sum M = 0; \qquad a\,F_1 - b\,F_2 = 0$$

Es sollte soweit wie möglich mit allgemeinen Größen gearbeitet werden, da die Rechnung damit leichter kontrollierbar ist. Bei der Ausarbeitung der Lösung soll kein Schritt übersprungen werden, eventuell sind einzelne Schritte durch kurze Bemerkungen zu erläutern. Bei Zahlenwertgleichungen ist dringend zu empfehlen, die Maßeinheiten mitzuschreiben. Die reine Zahlenrechnung kann durch Anwendung der 10er-Potenzen übersichtlicher gehalten werden.

Ein Ergebnis soll immer kritisch mit gesundem Menschenverstand daraufhin untersucht werden, ob es überhaupt technisch möglich ist. Zur Kontrolle sollten nach Möglichkeit die errechneten Werte in noch nicht benutzte Gleichungen eingesetzt werden. Auch ist eine Kontrolle durch eine andere Lösungsmethode möglich (graphische Lösung).

Bei Kräften muß neben dem Betrag auch eindeutig die Wirkungsrichtung angegeben werden. Am besten geschieht das durch einen Pfeil, der in Klammern hinter der Maßzahl und der Einheit erscheint, z.B.

$F_x = 125\ \text{N}\ (\leftarrow)$ 125 N nach links wirkend,

$F_y = -\,230\ \text{N}\ (\uparrow$ am Teil II$)$ 230 N nach oben wirkend.

Für Kräfte senkrecht zur Zeichenebene benutzt man

$\odot$ aus der Ebene herausragend, $\oplus$ in die Ebene hineinragend.

Graphische Lösung

Die Zeichnung soll wegen der notwendigen Genauigkeit nicht zu klein ausgeführt werden. Die Maßstäbe müssen eindeutig angegeben sein. Lage- und Kräfteplan sind sauber zu trennen. Alle gezeichneten Linien sind sofort zu bezeichnen. Die Ergebnisse sollen getrennt zusammengestellt werden.

1.4 Rechengenauigkeit

Die Genauigkeit einer technischen Berechnung hängt von zwei Faktoren ab, erstens von der Genauigkeit der Ausgangsdaten, zweitens von der Genauigkeit der Rechnung. Bei Verwendung eines elektronischen Rechners – und davon kann man jetzt ausgehen –, darf man den zweiten Faktor vernachlässigen.

Das Ergebnis einer technischen Berechnung wird demnach nur von den Toleranzen beeinflußt, mit denen die Ausgangswerte gegeben sind. Diesen Einfluß untersucht die Fehlerrechnung.

Für die lineare Abhängigkeiten gilt: das Ergebnis einer Berechnung ist mit dem gleichen prozentualen Fehler behaftet, wie die Ausgangswerte, die in diese Rechnung eingehen. An einem Beispiel soll das erklärt werden. Die Belastungen, denen eine Getriebewelle ausgesetzt ist, sind z.B. mit einer Toleranz von ca. ± 10% bekannt. Unter diesen Umständen kann man die in den Lagern wirkenden Kräfte auch nur mit einer Genauigkeit von ± 10% berechnen.

Ausgangswerte für eine technische Berechnung haben selten Toleranzen von 1% oder sogar weniger. Man denke z.B. an die Schwierigkeiten, Belastungen genau festzustellen oder an die Streuungen, denen die Festigkeitswerte eines Werkstoffs unterliegen.

Welche Konsequenzen ergeben sich für eine Berechnung? Der in der Materie Mitdenkende sollte nicht sinnlos die Ergebnisse des Rechners übernehmen, sondern sie kritisch auf ihre mögliche Genauigkeit untersuchen und sinnvoll runden. Dies sollte schon bei eventuellen Zwischenergebnissen erfolgen.

2. Lehrsätze der Statik

Die Arbeitsverfahren und Lösungsansätze der Statik basieren auf einigen wenigen Aussagen und Überlegungen. Diese formulieren sehr einfache Tatbestände und sind, da sie selbst Ausgangspunkt einer Theorie sind, nicht beweisbar. Man bezeichnet solche Aussagen, die als Ausgangspunkt dienen „Axiome". Sie werden jedoch hier Lehrsätze genannt, da der Begriff „Axiom" einer schärferen Definition genügen muß.

Da die Sätze selbst nicht beweisbar sind, können sie nur einfache und übersichtliche Tatbestände formulieren, die aus unmittelbarer Ansicht und Einsicht als richtig anerkannt werden müssen. Alle aus diesen Sätzen gezogenen Schlußfolgerungen dürfen nicht zu Widersprüchen führen und müssen Ergebnisse liefern, die überprüfbar richtig sind.

Nach den oben gemachten Ausführungen ist es offensichtlich, daß jede Aufgabe aus dem Bereich der Statik von den Lehrsätzen ausgehend, gelöst werden kann. Dieses Verfahren kann jedoch sehr zeitraubend sein. Es ist einfacher, aus den Lehrsätzen schlußfolgernd, sich Arbeitsverfahren zu erarbeiten, die schneller eine Lösung ergeben. Jedoch ist es ein Ziel dieses Buches, dem Leser die Fähigkeit zu vermitteln, eine beliebige Aufgabe der Statik zu analysieren und auf einfache Grundlagen zurückzuführen. Deshalb wird immer wieder auf diese Lehrsätze verwiesen. Der Leser bleibt aufgefordert, nicht Lösungsverfahren schematisch zu „lernen", sondern die Lösung von den Grundlagen her zu verstehen. Nur dann ist es möglich, das erarbeitete Wissen auf die verschiedensten Gebiete anzuwenden. Die Vielfalt der Anwendungen ist in der Statik besonders groß.

1. Lehrsatz (Gleichgewichtssatz)

Zwei Kräfte sind im Gleichgewicht, wenn sie

1. gleich groß sind,

2. entgegengesetzt gerichtet sind,

3. gleiche Wirkungslinie haben (kollinear sind).

Das ist die Formulierung einer trivialen Erfahrung, die jeder unzählige Male gemacht hat. Man kann z.B. zwei Federwaagen nach Abb. 2-1 miteinander verbinden und sie auseinanderziehen. Im Gleichgewicht, d.h. für ruhendes System, werden beide Waagen die gleiche Kraft anzeigen.

2. Lehrsatz (Reaktionssatz)

Kräfte treten nur paarweise auf, wobei sie gleich groß, entgegengesetzt gerichtet und kollinear sind. Man bezeichnet sie als Aktions- und Reaktionskräfte.

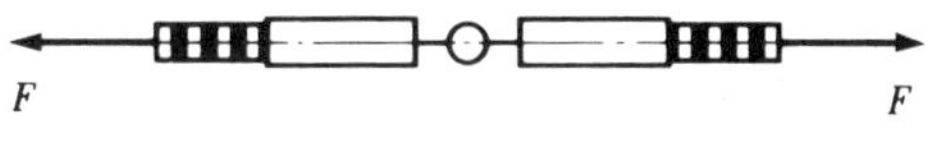

Abb. 2-1

Dieser Satz gehört zu den drei von NEWTON in seinem Hauptwerk über die Mechanik formulierten Gesetzen. Er wird verkürzt „actio = reactio“ genannt (s. Band 3, Kap. 5).

Jede Kraft erzeugt an der Angriffsstelle eine gleich große Gegenkraft. Drückt man mit der Hand gegen einen Körper, dann verspürt man selber die Kraft, die man ausübt. Auch das vorhin beschriebene Experiment (Abb. 2-1) ist geeignet, diesen Satz zu belegen. Wenn man das System an den beiden Enden hält, ist es nicht möglich nur eine der beiden Waagen zur Anzeige zu bringen. Die notwendige Gegenkraft belastet zwangsläufig auch die andere Waage. Eine Kraft kann ohne eine gleich große, entgegengesetzt wirkende Kraft nicht auftreten.

3. Lehrsatz (Verschiebungssatz)

Die äußere Wirkung einer Kraft bleibt unverändert, wenn man die Kraft entlang ihrer Wirkungslinie verschiebt.

Als Beispiel sei der Balken Abb. 2-2 gegeben. Die Belastung der beiden Auflagepunkte A B ist offensichtlich davon unabhängig, ob die Masse m auf den Balken gesetzt, unmittelbar darunter gehängt oder an einem Seil befestigt wird. In jedem Falle müssen die beiden Auflager zusammen die Gewichtskraft aufnehmen, z.B. im Falle einer symmetrischen Anordnung sind A und B mit jeweils 0,5 G belastet. In die symbolische Sprache der Vektoren übersetzt heißt das, der Kraftvektor $\vec{G}$ kann entlang seiner Wirkungslinie verschoben werden. Man spricht von *äußerer Wirkung*, weil die Reaktionskraft im Auflager von außen auf den Balken wirkt. Das wird ausführlich im

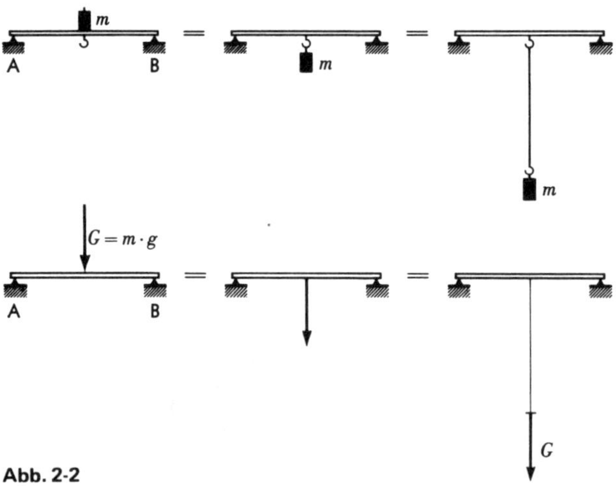

Abb. 2-2

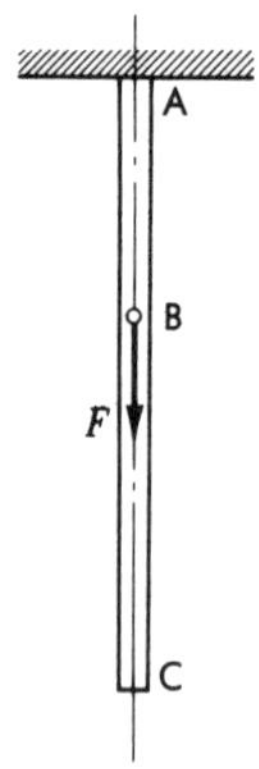

Abb. 2-3

Kapitel 5 behandelt. Im Gegensatz dazu steht die *Wirkung im Inneren* eines belasteten Bauteils. Das soll am Beispiel des Stabes Abb. 2-3 erläutert werden. Dieser ist in A befestigt. Greift eine Kraft F im Punkt B an, dann ist nur der Bereich A B belastet und muß ausreichend dimensioniert sein, während der Teil B C, soweit es die Belastung betrifft, beliebig schwach ausgebildet werden könnte. Ganz anders sieht es aus, wenn man die Kraft entlang ihrer Wirkungslinie in den Punkt C verschiebt. Jetzt ist auch der Bereich B C voll belastet.

An einem weiteren Beispiel soll der Unterschied zwischen äußerer und innerer Wirkung einer Kraft erläutert werden. Die Abb. 2-4 zeigt zwei einfache Fachwerke. Im links abgebildeten Fall wird die oben am Knoten abgebildete Kraft von den Stäben 1 und 3 auf die Auflager übertragen, wobei die Stäbe 4 und 5 gezogen werden.

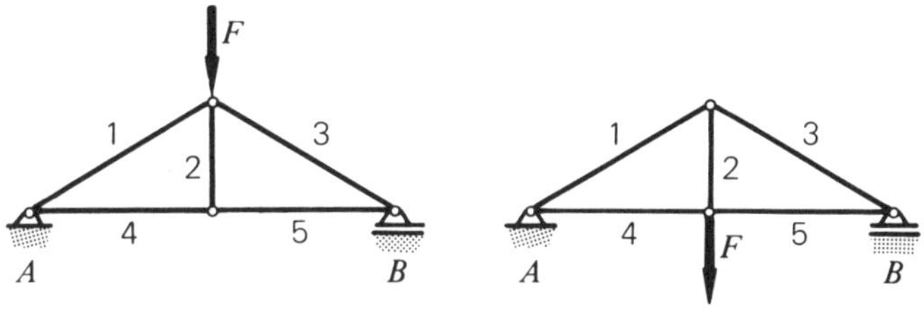

Abb. 2-4

Der Stab 2 hat, was die Belastung durch F betrifft, keine Funktion und dient in diesem Falle nur zur Aussteifung des Fachwerks. Anders ist es im rechts abgebildeten Belastungsfall. Jetzt hängt die Last F am Stab 2, der die Kraft auf den Knoten oben überträgt. Die vom Stab 2 übertragene Kraft ist demnach gleich F. Für beide betrachteten Fachwerke ist die *äußere Wirkung* der Kraft, nämlich die an den Auflagern verurachten Kräfte, gleich, nämlich jeweils $1/2\,F$. Die *innere Wirkung* und zwar die Verteilung der Kraft innerhalb der Stäbe ändert sich, wenn man F entlang der Wirkungslinie verschiebt.

Untersucht man demnach Vorgänge im Inneren eines Bauteils (z.B. Kräfte in den Stäben eines Fachwerks), dann dürfen Kräfte nicht verschoben werden, geht es jedoch um die Bestimmung der Auflagerkräfte, dann bringt die Verschiebung entlang der Wirkungslinie oft erhebliche Vereinfachung der Rechnung.

4. Lehrsatz (Überlagerungssatz)

Ein Kräftesystem, das im Gleichgewicht ist, kann jedem beliebigen Kräftesystem überlagert werden, ohne dabei seine Wirkung zu beeinflussen.

Für den einfachsten Fall werden 2 Kräfte im Gleichgewicht überlagert, d.h. $F - F = 0$. Damit kann eine Änderung der Wirkung nicht eintreten.

5. Lehrsatz (Parallelogrammsatz)

Der Satz vom Parallelogramm der Kräfte

Zwei Kräfte, die an einem gemeinsamen Punkt angreifen, können mit Hilfe der Parallelogrammkonstruktion zu einer resultierenden Kraft zusammengesetzt werden. Die resultierende Kraft hat allein wirkend, die gleiche Wirkung wie die beiden Kräfte, aus denen sie gebildet wurde. Die Konstruktion des Vektors $\vec{F}_{res}$ aus zwei Kraftvektoren $\vec{F}_1$ und $\vec{F}_2$ zeigt die Abb. 2-5a. Da die Diagonale eines Parallelogramms dieses in zwei kongruente Dreiecke teilt, kann man die resultierende Kraft durch Aneinandersetzen der Vektoren $\vec{F}_1$ und $\vec{F}_2$ ermitteln. Die Reihenfolge ist dabei gleich (Abb. 2-5b). Diese Operation nennt man *geometrische* oder *Vektoraddition.*

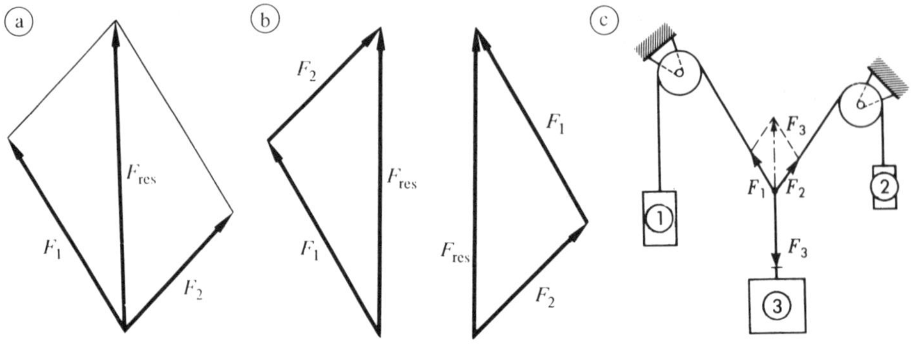

Abb. 2-5

Daß Kräfte nach dem oben beschriebenen Verfahren zusammengesetzt werden können, kann man mit Hilfe verschiedener Versuche zeigen. Eine Versuchsanordnung zeigt die Abb. 2-5c. Drei Massen werden nach Skizze aufgehängt, wobei die Reibung möglichst gering sein sollte. Für beliebige Variationen der einzelnen Massen, pendelt sich das System immer so ein, daß, wie in der Abbildung angegeben, die Resultierende von $\vec{F}_1$ und $\vec{F}_2$ gleich groß wie $\vec{F}_3$ ist, aber entgegengesetzt gerichtet. Damit ist nach dem 1. Lehrsatz Gleichgewicht vorhanden.

6. Lehrsatz (Trägheitssatz)

Ein Körper verharrt im Zustand der gleichförmigen, geradlinigen Bewegung, wenn er nicht durch einwirkende Kräfte gezwungen wird, diesen Zustand zu ändern.

Dieser Satz geht auf GALILEI zurück und gehört auch zu den drei, von NEWTON stammenden Gesetzen, die oben erwähnt sind.

Eine gleichförmige Bewegung erfolgt mit konstanter Geschwindigkeit. An dieser Stelle muß man sich überlegen, daß eine Geschwindigkeit immer bezogen auf ein bestimmtes System angegeben wird. Ein Zug fährt mit 100 km/h heißt, mit dieser Geschwindigkeit verschieben sich Zug und Erdoberfläche gegeneinander. Dabei empfinden wir die Erdoberfläche normalerweise als „ruhendes System". Das gilt für den Fahrgast nur bedingt. Er kann, wenn er aus dem Fenster sieht, durchaus die Landschaft als bewegtes und seinen Sitz als ruhendes System empfinden. An diesem einfachen Beispiel sollte demonstriert werden, daß es keinen grundsätzlichen Unterschied zwischen geradliniger, gleichförmiger Bewegung und dem Ruhezustand gibt.

Daraus ergibt sich, daß alle Überlegungen, die vorhin für den Zustand der Ruhe angestellt wurden, auch gelten, wenn sich die betrachteten Systeme geradlinig mit konstanter Geschwindigkeit bewegen. Das wird im Band 3 (Kinematik und Kinetik) erläutert, ist jedoch auch schon hier durch eigene Anschauung einsichtig. Man kann sich alle oben beschriebenen Versuche z.B. auch in einem mit konstanter Geschwindigkeit geradlinig bewegtem Zug vorstellen. Wenn sich ein Zug in diesem Zustand befindet, sind wir nicht in der Lage festzustellen, ob bzw. wie schnell wir uns bewegen, wenn wir von der Deutung der Fahrgeräusche und optischer Eindrücke absehen.

Das liegt darin begründet, daß auf uns keine durch die geradlinige Bewegung verursachten Kräfte wirken. Demnach kann diese Art der Bewegung ein System von Kräften nicht beeinflussen. Völlig anders sieht es bei beschleunigter bzw. gebremster und/ oder krummliniger Bewegung aus. In diesem Falle wirken zusätzliche Kräfte, die man deutlich wahrnehmen kann als Beschleunigungskraft oder Verzögerungskraft und/ oder Fliehkraft.

Die Vorstellung, eine geradlinige Bewegung z.B. eines mit konstanter Geschwindigkeit horizontal fahrenden Kraftfahrzeuges könne nur aufrecht erhalten werden, wenn die Vortriebskraft größer sei als die Summe der Widerstandskräfte, ist falsch. Wenn die Vortriebskraft größer ist als die Summe der anderen Kräfte, ist das Gleichgewicht gestört. Der nicht durch andere Kräfte kompensierte Anteil der Vortriebskraft beschleunigt den Wagen nach dem NEWTONschen Gesetz „Kraft gleich Masse mal Beschleunigung".

Alle Gesetze der Statik gelten nach diesen Ausführungen auch für mit konstanter Geschwindigkeit geradlinig bewegte Systeme.

3. Die Resultierende des ebenen Kräftesystems

3.1 Allgemeines

Wirken mehrere Kräfte auf einen Körper ein, so erhebt sich die Frage, ob es möglich ist, eine einzelne Kraft so nach Größe, Richtung und Wirkungssinn zu bestimmen, daß diese Kraft in bezug auf den Körper in allen Punkten die gleiche Wirkung hat, wie die ursprünglichen Kräfte. In den nachfolgenden Abschnitten dieses Kapitels wird von den Lehrsätzen ausgehend gezeigt, daß es möglich ist, eine solche Kraft zu finden, und es wird weiter gezeigt, wie man das tut.

Eine Kraft, die in bezug auf alle Punkte in jeder Hinsicht die gleiche Wirkung hat wie eine ganze Reihe von Kräften, die sie ersetzt, nennt man die resultierende Kraft oder die Resultierende (s. Abb. 3-1).

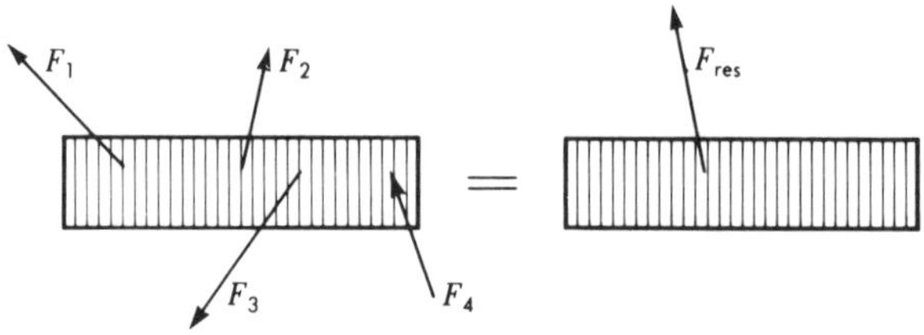

Abb. 3-1

Die Resultierende kann auch Null sein. Das ist dann der Fall, wenn alle Kräfte sich in ihrer Wirkung gegenseitig aufheben. Trifft dies zu, dann wird ein ruhender Körper weiterhin in Ruhe bleiben, während ein Körper der sich geradlinig mit konstanter Geschwindigkeit bewegt, diesen Zustand beibehalten wird. Umgekehrt hat das Vorhandensein einer Resultierenden eine Beschleunigung zur Folge. Ein vorher ruhender Körper wird in Bewegung gesetzt, ein vorher geradlinig und gleichförmig bewegter Körper wird langsam oder schneller und/oder aus der Bahn gelenkt. Aus dem oben Gesagten folgt, daß ein Körper in Ruhe, d.h. im Gleichgewicht nur dann sein kann, wenn die Resultierende aller Kräfte Null ist. Mit dieser Gleichgewichtsbedingung befassen sich das Kapitel 6 und z.T. Kapitel 12 dieses Buches. (Die Bedingung $F_{res} = 0$ ist für den Gleichgewichtszustand notwendig, aber nicht hinreichend. Der Leser mache sich das schon an dieser Stelle des Buches an einem einfachen Beispiel klar: Eine Scheibe schwimmt auf dem Wasser. Läßt man 2 Kräfte, die gleich groß, entgegengesetzt gerichtet, aber parallel verschoben sind, auf die Scheibe einwirken, dann wird die Scheibe gedreht. Es setzt also Drehung ein, obwohl die Kräfte sich in ihrer Kraftwirkung aufheben.)

Die nachfolgenden Abschnitte sind nach den verschiedenen Kräftesystemen gegliedert. Man unterscheidet zweckmäßig:

1. Kräfte mit gemeinsamen Angriffspunkt,
2. parallele Kräfte,
3. allgemeines Kräftesystem.

Ein Kräftesystem mit gemeinsamen Angriffspunkt braucht nicht auf den ersten Blick als solches erkennbar zu sein. Es kommt hier nicht auf den konstruktiv festgelegten Angriffspunkt der Kraft an (z.B. Bolzen), sondern nur auf den Schnittpunkt der Wirkungslinien. Das folgt aus der Verschiebbarkeit der Kräfte entlang der Wirkungslinie (3. Lehrsatz). Das allgemeine Kräftesystem besteht aus nichtparallelen Kräften ohne gemeinsamen Angriffspunkt.

3.2 Gemeinsamer Angriffspunkt

An einem gemeinsamen Angriffspunkt greifen mehrere Kräfte an (Abb. 3-2). Die Kräfte sind nach Größe und Richtung bekannt. Zu bestimmen ist graphisch und analytisch die resultierende Kraft.

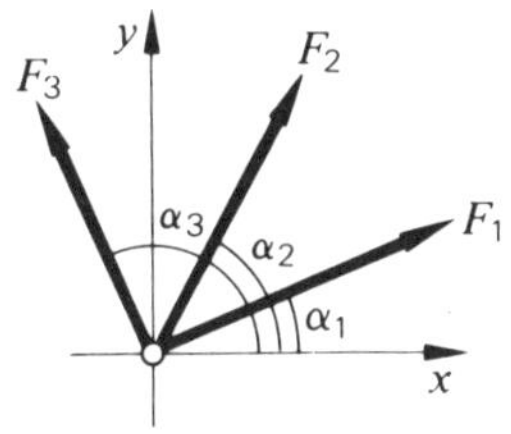

Abb. 3-2

Graphische Lösung

Man kann jeweils zwei Kräfte nach dem Parallelogramm der Kräfte (5. Lehrsatz) zusammenfassen und dieses Verfahren so lange fortsetzen, bis eine Kraft, nämlich die gesuchte Resultierende, übrig bleibt. Dieses Verfahren ist umständlich. Man kann es vereinfachen, wenn man bedenkt, daß die Diagonale ein Parallelogramm in zwei kongruente Dreiecke teilt (s. Abb. 2-5a).

Für eine rationelle Lösung des Problems ist es notwendig, sich zwei Darstellungsarten zu eigen zu machen und diese streng voneinander zu trennen. Es handelt sich um den *Lageplan* und den *Kräfteplan*.

Lageplan
Dieser stellt eine Bauteilzeichnung dar, die für eine statische Berechnung in der Struktur vereinfacht sein kann. Die am Bauteil angreifenden Kräfte müssen jedoch in ihrer Lage zueinander und in der Richtung richtig eingetragen sein. Für eine graphische Lösung muß die Zeichnung maßstäblich sein, soweit dies die Abmessungen des Teils betrifft. Die Pfeillängen, die die Kraftgröße darstellen sollen, müssen nicht maßstäblich sein, wenn die Kräfte anderweitig angegeben sind. Als Beispiele für einen Lageplan können neben der Abb. 3-2 auch die Abb. 6-21/22 gelten.

Kräfteplan
Im Kräfteplan müssen die Kräfte in ihrer Größe und Richtung, jedoch nicht in ihrer Lage zueinander richtig dargestellt werden. Das erfordert die Angabe eines Kräftemaßstabs. Das kann durch Einzeichnen einer bestimmten Länge erfolgen, die einer vorgegebenen Kraftgröße entspricht. Eine andere Methode, die aus satztechnischen Gründen im Buch nicht angewendet wird, ist die Angabe einer Maßstabskonstanten, z.B. $m_F = 100$ kN/cm. In diesem Falle entspricht eine Pfeillänge von 1 cm einer Kraft von 100 kN. Nach diesen Ausführungen stellt die Abb. 2-5b einen Kräfteplan dar, denn hier ist jeweils eine Kraft parallel verschoben. Diese Operation ist im Lage-

plan nicht erlaubt (s. 3. Lehrsatz). Den zu Abb. 6-22 gehörigen Kräfteplan zeigt die Abb. 6-23. Hier sieht man, daß im Lageplan parallel liegende Kräfte aneinandergesetzt sind.

Auf die Angabe eines Kräftemaßstabes kann man im Kräfteplan verzichten, wenn es sich um eine Überlegungsskizze handelt, die für eine Berechnung der einzelnen Größen dient.

Nach diesen Ausführungen soll auf die ursprüngliche Aufgabenstellung eingegangen werden. In einem Kräfteplan nach Abb. 3-3 kann man durch Aneinandersetzen der Kräfte nach dem 5. Lehrsatz zunächst z.B. die Resultierende von F_1 und F_2 ermitteln (dünn eingezeichnet). Dieser wird vektoriell die Kraft F_3 hinzuaddiert. Man erhält die resultierende Kraft F_{res}. Die vektorielle Addition kann in beliebiger Reihenfolge vorgenommen werden (Abb. 2-5b). Das zeigt der gestrichelte Linienzug in Abb. 3-3.

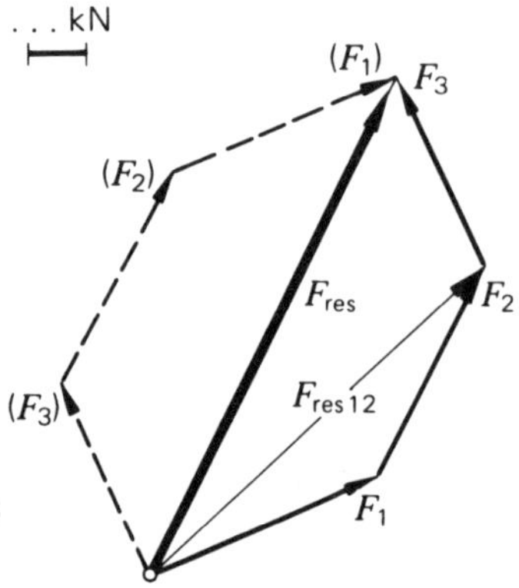

Abb. 3-3

Zusammenfassend kann man feststellen:

Die Resultierende beliebig vieler Kräfte, die an einem gemeinsamen Angriffspunkt angreifen, erhält man durch geometrische Addition der Kräfte in beliebiger Reihenfolge.

Analytische Lösung

Es ist zweckmäßig, sich zunächst mit der *Zerlegung einer Kraft in vorgegebene Richtung* zu befassen.

Eine nach Größe und Richtung gegebene Kraft F soll nach Abb. 3-4a in die vorgegebenen Richtungen 1 und 2 zerlegt werden. Das erfolgt nach dem 5. Lehrsatz, wobei das Parallelogramm von der Diagonale (F) ausgehend, konstruiert wird. Die Kräfte F_1 und F_2 nennt man *Komponenten* der Kraft F.

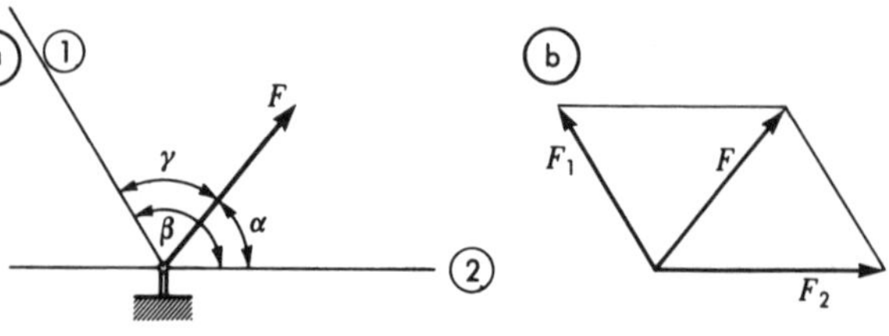

Abb. 3-4

Die Zerlegung einer Kraft in mehr als zwei vorgegebene Richtungen ist nicht möglich. Das ist in Abb. 3-5 für drei Wirkungslinien gezeigt. Es gibt beliebig viele Möglichkeiten, die Kraft F aus den Komponenten F_1 F_2 F_3 zusammenzusetzen.

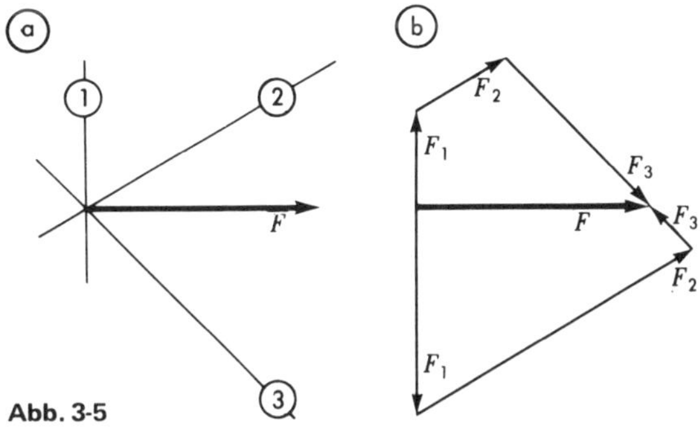

Abb. 3-5

Da Berechnungen meistens im kartesischen Koordinatensystem durchgeführt werden, ist die Zerlegung einer Kraft in die x und y-Richtung besonders wichtig.

Wie man aus Abb. 3-6 ersieht, ergeben sich folgende Beziehungen:

$$F_x = F \cdot \cos \alpha$$

$$F_y = F \cdot \sin \alpha$$

$$\tan \alpha = \frac{F_y}{F_x} \qquad \text{Gl. 3-1}$$

$$F = \sqrt{F_x^2 + F_y^2}$$

Will man mehrere Kräfte, wie in Abb. 3-2 gegeben, analytisch zu einer Resultierenden zusammenfassen, dann ist es zweckmäßig, zunächst alle Kräfte in die x und y-Richtung zu zerlegen. Mit den üblichen Rechnern ist das besonders einfach. In Abb. 3-7 ist gezeigt, daß sich die x-Komponente der resultierenden Kraft aus der Summe der x-Komponenten der Einzelkräfte ergibt. Das gleiche gilt für die y-Komponente.

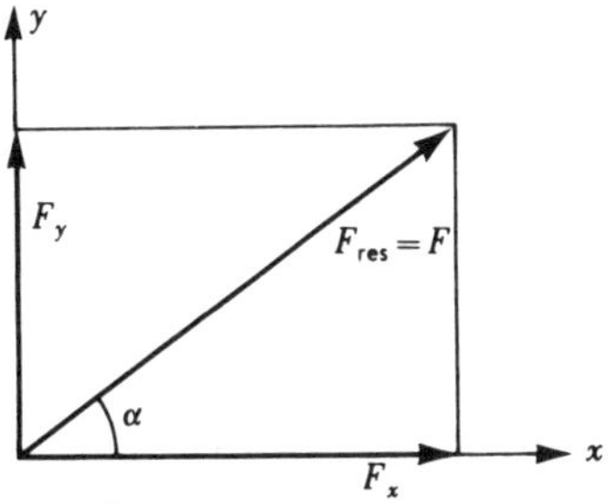

Abb. 3-6

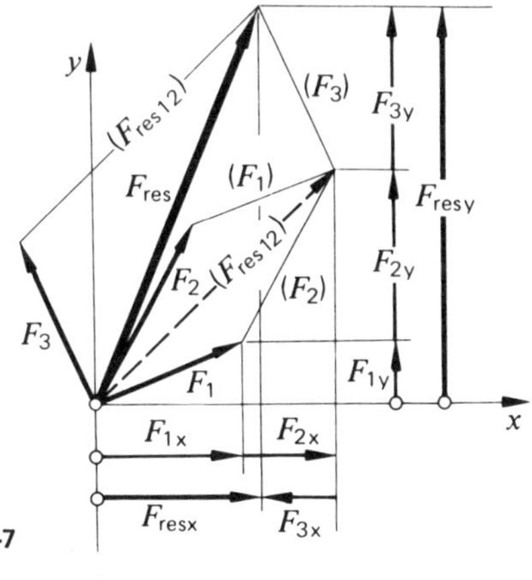

Abb. 3-7

Daraus folgen die Berechnungsgleichungen

$$F_{resx} = \sum F_x \qquad F_{resy} = \sum F_y$$

$$F_{res} = \sqrt{F_{resx}^2 + F_{resy}^2} \qquad \text{Gl. 3-2}$$

$$\tan \alpha = \frac{F_{resy}}{F_{resx}}$$

Die Vorzeichen von F_{resx} und F_{resy} ergeben die Richtung und den Wirkungssinn der resultierenden Kraft. Die einzelnen Kombinationen sind in Tabelle 1 zusammengefaßt.

Tabelle 3-1 Lage der Resultierenden

	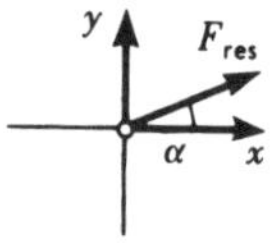	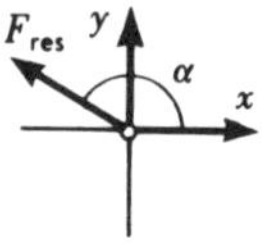	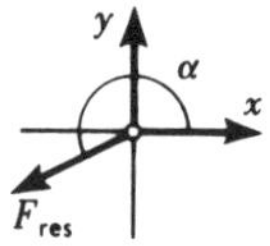	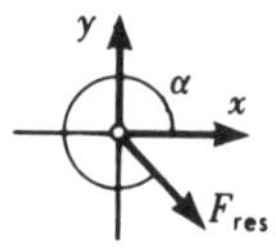
$F_{res\,x}$	+	–	–	+
$F_{res\,y}$	+	+	–	–
Quadrant	1.	2.	3.	4.

Beispiel 1 (Abb. 3-8)

Zwei Kräfte bilden einen Winkel von 50°. Sie sollen an einem gemeinsamen Angriffspunkt so angeordnet werden, daß die Resultierende senkrecht nach unten weist. Wie groß muß der Winkel der Kraft F_2 zur Horizontalen sein?

Graphische Lösung (Abb. 3-9)

Da die Lage der Einzelkräfte in der Ebene unbekannt ist, muß die Konstruktion mit einer zunächst angenommenen Richtung von F_1 beginnen. Hier wurde die Vertikale

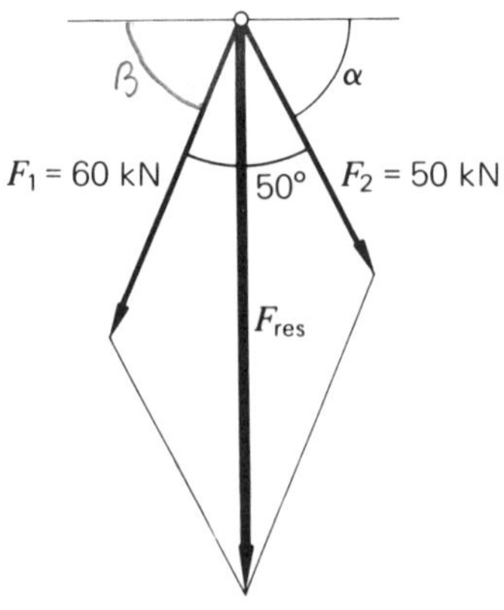

Abb. 3-8

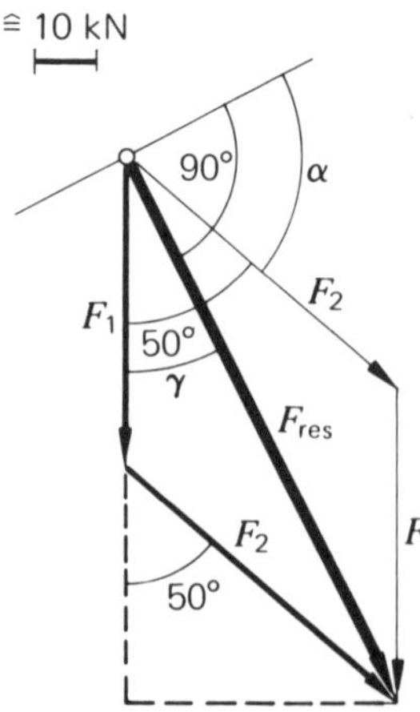

Abb. 3-9

gewählt. Die Resultierende ergibt sich schräg nach unten rechts wirkend. Die Konstruktion muß man sich um den Winkel γ gedreht denken, was aber für das Ausmessen des Winkels α ohne Belang ist.

Man erhält $\alpha \approx \mathbf{63^\circ}$.

Analytische Lösung

Man kann von einer nicht maßstäblichen Skizze nach Abb. 3-9 ausgehen. Ergänzt man diese, wie gestrichelt angedeutet, dann kann für den Winkel γ folgende Beziehung aufgestellt werden.

$$\tan \gamma = \frac{F_2 \cdot \sin 50^\circ}{F_1 + F_2 \cdot \cos 50^\circ} .$$

Die Auswertung ergibt $\gamma = 22{,}57^\circ$.

Wie aus der Skizze ersichtlich ist, gilt:

$$\gamma + 90^\circ = \alpha + 50^\circ$$
$$\alpha = 40^\circ + \gamma$$
$$\alpha = \mathbf{62{,}57^\circ} .$$

Eine zweite Lösungsmöglichkeit entnimmt man der Abb. 3-8.

Die x-Komponenten der beiden Kräfte müssen sich gegenseitig aufheben, d.h. sie müssen gleich groß sein:

$$F_1 \cdot \cos \beta = F_2 \cdot \cos \alpha .$$

Dabei ist β der Winkel zwischen F_1 und der Horizontalen. Zwischen α und β gilt folgende Beziehung:

$$\alpha + \beta + 50^\circ = 180^\circ \qquad \beta = 130^\circ - \alpha .$$

Damit ist

$$F_1 \cdot \cos(130^\circ - \alpha) = F_2 \cdot \cos \alpha .$$

Die Lösung dieser Gleichung ist mit Hilfe der Additionstheoreme möglich:

$$F_1 (\cos 130^\circ \cdot \cos \alpha + \sin 130^\circ \cdot \sin \alpha) = F_2 \cdot \cos \alpha .$$

Nach Division durch $\cos \alpha$ erhält man:

$$\tan \alpha = \frac{\dfrac{F_2}{F_1} - \cos 130^\circ}{\sin 130^\circ} .$$

Die Auswertung ergibt $\alpha = 62{,}57^\circ$.

Diese Aufgabe ist auch mit Hilfe des cos- und sin-Satzes lösbar. Diesen dritten Lösungsweg überlege sich der Leser.

Beispiel 2 (Abb. 3-10)

Für das gegebene Kräftesystem ist die resultierende Kraft nach Größe und Richtung zu bestimmen.

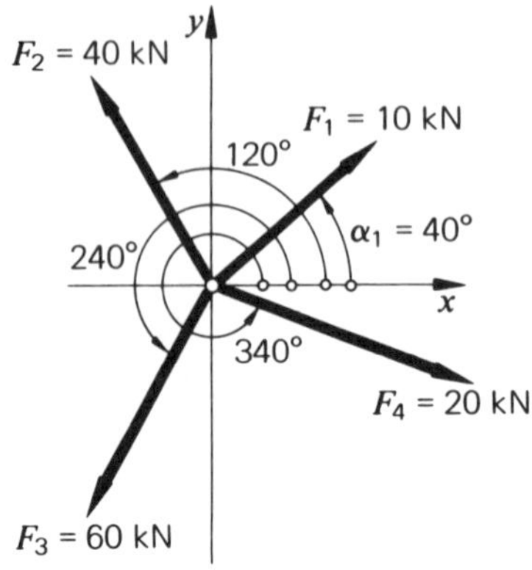

Abb. 3-10

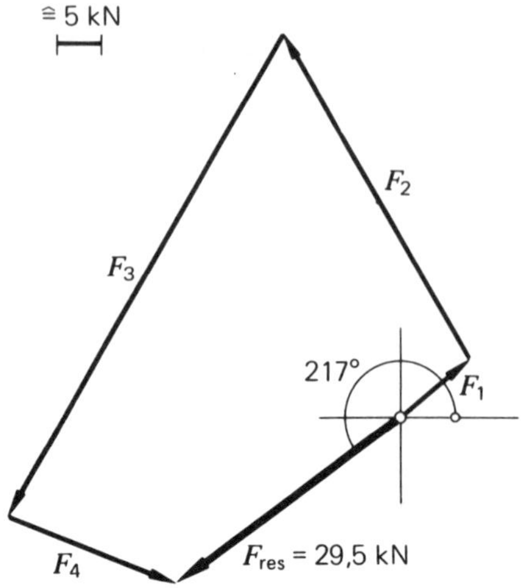

Abb. 3-11

Graphische Lösung (Abb. 3-11)

Nach Festlegung eines Kräftemaßstabes werden die Kräfte in beliebiger Reihenfolge vektoriell addiert. Die Verbindung von Ursprungspunkt der Konstruktion zur letzten Pfeilspitze ergibt die gesuchte resultierende Kraft nach Größe und Richtung.

Analytische Lösung

Es müssen die Gleichungen 3-2 ausgewertet werden. Die günstigste Rechenmethode wird wesentlich von der Art des verwendeten Rechners bestimmt. Die Kräfte sind in Form von Polarkoordinaten gegeben (Winkel und Länge der Vektors). Man kann mit dem Rechner auf kartesische Koordinaten, d.h. auf x- und y-Komponenten übergehen und diese jeweils in einen addierenden Speicher geben. Es ist auch möglich, die Komponenten einzeln nach Gl. 3-1 zu ermitteln und sie zu addieren, was am einfachsten tabellarisch erfolgt:

i	$\frac{\alpha}{°}$	$\frac{F}{\text{kN}}$	$\frac{F_x}{\text{kN}}$	$\frac{F_y}{\text{kN}}$
1	40	10	7,660	6,428
2	120	40	– 20,000	34,641
3	240	60	– 30,000	– 51,962
4	340	20	18,794	– 6,840
			$\sum$ – 23,546	$\sum$ – 17,733
			$= F_{resx}$	$= F_{resy}$

Die Komponenten der resultierenden Kraft werden nach den Gleichungen 3-2 zusammengesetzt. Das kann auch mit dem Rechner so geschehen, daß man diese Werte als x- und y-Werte eingibt und in Polarkoordinaten umwandelt. Man erhält:

$$F_{res} = \sqrt{F_{resx}^2 + F_{resy}^2} \qquad \mathbf{F_{res} = 29{,}477\ kN}$$

$$\tan\alpha = \frac{F_{resy}}{F_{resx}} \qquad \boldsymbol{\alpha = 216{,}98^\circ}.$$

Die resultierende Kraft liegt im dritten Quadranten.

Beispiel 3 (Abb. 3-12)

Die Kraft F_1 ist nach Größe und Richtung so zu bestimmen, daß die Resultierende des Kräftesystems wie angegeben wirkt.

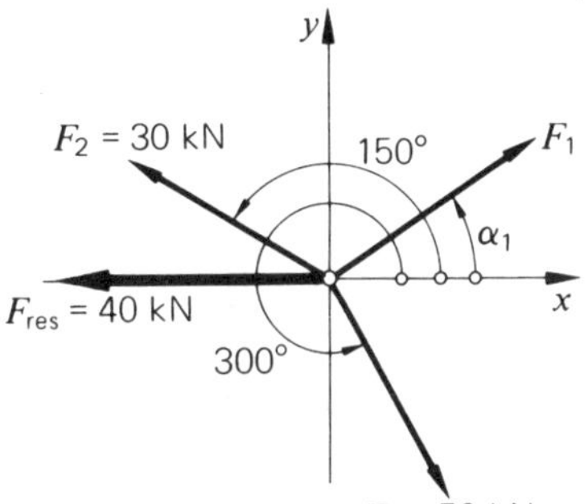

Abb. 3-12

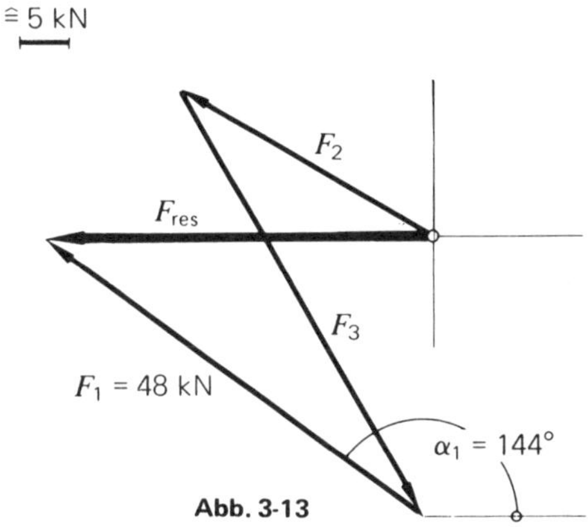

Abb. 3-13

Graphische Lösung (Abb. 3-13)

Es muß sich bei der vektoriellen Addition ein Linienzug

$$\vec{F}_2 + \vec{F}_3 + \vec{F}_1 = \vec{F}_{res}$$

ergeben. Von diesen Größen ist nur $\vec{F}_1$ unbekannt. Die Verbindungslinie Pfeilspitze $\vec{F}_3$ zur Pfeilspitze $\vec{F}_{res}$ ist die gesuchte Kraft $\vec{F}_1$ nach Größe und Richtung.

Analytische Lösung

Ausgegangen wird von den Gleichungen 3-2:

$$\sum F_x = F_{resx}$$

$$F_{1x} + F_{2x} + F_{3x} = F_{resx}$$

$$F_{1x} = F_{resx} - F_{2x} - F_{3x} \text{ mit } F_{resx} = -40\ \text{kN}$$

$$F_{1x} = -40\ \text{kN} - 30\ \text{kN} \cdot \cos 150^\circ - 50\ \text{kN} \cdot \cos 300^\circ$$

$$F_{1x} = -39{,}019\ \text{kN}$$

$$\sum F_y = F_{res\,y} = 0$$

$$F_{1y} + F_{2y} + F_{3y} = 0$$

$$F_{1y} = -F_{2y} - F_{3y} = -30\ \text{kN} \cdot \sin 150^\circ - 50\ \text{kN} \cdot \sin 300^\circ$$

$$F_{1y} = +28{,}301\ \text{kN}.$$

Die beiden Komponenten ergeben die Kraft

$$\mathbf{F_1 = 48{,}202\ kN} \qquad \boldsymbol{\alpha_1 = 144{,}05^\circ}.$$

Diese liegt im zweiten Quadranten.

Aufgaben zum Abschnitt 3.2

A 3-1. Zwei Kräfte F_1 und F_2 greifen in skizzierter Weise an einem Haken an. Sie sollen durch die Resultierende ersetzt werden, deren Größe und Richtung graphisch und analytisch zu bestimmen sind.

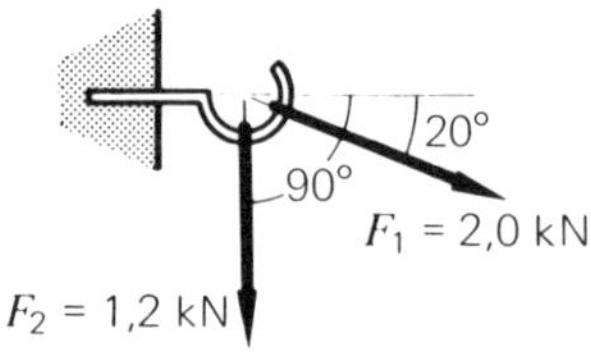

Abb. A 3-1

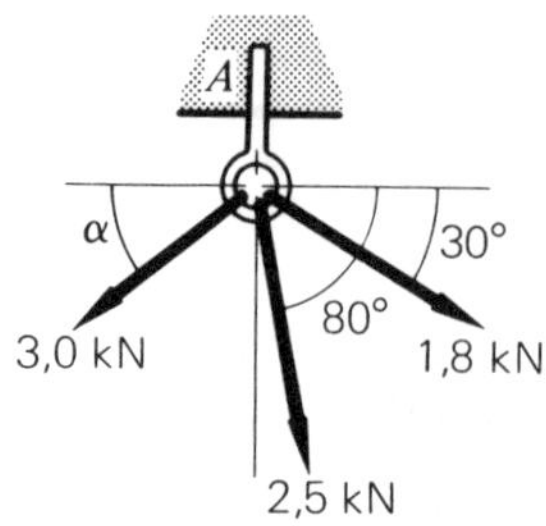

Abb. A 3-2

A 3-2. Drei Kräfte greifen an einer Halterung an. Der Winkel α soll so bestimmt werden, daß an der Einspannstelle A nur eine axiale Kraft übertragen wird. Lösung graphisch und analytisch.

A 3-3. An einem Mast greifen in angegebener Weise Seilkräfte an. Zu bestimmen sind graphisch und analytisch die Resultierende und ihre Komponenten in x- und y-Richtung.

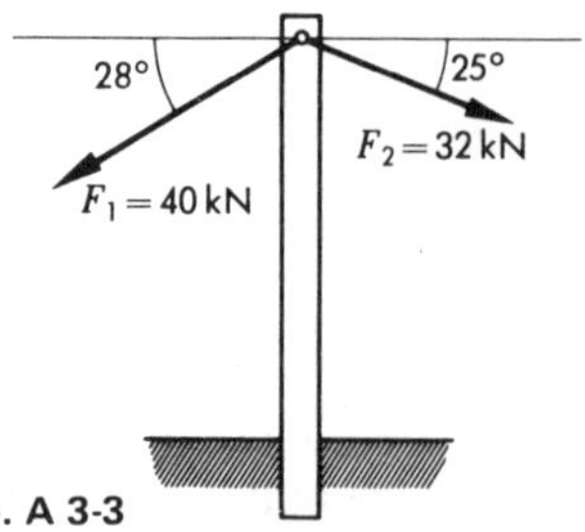

Abb. A 3-3

A 3-4. Zwei Schlepper ziehen ein Schiff. Die Seilkraft F_2 wird in angegebener Richtung mit 50 kN gemessen. Der Winkel α betrage 22°. Zu bestimmen ist die Schleppkraft F_1 und die in Fahrtrichtung wirkende Resultierende.

A 3-5. Zwei Schlepper ziehen ein Schiff. Die beiden Kräfte betragen $F_1 = 40$ kN und $F_2 = 50$ kN. Unter welchem Winkel α stellt sich das Schleppseil ein, wenn die Resultierende in Fahrtrichtung wirkt? Wie groß ist die Resultierende?

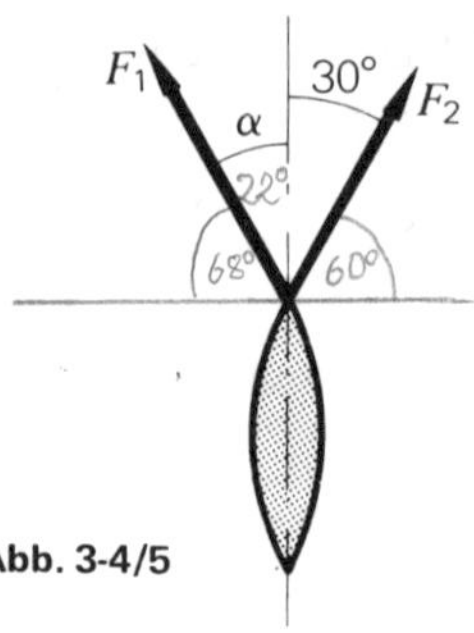

Abb. 3-4/5

A 3-6/7. Die Resultierende der Kräfte F_1 und F_2 ist graphisch und analytisch zu bestimmen.

A 3-8. Die Kraft F ist graphisch und analytisch in ihre x- und y-Komponenten zu zerlegen.

A 3-9. Die Kraft F ist graphisch und analytisch in die Richtungen a b und b c zu zerlegen.

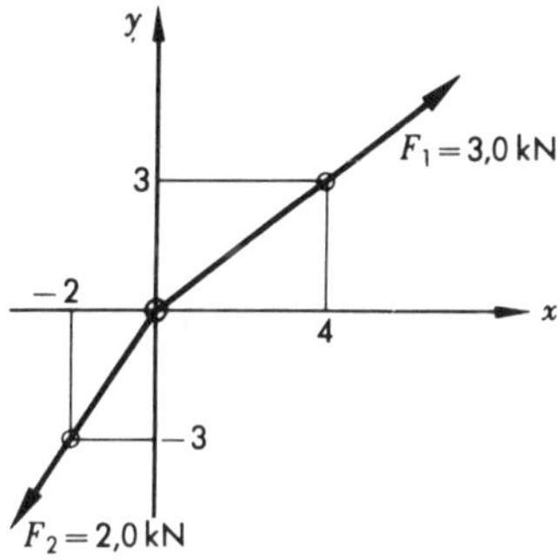

Abb. A 3-7

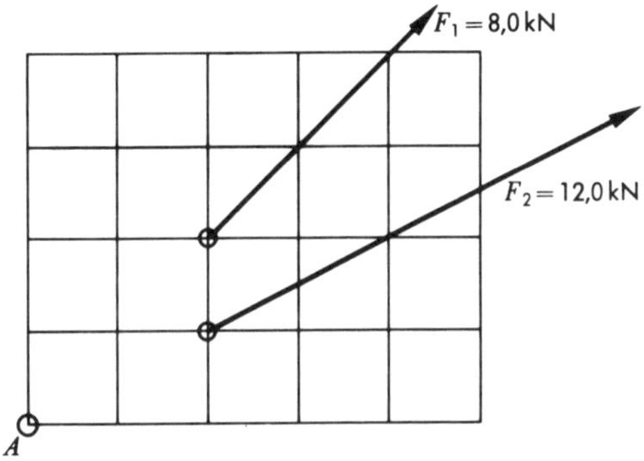

Abb. A 3-6

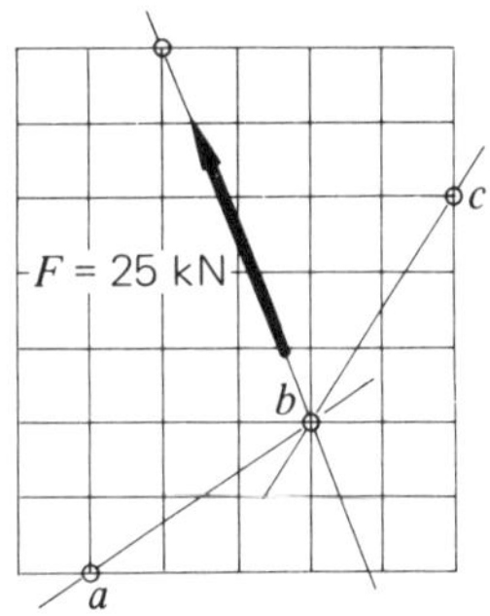

Abb. A 3-8/9

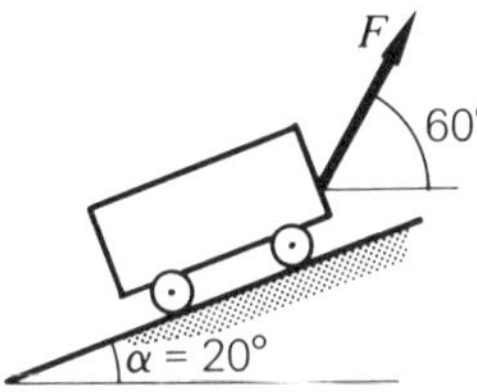

Abb. A 3-10

A 3-10. Ein Wagen soll eine Rampe hinaufgeschoben werden. Die in angegebener Weise angreifende Kraft F soll eine zur Rampe parallele Komponente von 2,0 kN haben. Zu bestimmen ist die Kraft F und ihre Komponente senkrecht zur Rampe. Lösung graphisch und analytisch.

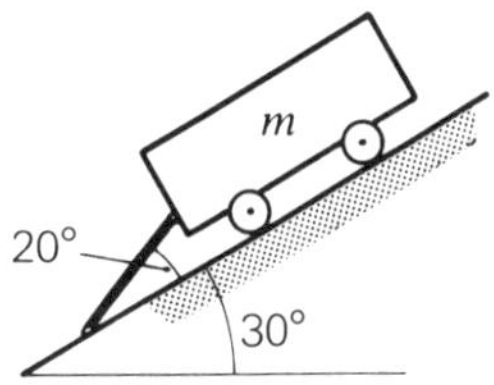

Abb. A 3-11

A 3-11. Ein Wagen der Masse m = 200 kg steht reibungslos auf der schiefen Ebene. Er wird nach Skizze von einer Stütze gehalten. Die Stützenkraft muß so groß sein, daß ihre Komponente parallel zur schiefen Ebene gleich der Hangabtriebskraft ist. Wie groß ist die Stützkraft?

A 3-12. Welche zusätzliche Kraft muß in dem skizzierten Kräftesystem wirken, wenn die Resultierende null werden soll?

A 3-13. An einer verschieblich gelagerten Muffe greift eine Feder in der gezeichneten Weise an. Die Federkraft beträgt $F = 125$ N. Zu bestimmen ist die Tangential- und Normalkomponente der Federkraft. Lösung analytisch und graphisch.

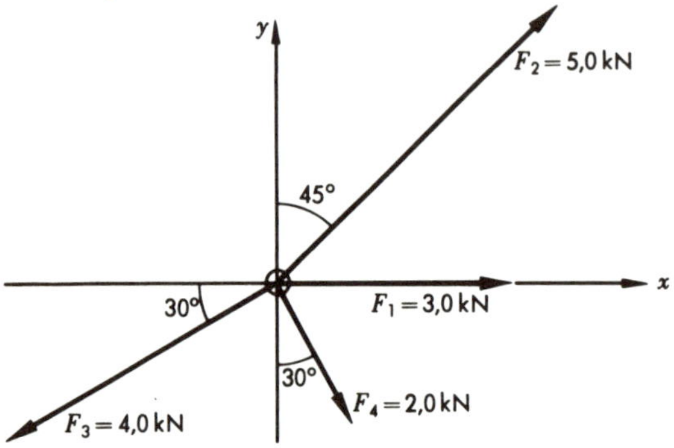

Abb. A 3-12

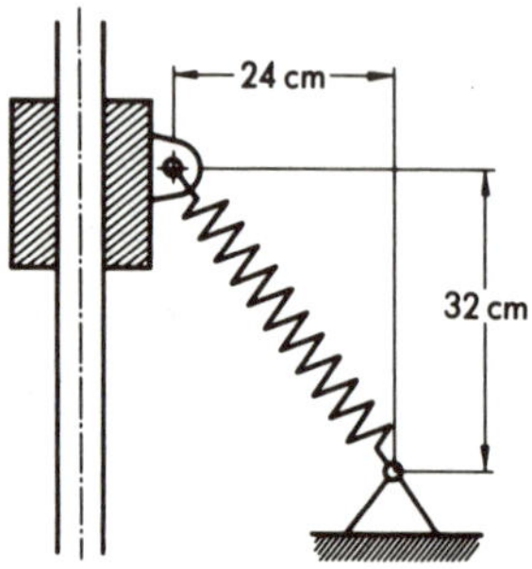

Abb. A 3-13

A 3-14. Die am Keil angreifende Kraft F ist in die beiden Richtungen N zu zerlegen. Wie groß ist F_N für $F = 10{,}0$ kN?

A 3-15. Die am Keil angreifende Kraft F ist in die Richtungen R für $\rho = 12°$ zu zerlegen. Wie groß ist F_R für $F = 10{,}0$ kN?

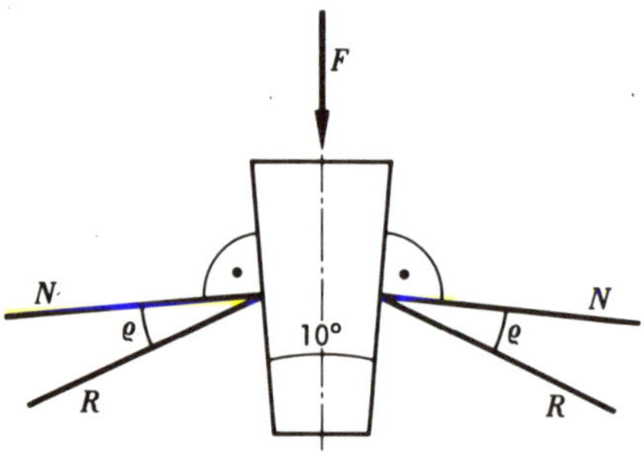

Abb. A 3-14/15

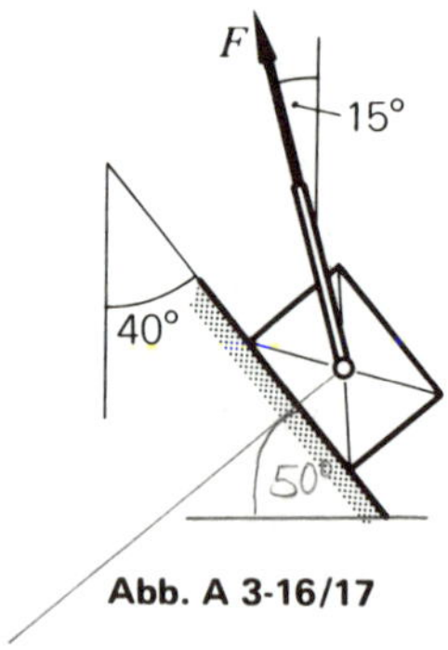

Abb. A 3-16/17

A 3-16. Auf einer schiefen Ebene liegt ein Block der Masse $m = 30$ kg. Die Stangenkraft wird gemessen und beträgt 280 N. Welche Kraft muß von der Unterlage auf den Block übertragen werden, wenn die resultierende Kraft am Block gleich Null sein soll?

A 3-17. Auf einer schiefen Ebene liegt ein Block der Masse $m = 30$ kg. Die Unterlage kann nur Kräfte senkrecht zur Oberfläche auf den Block übertragen. Wenn die resultierende Kraft am Block gleich Null ist, wie groß sind Oberflächenkraft und Stangenkraft?

A 3-18. An einem Hebel ist eine Masse aufgehängt. Der Hebel wird von der Seilkraft S gehalten. Das Gleichgewicht am Hebel erfordert im Befestigungspunkt des Seils eine nach unten gerichtete Kraft von 3,20 kN. Wie groß ist die Seilkraft? Wie groß ist die Komponente der Seilkraft in Richtung der Hebelachse?

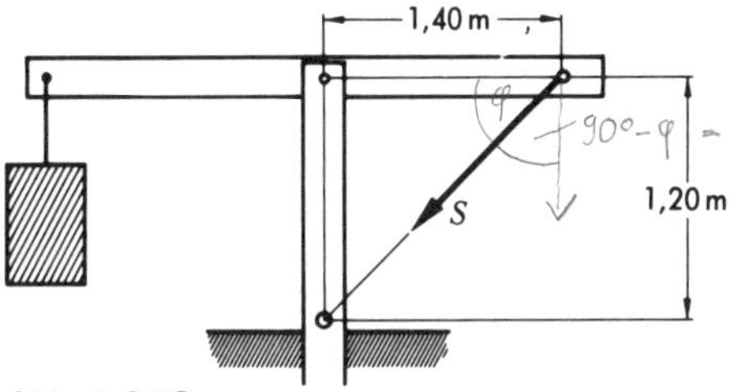

Abb. A 3-18

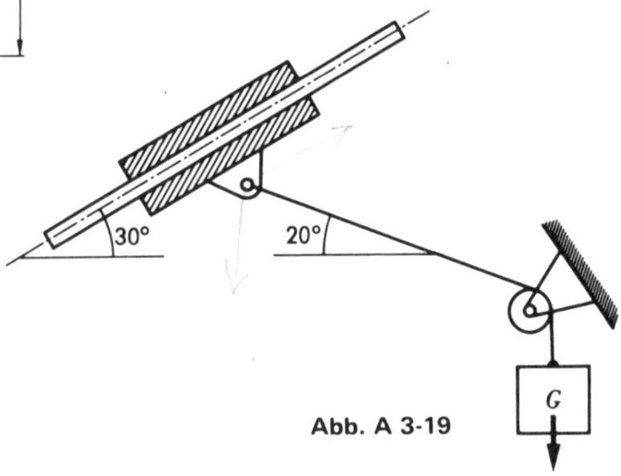

Abb. A 3-19

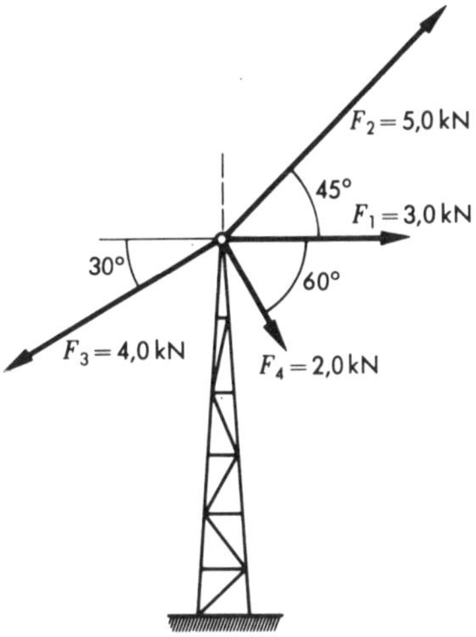

Abb. A 3-20

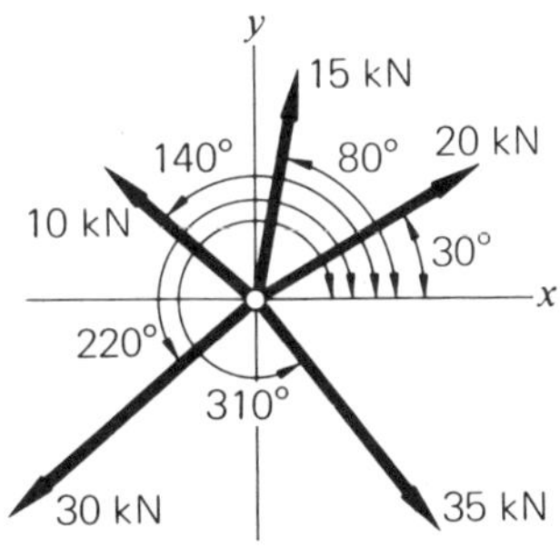

Abb. A 3-21

A 3-19. An einer unter 30° geführten Muffe greift eine Kraft G an (Rolle reibungslos). Wie groß muß die Kraft G sein, wenn die Seilkraftkomponente tangential zur Führungsstange 400 N betragen soll. Wie groß ist für diesen Fall die Kraft senkrecht zur Führungsstange? Lösung graphisch und analytisch.

A 3-20. An einem Mast greifen die Kräfte F_1 bis F_4 an. Zu bestimmen ist die Resultierende nach Größe und Richtung und ihre Komponenten in horizontaler und vertikaler Richtung. Lösung graphisch und analytisch.

A 3-21/22/23. Die Resultierende des Kräftesystems ist nach Größe und Richtung graphisch und analytisch zu bestimmen.

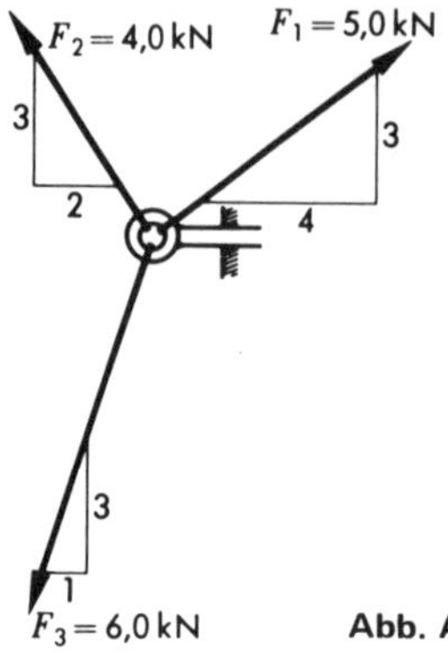

Abb. A 3-22

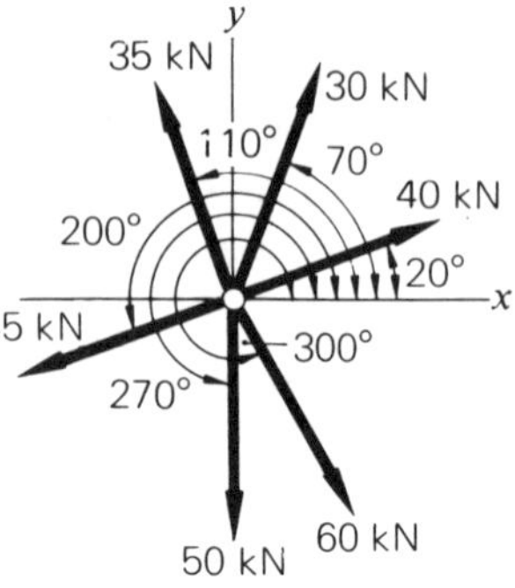

Abb. A 3-23

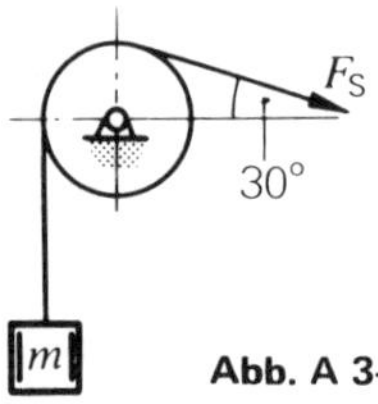

Abb. A 3-24

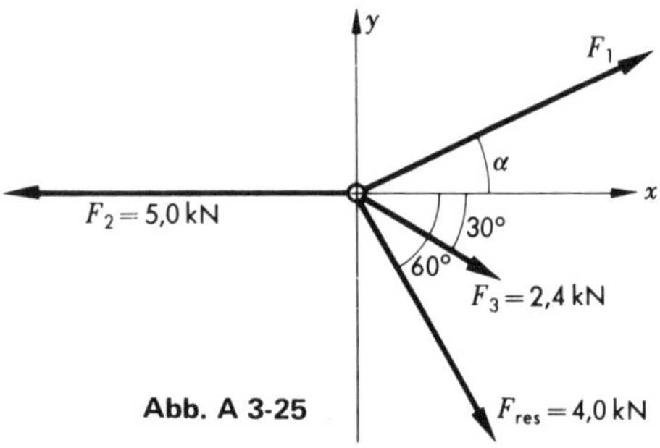

Abb. A 3-25

A 3-24. An einer reibungslos gelagerten Rolle hängt eine Masse m = 100 kg. Sie wird von der Seilkraft F_S gehalten. Wie groß muß die vom Rollenlager auf die Rolle ausgeübte Kraft sein und in welcher Richtung muß sie wirken, wenn die Resultierende an der Rolle gleich Null sein soll?

A 3-25. Für das gegebene Kräftesystem ist F_1 nach Größe und Richtung so zu bestimmen, daß die Resultierende F_{res} = 4,0 kN ist und wie skizziert angreift.

3.3 Parallele Kräfte

3.3.1 Das Moment einer Kraft

Das Bestreben einer Kraft, einen starren Körper um eine Achse zu drehen, ist um so größer, je größer die Kraft und je länger der Hebelarm ist. Dieses Bestreben, das man *Moment der Kraft* nennt, ist demnach proportional zu den beiden Größen. Man definiert deshalb

$$M = F \cdot d \qquad \text{Gl. 3-3}$$

wobei der Abstand der Kraft genau festgelegt sein muß. Der Abstand d ist immer der kürzeste Abstand vom Durchstoßpunkt der Achse durch die Ebene (Pol) bis zur Wirkungslinie der Kraft (Abb. 3-14). Daraus folgt

F ⊥ **d** (Abstand d steht senkrecht auf der Wirkungslinie von F)

Als Dimension für das Moment ergibt sich Kraft × Länge, die Maßeinheit also je nach Größenordnung Ncm, Nm, kNm. Genau wie bei der Kraft die Richtung, muß hier der Drehsinn vorzeichenmäßig definiert werden. Als positiver Drehsinn gilt ↺+ (entgegengesetzt Uhrzeigersinn).

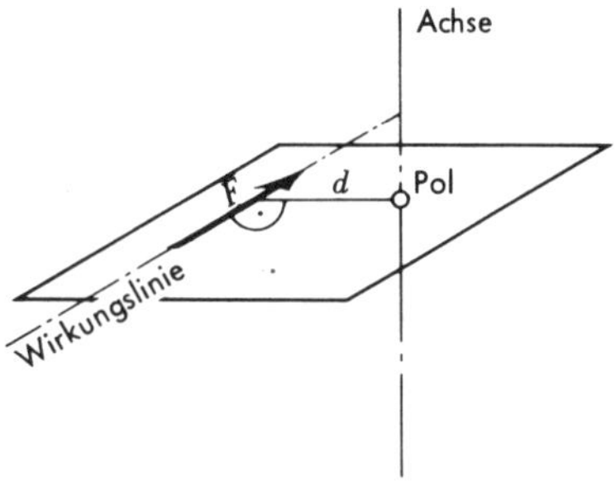

Abb. 3-14

Daß das Moment genau wie eine Kraft Vektoreigenschaft besitzt, wird in Kapitel 12 gezeigt.

Es soll schon an dieser Stelle hingewiesen werden, daß das Moment nur zufällig die gleiche Dimension hat wie die Arbeit oder Energie.

Die Abb. 15 zeigt eine Scheibe, an der eine Kraft F in angegebener Richtung angreift. Das Moment dieser Kraft in bezug auf den Pol A ist

$$M_A = F \cdot d.$$

Nach dem 5. Lehrsatz ist es möglich, die Kraft F in zwei beliebig gewählte Richtungen 1 und 2 zu zerlegen. Die beiden Komponenten F_1 und F_2 haben in jeder Beziehung die gleiche Wirkung wie F, demnach muß auch das gleiche Moment M_A erzeugt werden.

Es gilt demnach:

$$M_A = F_1 \cdot d_1 + F_2 \cdot d_2.$$

Die Zerlegung von F in die beiden Richtungen kann auch vorgenommen werden, nachdem die Kraft vorher nach dem 3. Lehrsatz entlang der Wirkungslinie verschoben wur-

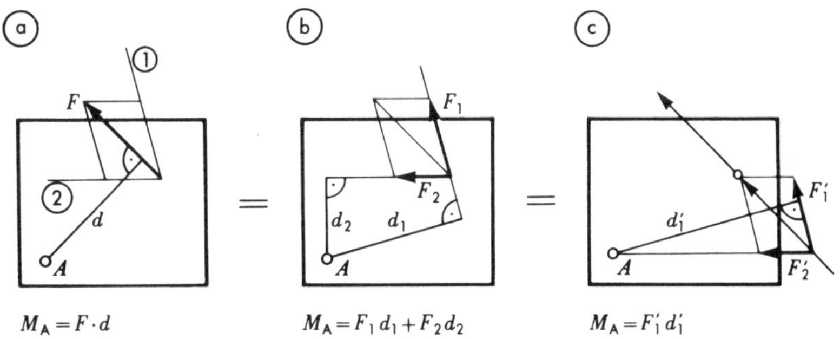

Abb. 3-15

de. Dabei geht im vorliegenden Fall eine Wirkungslinie durch den Pol und verursacht damit kein Moment in bezug auf den Punkt A. Es gilt jetzt:

$$M_A = F_1' \cdot d_1'.$$

Die Verschiebung und Zerlegung einer Kraft an einem geschickt gewählten Punkt liefert oft eine z.T. erhebliche Vereinfachung der Berechnung wirkender Momente.

Aus dem oben Gesagten folgt (s. Abb. 3-15 b mit Gleichung), **daß das resultierende Moment (Gesamtmoment) sich unter Berücksichtigung der Vorzeichen aus den Einzelmomenten verschiedener Kräfte zusammensetzt.**

$$\mathbf{M_{res} = \sum M_i} \qquad \textbf{Gl. 3-4}$$

Beispiel 1 (Abb. 3-16)

Zu beweisen ist die Gültigkeit der folgenden Gleichungen:

$$M_0 = F \cdot d = F_x \cdot y_0 = F_y \cdot x_0 .$$

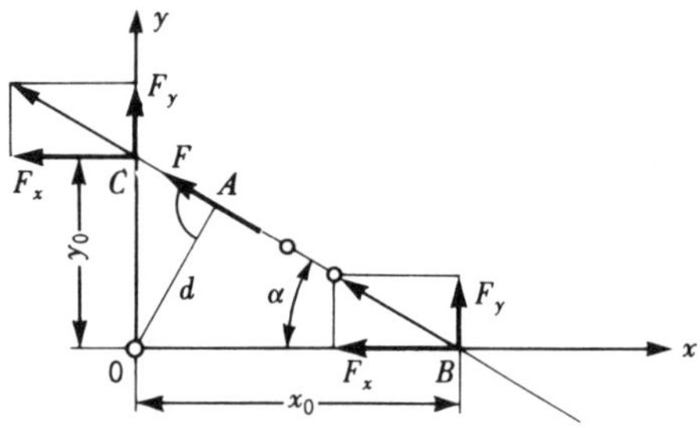

Abb. 3-16

Lösung

Aus $\Delta\, OAB$: $d = x_0 \cdot \sin\alpha$

aus $\Delta\, OAC$: $d = y_0 \cdot \cos\alpha$

da $\sphericalangle\, COA := \alpha$ (gedrehte Winkel).

Oben entsprechend eingesetzt erhält man

$$F \cdot x_0 \cdot \sin\alpha = F_y \cdot x_0 \; ; \qquad F \cdot y_0 \cdot \cos\alpha = F_x \cdot y_0$$

$$F \cdot \sin\alpha = F_y \; ; \qquad F \cdot \cos\alpha = F_x$$

Die Richtigkeit beider Gleichungen ergibt sich aus der Abbildung.

Beispiel 2 (Abb. 3-17)

An einer aus einem quadratischen Raster bestehenden Scheibe greifen die Kräfte F_1 bis F_4 an. Zu bestimmen ist das im bezug auf den Punkt A (Pol) wirkende Moment dieser Kräfte.

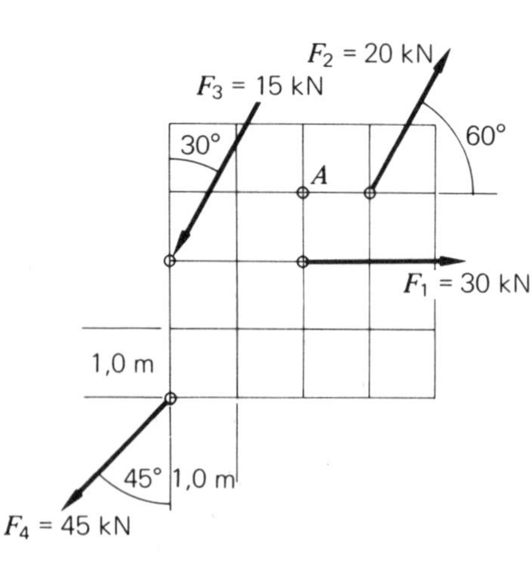

Abb. 3-17

Lösung (Abb. 3-18)

Es ist zwar nicht notwendig, für den Ungeübten jedoch zu empfehlen, eine neue Skizze anzufertigen, in der die Kräfte in die x- und y-Komponenten zerlegt sind. Man beachte, daß die Komponente $F_2 \cdot \cos 60°$ kein Moment in bezug auf den Punkt A hat, da ihre Wirkungslinie durch diesen Punkt geht. Führt man für die Abmessung 1,0 m die Größe a ein, so ergibt sich folgende Gleichung für M_A:

$$\curvearrowleft\!\!+\; M_A = +F_1 \cdot a + F_2 \cdot \sin 60° \cdot a + F_3 \cdot \cos 30° \cdot 2a - F_3 \cdot \sin 30° \cdot a - F_4 \cdot \sin 45° \cdot 3a + F_4 \cdot \cos 45° \cdot 2a.$$

Nach dem Einsetzen der gegebenen Werte erhält man:

$$\mathbf{M_A = +\,33{,}98\ kNm} \curvearrowleft$$

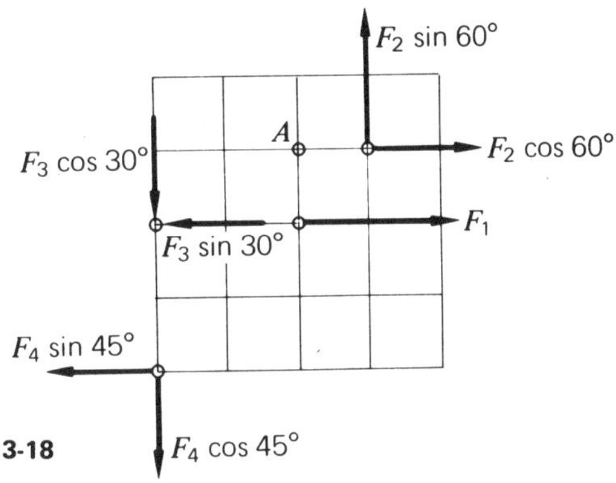

Abb. 3-18

Beispiel 3 (Abb. 3-19)

Das abgebildete Fachwerk ist wie skizziert durch Kräfte belastet.

Zu bestimmen ist das Moment aller Kräfte in bezug auf den Punkt A.

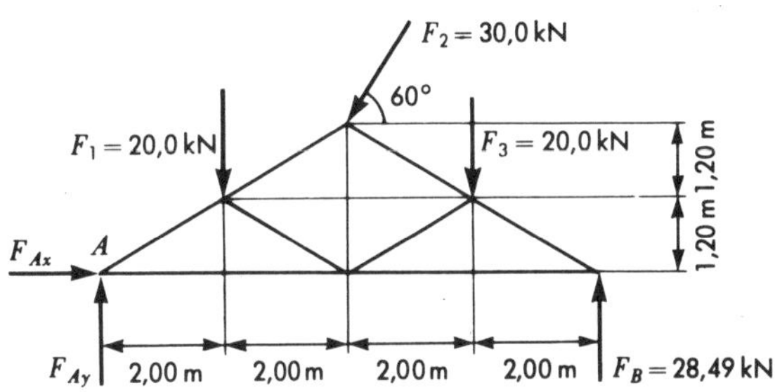

Abb. 3-19

Lösung

Die Kraft F_2 wird zweckmäßig für die Berechnung in die Komponenten $F_x = F_2 \cos 60°$ und $F_y = F_2 \sin 60°$ zerlegt. Dazu ist nicht unbedingt eine neue Zeichnung erforderlich.

$$\curvearrowleft\!\!+\; M_A = -20\ \text{kN} \cdot 2\ \text{m} - 30\ \text{kN} \cdot \tfrac{1}{2}\sqrt{3} \cdot 4\ \text{m} + 30\ \text{kN} \cdot \tfrac{1}{2} \cdot 2{,}4\ \text{m} - 20\ \text{kN} \cdot 6\ \text{m} + 28{,}49\ \text{kN} \cdot 8\ \text{m}$$

$$\mathbf{M_A = 0}$$

In diesem Falle ist das Moment um den Punkt A gleich Null. Die wirkenden Kräfte haben also nicht das Bestreben, das Fachwerk um den Punkt A zu drehen.

3.3.2 Die Resultierende paralleler Kräfte

Gegeben sind die beiden parallelen Kräfte F_1 und F_2 nach Abb. 3-20. Für diese soll die Resultierende bestimmt werden. Da die Wirkungslinien dieser beiden Kräfte keinen gemeinsamen Schnittpunkt haben, ist das in Abschnitt 3.2. behandelte Verfahren nicht durchführbar. Man kann jedoch nach dem 4. Lehrsatz die beiden Hilfskräfte S_0 überlagern, die beide gleich groß, entgegengesetzt gerichtet und kollinear sind und damit keine Wirkung auf das ursprüngliche System ausüben. Je eine Kraft S_0 wird mit F_1 und F_2 zu den Resultierenden $F_{\text{res S1}}$ und $F_{\text{res S2}}$ zusammengefaßt. Diese beiden werden in den gemeinsamen Schnittpunkt verschoben und wie behandelt zusammengesetzt. Der Leser mag als Übungsaufgabe beweisen, daß $F_{\text{res}} = F_1 + F_2$ ist und die Resultierende die Richtung von F_1 und F_2 hat. Das kann man an zwei parallelen Kräften erkennen, die sehr nah beieinander liegen und im Grenzfall zusammenfallen. Dann ist $F_{\text{res}} = F_1 + F_2$ in Richtung von F_1 und F_2.

Allgemein gilt demnach:

$$\mathbf{F}_{\text{res}} = \sum \mathbf{F}; \qquad \mathbf{F}_{\text{res}} \parallel \mathbf{F}$$

Grundsätzlich ist die Aufgabe, die Lage der Resultierenden graphisch zu bestimmen, gelöst, denn bei mehr als zwei Kräften kann man jeweils zwei Kräfte zusammenfassen und das Verfahren solange durchführen, bis die Gesamtresultierende ermittelt ist. Dieses Verfahren ist umständlich und nur des Verständnisses wegen hier angeführt. Es wird in den nachfolgenden Abschnitten durch ein besseres ersetzt (Seileck).

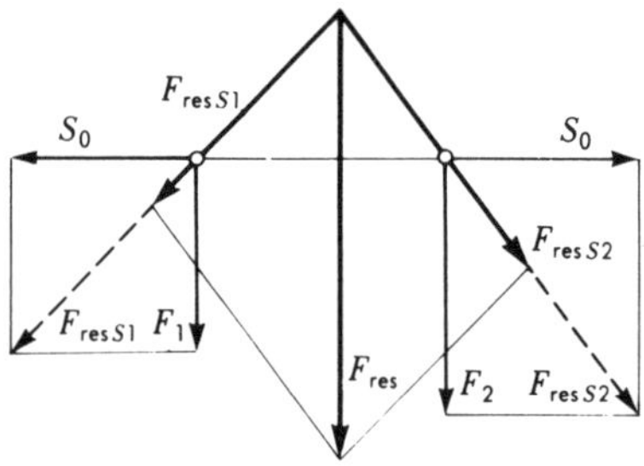

Abb. 3-20

Bei der rechnerischen Bestimmung der Lage der Resultierenden ist es nötig, sich an die Definition der Resultierenden zu erinnern. Die Resultierende soll in jeder Hinsicht die Wirkung mehrerer Kräfte in bezug auf jeden Punkt (auch außerhalb des Systems) ersetzen. Sie soll demnach auch für jeden beliebigen Punkt das gleiche Moment haben wie die wirkenden Kräfte.

Mathematisch formuliert (Abb. 3-21)

$$M_A = F_1 \cdot l_1 + F_2 \cdot l_2 + F_3 \cdot l_3; \qquad M_A = M_1 + M_2 + M_3 = \sum M_i$$

$$M_A = x \cdot F_{\text{res}}$$

$$x\, F_{\text{res}} = \sum M_i; \qquad x = \frac{\Sigma M_i}{F_{\text{res}}}.$$

Insgesamt stehen zwei Gleichungen zur Verfügung, aus denen man Größe und Lage der Resultierenden berechnen kann.

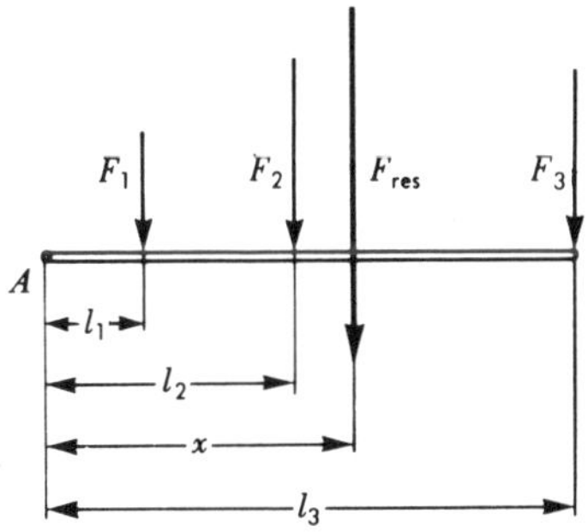

Abb. 3-21

$$\mathbf{F}_{\text{res}} = \sum \mathbf{F}; \qquad x = \frac{\Sigma\, \mathbf{M}_i}{\mathbf{F}_{\text{res}}} \, . \qquad \text{Gl. 3-5}$$

wobei $F_{res} \parallel F$

Bei Einhaltung der folgenden Vorzeichenregeln erhält man für die Lage der Resultierenden rechts vom Pol einen positiven Wert für x, links vom Pol einen negativen Wert.

$F \uparrow (+)$ $\quad$ M ↶ $+$

$F \downarrow (-)$ $\quad$ M ↷ $-$ $\quad$ dabei $+x$ $(\rightarrow)$ senkrecht auf F.

Bei konsequenter Verwendung des kartesischen Koordinatensystems mit dem mathematisch positiven Drehsinn für das Moment (↶), ergibt das Vorzeichen von x die Lage (rechts oder links) der Resultierenden.

In vielen Fällen muß man jedoch von den oben gegebenen Regeln abweichen. Es ist z.B. einfach nicht üblich und auch nicht zweckmäßig, für Gewichtskräfte, die ja immer nach unten wirken, negative Werte anzugeben. In solchen Fällen muß man durch Überlegung bestimmen, ob die Resultierende rechts oder links vom Pol liegt, d.h. die Gleichungen werden in folgender Form gebraucht.

$F_{res} = \sum F;$ $\quad$ mit Angabe $(\uparrow)$ oder $(\downarrow)$

$M_{ges} = \sum M;$ $\quad$ mit Angabe (↶) oder (↷)

$x = \left| \dfrac{M_{ges}}{F_{res}} \right|$ $\quad$ ergibt nur den Abstand

Überlegung ob F_{res} rechts oder links vom Pol liegt:

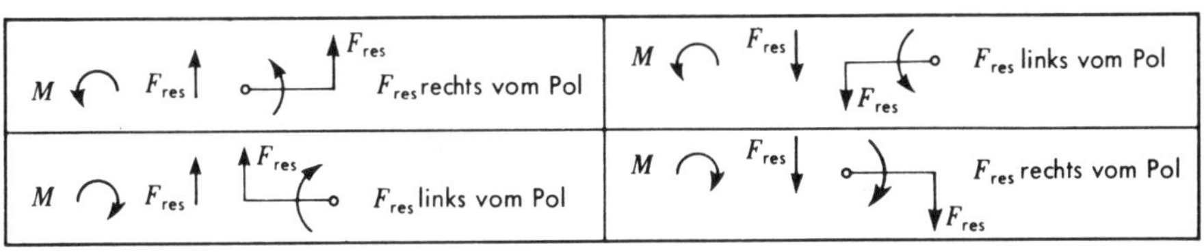

Die Streckenlast

Kontinuierlich verteilte Lasten (z.B. Eigengewichte von Balken, Schneelast, durch Windkräfte verursachte Belastung), stellen ein paralleles Kräftesystem dar. Man bezeichnet diese Lasten als Streckenlasten. Ihre Dimension ist nach dem oben Gesagten, Kraft pro Balkenlänge, d.h. z.B. kN/m. Sie werden mit q bezeichnet. Die Streckenlast kann sich von Punkt zu Punkt ändern (Abb. 3-22). Sie sagt etwas über die Belastungsintensität oder über den Belastungszustand an einer gegebenen Stelle des Balkens aus.

Die Lage und Größe der Resultierenden soll an dieser Stelle des Buches nur für zwei Belastungsfälle gegeben werden.

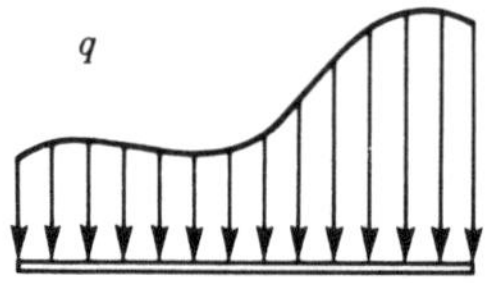

Abb. 3-22

1. Konstante Streckenlast (Abb. 3-23)

In diesem Fall liegt die Resultierende aus Symmetriegründen in der Mitte der Streckenlast, denn in bezug auf diesen Punkt heben sich die Momente des rechten und linken Teils der Streckenlast auf, d.h hier ist das statische Moment der Streckenlast und damit auch der Resultierenden Null. Die Größe der Resultierenden ist nach der Definition

$$F_{res} = q \cdot l$$

2. Linear sich ändernde Streckenlast (Dreiecke) (Abb. 3-24)

Hier muß die maximale Belastungsintensität q_0 angegeben werden. Die Resultierende muß gegenüber Fall 1. nach rechts verschoben sein. Sie leigt $\frac{1}{3} \cdot l$ vom Rand mit der Belastung q_0 entfernt (das beweise der Leser).

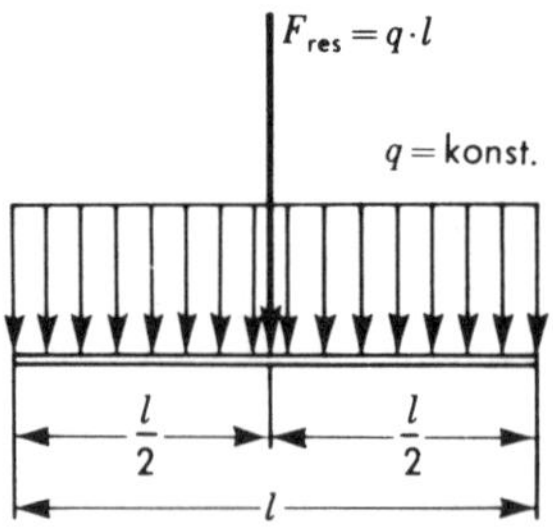

Abb. 3-23

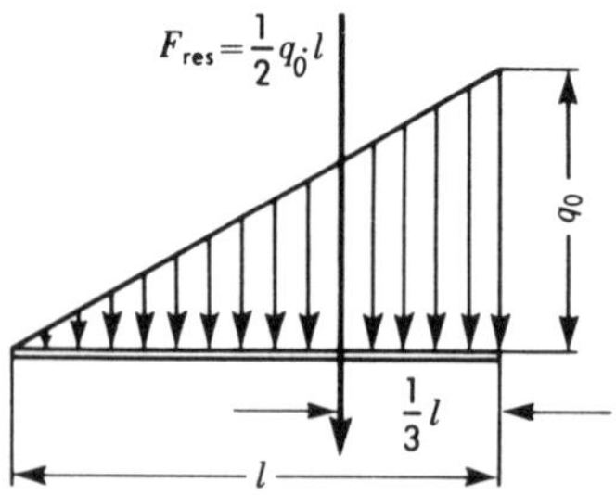

Abb. 3-24

Es ist kein Zufall, daß die Resultierende wie auch im Fall 1. durch den Schwerpunkt der von der Streckenlast gebildeten Fläche geht.
Es ergibt sich für die Größe der Resultierenden (eine Hälfte der konstanten Streckenlast)

$$F_{res} = \frac{1}{2} \cdot q_0 \cdot l$$

Die Größe der Resultierenden entspricht der eingeschlossenen Fläche, die Lage wird durch den Flächenschwerpunkt festgelegt.

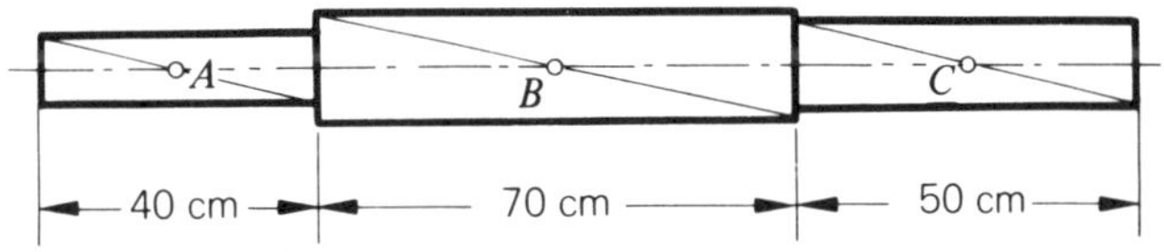

Abb. 3-25

Beispiel 1 (Abb. 3-25)

Die Abbildung zeigt eine Welle, die aus drei Abschnitten besteht. Die Massen der einzelnen Abschnitte betragen 30 kg, 80 kg, 50 kg in der Reihenfolge A, B, C aufgezählt. Die Gewichtskräfte greifen aus Symmetriegründen in den so bezeichneten Punkten an. Zu bestimmen ist die resultierende Gewichtskraft nach Lage und Größe.

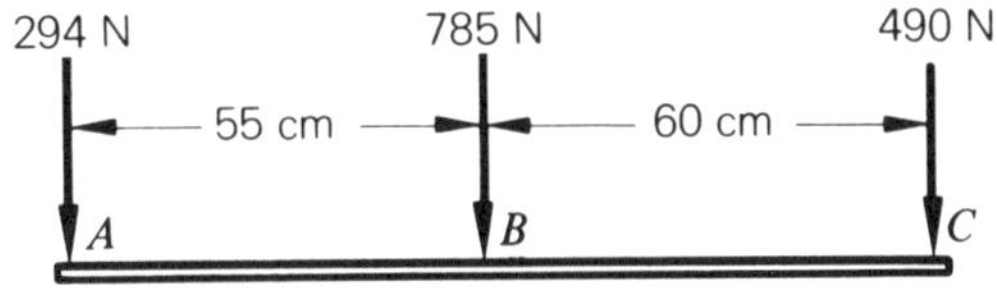

Abb. 3-26

Lösung (Abb. 3-26)
Aus der Beziehung

$$F = m \cdot g$$

erhält man die einzelnen Gewichtskräfte:

$$F_A = 294\ \text{N} \qquad F_B = 785\ \text{N} \qquad F_C = 490\ \text{N}$$

und die Größe der resultierenden Kraft aus der Summierung

$$\mathbf{F_{res} = 1569\ N}.$$

Man erhält damit das abgebildete Kräftesystem.

Mit Hilfe einer Momentengleichung ist die Lage der Wirkungslinie zu bestimmen. Der Bezugspunkt ist frei wählbar. Es soll hier der Punkt B verwendet werden.

$$\overset{\curvearrowleft}{+}\ M_B = +\ 294\ \text{N} \cdot 55\ \text{cm} + 0 - 490\ \text{N} \cdot 60\ \text{cm}$$

$$M_B = -\ 13230\ \text{Ncm} \curvearrowright.$$

Die Einzelkräfte erzeugen ein rechtsdrehendes Moment. Das gleiche muß die Resultierende tun. Da sie nach unten gerichtet ist, muß sie deshalb rechts von B liegen. Der Abstand beträgt

$$x = \left|\frac{M_B}{F_{res}}\right| = \frac{13230\ \text{Ncm}}{1569\ \text{N}} = \mathbf{8{,}43\ cm}$$

vom Punkt B oder 83,43 cm von der linken Kante der Welle.

Kontrolle: $\sum M = 0$ für Wirkungslinie von F_{res}.

Beispiel 2 (Abb. 3-27)

Die Resultierende des parallelen Kräftesystems ist zu bestimmen.

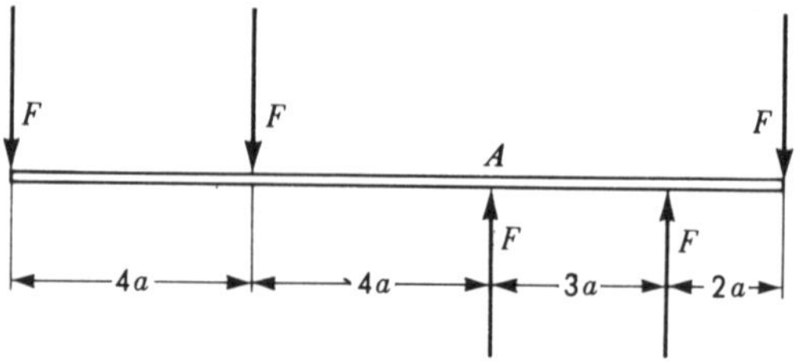

Abb. 3-27

Lösung

$$(\uparrow +) F_{res} = \sum F_i ; \qquad F_{res} = +2F - 3F.$$

$$\mathbf{F_{res} = -F\ (\downarrow).}$$

Als Pol wird ein Punkt gewählt, der auf einer Wirkungslinie etwa in der Mitte des Systems liegt, um eine möglichst einfache Rechnung zu erhalten.

$$\curvearrowleft M_A = 8a \cdot F + 4a \cdot F + 3a \cdot F - 5a \cdot F$$

$$M_A = aF(15 - 5)$$

$$M_A = +10aF\ (\curvearrowleft).$$

$$\mathbf{x} = \frac{M_A}{F_{res}} = \frac{10aF}{-F} = \mathbf{-10\,a.}$$

Da die Vorzeichenregel eingehalten wurde, sagt das negative Vorzeichen aus, daß die Resultierende von der Größe F im Abstand $10\,a$ links von A liegt und nach unten wirkt. In diesem Falle liegt die Resultierende also außerhalb des Kräftesystems.

Kontrolle: $\sum M = 0$ für Wirkungslinie von F_{res}.

3.3.3 Das Kräftepaar

Nach dem im obigen Abschnitt abgeleiteten Verfahren soll versucht werden, 2 Kräfte zusammenzusetzen, die gleich groß, entgegengesetzt gerichtet und parallel verschoben sind (Abb. 3-28).

Die Rechnung ergibt $F_{res} = F - F = 0$ und das zeichnerische Verfahren mit den Hilfskräften führt nicht zum Ziel, da die Resultierenden $F_{res\,S1}$ und $F_{res\,S2}$ (Abb. 3-20) für diesen Fall auch wieder parallel sind. Es ist also offensichtlich nicht möglich, diese Kombination von 2 Kräften, die *Kräftepaar* genannt wird, durch eine einzige

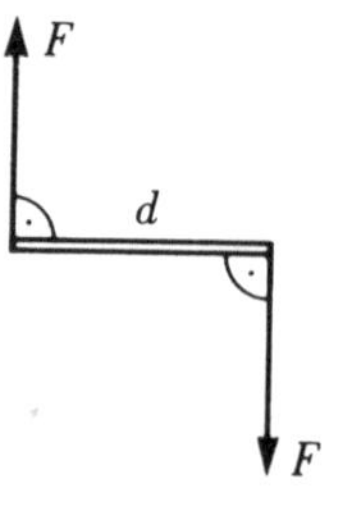

Abb. 3-28

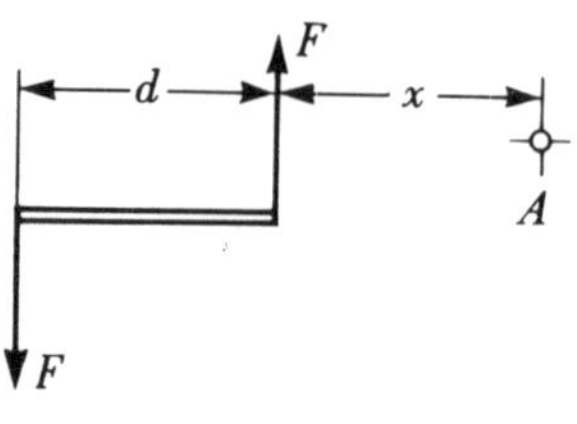

Abb. 3-29

Kraft zu ersetzen. Anders ausgedrückt, ein *Kräftepaar hat keine Kraftwirkung, sondern übt nur ein Moment* aus, versucht demnach eine Drehung einzuleiten.

Die Größe dieses Momentes soll für einen beliebigen Pol A (Abb. 3-29) ermittelt werden.

$$M_A = F \cdot (d + x) - F x$$

$$\mathbf{M_A = F \cdot d}$$

M_A ist also von x unabhängig.

Das Kräftepaar hat die Wirkung eines Momentes, dessen Größe F·d unabhängig von der Lage des Poles ist.

Daraus resultieren folgende Sätze:

1. **Ein Kräftepaar kann in seiner Wirkungsebene beliebig verschoben werden. Die Wirkung auf einen starren Körper bleibt unverändert.**

   Die Abb. 3-30 zeigt eine Anwendung dieses Satzes. Die direkt auf dem Vierkant wirkende Kraft erscheint unnötig, da sie kein Moment ausübt. Sie muß wirksam sein, wenn auf den Vierkant ein reines Moment ausgeübt werden soll. Wird sie weggelassen, so wird der Zapfen zusätzlich auf Biegung beansprucht.

Abb. 3-30

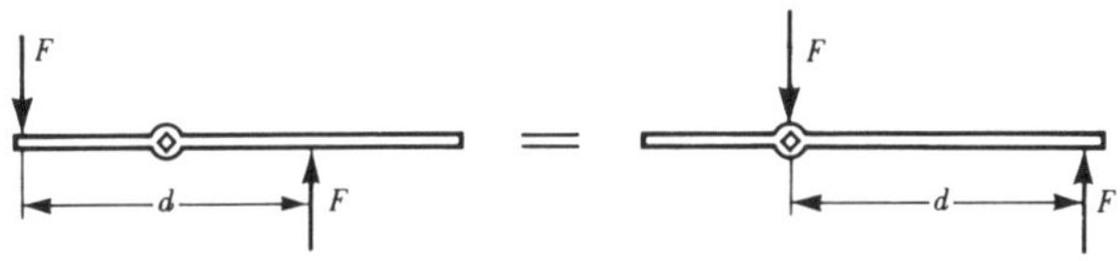

2. **Ein Kräftepaar kann in eine neue, parallel liegende Wirkungsebene verschoben werden.**
   Die Wirkung eines langen und kurzen Steckschlüssels ist gleich.

3. **Ein Kräftepaar kann durch ein anderes Kräftepaar ersetzt werden.**
   Das kann sowohl analytisch als auch graphisch erfolgen.

   Ein Kräftepaar $F_1 \cdot d_1$ ist durch ein zweites $F_2 \cdot d_2$ zu ersetzen. Da dabei die Wirkung gleich bleiben soll, muß gelten $F_1 \cdot d_1 = F_2 \cdot d_2$. Bei Vorgabe z.B. des Abstandes d_2 kann F_2 berechnet werden.
   Die graphische Lösung erfolgt durch die Überlagerung von zwei Hilfskräften nach Abb. 3-20 (4. Lehrsatz). Diese Konstruktion für ein Kräftepaar angewendet, ergibt ein neues Kräftepaar.

4. **Mehrere Kräftepaare lassen sich zu einem resultierenden Kräftepaar durch algebraische Addition zusammensetzen. Den Drehsinn ergibt das Vorzeichen.**

Symbolisch dargestellt wird das Kräftepaar wie in Abb. 3-31 angegeben.

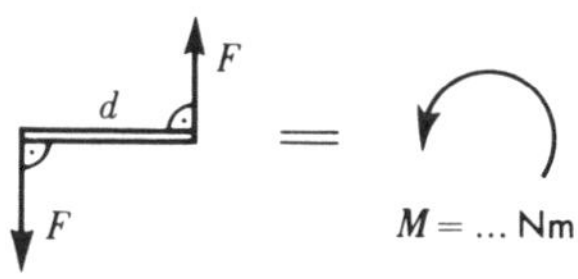

Abb. 3-31

Beispiel 1 (Abb. 3-32).

Ein Stempel, der nach Skizze mit Hebeln versehen ist, wird hinten in einer Einspannung festgehalten. Es greift wie abgebildet ein Kräftepaar an. Dieses ist zu ersetzen durch

a) ein Kräftepaar, dessen Kräfte vertikal liegen und in *C* und *D* angreifen und
b) durch ein Kräftepaar, dessen Kräfte horizontal liegen und in den Punkten *E* und *H* angreifen.

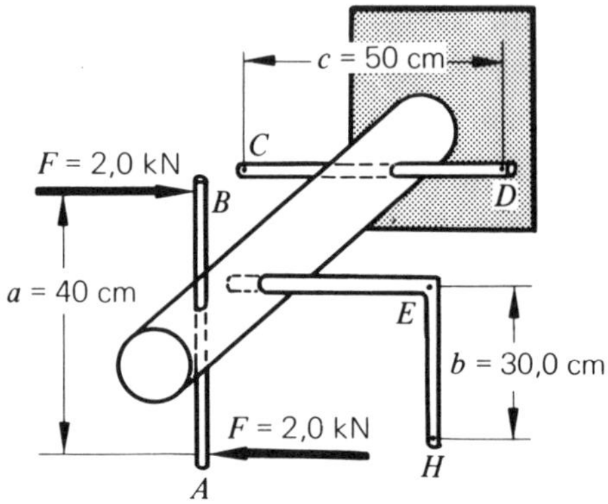

Abb. 3-32

Lösung:

zu a) Ein Kräftepaar kann in der Wirkungsebene verschoben und durch ein gleichwertiges ersetzt werden. Es ist besonders zu beachten, daß die Hebel nicht symmetrisch sitzen müssen (1. Satz):

$$F \cdot a = F_C \cdot c$$

$$F_C = \frac{a}{c} \cdot F = \frac{40\ \text{cm}}{50\ \text{cm}} \cdot 2{,}0\ \text{kN}$$

$$\mathbf{F_c = 1{,}60\ kN\ (\uparrow) \qquad F_D = 1{,}60\ kN\ (\downarrow).}$$

zu b) Ein Kräftepaar kann beliebig verschoben werden:

$$F \cdot a = F_E \cdot b$$

$$F_E = \frac{a}{b} \cdot F = \frac{40\ \text{cm}}{30\ \text{cm}} \cdot 2{,}0\ \text{kN}$$

$$\mathbf{F_E = 2{,}67\ kN\ (\rightarrow) \qquad F_H = 2{,}67\ kN\ (\leftarrow).}$$

Daß dieses Kräftepaar das vorgegebene ersetzt, ist durchaus schwer vorstellbar. Es handelt sich um die *äußere* Wirkung des Kräftepaars auf den *starren* Stempel, die für alle drei Kräftepaare gleich ist.

Beispiel 2 (Abb. 3-33)

Die Abbildung zeigt von oben gesehen einen Getriebekasten. An den Wellenenden wirken die Momente M_1 und M_2. Welche Kräfte werden durch das resultierende Moment in die Auflagerpunkte *A* und *B* übertragen?

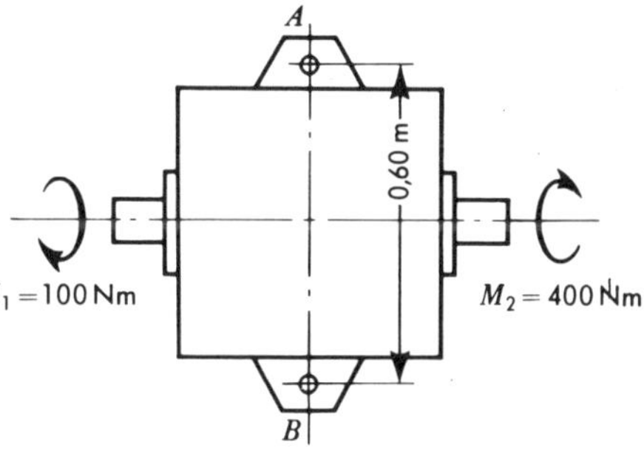

Abb. 3-33

Lösung

$$\curvearrowright\!\!+ M_{res} = M_2 - M_1$$
$$M_{res} = 400 - 100 = 300 \text{ Nm } (\curvearrowright)$$
$$M = F \cdot d\,; \qquad F = \frac{M}{d} = \frac{300 \text{ Nm}}{0{,}60 \text{ m}}$$
$$F = 500 \text{ N}$$

aus dem Drehsinn

$$\mathbf{F_A = 500\,N} \quad (\otimes)$$
$$\mathbf{F_B = 500\,N} \quad (\odot)$$

3.3.4. Die Parallelverschiebung von Kräften

In diesem Abschnitt soll untersucht werden, unter welchen Voraussetzungen eine Parallelverschiebung von Kräften möglich ist. Die im Punkt A eines Körpers (Abb. 3-34 a) wirkende Kraft F soll nach Punkt B parallel verschoben werden, wobei die Wirkung auf den Körper unverändert bleiben soll.

Das ist auf folgendem Wege möglich:

1. Schritt: Die Kraft F wird in B eingetragen. Damit würde aber die Wirkung geändert. Um das auszugleichen, muß in B eine gleich große, entgegengesetzt gerichtete Kraft gezeichnet werden (Abb. 3-34 b).

2. Schritt: Das entstandene Kräftesystem kann in ein Kräftepaar und die in B verbleibende Kraft F aufgeteilt werden. Da ein Kräftepaar ein Moment erzeugt, dessen Größe vom Pol unabhängig ist, kann dieses Moment auch in B angetragen werden. Damit ist die Kraft von A und B parallel verschoben.

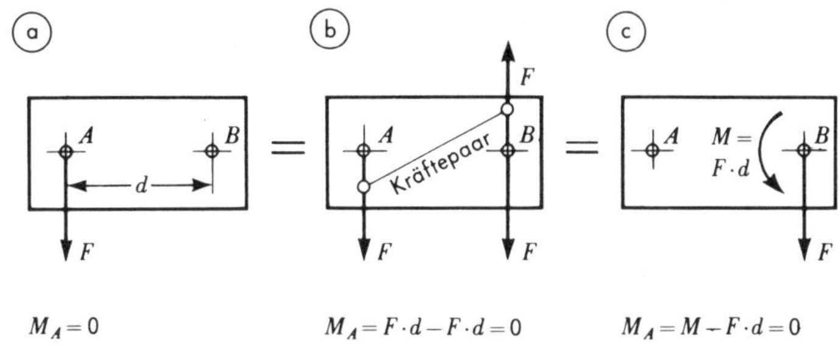

Abb. 3-34

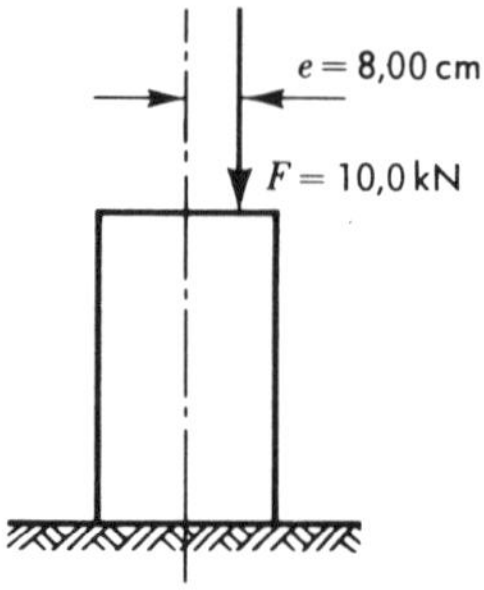

Abb. 3-35

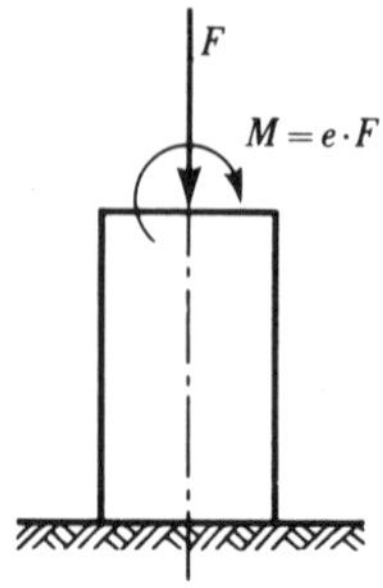

Abb. 3-36

Verschiebt man eine Kraft F parallel um den Betrag d, dann entsteht in bezug auf den Ausgangspunkt ein vorher nicht vorhandenes Moment F·d. Dieses muß durch ein Moment gleicher Größe, aber vom umgekehrten Drehsinn ausgeglichen werden.

Beispiel (Abb. 3-35)

Auf einen Block wirkt exzentrisch eine Kraft F. Diese Kraft ist parallel in die Achse zu verschieben.

Lösung

Bei der Verschiebung nach links entsteht ein mathematisch positives Moment, das durch ein gleich großes negatives Moment (↷) kompensiert werden muß.

$$M = -F \cdot e = -10 \text{ kN} \cdot 0{,}08 \text{ m}$$
$$M = -0{,}8 \text{ kNm} (\curvearrowright).$$

Es entsteht ein Kräftesystem nach Abb. 3-36.

Aufgaben zum Abschnitt 3.3

A 3-26/27/28/29. Zu bestimmen ist das Moment der gezeichneten Kräfte in bezug auf den Punkt A.

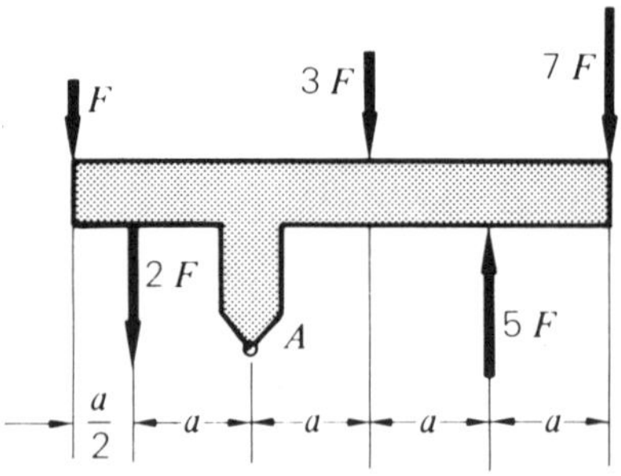

Abb. A 3-26

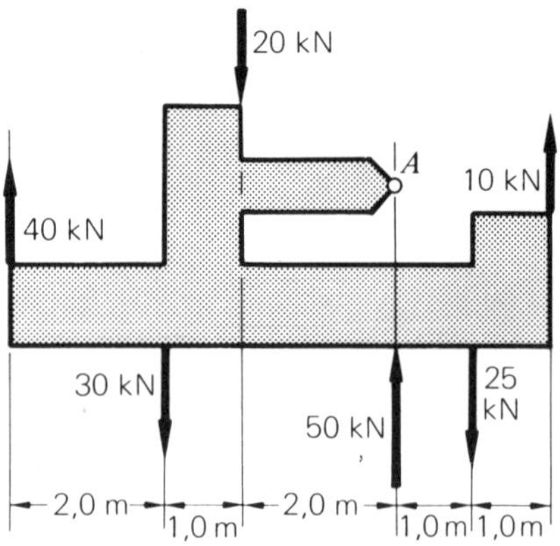

Abb. A 3-27

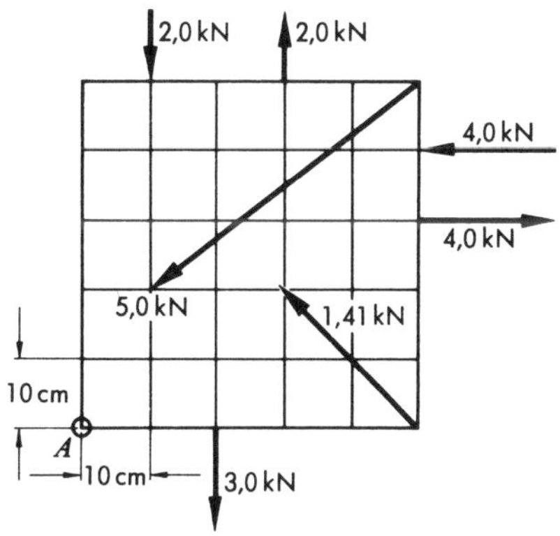

Abb. A 3-28

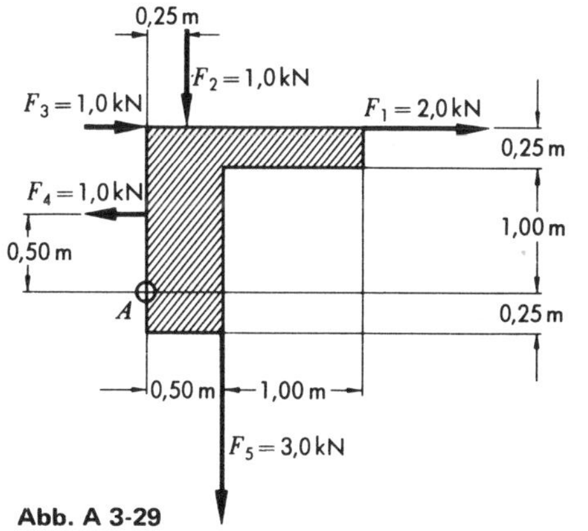

Abb. A 3-29

A 3-30/31. Wie groß muß die Kraft F sein, damit in bezug auf den Punkt A kein Moment wirkt?

A 3-32. Zu bestimmen sind die Momente der angegebenen Kräfte in bezug auf die Punkte $A\,B\,C\,D\,E$. Diskussion der Ergebnisse.

A 3-33. An einem Mast greifen die angegebenen 4 Kräfte an. Die Größe und Lage der Resultierenden dieser 4 Kräfte ist zu bestimmen.

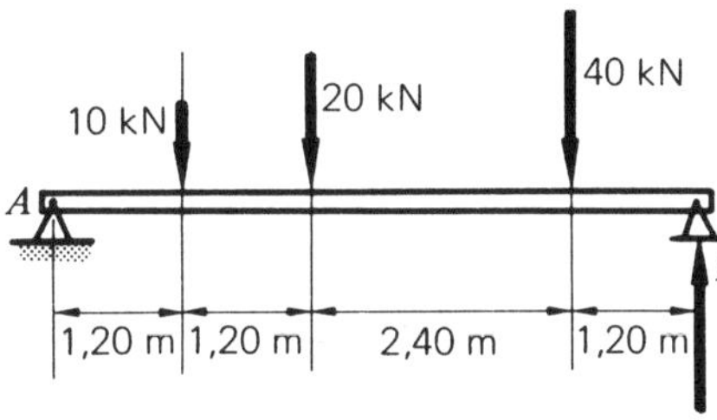

Abb. A 3-30

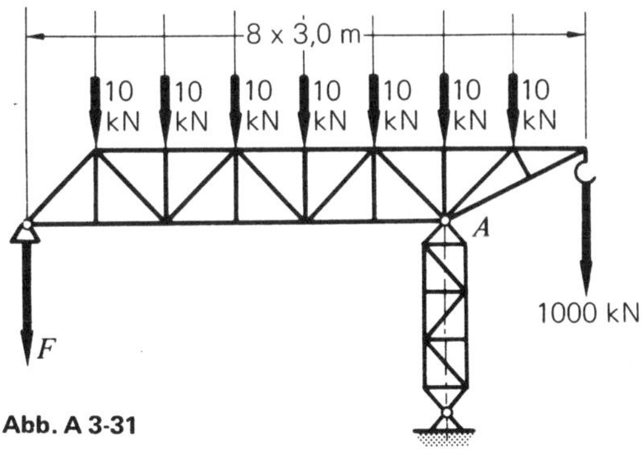

Abb. A 3-31

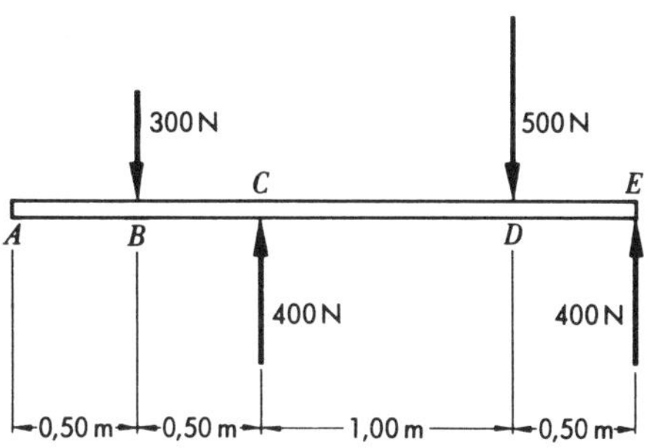

Abb. A 3-32

A 3-34/35/36. Die Resultierende der Kräftesysteme Abb. A 3-26/27/32 ist nach Größe und Lage zu bestimmen.

A 3-37. Die Resultierende der beiden Streckenlasten q_1 und q_2 ist nach Lage und Größe zu bestimmen.

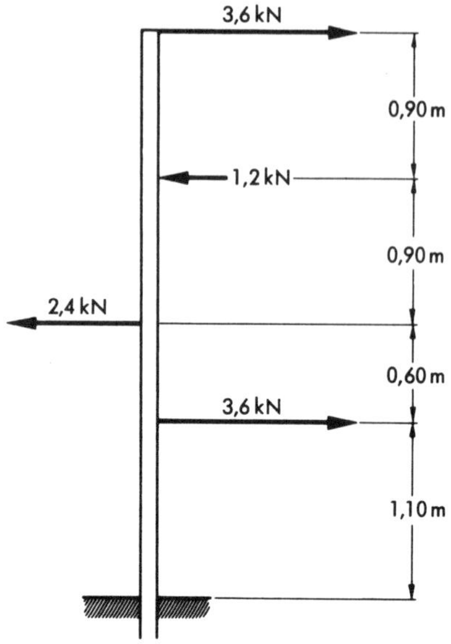

Abb. A 3-33

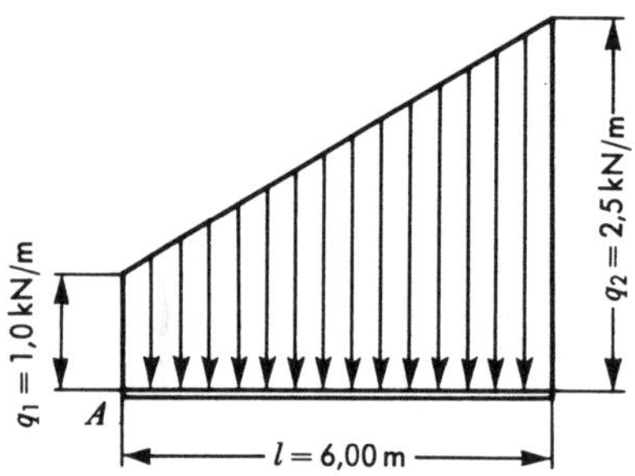

Abb. A 3-37

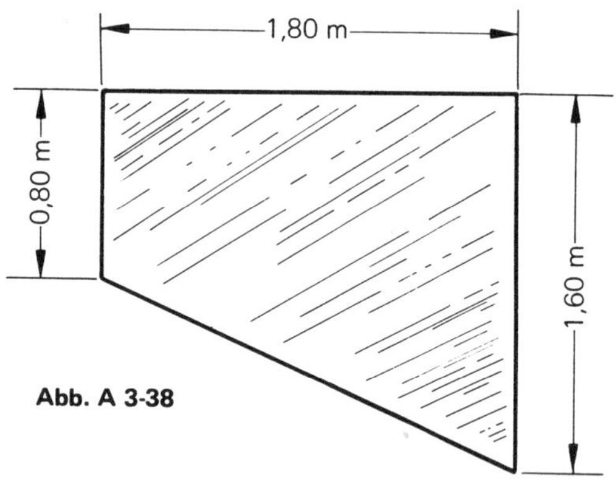

Abb. A 3-38

A 3-38. Die abgebildete Tafel ist aus Blech gefertigt, das 25 kg/m² wiegt. Zu bestimmen ist Lage und Größe der Gewichtskraft.

A 3-39. Ein Pleuel wiegt 800 g. Es wird nach Skizze links an einer Waage, rechts an einem Faden aufgehängt. Die Anzeige an der Waage beträgt 4,71 N. Die Lage der Wirkungslinie der Gewichtskraft und die Größe der Fadenkraft ist zu bestimmen.

A 3-40. Die Kräfte von Aufgabe 3-32 sind durch ein Kräftepaar in A und E zu ersetzen.

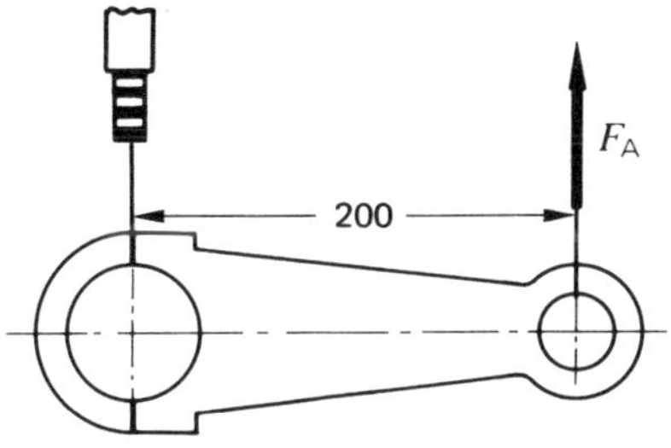

Abb. A 3-39

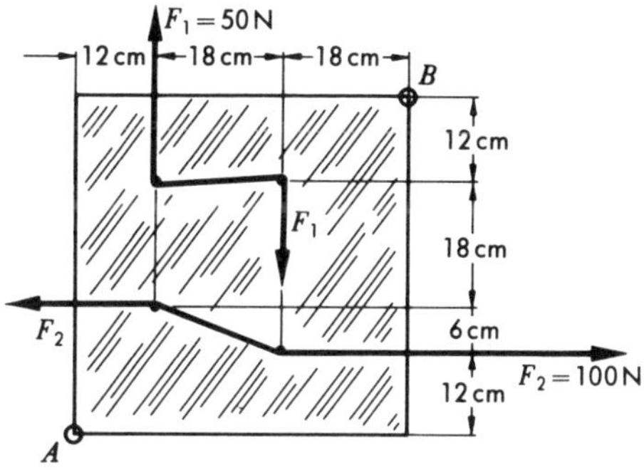

Abb. A 3-41/42

A 3-41. Das an der abgebildeten Scheibe angreifende resultierende Moment ist zu bestimmen.

A 3-42. Die an der Scheibe angreifenden Kräfte sind durch 2 Kräfte in den Punkten *A* und *B* zu ersetzen. Die Wirkungslinien dieser Kräfte sollen senkrecht auf der Diagonalen *A B* stehen.

A 3-43. Die Abbildung zeigt einen Teilabschnitt eines Fachwerks. Die vom Auflager auf das Fachwerk übertragene Kraft beträgt 3000 kN. Die in den Knoten wirkenden Kräfte sind in der Skizze eingetragen. Wie groß müssen die Stabkräfte F_S sein, wenn das resultierende Moment (für einen beliebigen Pol) null ist?

A 3-44. Wie groß müssen die an dem abgebildeten Balken wirkenden Kräfte F_A und F_B sein, wenn $M_{res} = 0$ sein soll?

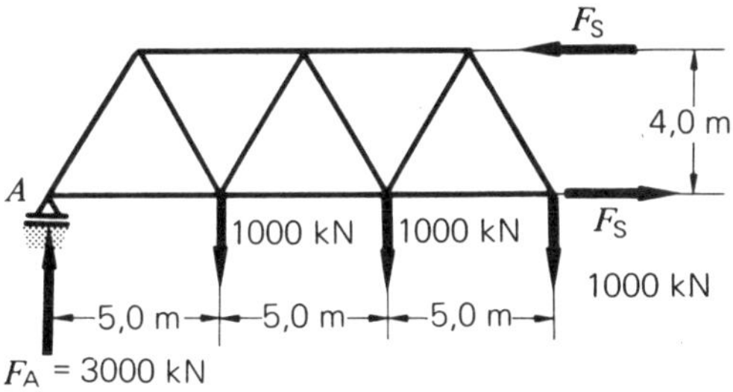

Abb. A 3-43

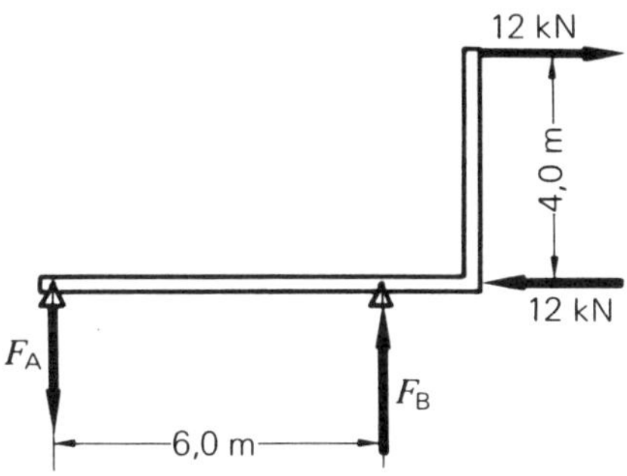

Abb. A 3-44

A 3-45. Ein Platte mit der Gewichtskraft von 200 N ist in A und B aufgehängt. Die y-Komponente der Lagerkraft F_A beträgt 200 N (↑). Wie groß müssen F_{AX} und F_B sein, wenn $M_{res} = 0$ ist?

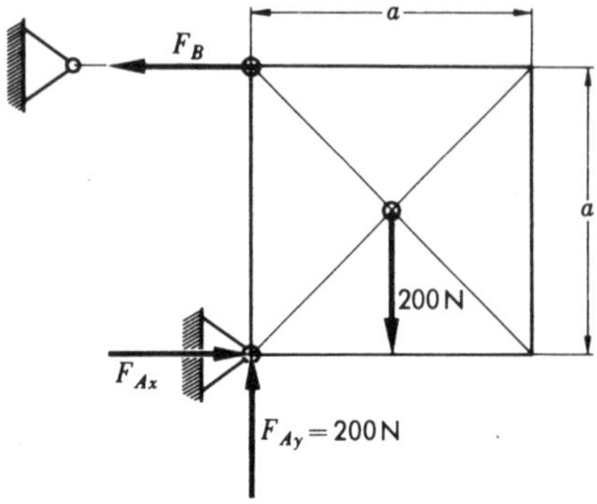

Abb. A 3-45

A 3-46. Die Abbildung zeigt einen Teilabschnitt eines belasteten Balkens. Die links angreifende Kraft wird vom Auflager übertragen, die rechte vertikale Kraft stellt die Belastung dar. Wie groß müssen die im inneren des Balkens wirkenden Kräfte F sein, wenn das resultierende Moment aller Kräfte für jeden beliebigen Pol verschwinden soll?

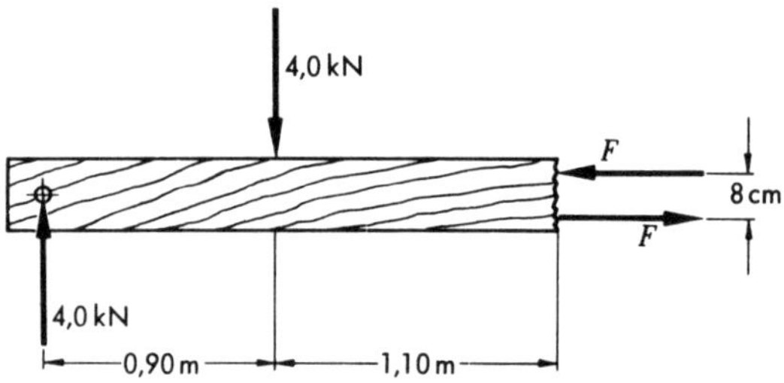

Abb. A 3-46

A 3-47. Eine Platte wird gleichzeitig an 3 Stellen gebohrt. Jeder Bohrer überträgt ein Moment von 2,4 Nm. Wie groß müssen die in A und B horizontal angreifenden Kräfte sein, um die von den Bohrern übertragenen Momente aufzuheben?

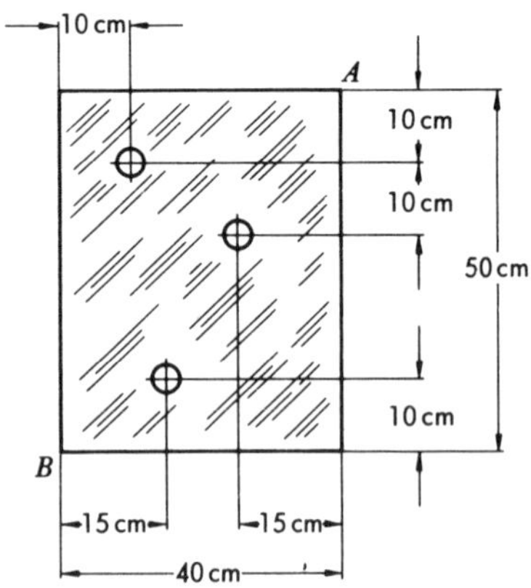

Abb. A 3-47

A 3-48. Die beiden an der Platte wirkenden Kräftepaare üben insgesamt kein Moment aus. Das ist durch Zusammenfassung von F_1 und F_2 zur Resultierenden zu beweisen.

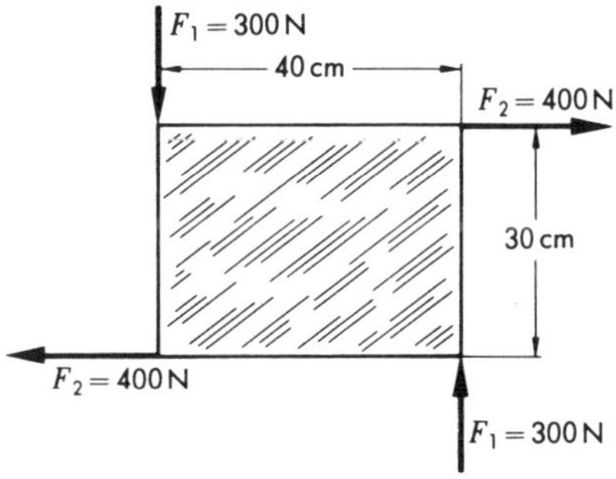

Abb. A 3-48

A 3-49. Abgebildet ist eine zweifach gelagerte Welle mit Belastung und den daraus resultierenden Lagerkräfte. Die resultierende Kraft und das resultierende Moment (für beliebigen Pol) sind null. Die Kraft F wird um 10,0 cm nach links verschoben. Wie ändern sich F_A und F_B, wenn die oben angegebenen Bedingungen erhalten bleiben sollen?

A 3-50. Die an einer Riemenscheibe wirkenden Kräfte S_1 und S_2 sind durch eine Kraft in der Wellenachse und durch ein Moment zu ersetzen.

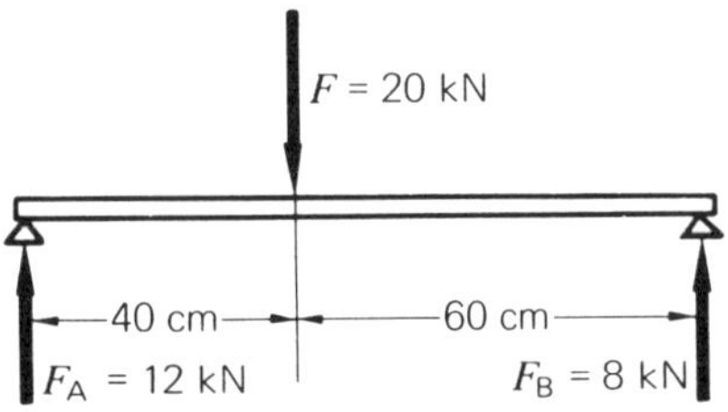

Abb. A 3-49

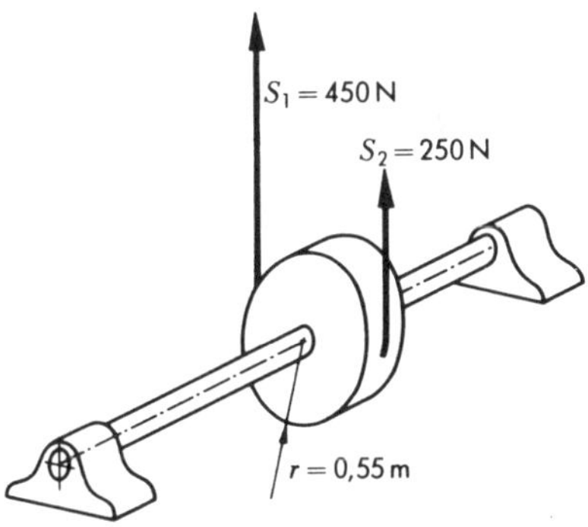

Abb. A 3-50

A 3-51. Die an einer Scheibe angreifende Kraft F ist so zu verschieben, daß sie allein die gleiche Wirkung ausübt wie die eingezeichnete Kraft F und das Moment.

A 3-52. Die an der Rolle angreifenden Kräfte S_1 und S_2 sind in den Rollenmittelpunkt parallel zu verschieben.

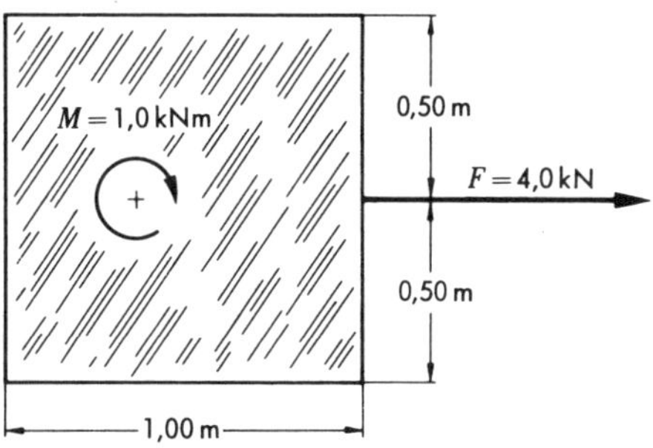

Abb. A 3-51

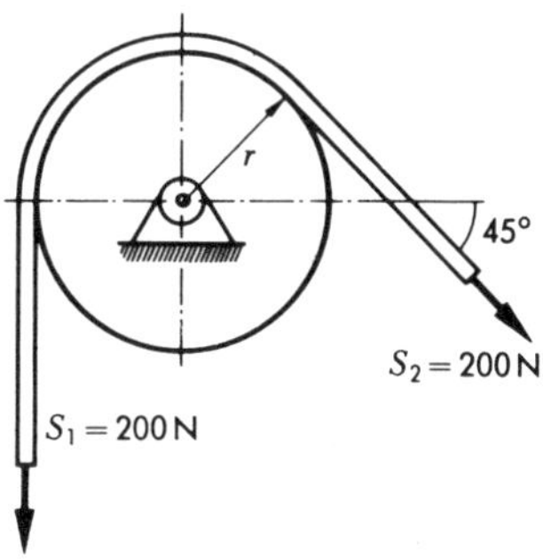

Abb. A 3-52

3.4 Das allgemeine Kräftesystem

3.4.1 Graphische Methode (Seileck)

Wie in der Einführung bereits erklärt, handelt es sich in diesem Abschnitt um Kräftesysteme, bei denen die Kräfte weder parallel sind noch einen gemeinsamen Schnittpunkt haben.

Die Resultierende dieses Kräftesystems (z.B. Abb. 3-37) kann folgendermaßen bestimmt werden.

1. Verschiebung von F_1 und F_2 in den gemeinsamen Schnittpunkt.
2. Zusammensetzung dieser beiden Kräfte zur Resultierenden $F_{res\,12}$
3. Verschiebung von $F_{res\,12}$ und F_3 in den gemeinsamen Schnittpunkt.
4. Zusammensetzung von $F_{res\,12}$ und F_3 zur Gesamtresultierenden F_{res}.

Für mehr als 3 Kräfte wird dieses Verfahren analog fortgesetzt und liefert im letzten Schritt die Gesamtresuldierende.

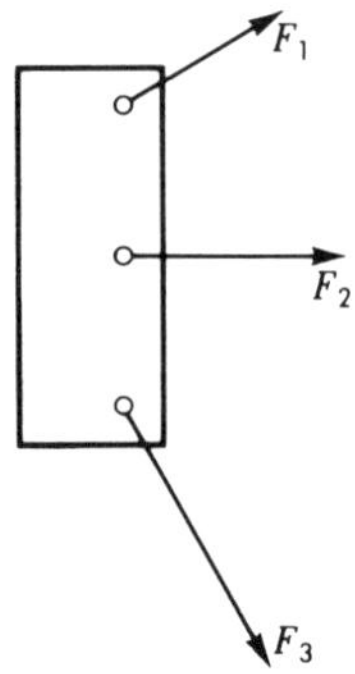

Abb. 3-37

Hier soll eine andere Methode abgeleitet werden: die Seileck-Konstruktion. Diese mag einem Anfänger zunächst besonders umständlich und vielleicht sogar überflüssig erscheinen, zumal der Trend ohnehin zu den analytischen Verfahren geht. Das Seileck hat jedoch über die Anwendungen in der Statik hinausgehende Bedeutung. Man kann mit Hilfe dieser Konstruktion z.B. die im Balken wirkenden Biegemomente bestimmen. Das Seileck stellt eine zweifache graphische Integration dar. Es ist deshalb möglich, die elastische Deformation von auf Biegung beanspruchten Wellen und Trägern zu bestimmen. Gerade vielfach belastete Wellen mit mehreren Absätzen erfordern bei analytischen Lösungen einen unverhältnismäßig hohen Rechenaufwand (s. Band 2). In der Kinematik kann man aus einer Beschleunigungs-Zeit-Kurve eine Orts-Zeit-Abhängigkeit erhalten (s. Band 3).

Die Bedeutung von graphischen Verfahren liegt ganz allgemein darin, Vorgänge zu behandeln, die sich nicht oder nur sehr aufwendig in (integrierbare) Gleichungen fassen lassen. Darüber hinaus weiß jeder tätige Ingenieur, wie wertvoll es ist, auf einem unabhängigen Wege ein wichtiges Ergebnis bestätigt zu finden.

Die Resultierende der 3 Kräfte von Abb. 3-37 soll bestimmt werden.

1. Schritt. (Abb. 3-38 a) Dem Kräftesystem werden 2 Hilfskräfte S_0 überlagert, die gleich groß, entgegengesetzt gerichtet und kollinear sind (4. Lehrsatz). Die eine Hilfskraft wird mit der Kraft F_1 zur Resultierenden S_1 zusammengefaßt. Im Kräfteplan erhält man ein Dreieck $\vec{S}_0 + \vec{F}_1 = \vec{S}_1$.

2. Schritt (Abb. 3-38 b): S_1 und F_2 werden in den gemeinsamen Schnittpunkt geschoben und zur Resultierenden S_2 zusammengesetzt (hier zufällig Angriffspunkt von F_2). Im Kräfteplan erhält man ein Dreieck

$$\vec{S}_1 + \vec{F}_2 = \vec{S}_2 .$$

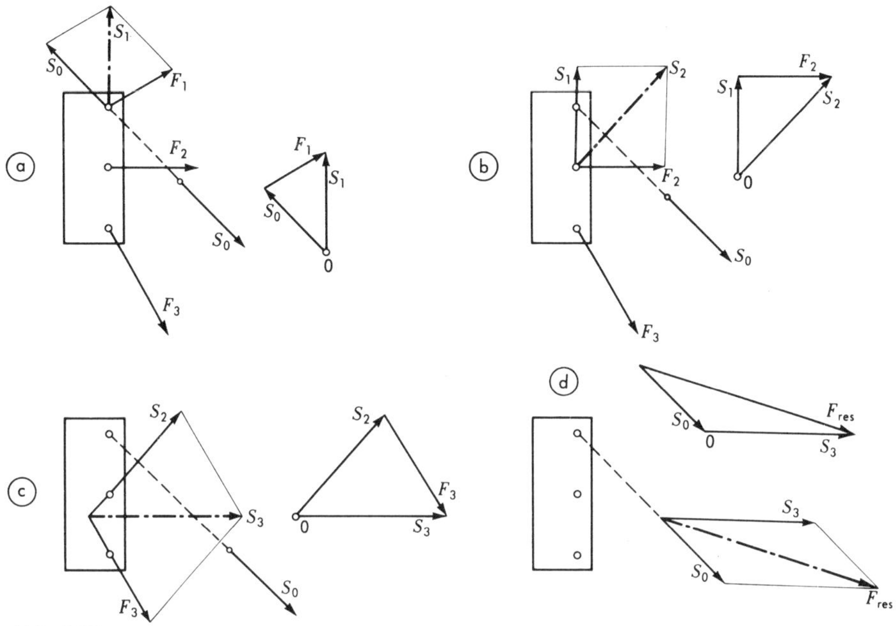

Abb. 3-38

3. Schritt (Abb. 3-38 c): S_2 und F_3 werden in den gemeinsamen Schnittpunkt geschoben und zur Resultierenden S_3 zusammengesetzt. Im Kräfteplan entsteht ein Dreieck.

$$\vec{S}_2 + \vec{F}_3 = \vec{S}_3 .$$

4. Schritt (Abb. 3-38 d): Die noch verbleibende zweite Hilfskraft S_0 und die Kraft S_3 werden zur Gesamtresultierenden F_{res} zusammengesetzt. Im Kräfteplan entsteht ein Dreieck

$$\vec{S}_0 + \vec{S}_3 = \vec{F}_{res} .$$

Legt man alle Kräftepläne so zusammen, daß die markierten Punkte 0 zusammenfallen, so entsteht ein Kräfteplan, wie ihn Abb. 3-39 b zeigt. Die Gesamtresultierende erhält man also, wie zu erwarten war, aus der geometrischen Addition der Einzelkräfte $\vec{F}_1 + \vec{F}_2 + \vec{F}_3 = \vec{F}_{res}$. Den Punkt 0 nennt man *Pol* des Kräfteplans. Die Teilresultierende S_1 S_2 S_3 und die Hilfskraft S_0 heißen im Kräfteplan *Polstrahlen* und werden mit 0; 1; 2;3;usw. bezeichnet und zwar richtet sich diese Bezeichnung nach der Pfeilspitze der Kraft, auf die der Strahl trifft.

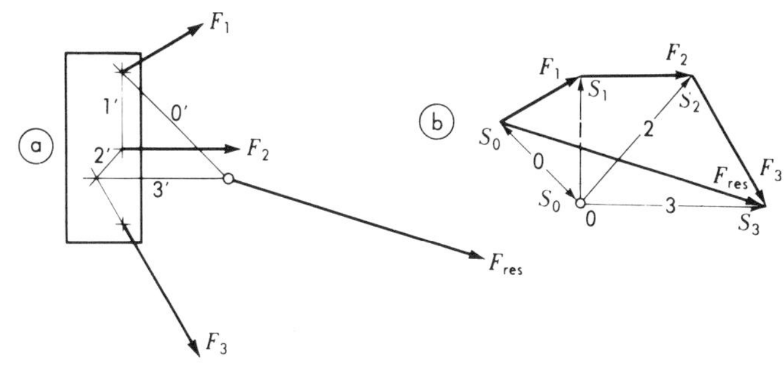

Abb. 3-39

Der Kräfteplan liefert die Resultierende nach Richtung und Größe. Es bleibt nur noch die Ermittlung der Lage im Lageplan. Dazu genügt die Bestimmung eines Punktes, der auf der Wirkungslinie von F_{res} liegt. Es muß demnach der Schnittpunkt von S_0 und S_3 im Lageplan gesucht werden. Dazu ist es aber nicht notwendig, die Kräfte S_0; S_1; S_2; S_3; einzutragen, sondern nur die Wirkungslinien und die dazugehörigen Schnittpunkte mit den Kräften F_1 bis F_3.

Diese Konstruktion zeigt Abb. 3-39 a. Die Wirkungslinie von S_0 ist mit 0′ (parallel zu 0 im Lageplan), von S_1 mit 1′ (parallel zu 1 im Lageplan) usw. bezeichnet. Diese Wirkungslinien nennt man Seilstrahlen (Erklärung s.u.).

Wie aus der ausführlichen Durchführung in Abb. 3-38 folgt, liegt F_{res} auf dem Schnittpunkt des Seilstrahles 0′ und des letzten (in diesem Falle 3.) Seilstrahles.

Es ist gleichgültig, an welcher Stelle man die Hilfskräfte S_0 überlagert und wie groß man man sie wählt (4. Lehrsatz). Von diesen Größen hängt aber die Lage des Pols ab. Für verschiedene Pole erhält man verschiedene Seilstrahlen. Der Schnittpunkt des 0 und letzten Seilstrahles liegt trotzdem immer auf F_{res}.

Aus den Konstruktionen Abb. 3-38 folgt ein für die Kontrolle der Seileckkonstruktion wichtiger Satz:

Ein Dreieck im Kräfteplan entspricht einem Schnittpunkt im Lageplan z.B. (Abb. 3-39).

Kräfteplan	Lageplan
Δ 0 1 F_1	Schnittpunkt 0′ 1′ F_1
Δ 1 2 F_2	Schnittpunkt 1′ 2′ F_2
Δ 2 3 F_3	Schnittpunkt 2′ 3′ F_3
Δ 0 3 F_{res}	Schnittpunkt 0′ 3′ F_{res}

Die Anwendung des Seileck-Verfahrens soll an einigen Beispielen erläutert werden.

Beispiel 1 (Abb. 3-40)

Die Resultierende der parallelen Kräfte F_1 bis F_5 ist nach dem Seileck-Verfahren zu bestimmen.

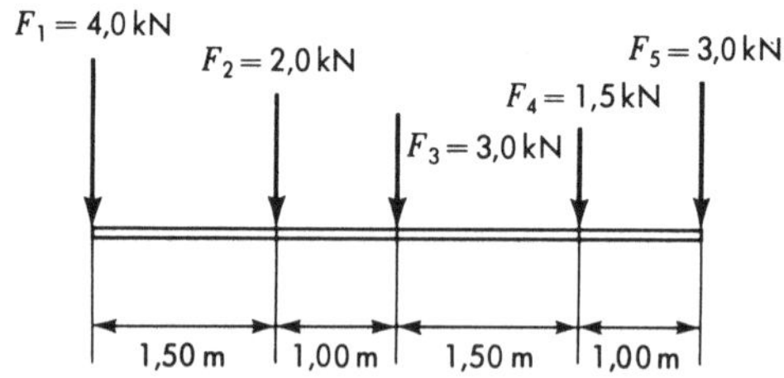

Abb. 3-40

Lösung (Abb. 3-41)

Zuerst wird ein maßstäblicher Lageplan gezeichnet.

Die Kräfte, d.h. die Pfeillängen, brauchen im Lageplan nicht maßstäblich gezeichnet zu werden. Die Wirkungslinien von F_1 bis F_5 werden gezeichnet. Im Kräfteplan werden die Kräfte F_1 bis F_5 aneinandergesetzt und ergeben die Resultierende

$$F_{res} = F_1 + F_2 + F_3 + F_4 + F_5 = 13{,}5 \text{ kN}$$

Da der Pol frei wählbar ist, nimmt man als Pol 0 einen Punkt an, der eine möglichst einfache und genaue Zeichnung ergibt. Legt man den Pol z.B. zu nahe an den Linienzug, dann werden die Seilstrahlen sehr steil und ergeben mit den Wirkungslinien „schleifende" Schnitte. Dadurch wird die Genauigkeit der Konstruktion herabgesetzt. Im vorliegenden Beispiel wurden die Polstrahlen 0 und 5 unter 45° zur Horizontalen gezogen. Nach der Wahl des Pols werden die Polstrahlen gezeichnet und nach der dazugehörigen Pfeilspitze numeriert. Dann wird auf der Wirkungslinie von F_1 ein Punkt angenommen, durch den die zu 0 und 1 parallelen Seilstrahlen 0′ und 1′ gezogen werden. Es wird empfohlen, die gezogenen Strahlen sofort zu bezeichnen, da sonst sehr leicht Verwechslungen eintreten. Durch den Schnittpunkt des Seilstrahles 1′ und F_2 zieht man den Strahl 2′ parallel zu 2 usw. Der Schnittpunkt von 0′ und 5′ liegt auf der Wirkungslinie von F_{res}. Zum Schluß wird die Richtigkeit der Konstruktion kontrolliert:

	Kräfteplan		Lageplan
Dreieck:	0 F_1 1	Schnittpunkt:	0′ F_1 1′
	1 F_2 2		1′ F_2 2′
	usw.		usw.

Die Bezeichnung Seileck resultiert aus der folgenden Tatsache: Wird ein Seil bestimmter Länge mit den Kräften F_1 bis F_5 belastet, dann pendelt es sich in eine Gleichgewichtslage ein, die dem Linienzug 0′ 1′ 2′ 3′ 4′ 5′ entspricht (s. Abb. 3-42). Der Beweis dafür wird in Kapitel 8 erbracht.

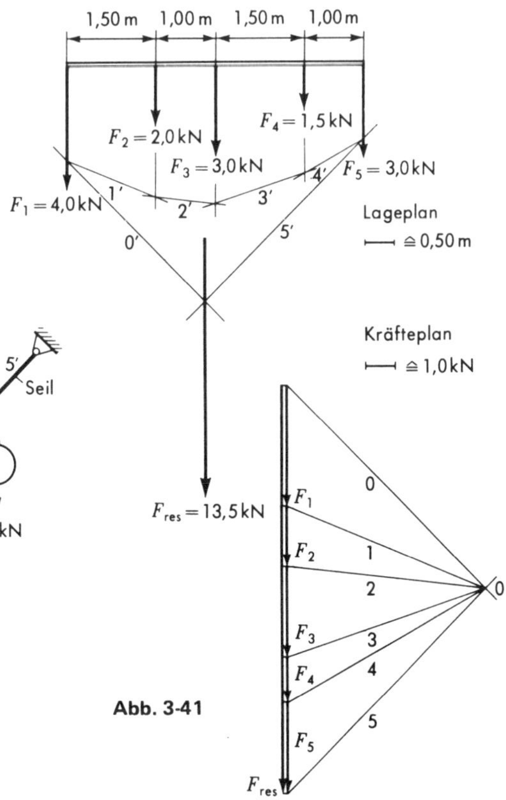

Abb. 3-41

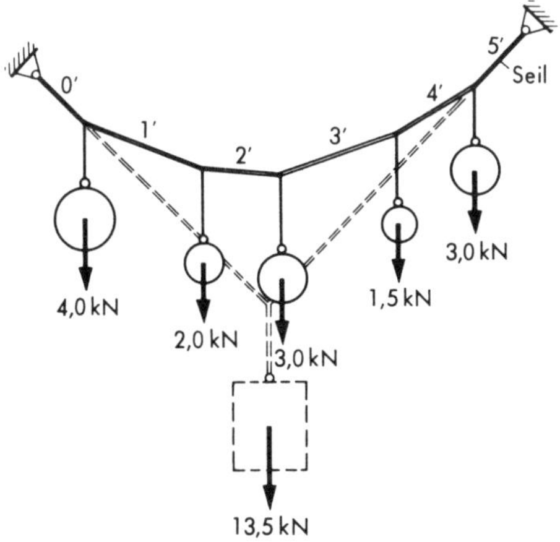

Abb. 3-42

Beispiel 2 (Abb. 3-43)

Die Resultierende der an einer Scheibe wirkenden Kräfte F_1 bis F_3 soll nach dem Seileck-Verfahren bestimmt werden.

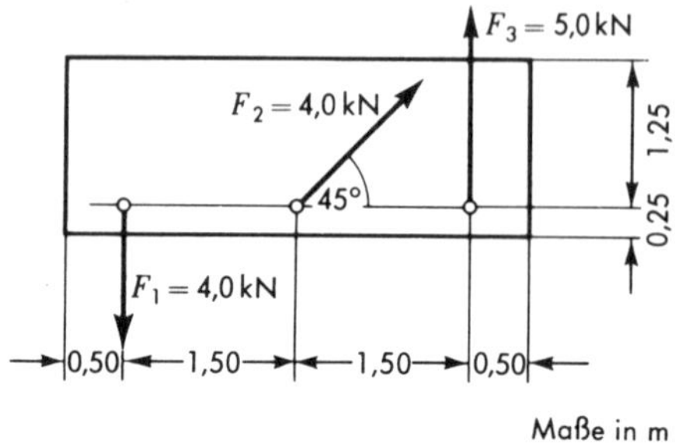

Abb. 3-43

Lösung (Abb. 3-44)

Nach dem Zeichnen des maßstäblichen Lage- und Kräfteplanes wird die Seileckkonstruktion durchgeführt. Bei ungünstiger Wahl des Pols und des Anfangspunktes auf der Wirkungslinie von F_1 können die Schnittpunkte außerhalb des Zeichenblattes liegen. In einem solchen Falle muß die Konstruktion mit neu gewählten Punkten wiederholt werden. Der Pol kann auch innerhalb des Kräftepolygons (Kräftevielecks) liegen.

Bei der vorliegenden Aufgabe liegt die Resultierende außerhalb des Systems. Will man die vorhandenen Kräfte durch die Resultierende ersetzen, dann muß eine starre Verbindung zwischen der resultierenden Kraft und der Scheibe geschaffen werden.

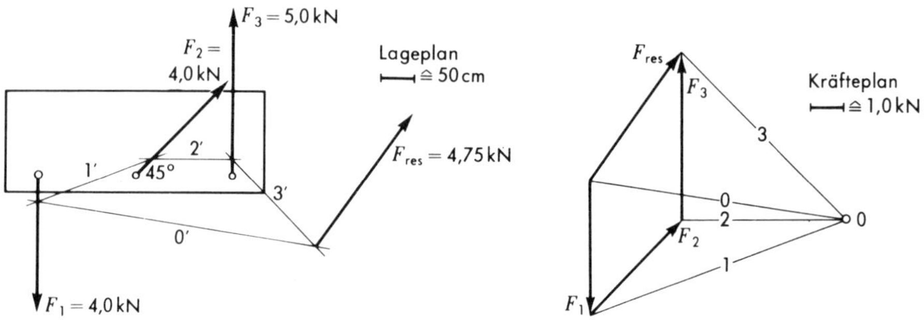

Abb. 3-44

Beispiel 3 (Abb. 3-45)

Die Resultierende des parallelen Kräftesystems ist, wie durch eine Addition der Kräfte leicht ermittelt werden kann, gleich Null. Mit der Seileck-Konstruktion ist die Größe des Moments, das die Kräfte ausüben, zu bestimmen.

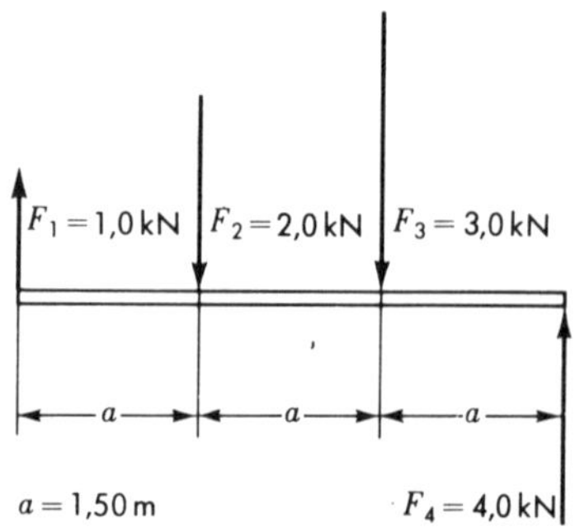

Abb. 3-45

Lösung (Abb. 3-46)

Die vorliegenden 4 Kräfte kann man nicht durch eine Resultierende, sondern durch ein Kräftepaar ersetzen. Zuerst werden maßstabsgerecht Lage- und Kräfteplan gezeichnet. Nach der Wahl des Pols im Kräfteplan werden die Polstrahlen gezogen. Da $F_{res} = 0$ ist, ist der von den Kräften gebildete Linienzug gleichsinnig geschlossen. Aus diesem Grunde fallen die Polstrahlen 0 und 4 zusammen. Im dazugehörigen Seileck liegen die Seilstrahlen 0′ und 4′ parallel. Die Seilstrahlen sind aber Wirkungslinien der Kräfte S_0 S_1 S_2 usw., deren Größe dem Kräfteplan entnommen werden kann (s. Abb. 3-38 und Ableitung des Seilecks). Es entsteht ein Kräftepaar, das gebildet wird von den Kräften S_0 und S_4, die gleich groß, entgegengesetzt gerichtet sind und den Abstand d haben.

$$S_0 = S_4 = 2{,}92 \text{ kN}$$
$$d = 2{,}05 \text{ m}$$

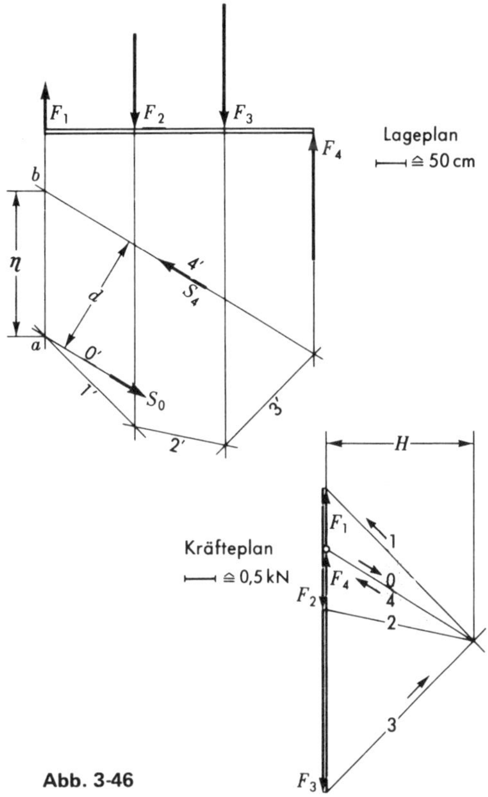

Abb. 3-46

Es verbleibt nur noch, den Drehsinn des Moments, d.h. sein Vorzeichen festzulegen. Denkt man sich jede einzelne Kraft durch ihre Seilkräfte ersetzt, dann gilt:

$$\vec{F}_1 = \vec{S}_0 + \vec{S}_1 ; \qquad \vec{F}_3 = \vec{S}_2 + \vec{S}_3$$
$$\vec{F}_2 = \vec{S}_1 + \vec{S}_2 ; \qquad \vec{F}_4 = \vec{S}_3 + \vec{S}_4$$

Geometrisch gedeutet, ergibt das die im Kräfteplan eingezeichneten Pfeile für die 1. und 4. der oben aufgezählten Gleichungen. Die Kraft S_0 wirkt rechts nach unten, S_4 links nach oben. Das ergibt ein positives Moment von der Größe

$$M = +d \cdot S_0 \; (\circlearrowleft)$$
$$M = 2{,}92 \text{ kN} \cdot 2{,}05 \text{ m}$$
$$M = +\,6{,}0 \text{ kNm} \; (\curvearrowleft)$$

Dieses Ergebnis kann durch Rechnung leicht nachgeprüft werden.

Die anschauliche Deutung der Seileckkonstruktion für diese Aufgabe gibt Abb. 3-47. In einem Punkt ist die Bezeichnung Seileck irreführend: ein Seil kann keine Druckkräfte übertragen. Seilkräfte bei dieser Konstruktion sind manchmal Druckkräfte.

Nach dem 3. Satz über Kräftepaare kann ein Kräftepaar durch ein anderes ersetzt werden. Wählt man als Hebelarm des neuen Kräftepaares den Abstand η, dann muß die an diesem Hebelarm angreifende Kraft gleich der auf η senkrecht stehende Komponente von S_0 bzw. S_4 sein, im vorliegenden Fall also die Horizontalkomponente von S_0 und S_4. Die Horizontalkomponente ist aber gleich der Kraft, die der Höhe H des Kräfteplanes entspricht. Man kann das Moment demnach auch aus

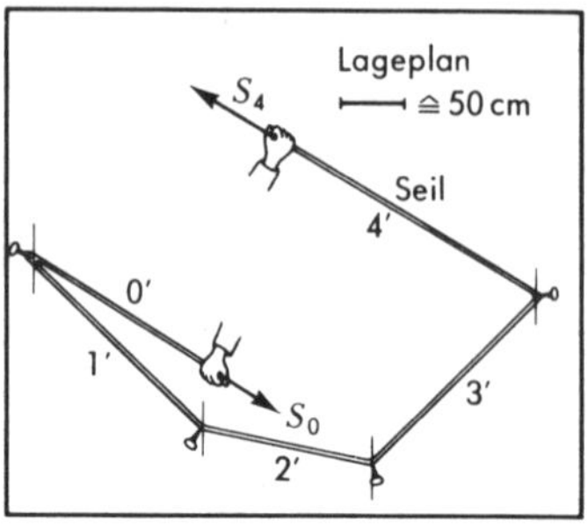

Abb. 3-47

$$M = \eta \cdot H$$

berechnen. Dabei ist η der wahre Abstand $a - b$ und H die aus dem Kräftemaßstab errechnete Kraft senkrecht zu η. Für diese Aufgabe erhält man

$$M = 2{,}40\,\text{m} \cdot 2{,}50\,\text{kN}$$
$$M = 600\,\text{kNm}\;(\curvearrowleft)$$

Es soll hier ganz besonders darauf hingewiesen werden, daß das Moment $M = 0$ wäre, wenn auch im Lageplan die Seilstrahlen 0′ und 4′ zusammenfallen würden ($d = 0$!). In diesem Falle ergäbe sich ein geschlossenes Seileck (s. auch Abb. 3-47).

Ist für ein geschlossenes Krafteck ($F_{res} = 0$) auch das Seileck geschlossen, dann ist an dem System kein Moment wirksam ($M = 0$).

3.4.2 Analytische Methode

Ein ebenes System beliebig liegender Kräfte kann man auf zwei Systeme mit parallelen Kräften reduzieren. Dies geschieht durch Zerlegung jeder Kraft in zwei Komponenten in Richtung dieser parallelen Kräfte. Für die Berechnung verwendet man ein kartesisches Koordinatensystem. Deshalb zerlegt man jede Kraft in x- und y-Richtung und erhält so ein System paralleler Kräfte in x und eines in y-Richtung (Abb. 3-48). Für jedes System kann man nach den im Abschnitt 3.3 behandelten Verfahren die Resultierende, d.h. die Größen F_{resx} und F_{resy} ermitteln. Diese beiden Kräfte ergeben bei geometrischer Addition die Resultierende des Kräftesystems.

Man umgeht die Bestimmung der Lage von $F_{res\,x}$ und $F_{res\,y}$, wenn man das im folgenden beschriebene Verfahren anwendet (Abb. 3-49). Zunächst werden $F_{res\,x}$ und $F_{res\,y}$ nach Größe und Vorzeichen aus der für parallele Kräftesysteme geltenden Beziehungen (Gl. 3-2) bestimmt:

$$F_{res\,x} = \sum F_x\,; \qquad F_{res\,y} = \sum F_y$$

Das resultierende Moment aller Kräfte F_x und F_y in bezug auf einen beliebig wählbaren Punkt A wird aus

$$M_A = \sum M$$

errechnet. Alle wirkenden Kräfte können also im Punkt A durch die Resultierende F_{res} und das in bezug auf A wirkende Moment M_A ersetzt werden. Das Moment kann als Kräftepaar an beliebiger Stelle des Körpers angebracht werden (Verschiebbarkeit von Kräftepaaren).

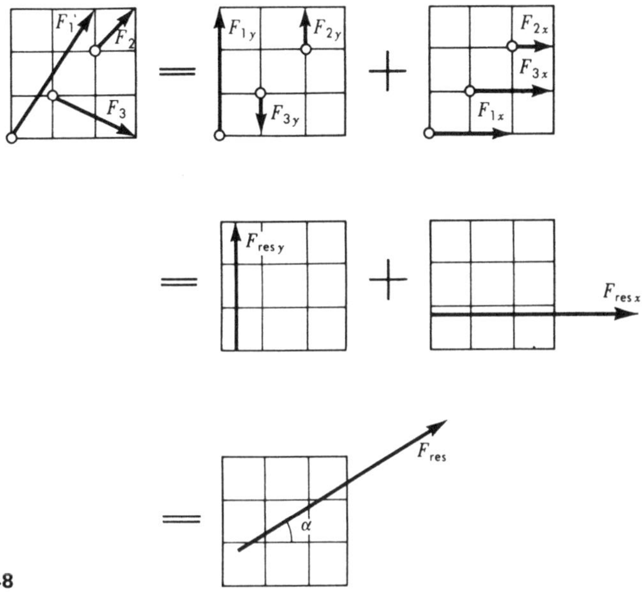

Abb. 3-48

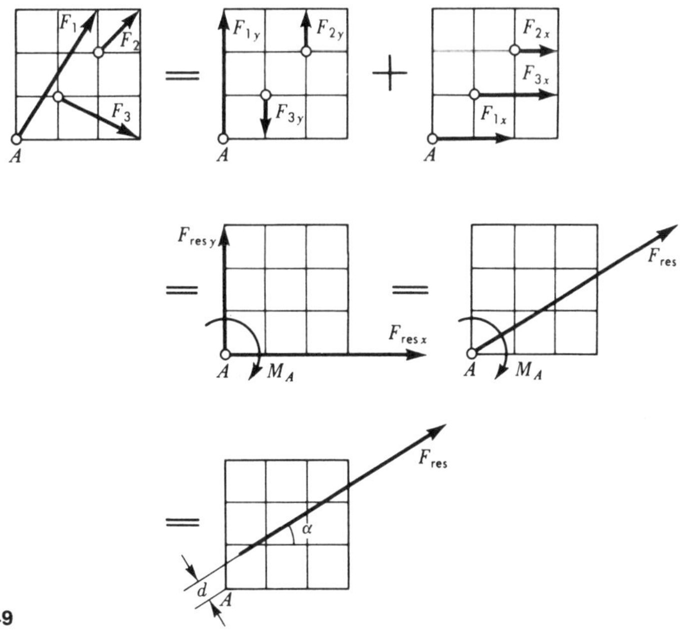

Abb. 3-49

Im Abschnitt 3.3.4 wurde abgeleitet, daß bei der Parallelverschiebung einer Kraft ein Moment zu addieren ist, das das bei der Verschiebung entstehende Moment kompensiert. Verschiebt man in Abb. 3-49 die Resultierende F_{res} nach links oben, dann entsteht ein negatives (↷) Moment, das durch ein gleichgroßes positives Moment aufgehoben werden muß. Verschiebt man F_{res} um den Betrag

$$d = \frac{M_A}{F_{res}} \ ,$$

dann ergibt das bei der Verschiebung zu addierende Moment zusammen mit M_A gerade Null. Das ist die gesuchte Wirkungslinie von F_{res}.

Aus den Ausführungen und den Abb. 3-48/49 folgt:

Ein allgemeines ebenes Kräftesystem kann im beliebigen Punkt der Ebene durch die resultierende Kraft und ein Moment (Kräftepaar) ersetzt werden. Das Kräftepaar ist dabei nicht an diesen Punkt gebunden, sondern kann in der Ebene verschoben werden (Verschiebbarkeit von Kräftepaaren).

Beispiel 1 (Abb. 3-50)

An einem Fachwerk greifen die eingezeichneten Kräfte an. Zu bestimmen ist die resultierende Kraft nach Lage, Größe und Richtung.

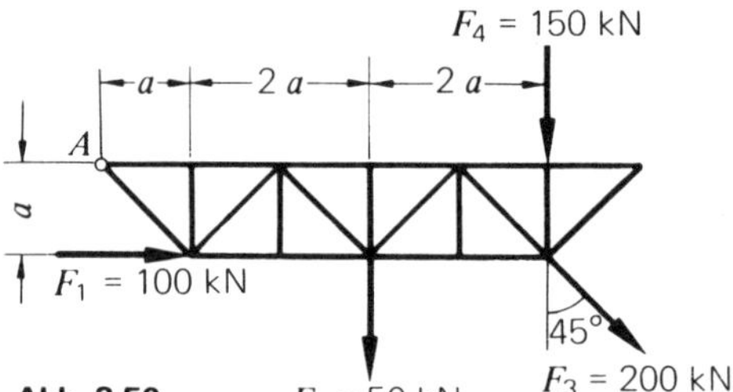

Abb. 3-50

Lösung (Abb. 3-51)

Das gegebene Kräftesystem soll zunächst durch die Resultierende und ein Moment im Punkt A ersetzt werden.

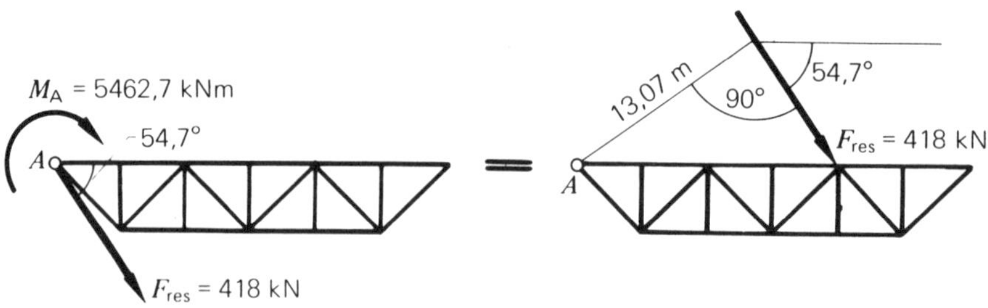

Abb. 3-51

$F_{resx} = \sum F_x = F_1 + F_3 \cdot \frac{1}{2}\sqrt{2}$

$F_{resx} = 241{,}4 \text{ kN } (\rightarrow)$

$F_{resy} = \sum F_y = -F_2 - F_3 \cdot \frac{1}{2}\sqrt{2} - F_4$

$F_{resy} = -341{,}4 \text{ kN } (\downarrow)$

$\curvearrowleft\!+\; M_A = +F_1 \cdot a - F_2 \cdot 3a - F_4 \cdot 5a - F_3 \cdot \frac{1}{2}\sqrt{2} \cdot 5a + F_3 \cdot \frac{1}{2}\sqrt{2} \cdot a$

$M_A = -5462{,}7 \text{ kNm } (\curvearrowright).$

Die Resultierende ist nach Gl. 3-2

$\mathbf{F_{res} = 418{,}1\ kN}$ unter $\boldsymbol{\alpha = -54{,}7°}$

zur positiven x-Achse.

Es ergibt sich das links abgebildete System der Abb. 3-51. Im nächsten Schritt wird die resultierende Kraft so nach rechts verschoben, daß das Moment verschwindet.

$$\mathbf{d} = \left| \frac{M_A}{F_{res}} \right| = \frac{5462{,}7 \text{ kNm}}{418{,}1 \text{ kN}} = \mathbf{13{,}07\ m.}$$

Um diesen Betrag muß die Resultierende nach Skizze parallel verschoben werden, um alleine wirkend, alle Kräfte bzw. Kraft und Moment in A zu ersetzen.

Kontrolle: für einen beliebigen Punkt auf der Wirkungslinie der Resultierenden muß $\sum M = 0$ sein.

Beispiel 2 (Abb. 3-52)

Die Abbildung zeigt einen Winkelhebel. Die beiden Stangen in A und B sollen Kräfte so einleiten, daß am Vierkant Kraft und Moment wie eingezeichnet wirken. Zu bestimmen sind die horizontale Kraft F_A und die Kraft F_B nach Größe und Richtung.

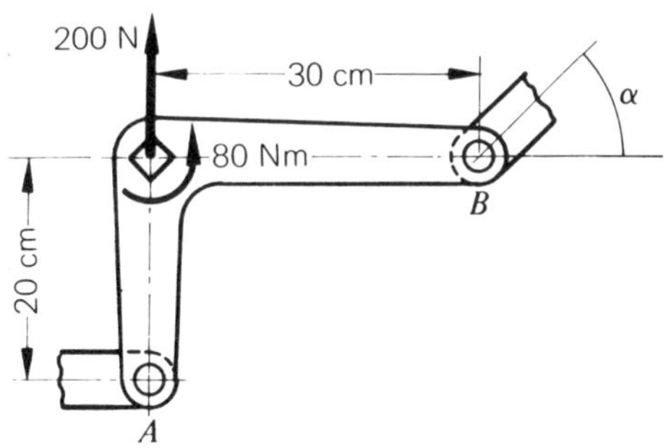

Abb. 3-52

Lösung (Abb. 3-53/54)

Es handelt sich im Prinzip um die Umkehrung des Beispiels 1. Es wird von der resultierenden Kraft und dem resultierenden Moment ausgegangen und auf die erzeugenden Kräfte zurückgerechnet. Der Leser überlege sich, ob auch die Richtung der Kraft A berechenbar ist und ob dieser Hebel mehr Kraftangriffspunkte haben kann.

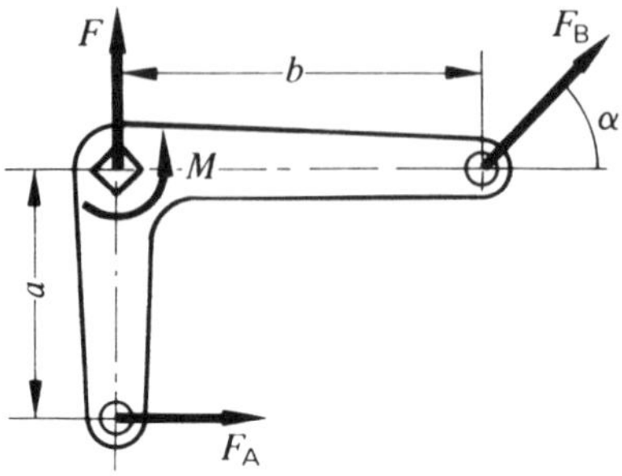

Abb. 3-53

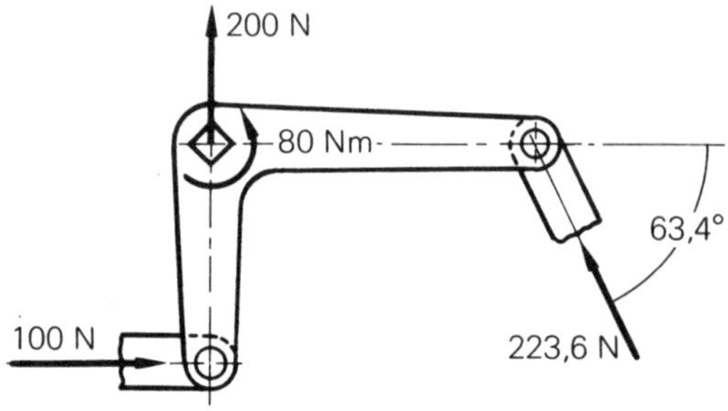

Abb. 3-54

Zunächst werden die Kräfte nach Abb. 3-53 angenommen. Die Gleichungen 3-2/4 ergeben

$$\sum F_y = F_{resy} = F = F_B \cdot \sin\alpha \qquad (1)$$

$$\sum F_x = F_{resx} = 0 = F_A + F_B \cdot \cos\alpha \qquad (2)$$

$$\sum M = M = F_B \cdot \sin\alpha \cdot b + F_A \cdot a. \qquad (3)$$

Das sind drei Bestimmungsgleichungen für die unbekannten Größen.

Aus (1) erhält man

$$F_B = \frac{F}{\sin\alpha}.$$

(2) liefert damit

$$F_A = -\frac{F}{\tan\alpha}.$$

Diese Größen werden in (3) eingesetzt und ergeben:

$$\tan\alpha = \frac{1}{\frac{b}{a} - \frac{M}{F \cdot a}}.$$

Die Berechnung liefert folgende Zahlenwerte

$$\alpha = -\mathbf{63{,}4^\circ} \qquad \mathbf{F_A = +100\,N} \qquad \mathbf{F_B = -223{,}6\,N}.$$

Die Deutung der Vorzeichen ergibt ein Kräftesystem nach Abb. 3-54, das leicht auf seine Richtigkeit zu kontrollieren ist.

Aufgaben zum Abschnitt 3.4

A 3-53/54. Die Resultierende der Kräfte ist mit Hilfe des Seilecks zu bestimmen.

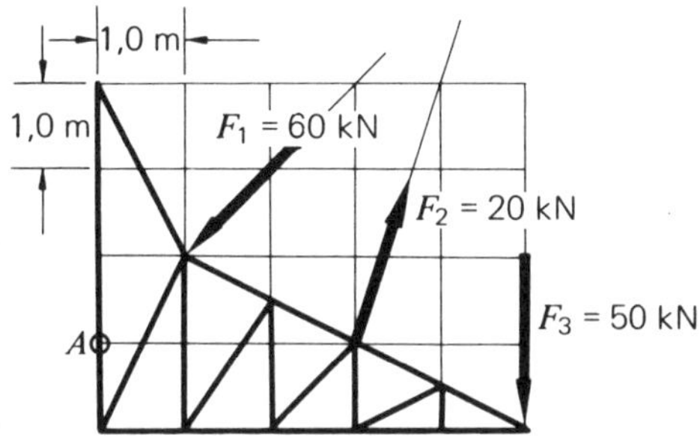

Abb. A 3-53

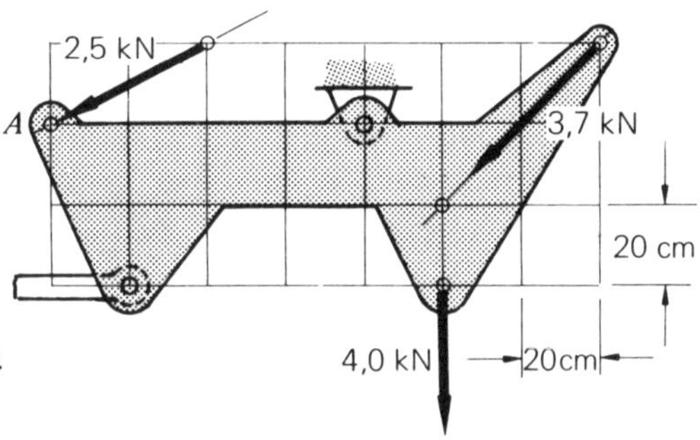

Abb. A 3-54

A 3-55/56/57/58. Die Resultierende der Kräftesysteme Abb. A 3-26/27/28/29 ist mit der Seileckkonstruktion zu bestimmen.

A 3-59. Das von den Kräften F_1 bis F_4 ausgeübte Moment ist mit der Seileckkonstruktion zu bestimmen.

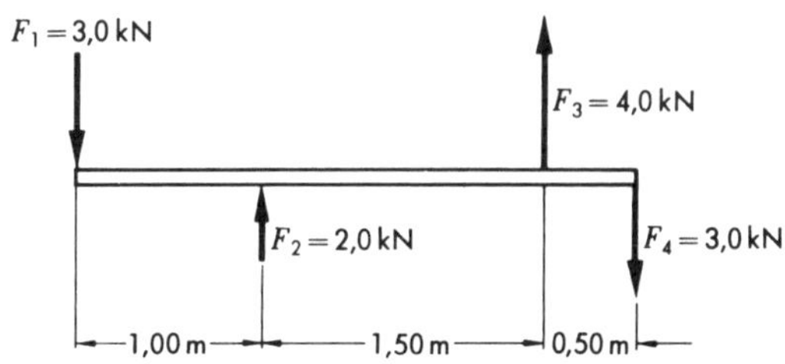

Abb. A 3-59

A 3-60. Die Abbildung zeigt zwei Rollen über die ein durch eine Masse belastetes Seil gelegt ist. Da die Masse in Ruhe ist, wirken in allen Seilabschnitten die gleichen Kräfte F. Sie sind an den Rollen eingezeichnet. Zu beweisen ist, daß an dem Kräftesystem nichts geändert wird, wenn jeweils zwei Kräfte F in den zugeordneten Drehpunkt der Rolle verschoben werden. Diese Überlegung führt zur Vereinfachung vieler Aufgaben.

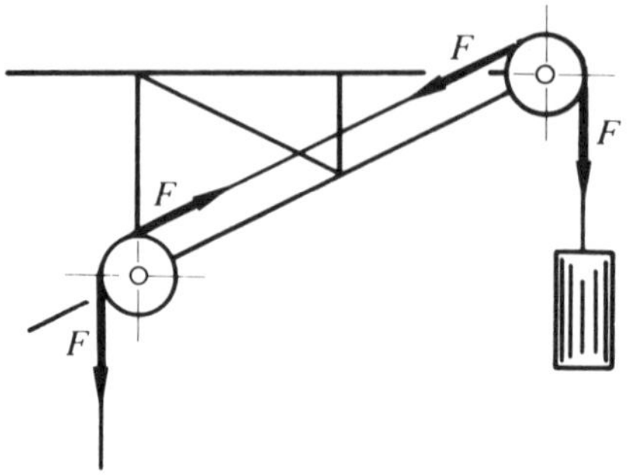

Abb. A 3-60

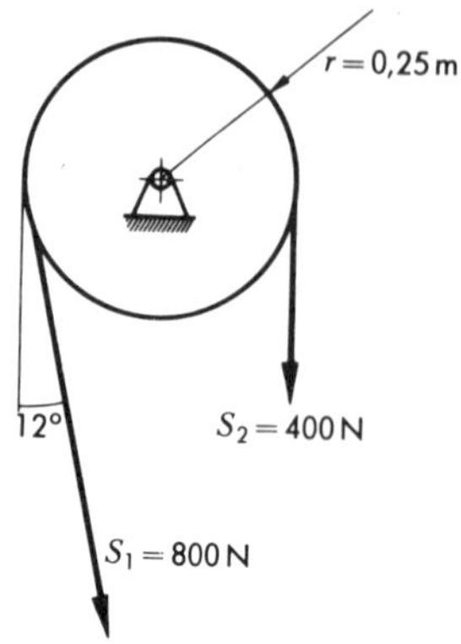

Abb. A 3-61

A 3-61. Die beiden an einer Seilscheibe angreifenden Kräfte sind durch eine Kraft und ein Moment in der Drehachse der Scheibe zu ersetzen.

A 3-62. Die Kraft F ist durch eine Kraft und ein Moment im Punkt A zu ersetzen.

A 3-63. Die Kraft F ist durch eine Kraft in B und durch ein Kräftepaar zu ersetzen, das aus 2 vertikalen Kräften in A und C besteht.

A 3-64/65. Die Resultierenden der Kräftesysteme Abb. 3-28 und A 3-29 sind analytisch zu bestimmen.

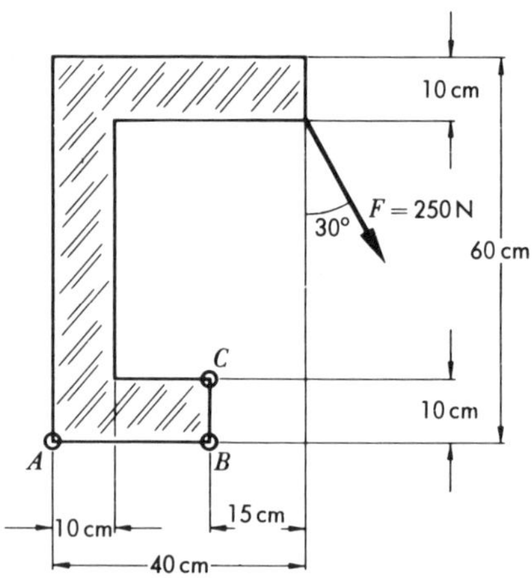

Abb. A 3-62/63

3.5 Zusammenfassung

Die Resultierende hat auf einen starren Körper die gleiche Wirkung wie die Kräfte aus denen sie ermittelt ist.

Ihre Größe und Richtung wird graphisch durch geometrische Addition bestimmt. Dieser Addition entsprechen die Gleichungen

$$F_{res\,x} = \sum F_x \qquad F_{res\,y} = \sum F_y$$

$$F_{res} = \sqrt{F_{res\,x}^2 + F_{res\,y}^2} \qquad \text{Gl. 3-2}$$

$$\tan\alpha = \frac{F_{res\,y}}{F_{res\,x}} .$$

Für das allgemeine Kräftesystem und für parallele Kräfte muß zusätzlich die Lage der Wirkungslinie ermittelt werden. Graphisch erfolgt dies mit der Seileckkonstruktion. Für die Berechnung wird die Bedingung aufgestellt, daß in bezug auf einen beliebigen Punkt die Resultierende das gleiche Moment ausüben muß, wie die Kräfte, die sie ersetzt. Der Abstand der gesuchten Wirkungslinie vom gewählten Punkt ist

$$x = \frac{\Sigma\ M_i}{F_{res}} \qquad \text{Gl. 3-5}$$

Man kann jedes Kräftesystem durch die in einem beliebigen Punkt angreifende Resultierende und ein Moment ersetzen, das gleich der Summe der Momente in bezug auf diesen Punkt ist.

Sonderfälle.

1. Zwei gleich große, entgegengesetzt wirkende Kräfte, die parallel verschoben sind, nennt man Kräftepaar. Dieses kann nicht durch eine Kraft ersetzt werden. Es übt ein Moment

   $$M = F \cdot d \qquad F \perp d \qquad \text{Gl. 3-3}$$

   aus, das unabhängig von der Lage des Bezugspunktes ist. Daraus folgt: Kräftepaare können sowohl auf der Ebene in der sie wirken, als auch in eine parallele Ebene verschoben werden.
2. Wird eine Kraft F um den Betrag d parallel verschoben, dann muß ein Moment $F \cdot d$ addiert werden, dessen Drehsinn entgegengesetzt dem bei der Verschiebung entstehenden Moment ist.
3. Ist das Kräftepolygon gleichsinning geschlossen ($F_{res} = 0$) und sind im Seileck der letzte Seilstrahl und der Seilstrahl 0 parallel, dann wirkt am System ein reines Moment (Kräftepaar).
4. **Sind Kräftepolygon und Seileck geschlossen, dann verschwinden sowohl resultierende Kraft als auch resultierendes Moment.**

4. Der Schwerpunkt

4.1 Allgemeines

Ein reibungslos aufgehängter Körper pendelt sich in eine Gleichgewichtslage ein (Abb. 4-1). Nach dem 1. Lehrsatz kann dieser Körper nur im Gleichgewicht sein, wenn die beiden angreifenden Kräfte gleich groß, entgegengesetzt gerichtet und kollinear sind. Die beiden wirkenden Kräfte sind die Gewichtskraft G und die im Aufhängefaden wirkende Kraft. Die Wirkungslinie von G nennt man Schwerlinie. Hängt man den Körper in einer veränderten Lage auf, dann stellt sich wieder der Zustand ein, in dem G und die Fadenkraft kollinear sind. *Der Schnittpunkt der beiden Schwerlinien ist der Schwerpunkt S* des Körpers, durch den bei beliebiger Aufhängung alle Schwerlinien gehen.

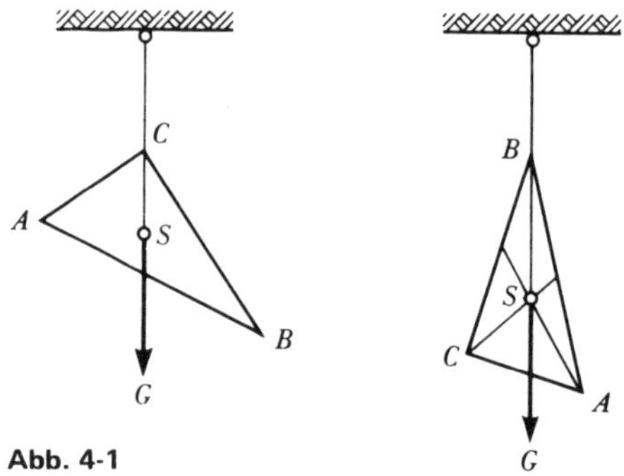

Abb. 4-1

Für die Schwerpunktbestimmung ist es also notwendig, die Lage der Wirkungslinie der Gewichtskraft für den Gesamtkörper zu bestimmen. Diese Gewichtskraft ist aber die Resultierende der Gewichtskräfte der Einzelteile, aus denen sich der Körper zusammensetzt. Dem aufmerksamen Leser wird nicht entgangen sein, daß im Abschnitt 4.3.2 Beispiel 1 bereits eine Schwerpunktbestimmung durchgeführt wurde, dort unter der Überschrift: Bestimmung der Lage der Resultierenden eines parallelen Kräftesystems.

Demnach wird die Bestimmung eines Schwerpunktes auf die Aufgabe zurückgeführt, die Lage der Resultierenden eines parallelen Kräftesystems zu finden. Die dazu erforderlichen Gleichungen sind im Abschnitt 3.3.2 abgeleitet worden.

Die Gewichtskräfte sind nicht exakt parallel, da sie alle zum Massenschwerpunkt der Erde weisen und weitere Abweichungen durch Fliehkraft der Erde und Anziehung der Sonne, Mond usw. erfahren. Diese Einflüsse sind so gering, daß sie bei technischen Berechnungen immer vernachlässigt werden können.

4.2 Der Massenschwerpunkt

4.2.1 Der inhomogene Körper

Einen Körper der Masse m (Abb. 4-2) kann man sich aus vielen Einzelmassen Δm aufgebaut denken. Der Körper ist inhomogen, wenn diese Einzelteile unterschiedliche Dichten ρ haben.

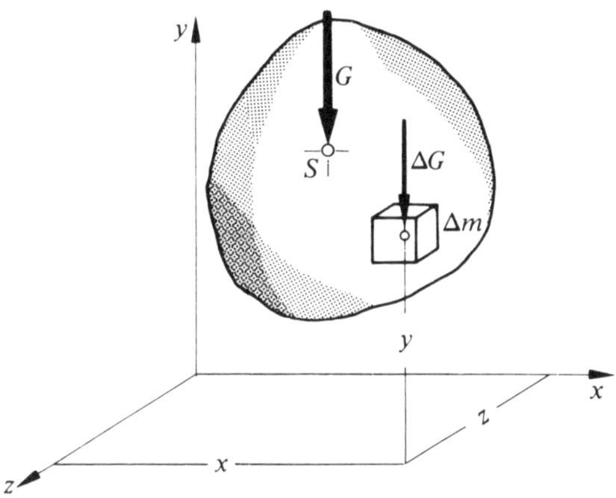

Abb. 4-2

An jeder Einzelmasse greift die Gewichtskraft ΔG an. Die Resultierende aller Teilgewichtskräfte ΔG ist die Gewichtskraft, die insgesamt auf den Körper wirkt. Ihre Wirkungslinie geht durch den Schwerpunkt. Die Lage der Wirkungslinie errechnet sich aus der Momentengleichung:

„Summe der Momente der Einzelkräfte gleich Moment der resultierenden Kraft".

Diese Momentengleichung kann für die drei Achsen x, y, z angewendet werden. Da die Gewichtskräfte immer lotrecht nach unten wirken, muß man sich das System um 90° um die z-Achse gedreht denken, wenn man die Momentengleichung für die y-Achse aufstellen will.

Für die Auswertung müßte man die Einzelteile durchnumerieren. In der Abb. 3-2 ist aus Gründen der Übersichtlichkeit nur ein Teilelement eingezeichnet.

In bezug auf die z-Achse erhält man

$$x_1 \cdot \Delta G_1 + x_2 \cdot \Delta G_2 + \ldots = x_s \cdot G.$$

Dabei ist

$$G = \Delta G_1 + \Delta G_2 + \ldots$$

Nach den Newtonschen Gesetz ist $G = m \cdot g$ und damit

$$g(x_1 \cdot \Delta m_1 + x_2 \cdot \Delta m_2 + \ldots) = x_s \cdot m \cdot g.$$

In der Summenschreibweise lautet die Gleichung:

$$\Sigma\ x \cdot \Delta m = x_s \cdot m \quad \text{mit} \quad m = \Sigma\ \Delta m.$$

Der inhomogene Körper, dessen Werkstoff sich von Punkt zu Punkt in seiner Dichte ändert, erfordert für die exakte Lösung den Übergang zu unendlich vielen und unendlich kleinen Teilelementen. Aus der Differenz Δm wird das Differential dm und die Summation wird zur Integration:

$$\int x \cdot dm = x_s \cdot m \quad \text{mit} \quad m = m_{ges} = \int dm.$$

Man kann die Gleichungen für alle Achsen aufstellen und erhält damit drei Bestimmungsgleichungen für die Koordinaten des Schwerpunktes.

$$x_s = \frac{\int x \cdot dm}{m_{ges}}; \qquad y_s = \frac{\int y \cdot dm}{m_{ges}}; \qquad z_s = \frac{\int z \cdot dm}{m_{ges}}. \qquad \text{Gl. 4-1}$$

Liegt das Koordinatensystem im Schwerpunkt, dann gilt $x_s = y_s = z_s = 0$. Das ist die *Bedingung für die Schwerpunktachse*, die zu folgenden Gleichungen führt:

$$\int x \cdot dm = 0; \qquad \int y \cdot dm = 0; \qquad \int z \cdot dm = 0. \qquad \text{Gl. 4-2}$$

Viele inhomogene Körper sind aus homogenen Teilen zusammengesetzt, wobei diese unterschiedliche Dichten haben. Bestehen diese auch noch aus geometrischen Grundfiguren, deren Schwerpunktlage bekannt ist, dann ist es zweckmäßig, mit Summengleichungen zu arbeiten.

$$x_s = \frac{\Sigma x_i m_i}{\Sigma m_i}; \qquad y_s = \frac{\Sigma y_i m_i}{\Sigma m_i}; \qquad z_s = \frac{\Sigma z_i m_i}{\Sigma m_i}. \qquad \text{Gl. 4-3}$$

Die Auswertung der Gleichungen erfolgt für größere Gebilde am besten tabellarisch mit dem Rechner. Die Koordinaten x_i; y_i; z_i geben die Schwerpunktlage der als Grundfigur gestalteten Masse m_i an. Für eine Auswahl von Grundfiguren sind in der Tabelle 4-I die Schwerpunktlagen gegeben.

4.2.2 Der homogene Körper

Alle Teilelemente eines homogenen Körpers bestehen aus dem gleichen Material, d.h. haben die gleiche Dichte ρ. Diese Bedingung wird in die Gleichung 4-1 eingeführt:

$$dm = \rho \cdot dV \quad \text{mit} \quad \rho = \text{konst.}$$

$$m = \rho \cdot V$$

$$x_s = \frac{\int x \cdot \rho \cdot dV}{\rho \cdot V} = \frac{\rho \cdot \int x \cdot dV}{\rho \cdot V} = \frac{\int x \cdot dV}{V}.$$

Analoge Gleichungen erhält man für y_s und z_s.

$$x_s = \frac{\int x \cdot dV}{V_{ges}}; \qquad y_s = \frac{\int y \cdot dV}{V_{ges}}; \qquad z_s = \frac{\int z \cdot dV}{V_{ges}}. \qquad \text{Gl. 4-4}$$

Das Kürzen der Dichte bedeutet, daß die Lage des Schwerpunktes eines homogenen Körpers unabhängig von der Dichte ist. Eine kreisrunde Scheibe gleicher Dicke hat unabhängig vom Material den Schwerpunkt in der Mitte.

Tabelle 4-1. Schwerpunktskoordinaten homogener Körper.

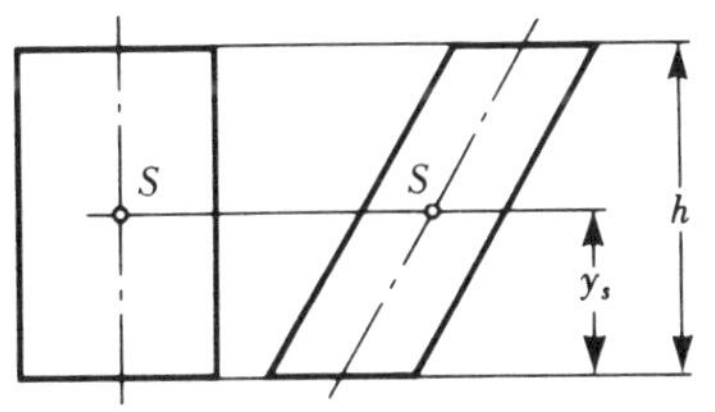	**Gerades und schiefes Prisma (Zylinder) mit parallelen Begrenzungsflächen** S liegt auf der Verbindungslinie der beiden Schwerpunkte der Begrenzungsflächen	$y_s = \frac{h}{2}$
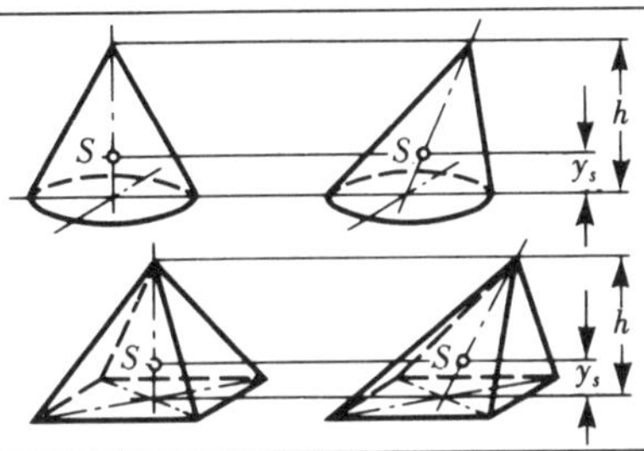	**Gerader und schiefer Kegel und gerade und schiefe Pyramide** S liegt auf Verbindungslinie Schwerpunkt Grundfläche und Spitze	$y_s = \frac{h}{4}$
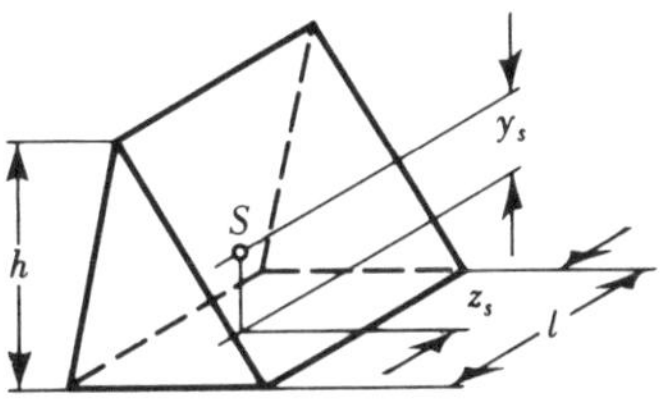	**Gerader und schiefer Keil** (siehe auch unter Prisma)	$y_s = \frac{h}{3}$ $z_s = \frac{l}{2}$
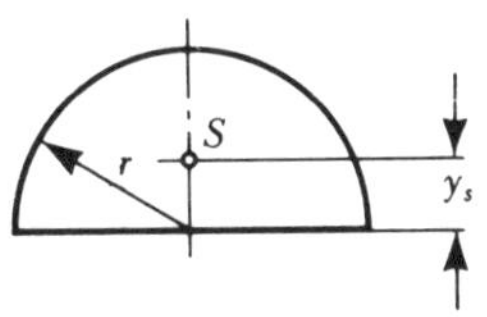	**Halbkugel**	$y_s = \frac{3}{8} r$
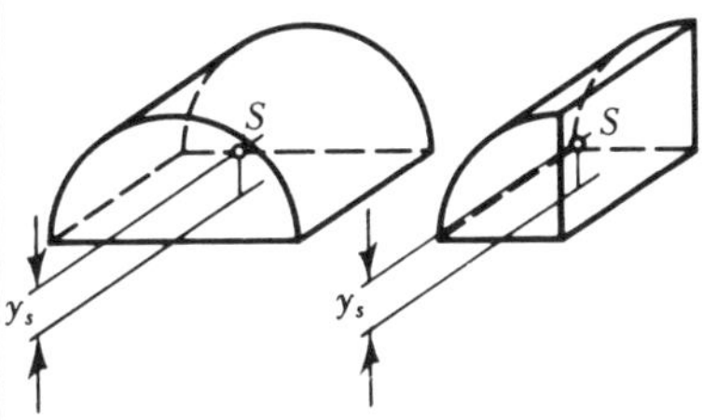	**Halb- und Viertelzylinder** S liegt in der Schnittgeraden der beiden Symmetrieebenen im Abstand y_s von der Auflagefläche	$y_s = \frac{4}{3\pi} r$ $y_s = 0{,}424\, r$

Da die Lage des Schwerpunktes eines homogenen Körpers nicht von der Masse, sondern nur von der Volumenverteilung abhängt, nennt man den Schwerpunkt auch *Volumenschwerpunkt.*

Die Bedingung $x_s = y_s = z_s = 0$ **(Schwerpunktachsen)** ergibt:

$$\int x \cdot \mathrm{d}V = 0; \qquad \int y \cdot \mathrm{d}V = 0; \qquad \int z \cdot \mathrm{d}V = 0. \qquad \text{Gl. 4-5}$$

Aus dem bisher Ausgeführten (z.B. Abb. 4-1) folgt, daß Symmetrieachsen bzw. Symmetrieebenen eines homogenen Körpers gleichzeitig Schwerlinien bzw. Schwerebenen sind, d.h. der Schwerpunkt eines symmetrischen, homogenen Körpers liegt in der Symmetrieebene bzw. in der Symmetrieachse.

Für geometrische Grundformen sind die Schwerpunkte in Tabelle 4-I angegeben. Es handelt sich hier um eine Auswahl. Ausführliche Tabellen enthalten die einschlägigen Taschenbücher.

Viele in der Technik verwendete Körper sind aus geometrischen Grundfiguren aufgebaut. In diesem Falle arbeitet man mit Summengleichungen, die analog zu den Gleichungen 4-4 aufgebaut sind.

$$x_s = \frac{\Sigma\, x_i\, V_i}{\Sigma\, V_i}; \qquad y_s = \frac{\Sigma\, y_i\, V_i}{\Sigma\, V_i}; \qquad z_s = \frac{\Sigma\, z_i\, V_i}{\Sigma\, V_i}. \qquad \text{Gl. 4-6}$$

Es gilt dasselbe, was zu den Gleichungen 4-3 gesagt wurde. Die Auswertung kann tabellarisch mit einme Rechner erfolgen. Diese Gleichungen eignen sich auch für die Schwerpunktsbestimmung komplizierter Körper, wenn die geschlossene Lösung der Integrale nicht möglich ist. In einem solchen Falle zerlegt man diesen Körper in schmale Teilstücke V_i für die der Schwerpunkt genügend genau bestimmbar ist und wertet die Gleichungen 4-6 aus.

Beispiele zum Abschnitt 4.2

Beispiel 1 (Abb. 4-3)

Auf eine Halbkugel aus Stahl ist ein Zylinder aus Aluminium gesetzt. Welche Länge l darf dieser maximal haben, wenn das Gebilde in der skizzierten Position gerade nicht kippen soll?

$r = 5{,}0$ cm; $d = 2{,}0$ cm; Dichte: Stahl 7,85 g/cm³
Alu 2,60 g/cm³

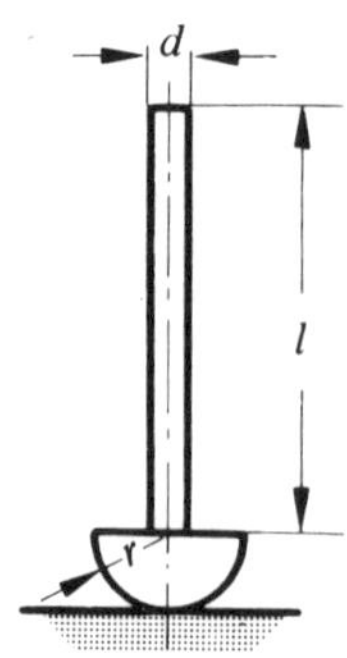

Abb. 4-3

Lösung (Abb. 4-4)

Die Grenzlage des Schwerpunktes ist die Trennfläche Kugel-Zylinder. Liegt der Schwerpunkt höher, dann kippt das Gebilde um. Für die Schwerpunktachse muß die Summe der Momente gleich Null sein (Gl. 4-2).

Index K = Kugel Index Z = Zylinder

$$r_s \cdot m_K \cdot g - \frac{l}{2} \cdot m_Z \cdot g = 0$$

$$r_s \cdot \rho_K \cdot V_K - \frac{l}{2} \cdot \rho_Z \cdot V_Z = 0.$$

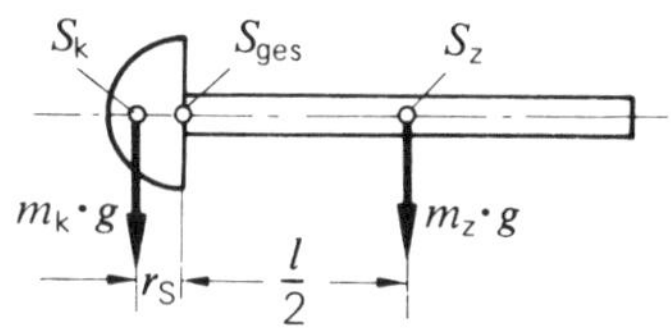

Abb. 4-4

Es gilt weiter:

$$r_s = \frac{3}{8} r \quad \text{(s. Tabelle 4-I)}$$

$$V_K = \frac{2}{3} \cdot \pi \cdot r^3; \quad V_Z = \frac{\pi}{4} \cdot d^2 \cdot l.$$

Nach dem Einsetzen erhält man:

$$\frac{3}{8} \cdot r \cdot \rho_K \cdot \frac{2}{3} \cdot \pi \cdot r^3 - \frac{l}{2} \cdot \rho_Z \cdot \frac{\pi}{4} \cdot d^2 \cdot l = 0.$$

Vereinfachungen führen zu der allgemeinen Lösung:

$$l = r \cdot \left(\frac{r}{d}\right) \cdot \sqrt{2 \frac{\rho_K}{\rho_Z}}.$$

Die Länge hängt demnach vom Verhältnis der Dichten, der Radien Kugel/Zylinder und von dem Radius der Halbkugel ab. Das Einsetzen der gegebenen Zahlenwerte ergibt folgendes Ergebnis:

l = 30,72 cm.

Beispiel 2 (Abb. 4-5)

In den abgebildeten Block aus Aluminium wird nach Skizze ein Zylinder von 8,0 cm Durchmesser aus Kupfer eingesetzt. Für das vorgegebene Koordinatensystem ist die Lage des Schwerpunktes zu bestimmen.

Aluminium $\rho = 2{,}6$ g/cm^3; Kupfer $\rho = 8{,}9$ g/cm^3.

Lösung

Die einzelnen Teile werden zunächst numeriert:

Nr. 1 Voller Block 18 cm x 8 cm x 20 cm

Nr. 2 Block 16 cm x 20 cm x 6 cm

Nr. 3 herausgebohrter Zylinder, d.h. die Masse wird abgezogen.
Deshalb hat sie ein negatives Vorzeichen.

Nr. 4 hineingeschobener Zylinder aus Kupfer.

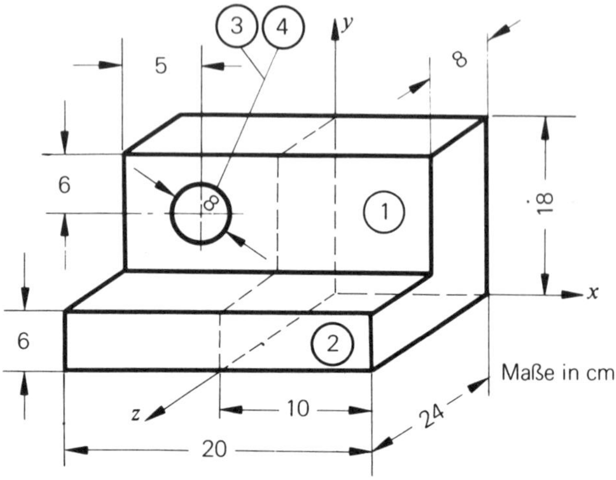

Abb. 4-5

Besonders zu beachten ist hier das konsequente Rechnen mit Vorzeichen. Es wird empfohlen die Gleichungen 4-3 tabellarisch auszuwerten und die Vorzeichen vor der Rechnung in die Tabelle einzutragen. Negative Vorzeichen ergeben sich bei entsprechender Lage im Koordinatensystem und bei subtrahierten Massen.

i	$\frac{V_i}{\text{cm}^3}$	$\frac{m_i}{\text{kg}}$	$\frac{x_i}{\text{cm}}$	$\frac{x_i \cdot m_i}{\text{cm} \cdot \text{kg}}$	$\frac{y_i}{\text{cm}}$	$\frac{y_i \cdot m_i}{\text{cm} \cdot \text{kg}}$	$\frac{z_i}{\text{cm}}$	$\frac{z_i \cdot m_i}{\text{cm} \cdot \text{kg}}$
1	2880	7,488	0	0	9,0	67,39	4,0	29,95
2	1920	4,992	0	0	3,0	14,98	16,0	79,87
3	– 402,1	– 1,046	– 5,0	+ 5,23	12,0	– 12,55	4,0	– 4,18
4	+ 402,1	3,579	– 5,0	– 17,90	12,0	42,95	4,0	14,32
		Σ **15,013**		Σ **– 12,67**		Σ **112,77**		Σ **119,96**

Die Schwerpunktskoordinaten errechnen sich aus Gleichung 4-3:

$$x_s = \frac{\Sigma x_i \cdot m_i}{\Sigma m_i} = \frac{-12{,}67 \text{ cm kg}}{15{,}01 \text{ kg}} = \mathbf{-0{,}84 \text{ cm}};$$

$$y_s = \frac{\Sigma y_i \cdot m_i}{\Sigma m_i} = \frac{112{,}77 \text{ cm kg}}{15{,}01 \text{ kg}} = \mathbf{7{,}51 \text{ cm}};$$

$$z_s = \frac{\Sigma z_i \cdot m_i}{\Sigma m_i} = \frac{119{,}96 \text{ cm kg}}{15{,}01 \text{ kg}} = \mathbf{7{,}99 \text{ cm}}.$$

Kontrolle: Für Schwerpunktachsen müssen Momentengleichungen null ergeben.

Aufgaben zum Abschnitt 4.2

A 4-1. Für den abgebildeten Körper ist die Abmessung h_1 des Zylinders so zu bestimmen, daß der Gesamtschwerpunkt auf der Trennlinie Kegel-Zylinder liegt. Gegeben: $h_2 = 10$ cm; $\rho_1 = 3\,\rho_2$.

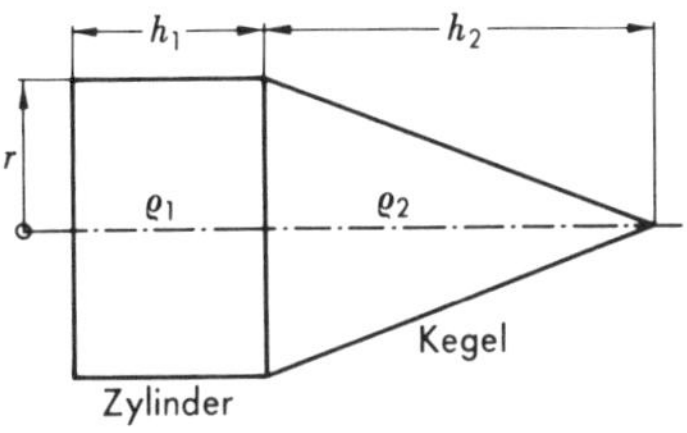

Abb. A 4-1

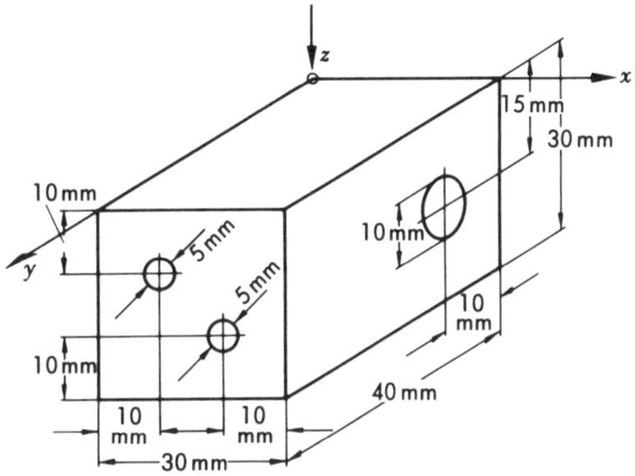

Abb. A 4-2

A 4-2. Der abgebildete Block ist aus Leichtmetall ($\rho = 1{,}96$ g/cm³) gefertigt. In die Bohrungen sind spielfrei Stahlzylinder eingeführt. Die 5-mm-Bohrungen sind 20 mm tief, die 10-mm-Bohrung ist durchgehend. Zu bestimmen ist die Lage des Schwerpunktes (Stahl $\rho = 7{,}85$ g/cm³).

A 4-3. Der Mantel des abgebildeten Drehteils besteht aus Stahl ($\rho = 7{,}85$ g/cm³). Der Innenraum ist nach Skizze mit einem Material der Dichte $\rho = 2{,}25$ g/cm³ gefüllt. Zu bestimmen ist die Lage des Schwerpunktes.

A 4-4. Eine quadratische Platte konstanter Dicke, deren beide Hälften aus Material verschiedener Dichte bestehen, ist reibungsfrei aufgehängt. Unter welchem Winkel α pendelt sie sich ein, wenn $\rho_1 = 2{,}60$ g/cm³ und $\rho_2 = 1{,}30$ g/cm³ sind?

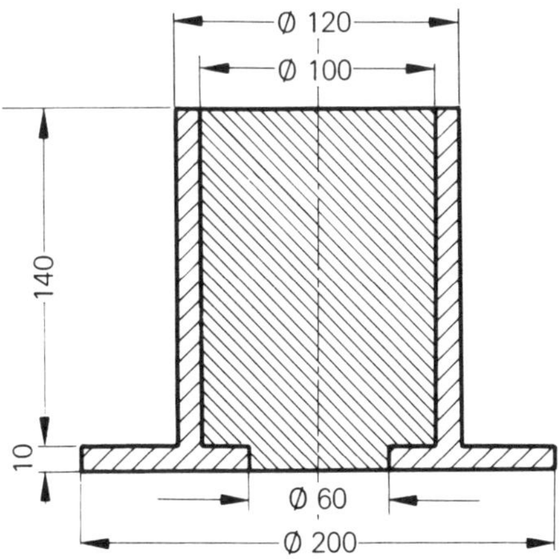

Abb. A 4-3

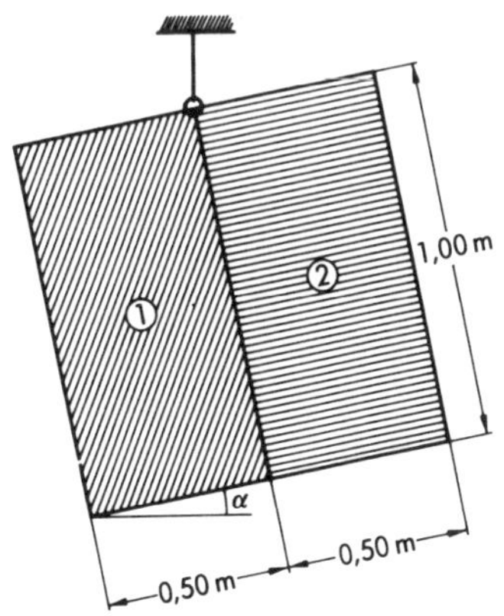

Abb. A 4-4

A 4-5. Abgebildet ist ein Behälter aus Stahlbeton (ρ = 2400 kg/m³), der mit einem halbkreisförmigen Boden ausgeführt ist. Er ist bündig mit einem Stoff der Dichte ρ = 1300 kg/m³ gefüllt. Für den gefüllten Behälter ist die Lage des Schwerpunktes zu bestimmen.

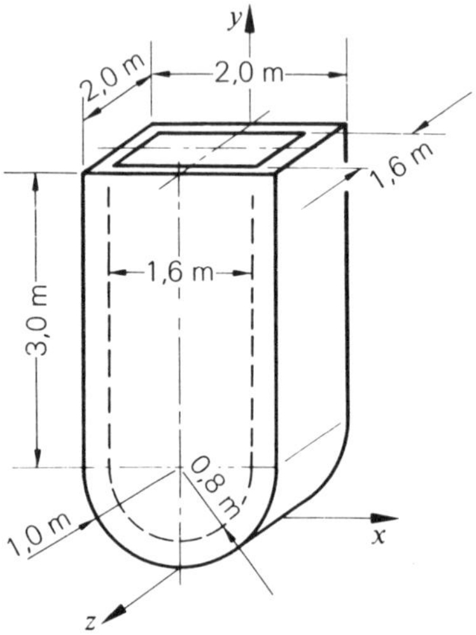

Abb. A 4-5

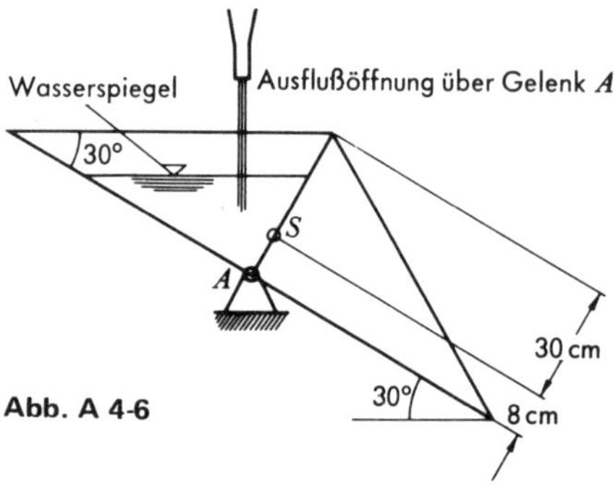

Abb. A 4-6

A 4-6. Die Abb. zeigt vereinfacht ein Meßgerät zur Volumenbestimmung von strömenden Flüssigkeiten. Es besteht aus 2 Kammern die abwechselnd gefüllt werden. Erreicht die Füllung einer Kammer einen bestimmten Stand, dann kippt der Mechanismus um (Drehpunkt A) und die Füllung der zweiten Kammer beginnt. Mit einem Zählwerk wird die Anzahl der Füllungen ermittelt. Der Schwerpunkt der leeren Kammern liegt im Punkt S. Ihre Masse beträgt 24 kg, die Breite 25 cm. Zu bestimmen ist für Wasser das Volumen einer Füllung.

A 4-7/8. Zu bestimmen ist der Schwerpunkt der Gebilde Abb. A 4-3 und A 4-5 ohne Füllung.

A 4-9. Zu bestimmen ist der Schwerpunkt des abgebildeten homogenen Körpers.

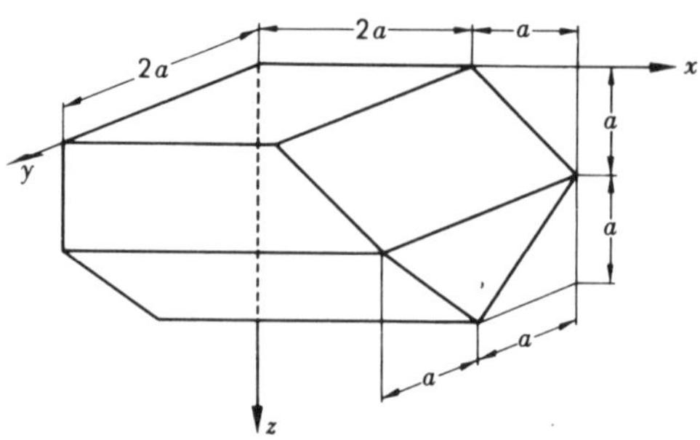

Abb. A 4-9

A 4-10. Abgebildet ist eine unregelmäßig geformte Platte mit einer konstanten Dicke von 40 mm. Die Umrißlinie kann mit Hilfe des Rasters (100 mm x 100 mm) übertragen werden. Die Lage des Schwerpunktes ist mit der Summengleichung näherungsweise zu bestimmen.

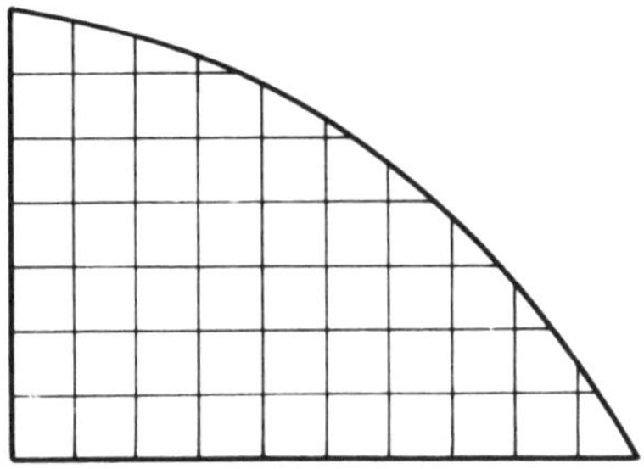

Abb. A 4-10

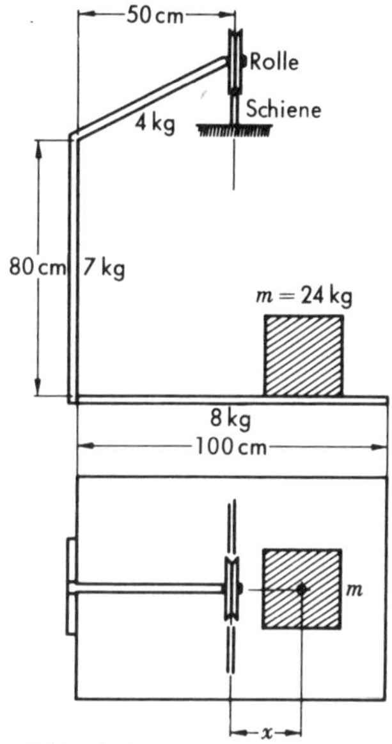

Abb. A 4-11

A 4-11. Die Skizze zeigt eine Plattform, die fahrbar an einer Schiene hängt. In welchem Abstand x vom Aufhängepunkt muß eine Masse m = 24 kg gelegt werden, wenn die beladene Plattform horizontal sein soll?

A 4-12/13. Zu bestimmen ist der Schwerpunkt des abgebildeten homogenen Körpers.

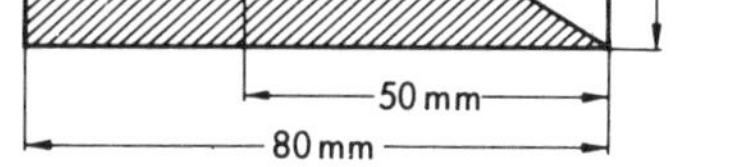

Abb. A 4-12

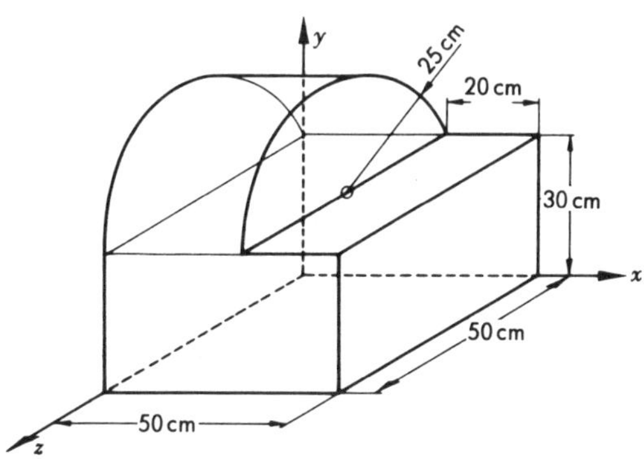

Abb. A 4-13

A 4-14. Der abgebildete Kübel soll der leichten Kippbarkeit wegen so aufgehängt werden, daß die Verbindungslinie der Aufhängepunkte durch den Schwerpunkt geht. Der Einfluß des Kübelschwerpunktes soll gegenüber dem der Ladung vernachlässigt werden. Zu bestimmen ist die Lage des Schwerpunktes unter dieser Voraussetzung für gestrichen gefüllten Kübel.

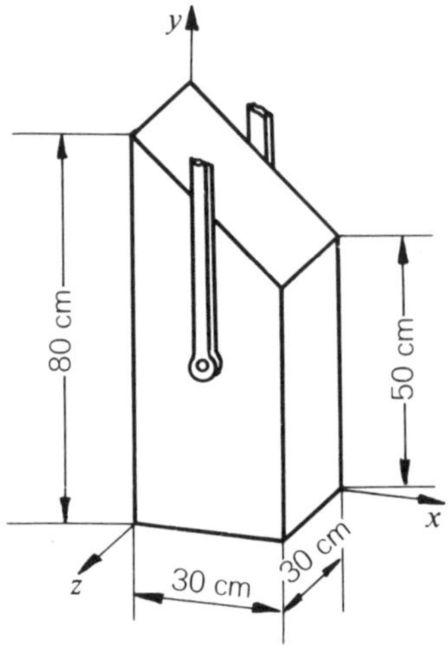

Abb. A 4-14

4.3 Der Flächenschwerpunkt

Der Schwerpunkt einer beliebig geformten Schale konstanter Dicke s, die aus homogenem Material gefertigt ist, soll bestimmt werden. Die genannten Bedingungen können folgendermaßen formuliert werden (s. Abb. 4-6)

$$\mathrm{d}m = \rho \cdot \mathrm{d}V = \rho \cdot s \cdot \mathrm{d}A \quad \text{mit} \quad \rho = \text{konst.};\ s = \text{konst.}$$

$$m = \rho \cdot s \cdot A\,.$$

Diese Beziehungen werden in die Gleichungen 4-1 eingeführt.

$$x_s = \frac{\int x \cdot \rho \cdot s \cdot \mathrm{d}A}{\rho \cdot s \cdot A} = \frac{\rho \cdot s \cdot \int x \cdot \mathrm{d}A}{\rho \cdot s \cdot A} = \frac{\int x \cdot \mathrm{d}A}{A}\,.$$

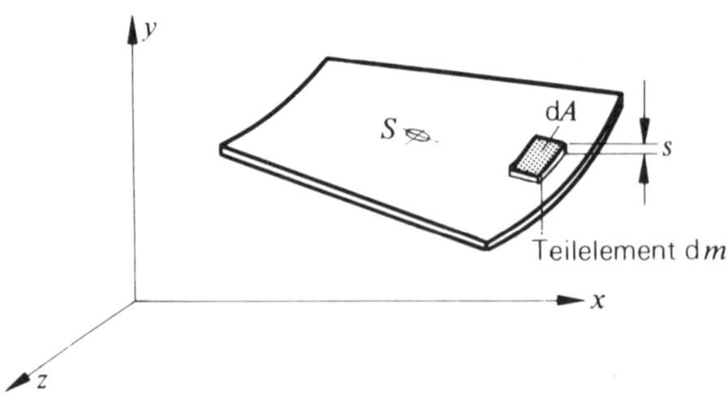

Abb. 4-6

Analoge Beziehungen ergeben sich für die anderen Koordinaten

$$x_s = \frac{\int x \cdot dA}{A_{ges}} \quad ; \quad y_s = \frac{\int y \cdot dA}{A_{ges}} \quad ; \quad z_s = \frac{\int z \cdot dA}{A_{ges}} \; . \qquad \text{Gl. 4-7}$$

Die *Bedingungsgleichungen für die Schwerpunktachsen* $x_s = y_s = z_s = 0$ lauten:

$$\int x \cdot dA = 0; \qquad \int y \cdot dA = 0; \qquad \int z \cdot dA = 0. \qquad \text{Gl. 4-8}$$

Die Lage des Schwerpunktes hängt demnach nur von der Flächenverteilung ab. Aus diesem Grunde nennt man diesen Schwerpunkt den *Flächenschwerpunkt*. Diese Bezeichnung ist irreführend, denn eine Fläche hat als zweidimensionales Gebilde keine Masse, damit keine Schwere und deshalb auch keinen Schwerpunkt. Gemeint ist, wie aus dem oben Ausgeführten folgt, der Schwerpunkt einer dünnen Scheibe, die die Form der Fläche hat.

Auch in diesem Falle sind Symmetrieachsen identisch mit Schwerlinien, d.h. *der Schwerpunkt liegt auf einer eventuell vorhandenen Symmetrieachse oder bei mehreren Symmetrieachsen auf ihrem Schnittpunkt* (z.B. Kreisfläche).

Viele Flächen sind aus geometrischen Grundfiguren aufgebaut. Deren Schwerpunkte sind in Tabelle 3-II gegeben. Die Schwerpunktsberechnung erfolgt hier mit Hilfe von Summengleichungen.

$$x_s = \frac{\Sigma x_i A_i}{\Sigma A_i} \quad ; \quad y_s = \frac{\Sigma y_i A_i}{\Sigma A_i} \quad ; \quad z_s = \frac{\Sigma z_i A_i}{\Sigma A_i} \; . \qquad \text{Gl. 4-9}$$

Die Koordinaten x_i; y_i; z_i geben die Schwerpunktlage der als Grundfigur gestalteten Fläche A_i an. Für eine Auswahl von Grundfiguren sind in der Tabelle 4-II die Schwerpunktlagen gegeben.

Die Gleichungen 4-9 eignen sich auch dazu, für unregelmäßig begrenzte ebene Flächen die Schwerpunktlage zu bestimmen. In diesem Falle wird diese Fläche in Teilflächen (Rechtecke) A_i eingeteilt. Die Auswertung erfolgt tabellarisch.

Auch graphische Verfahren führen zum Ziel. Da es sich im Prinzip um die Bestimmung der Resultierenden handelt, eignet sich das Seileck für die graphische Konstruktion besonders. Die Teilflächen werden wie Kräfte behandelt, wobei der Vektor jeweils im Teilschwerpunkt des Flächenstreifens angreift. Der Seilzug ergibt die Lage der „Resultierenden" (s. Abschnitt 3.4.1), auf deren Wirkungslinie der Schwerpunkt liegt. Wiederholt man die Konstruktion nachdem man die Fläche beliebig gedreht hat, erhält man eine zweite „Resultierende". Der Schnittpunkt der beiden Wirkungslinien ist der Schwerpunkt.

Auf einige Anwendungen der Bestimmung der Flächenschwerpunkte soll hier hingewiesen werden. In der Festigkeitslehre wird bewiesen, daß bei der Axialbelastung eines zylindrischen Stabes nur dann die Spannung gleichmäßig verteilt ist, wenn die Last in der Schwerachse der Querschnittfläche angreift. Bei Biegung geht die neutrale Faser durch den Schwerpunkt der Querschnittfläche. Die Berechnung der Volumina von Rotationskörpern erfolgt über den Flächenschwerpunkt (s. Abschnitt 4.5).

Tabelle 4-II. Schwerpunktskoordinaten von Flächen und Linien

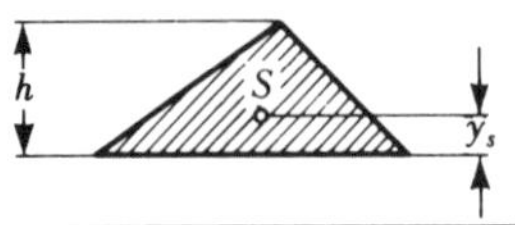	**Dreiecksfläche** S liegt im Schnittpunkt der Seitenhalbierenden	$y_s = \frac{1}{3} h$
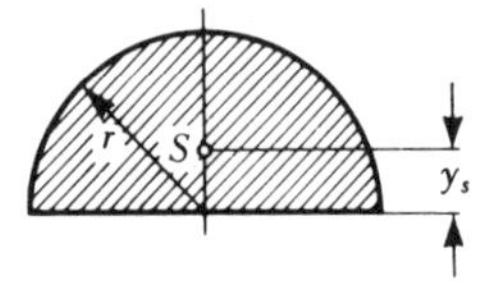	**Halbkreisfläche**	$y_s = \frac{4}{3\pi} r$ $y_s = 0{,}424\, r$
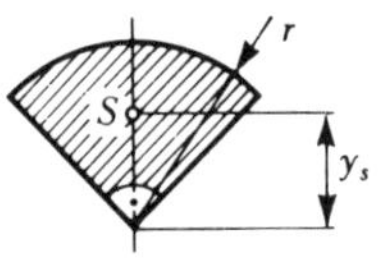	**Viertelkreisfläche**	$y_s = \frac{4\sqrt{2}}{3\pi} r$ $y_s = 0{,}600\, r$
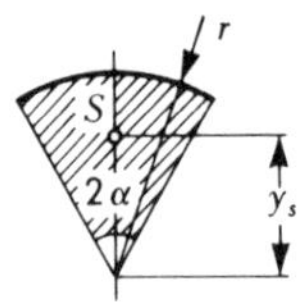	**Kreisausschnitt**	$y_s = \frac{2}{3} \frac{r \sin\alpha}{\alpha}$
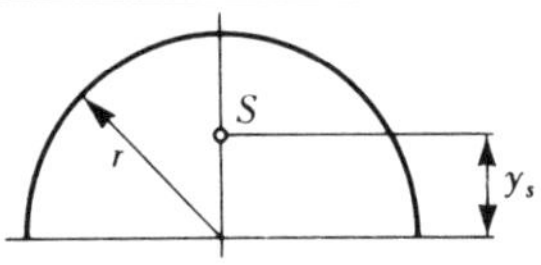	**Halbkreisbogen**	$y_s = \frac{2}{\pi} r$ $y_s = 0{,}637\, r$
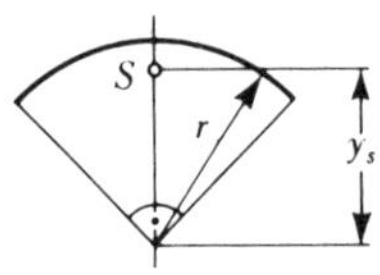	**Viertelkreisbogen**	$y_s = \frac{2\sqrt{2}}{\pi} r$ $y_s = 0{,}900\, r$

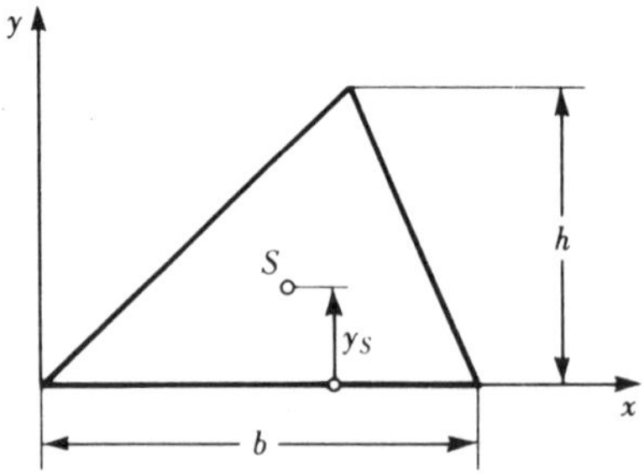

Abb. 4-7

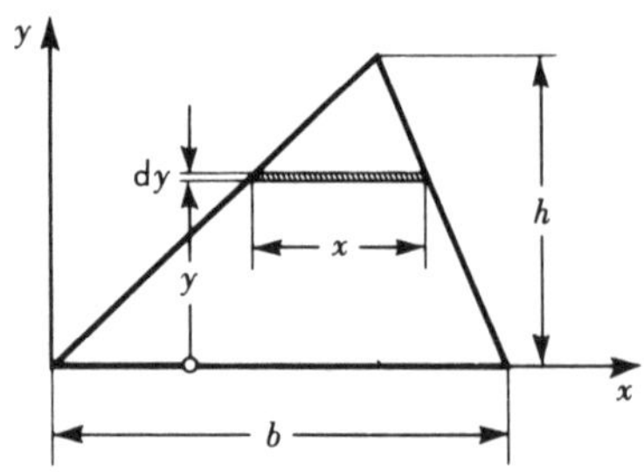

Abb. 4-8

Beispiel 1 (Abb. 4-7)

Der Schwerpunktabstand y_s der skizzierten Dreiecksfläche ist zu bestimmen.

Lösung (Abb. 4-8)

Es muß die Gleichung 4-7

$$y_s = \frac{\int y \cdot dA}{A_{ges}}$$

gelöst werden. Im vorliegenden Falle ist das Flächenelement $dA = x \cdot dy$. Man erhält damit

$$y_s = \frac{1}{A_{ges}} \int x \cdot y \cdot dy .$$

Es muß x durch y ausgedrückt werden. Der Strahlensatz ergibt

$$\frac{x}{b} = \frac{h-y}{h} \qquad x = \frac{b}{h}(h-y)$$

Es gilt weiter $A_{ges} = \frac{1}{2} b \cdot h$. Die Grenzen des Integrals sind $y = 0$ und $y = h$.

Insgesamt erhält man:

$$y_s = \frac{2}{b \cdot h} \int_0^h \frac{b}{h}(h-y) \cdot y \cdot dy$$

$$y_s = \frac{2}{h^2}\left(h \cdot \frac{h^2}{2} - \frac{h^3}{3}\right) = \frac{h}{3}$$

Jede Seite des Dreiecks kann als Grundseite betrachtet werden. Der Schwerpunkt ist jeweils $\frac{1}{3}$ h (Höhe) von der Grundseite entfernt.

Beispiel 2 (Abb. 4-9)

Für die abgebildete Fläche ist die Lage des Schwerpunktes zu berechnen. Dabei ist das eingezeichnete Koordinatensystem zu verwenden.

Lösung

Die Fläche wird in Einzelflächen eingeteilt, die durchnumeriert werden.

Nr. 1 Rechteck 3 cm x 3 cm

Nr. 2 volles Rechteck 3 cm x 12 cm

Nr. 3 Kreisfläche; negativ, da von Nr. 2 subtrahiert

Nr. 4 Rechteckfläche 2 cm x 2 cm; negativ, da von Nr. 2 subtrahiert.

Es empfiehlt sich, die Gleichungen 4-9 tabellarisch auszuwerten. Auch hier ist auf richtige Vorzeichenrechnung besonders zu achten.

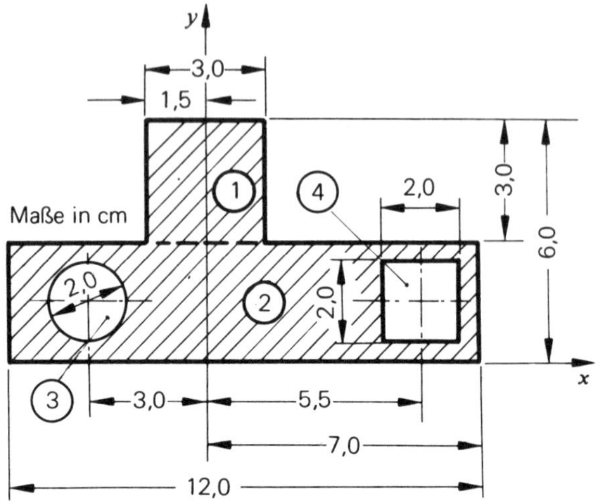

Abb. 4-9

i	$\frac{A_i}{cm^2}$	$\frac{x_i}{cm}$	$\frac{A_i x_i}{cm^3}$	$\frac{y_i}{cm}$	$\frac{A_i y_i}{cm^3}$
1	9,00	0	0	4,5	40,50
2	36,00	1,0	36,00	1,5	54,00
3	– 3,14	– 3,0	9,42	1,5	– 4,71
4	– 4,00	5,5	– 22,00	1,5	– 6,00
	Σ **37,86**		Σ **23,42**		Σ **83,79**

$$x_s = \frac{\Sigma A_i x_i}{\Sigma A_i} = \frac{23{,}42\ cm^3}{37{,}86\ cm^2} = \mathbf{0{,}62\ cm}.$$

$$y_s = \frac{\Sigma A_i y_i}{\Sigma A_i} = \frac{83{,}79\ cm^3}{37{,}86\ cm^2} = \mathbf{2{,}21\ cm}.$$

Beispiel 3 (Abb. 4.10)

Das aus dünnen Blechen gefertigte räumliche Gebilde besteht aus einer Halbkreisschale (Nr. 1) die nur rechts mit dem Halskreisdeckel (Nr. 2) verschlossen ist. Oben aufgesetzt ist eine dreieckförmige Platte (Nr. 3). Für das eingezeichnete Koordinatensystem ist der Schwerpunkt zu bestimmen.

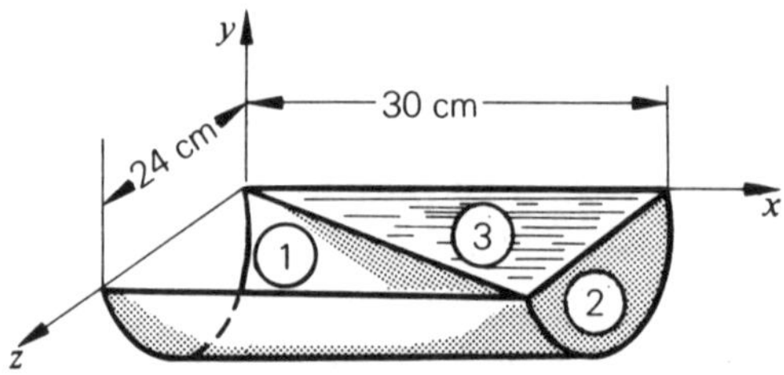

Abb. 4-10

Lösung

Teil 1:

$$A = r \cdot \pi \cdot l = 12\text{ cm} \cdot \pi \cdot 30\text{ cm} = 1131\text{ cm}^2$$

$$y_S = -\frac{2}{\pi} \cdot r \text{ (s. Tabelle 4-II)}$$

$$y_S = -\frac{2}{\pi} \cdot 12\text{ cm} = -7{,}64\text{ cm}.$$

Teil 2:

$$A = \tfrac{1}{2} \cdot \pi \cdot r^2 = 226{,}2\text{ cm}^2$$

$$y_S = -\frac{4}{3\pi} \cdot 12\text{ cm} = -5{,}093\text{ cm (s. Tabelle 4-II)}.$$

Damit können die Gleichungen 4-9 tabellarisch ausgewertet werden.

i	$\frac{A_i}{cm^2}$	$\frac{x_i}{cm}$	$\frac{A_i x_i}{cm^3}$	$\frac{y_i}{cm}$	$\frac{A_i y_i}{cm^3}$	$\frac{z_i}{cm}$	$\frac{A_i z_i}{cm^3}$
1	1131	15,0	16965	– 7,639	– 8640	12,0	13572
2	226	30,0	6786	– 5,093	– 1152	12,0	2714
3	360	20,0	7200	0	0	8,0	2880
	Σ 1717		**Σ 30951**		**Σ – 9792**		**Σ 19166**

$$x_s = \frac{30951\text{ cm}^3}{1717\text{ cm}^2} = \mathbf{18{,}02\text{ cm}};$$

$$y_s = \frac{-9792\text{ cm}^3}{1717\text{ cm}^2} = \mathbf{-5{,}70\text{ cm}};$$

$$z_s = \frac{19166\text{ cm}^3}{1717\text{ cm}^2} = \mathbf{11{,}16\text{ cm}}.$$

Kontrolle: Für die Schwerpunktskoordinaten muß die Summe der Momente gleich Null sein.

Beispiel 4 (Abb. 4-11)

Die Skizze zeigt ein I Profil. Die Breite b des oberen Flansches ist so zu bestimmen, daß der Flächenschwerpunkt wie angegeben liegt.

Lösung

Die Momentengleichung für die untere Kante der Fläche wird aufgestellt.

$$A_{ges} \cdot y_s = \Sigma A_i \cdot y_i \qquad \textbf{(Gl. 4-9)}$$

$$(10 \cdot 2\text{ cm}^2 + 8 \cdot 2\text{ cm}^2 + b \cdot 2\text{ cm}) \cdot 5\text{ cm} =$$

$$10 \cdot 2 \cdot 1\text{ cm}^3 + 8 \cdot 2 \cdot 6\text{ cm}^3 + b \cdot 2\text{ cm} \cdot 11\text{ cm}.$$

Die Auflösung dieser Gleichung nach b ergibt:

$$(18 + b) \cdot 5 = 58 + 11 \cdot b \qquad \text{b in cm}$$

b = 5,33 cm.

Kontrolle: Für die durch S gehende x-Achse muß das Moment verschwinden.

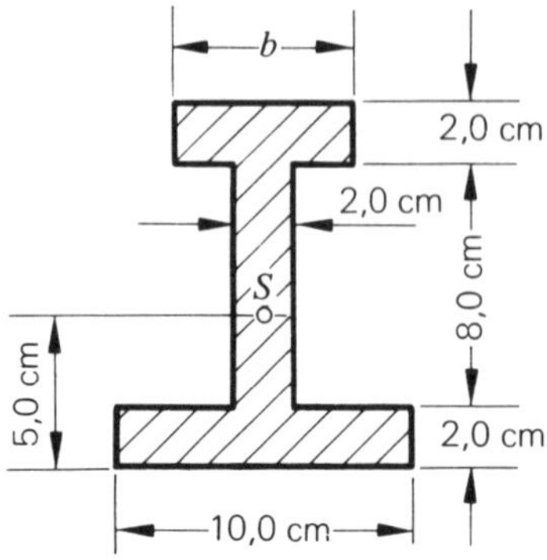

Abb. 4-11

Aufgaben zum Abschnitt 4.3

A 4-15 bis 26. Zu bestimmen ist die Lage des Schwerpunktes der schraffierten Fläche.

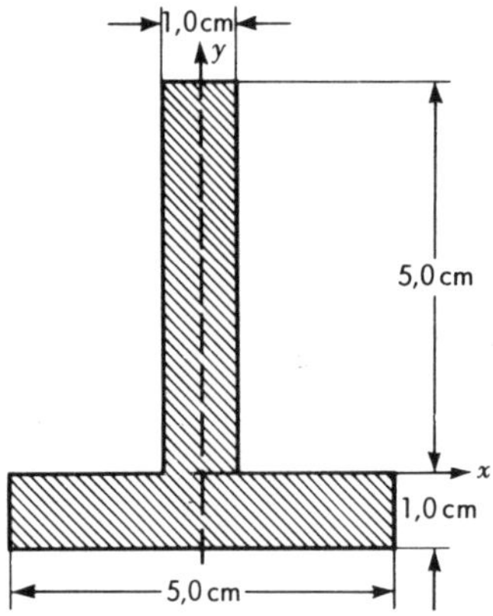

Abb. A 4-15

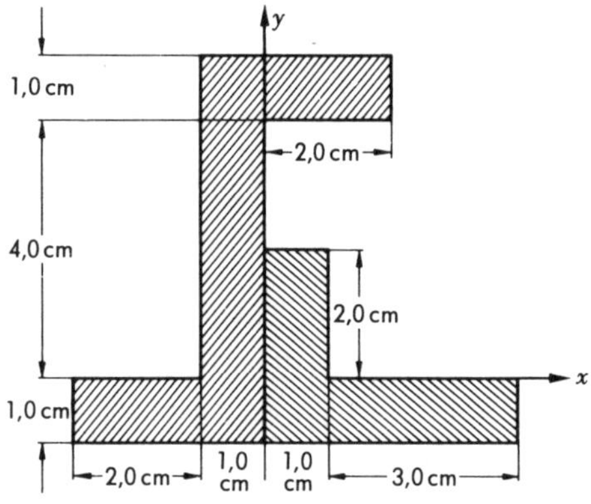

Abb. A 4-16

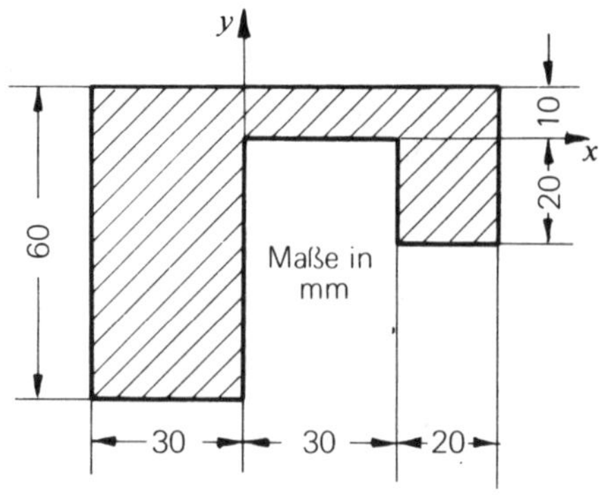

Abb. A 4-17

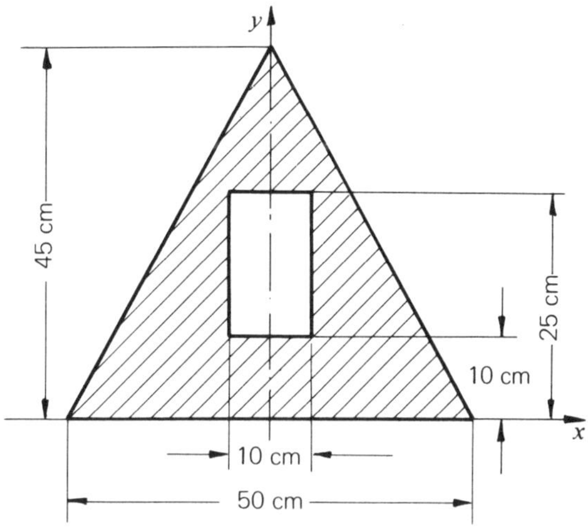

Abb. A 4-18

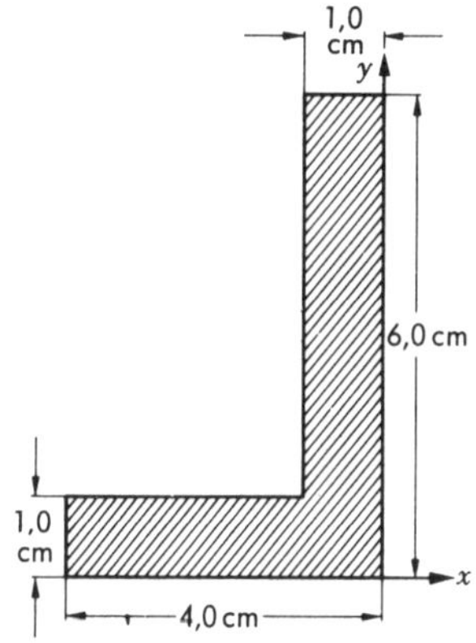

Abb. A 4-19

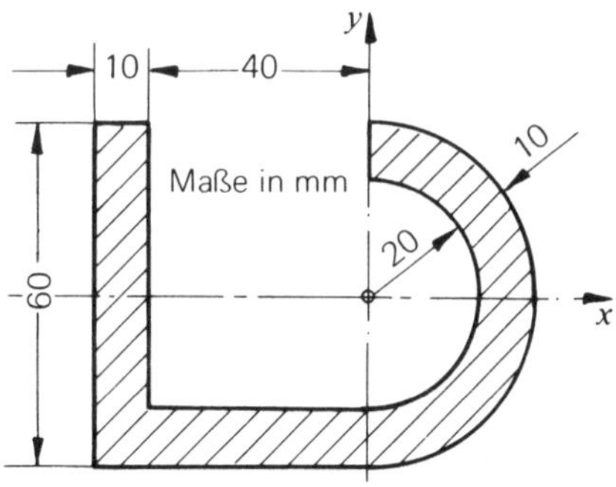

Abb. A 4-20

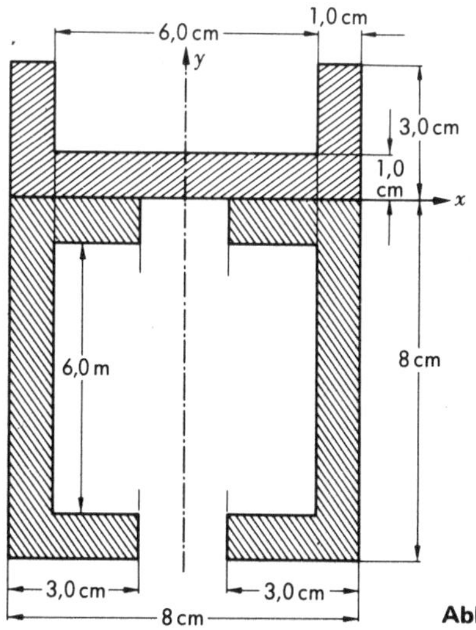

Abb. A 4-21

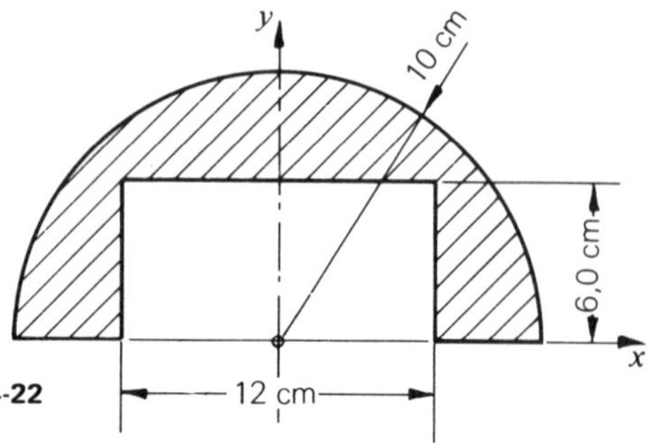

Abb. A 4-22

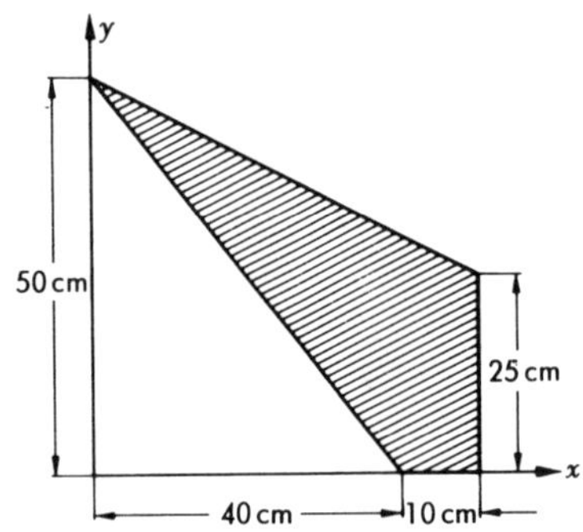

Abb. A 4-23

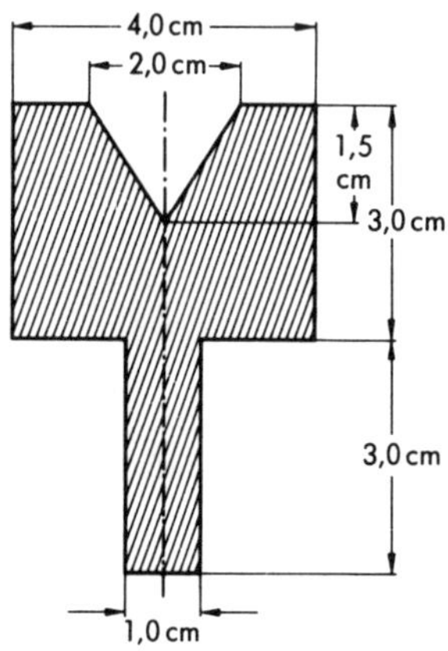

Abb. A 4-24

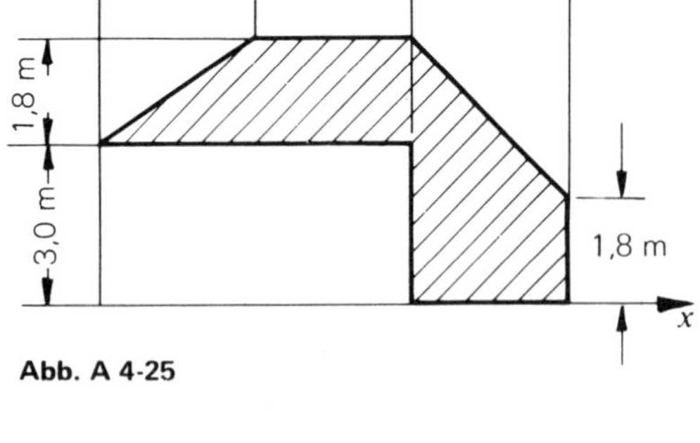

Abb. A 4-25

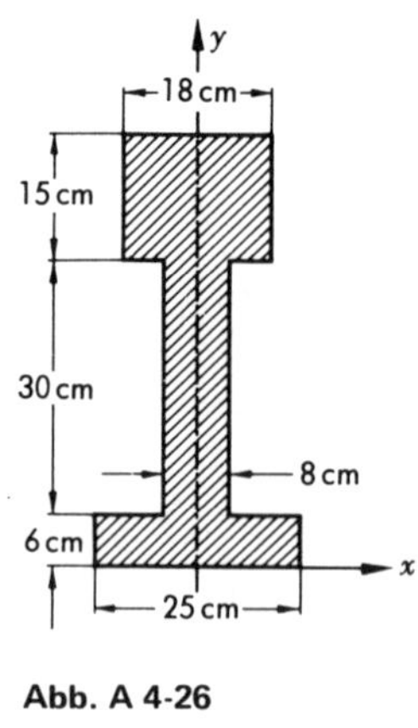

Abb. A 4-26

A 4-27. In welchem Abstand y muß das Loch in die abgebildete Platte eingeschnitten werden, wenn der Schwerpunkt die eingezeichnete Lage haben soll?

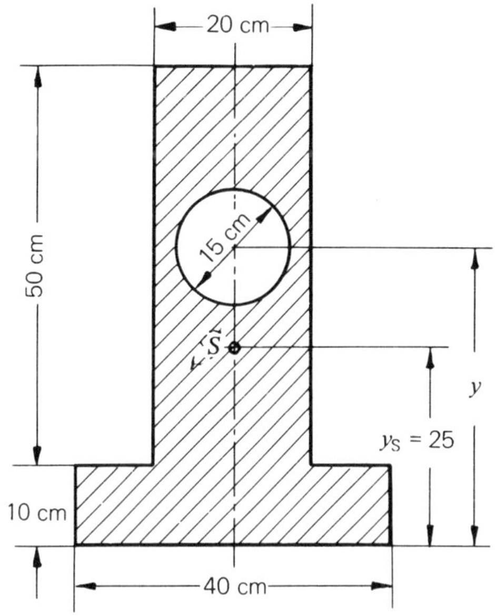

Abb. A 4-27

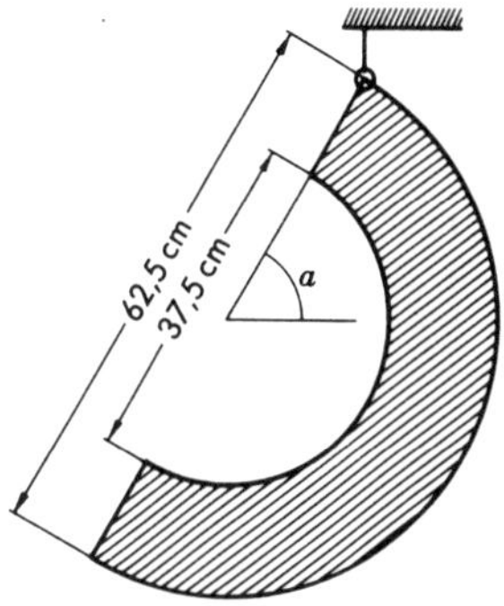

Abb. A 4-28

A 4-28. Unter welchem Winkel α pendelt sich eine frei aufgehängte Platte der angegebenen Form (Halbkreisbögen) ein?

A 4-29. Der Schwerpunkt des Kübels Abb. A 4-14 ist zu berechnen. Die Wandstärke ist konstant.

A 4-30. An welche Stelle der abgebildeten homogenen Platte muß ein quadratisches Loch 20 cm x 20 cm eingeschnitten werden, wenn der Schwerpunkt in S liegen soll?

A 4-31. An der abgebildeten homogenen Platte soll ein dreieckförmiger Abschnitt a b so abgeschnitten werden, daß der Schwerpunkt in S liegt. Zu bestimmen sind a und b.

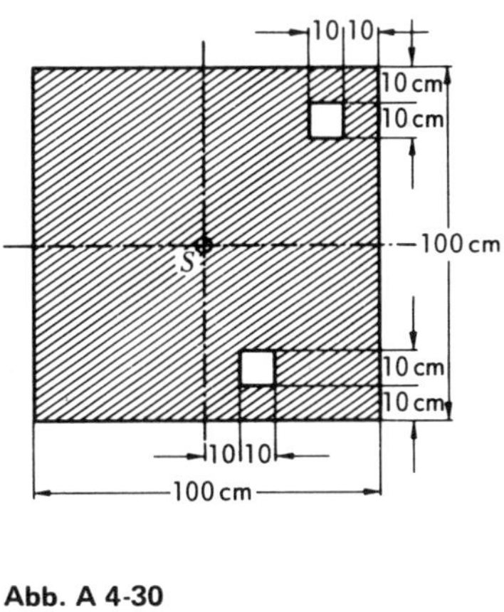

Abb. A 4-30

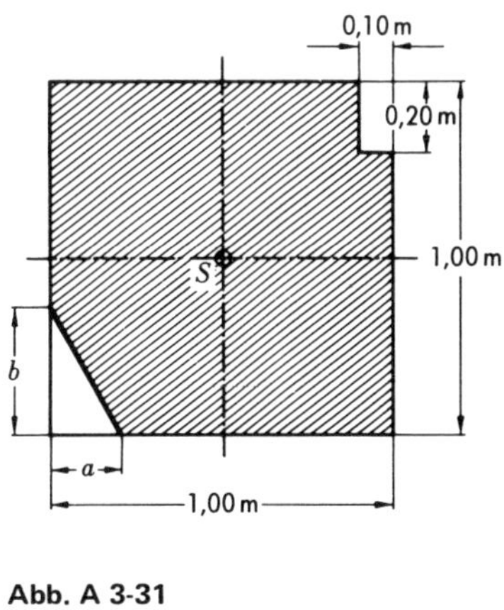

Abb. A 3-31

A 4-32. Für das aus dünnen Blechen gefertigte Gebilde ist die Lage des Schwerpunktes zu berechnen.

A 4-33. Die Lage des Schwerpunktes des aus Blechen gefertigten Gebildes ist für den Fall zu berechnen, daß das Blech in der x-y-Ebene doppelte Wandstärke hat.

A 4-34. Für das aus dünnen Blechen gefertigte Gebilde ist die Lage des Schwerpunktes zu bestimmen.

A 4-35. Die abgebildete Fläche kann mit Hilfe des eingezeichneten Rasters übertragen werden. Mit der Summengleichung ist die Lage des Flächenschwerpunktes für ein Rastermaß 1 cm x 1 cm zu bestimmen.

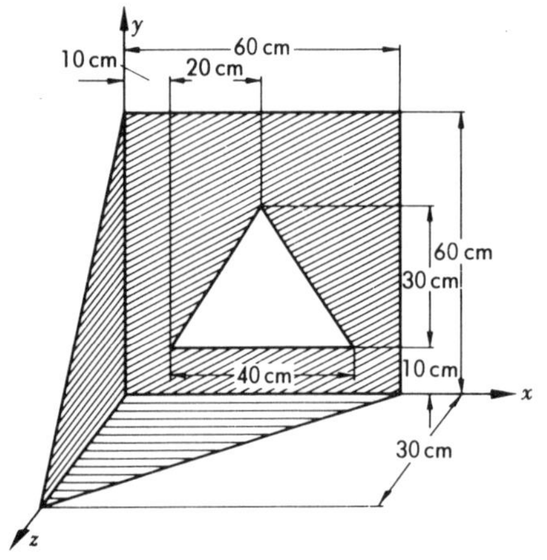

Abb. A 4-32/33

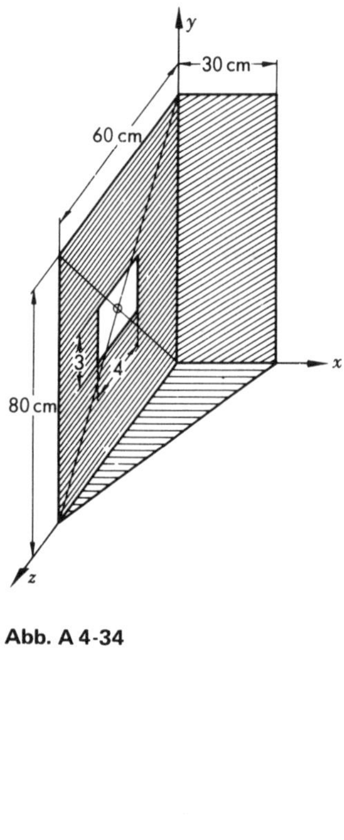

Abb. A 4-34

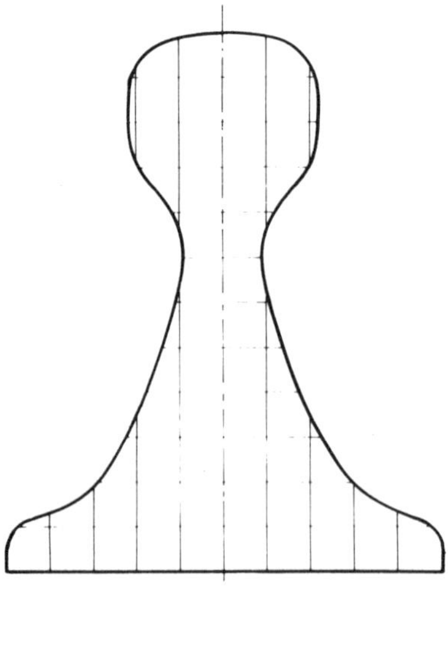

Abb. A 4-35

4.4 Der Linienschwerpunkt

Die Gleichungen 4-1 zur Bestimmung eines Schwerpunktes eines homogenen Körpers sollen auf einen dünnen Draht von konstanter Querschnittfläche A und von der Länge l angewendet werden. Für einen Teilabschnitt des Drahtes gilt:

$$dm = \rho \cdot dV = \rho \cdot A \cdot dl$$

$$m = \rho \cdot A \cdot l.$$

Damit ergibt sich aus der Gleichung 4-1

$$x_s = \frac{\int x \cdot \rho \cdot A \cdot dl}{\rho \cdot A \cdot l} = \frac{\rho \cdot A \cdot \int x \cdot dl}{\rho \cdot A \cdot l} = \frac{\int x \cdot dl}{l}$$

und analog für die anderen Koordinaten

$$x_s = \frac{\int x \cdot dl}{l_{ges}} \; ; \qquad y_s = \frac{\int y \cdot dl}{l_{ges}} \; ; \qquad z_s = \frac{\int z \cdot dl}{l_{ges}} \; . \qquad \text{Gl. 4-10}$$

Die Bedingungen für die Schwerpunktachsen lauten:

$$\int x \cdot dl = 0 \; ; \qquad \int y \cdot dl = 0 \; ; \qquad \int z \cdot dl = 0 \; . \qquad \text{Gl. 4-11}$$

Da die Lage des Schwerpunktes nur vom Verlauf der Linie abhängt, nennt man den Schwerpunkt auch *Linienschwerpunkt*. Was diese Bezeichnung betrifft, gilt das gleiche, was über den Flächenschwerpunkt gesagt wurde. Gemeint ist die Lage des Schwerpunktes einer mit Masse belegten Linie.

Alle Symmetriebedingungen sind auch hier gültig. *Der Schwerpunkt liegt in evtl. vorhandenen Symmetrieachsen bzw. Symmetrieebenen.*

Für einige Linien ist die Schwerpunktlage in Tabelle 4-II gegeben.

Für viele Fälle ist es zweckmäßig, mit Summengleichungen zu arbeiten

$$x_s = \frac{\Sigma\, x_i l_i}{\Sigma\, l_i} \; ; \qquad y_s = \frac{\Sigma\, y_i l_i}{\Sigma\, l_i} \; ; \qquad z_s = \frac{\Sigma\, z_i l_i}{\Sigma\, l_i} \; . \qquad \text{Gl. 4-12}$$

Es gilt sinngemäß alles, was zu der Gleichung 4-9 angeführt wurde.

Auch in diesem Abschnitt soll auf technische Anwendungen hingewiesen werden. Die Bestimmung des Linienschwerpunktes ist z.B. bei der Konstruktion von Stanzen und Schnitten notwendig. Die Achse des Stempels, durch den die Schnittkraft eingeleitet wird, muß durch den Schwerpunkt der gestanzten Linie gehen, wenn ein Kanten des Schnittwerkzeuges vermieden werden soll. Weiterhin braucht man den Linienschwerpunkt für die Berechnung der Oberflächen von Rotationskörpern (s. Abschnitt 4.5).

Beispiel 1 (Abb. 4-12).

Der Schwerpunktabstand y_s der skizzierten Halbkreislinie ist zu bestimmen.

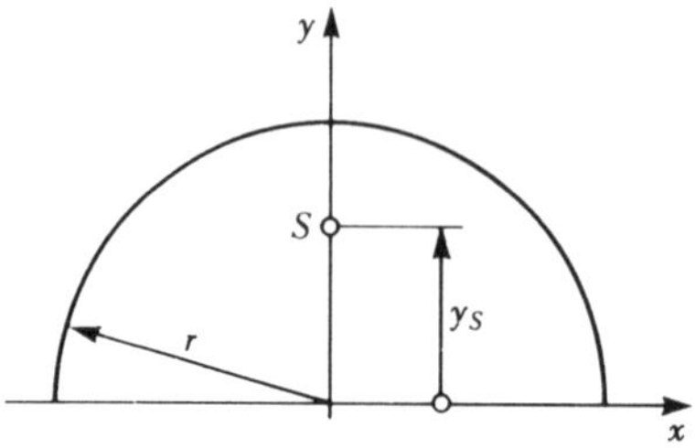

Abb. 4-12

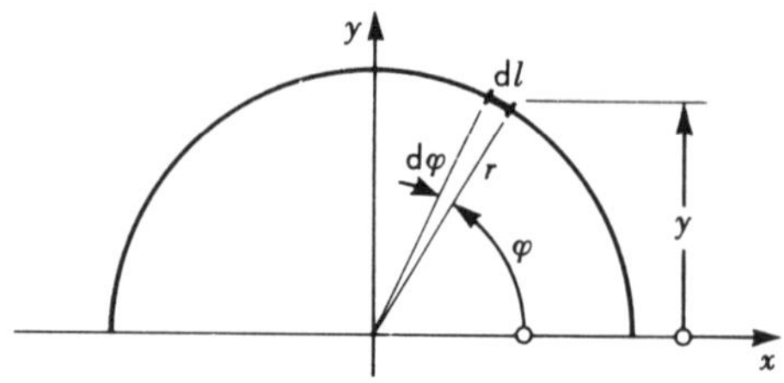

Abb. 4-13

Lösung (Abb. 4-13)

Es ist die Gleichung 4-10 auszuwerten

$$y_s = \frac{\int y \cdot dl}{l_{ges}} \quad .$$

Es gilt (s. Abbildung)

$$dl = r \cdot d\varphi; \qquad y = r \cdot \sin\varphi; \qquad l_{ges} = r \cdot \pi .$$

Die Grenzen des Integrals sind 0 und 180°.

$$y_s = \frac{1}{r \cdot \pi} \int_0^{180^\circ} r^2 \cdot \sin\varphi \cdot d\varphi = \frac{r}{\pi} \left[-\cos\varphi\right]_0^{180^\circ}$$

$$\mathbf{y_s = \frac{2r}{\pi}} \; .$$

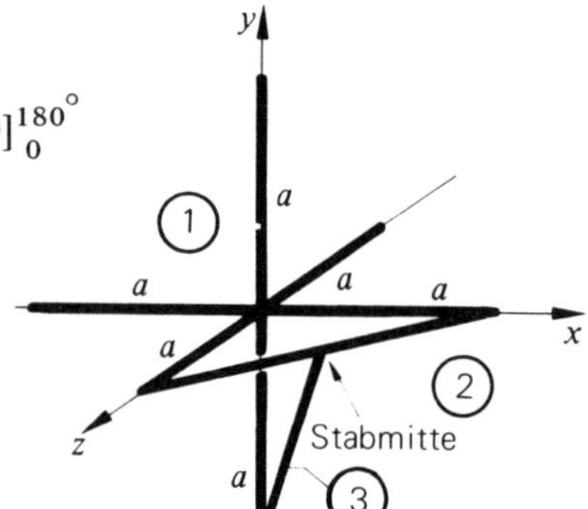

Abb. 4-14

Beispiel 2 (Abb. 4-14)

Gegeben ist ein räumliches Kreuz mit den Stablängen a, das nach Skizze durch zwei weitere Stäbe ergänzt ist. Zu bestimmen ist die Lage des Schwerpunktes. Die Stabquerschnittsabmessungen sind gegenüber a vernachlässigbar.

Lösung

Mit Hilfe des Satzes von PYTHAGORAS ergeben sich, wie der Leser leicht beweisen kann, für die Längen der Stäbe 2 und 3:

$$l_2 = \sqrt{2} \cdot a ; \qquad l_3 = \sqrt{1{,}50} \cdot a .$$

Es ist nicht notwendig, die Einzelstäbe des Kreuzes zu betrachten. Teil 1 umfaßt alle sechs Stäbe, deren Schwerpunkt aus Symmetriegründen im Ursprungspunkt des Koordinatensystems liegt. Ein naheliegender Fehler ist es, dieses Teil deshalb nicht in die Berechnung einzuführen. Es ist zwar das Moment von Teil 1 gleich Null, nicht aber die Gewichtskraft.

Auch hier ist es zweckmäßig, die Gleichungen 4-12 tabellarisch auszuwerten.

i	l_i	x_i	$x_i\,l_i$	y_i	$y_i\,l_i$	z_i	$z_i\,l_i$
1	$6a$	0	0	0	0	0	0
2	$\sqrt{2}\,a$	$0{,}5\,a$	$0{,}5\sqrt{2}\,a^2$	0	0	$0{,}5\,a$	$0{,}5\sqrt{2}\,a^2$
3	$\sqrt{1{,}5}\,a$	$0{,}25\,a$	$0{,}25\sqrt{1{,}5}\,a^2$	$-0{,}5\,a$	$-0{,}5\sqrt{1{,}5}\,a^2$	$0{,}25\,a$	$0{,}25\sqrt{1{,}5}\,a^2$
	$\Sigma\ 8{,}639\,a$		$\Sigma\ 1{,}013\,a^2$		$\Sigma -0{,}612\,a^2$		$\Sigma\ 1{,}013\,a^2$

$$x_s = z_s = \frac{1{,}013\,a^2}{8{,}639\,a} = \mathbf{0{,}117\ a}\ \text{(Symmetrie)}$$

$$y_s = \frac{-0{,}612\,a^2}{8{,}639\,a} = \mathbf{-0{,}0709\ a}.$$

Beispiel 3 (Abb. 4-15)

Abgebildet ist ein Knethaken, der um die vertikale Achse rotieren soll. Deshalb ist l so zu bestimmen, daß der Gesamtschwerpunkt in der Drehachse liegt.

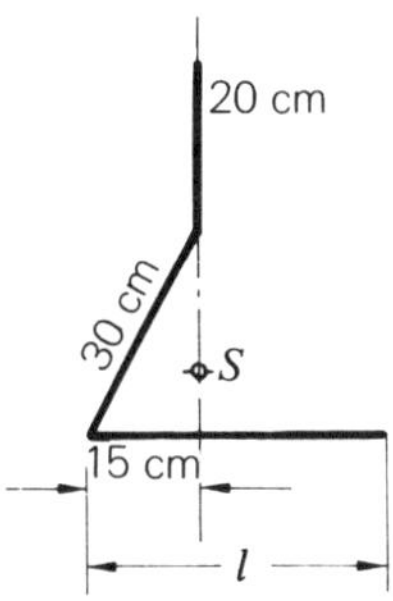

Abb. 4-15

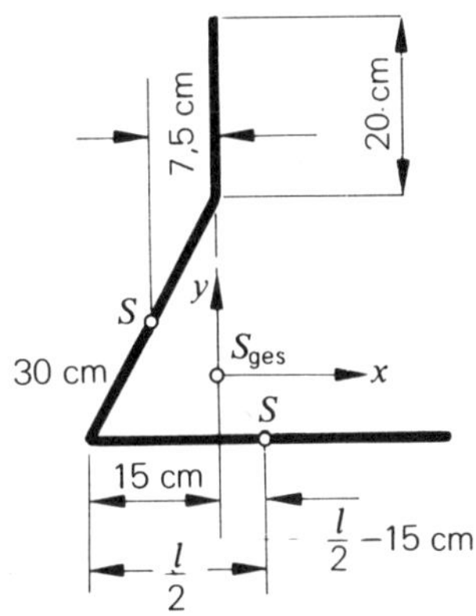

Abb. 4-16

Lösung (Abb. 4-16)

Für die skizzierte y-Achse muß die Summe der Momente verschwinden (Gl. 4-14).

$$0 = 20\ \text{cm} \cdot 0 - 7{,}5\ \text{cm} \cdot 30\ \text{cm} + \left(\frac{l}{2} - 15\ \text{cm}\right) \cdot l.$$

Das ergibt folgende quadratische Gleichung für l:

$$l^2 - 30\,l - 450 = 0 \quad l \text{ in cm},$$

deren Lösung **l = 40,98 cm** ist.

Aufgaben zum Abschnitt 4.4

A 4-36 bis 44. Für das aus dünnem homogenen Draht gebogene Gebilde ist die Lage des Schwerpunktes zu bestimmen.

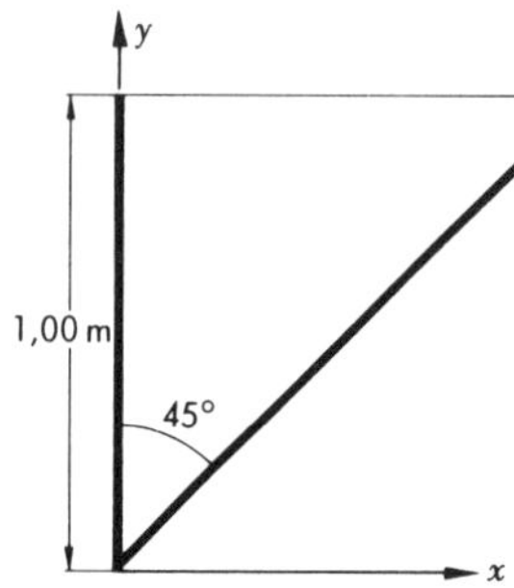

Abb. A 4-36

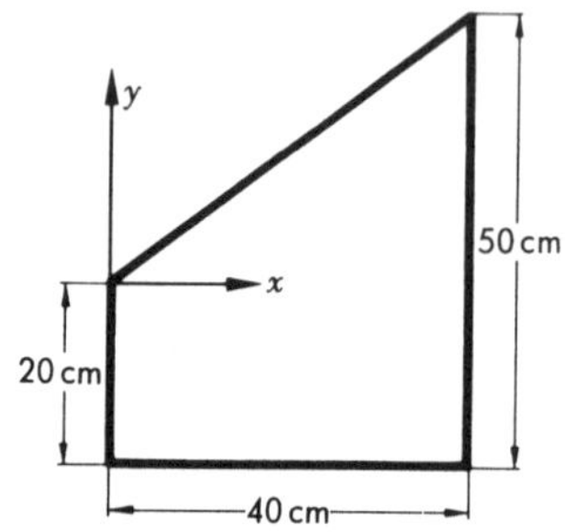

Abb. A 4-37

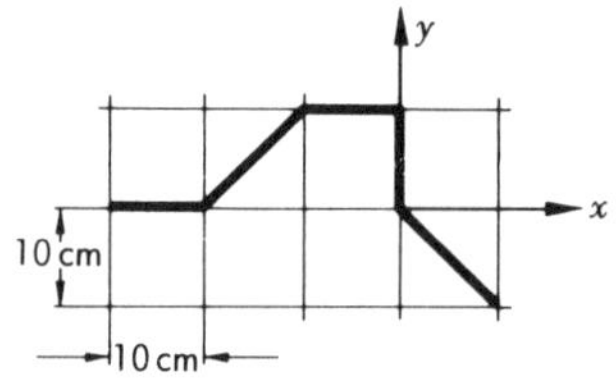

Abb. A 4-38

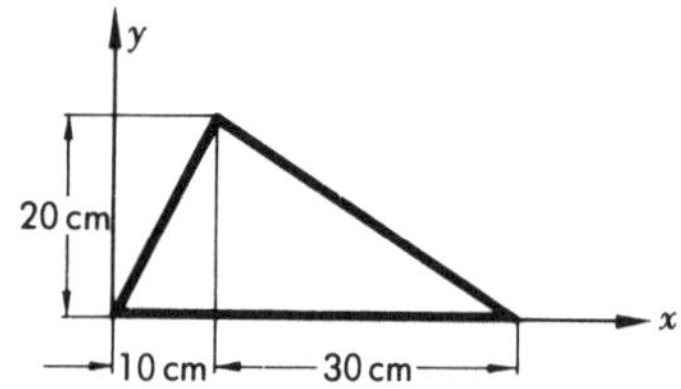

Abb. A 4-39

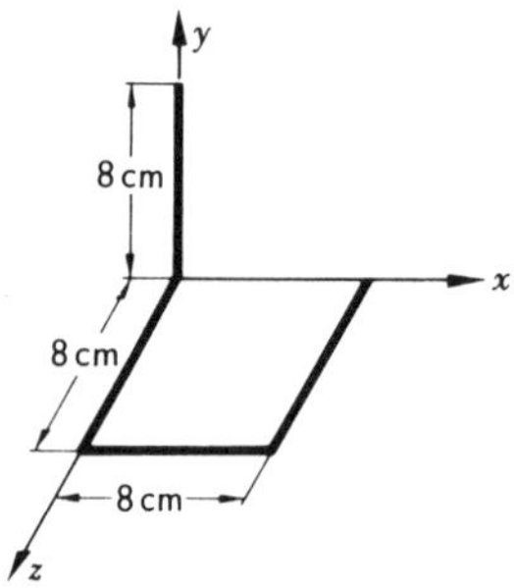

Abb. A 4-40

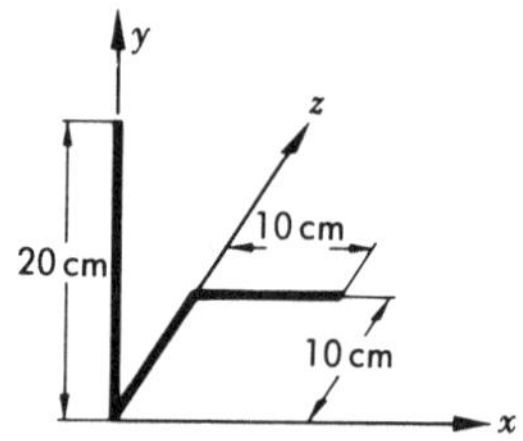

Abb. A 4-41

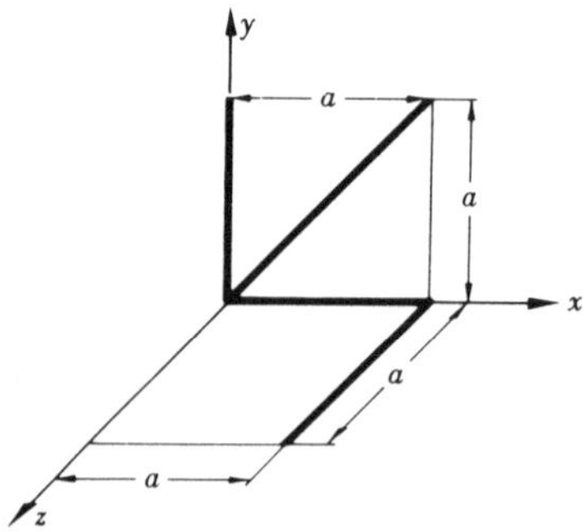

Abb. A 4-42

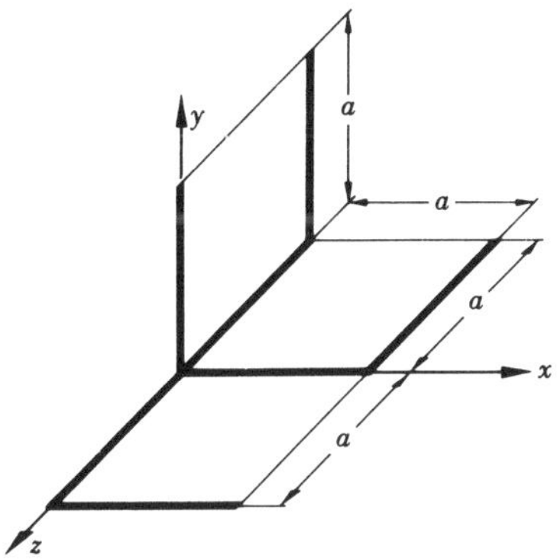

Abb. A 4-43

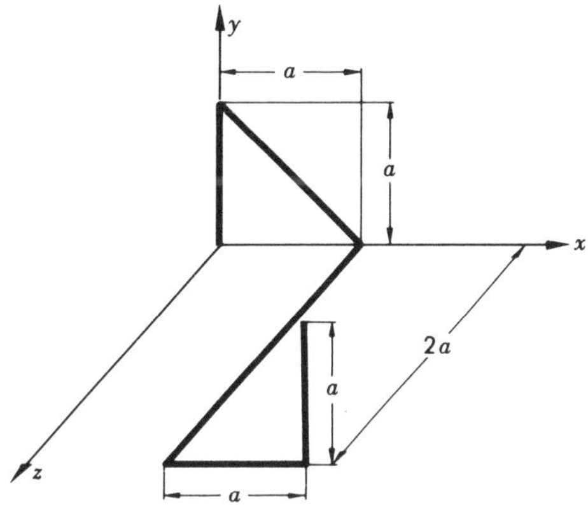

Abb. A 4-44

A 4-45. Unter welchem Winkel α hängt der wie abgebildet gebogene Stab?

A 4-46/47/48. Für das abgebildete Stanzteil ist die Lage des Schwerpunktes der gestanzten Linie zu ermitteln. Alle Schnitte werden gleichzeitig gestanzt.

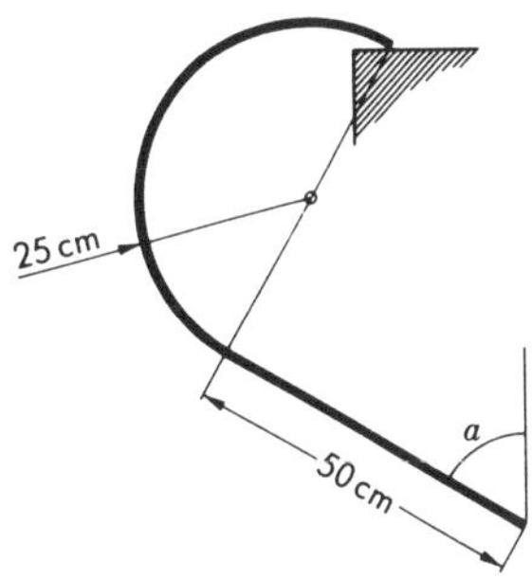

Abb. A 4-45

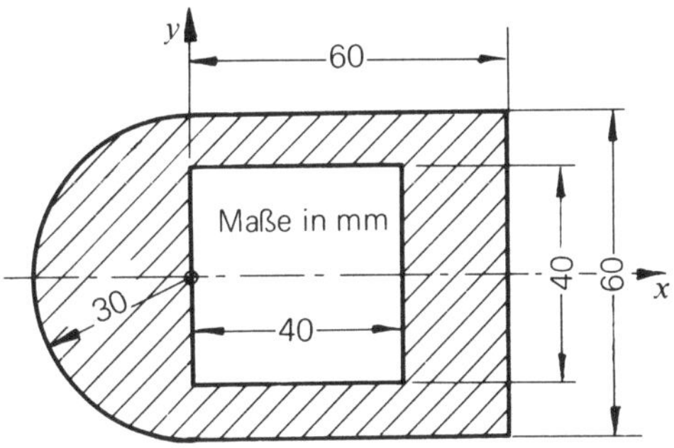

Abb. A 4-46

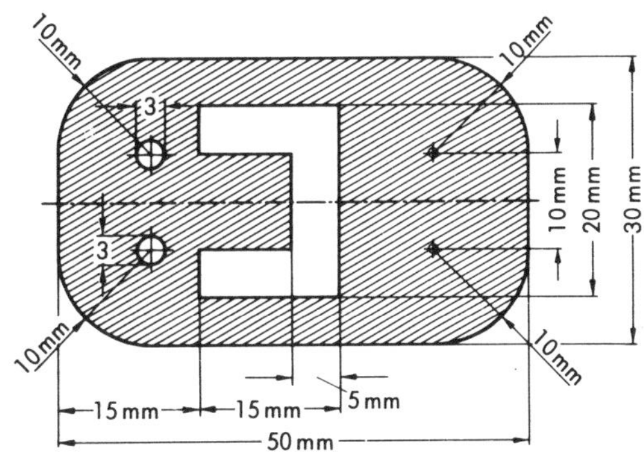

Abb. A 4-47

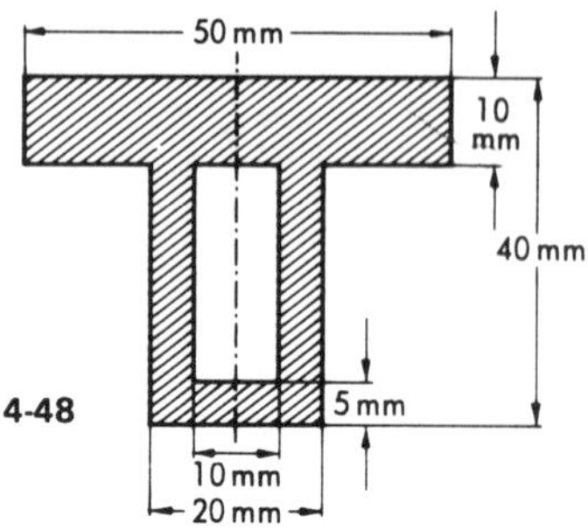

Abb. A 4-48

4.5 Die Regeln von Guldin und Pappus

In diesem Abschnitt werden Rauminhalt und Oberfläche von Rotationskörpern berechnet. Die Berechnungsgleichungen sind erstmalig von dem griechischen Mathematiker PAPPUS, etwa 300 n.Ch. formuliert worden. Sie sind in Vergessenheit geraten und wurden unabhängig von PAPPUS von dem Schweizer Jesuitenpater GULDIN (1577–1643) entwickelt.

Ein Rotationskörper wird bei Drehung einer Fläche um eine Achse beschrieben. Dabei darf die Rotationsachse die erzeugende Fläche nicht schneiden. Zum Beispiel erzeugt eine um die Grundlinie gedrehte Halbkreisscheibe eine Kugel, ein um die Kathete gedrehtes Dreieck einen Kreiskegel und eine außerhalb der Achse liegende Kreisscheibe einen Torus (aufgepumpter Autoschlauch). In diesem Abschnitt soll das Volumen solcher Rotationskörper bestimmt werden.

Man kann einen beliebigen Rotationskörper aus dünnen Ringen zusammensetzen. Ein solcher Ring hat das Volumen (Abb. 4-17).

$$dV = 2\pi r \cdot dA$$

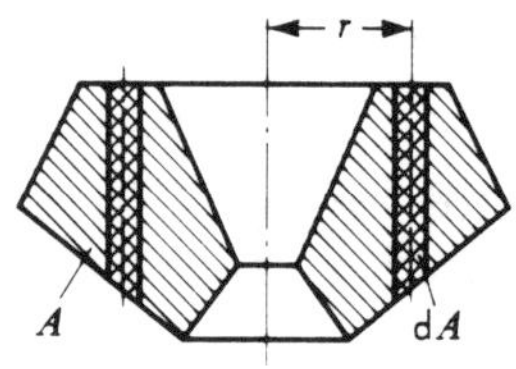

Abb. 4-17

Summiert man alle Ringe, so erhält man das Volumen des Rotationskörpers

$$V = \int dV = \int 2\pi r \cdot dA = 2\pi \int r \cdot dA .$$

Für geometrische Grundfiguren, deren Schwerpunktlage bekannt ist, kann man vorteilhaft diese Gleichung in der Form

$$V = 2\pi \Sigma r_i \cdot A_i \qquad \text{Gl. 4-13}$$

verwenden.

Nach Gl. 4-7 ist für $x = r$

$$\int r \cdot dA = r_s \cdot dA$$

wobei r_s der Abstand des Schwerpunktes der erzeugenden Fläche von der Drehachse ist. Damit erhält man

$$\mathbf{V = 2\pi r_s \cdot A.} \qquad \text{Gl. 4-14}$$

Das Volumen eines Rotationskörpers erhält man durch Multiplikation der erzeugenden Fläche mit dem bei Beschreibung des Volumens vom Flächenschwerpunkt zurückgelegten Weg.

Voraussetzung ist, daß die Rotationsachse die erzeugende Fläche nicht schneidet.

Eine um eine Achse rotierende Linie beschreibt eine Rotationsfläche, bzw. die Oberfläche eines Rotationskörpers. Zum Beispiel beschreibt ein um die Grundlinie rotierender Halbkreisbogen eine Kugeloberfläche, ein von der Rotationsachse ausgehender Strahl einen Kegelmantel. Im folgenden soll eine Gleichung abgeleitet werden, mit der die Berechnung der Oberfläche durchgeführt werden kann.

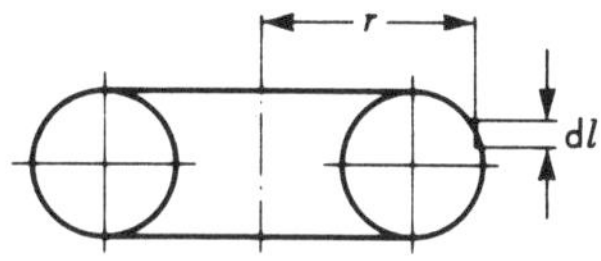

Abb. 4-18

Die Rotationsfläche läßt sich aus vielen kleinen Zylindern zusammensetzen, von denen jeder die Oberfläche

$$dO = 2\pi r \cdot dl$$

hat (Abb. 4-18). Die Summe dieser Teiloberfläche ergibt die gesuchte Oberfläche:

$$O = \int dO = \int 2\pi r \cdot dl = 2\pi \int r \cdot dl.$$

Auch hier kann man für geometrische Grundfiguren mit bekannter Schwerpunktlage die Gleichung in die Form

$$O = 2\pi \sum r_i \cdot l_i \qquad \text{Gl. 4-15}$$

bringen.

Die weitere Ableitung erfolgt vollkommen analog zu der oben. Als Endergebnis erhält man

$$\mathbf{O = 2\pi r_s \cdot L.} \qquad \text{Gl. 4-16}$$

Dabei ist r_s der Abstand des Linienschwerpunktes der erzeugenden Linie von der Rotationsachse.

Die Oberfläche eines Rotationskörpers erhält man durch Multiplikation der Länge des erzeugenden Linienzuges mit dem bei Beschreibung der Oberfläche vom Linienschwerpunkt zurückgelegten Weg.

Beispiel

Den Rauminhalt und die Oberfläche eines Kreiskegels sind in allgemeiner Form zu bestimmen.

Lösung (Abb. 4-19)

Der Kegel wird bei Rotation eines rechtwinkligen Dreiecks erzeugt. Die Fläche des Dreiecks beträgt $A = \frac{1}{2} \cdot r \cdot h$.

Der Schwerpunktsachsenabstand von der Drehachse beträgt $\frac{1}{3}\,r$.

$$V = 2\pi r_s \cdot A\,; \qquad V = 2\pi\,\frac{1}{3}\,r \cdot \frac{1}{2}\,r \cdot h$$

$$\mathbf{V = \frac{1}{3}\,\pi r^2\, h.}$$

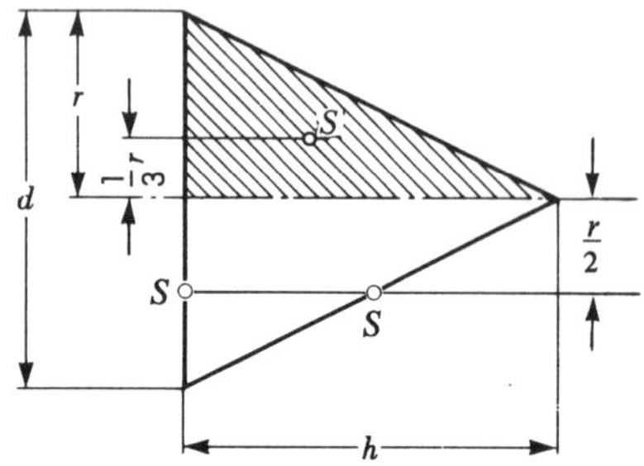

Abb. 4-19

Die Oberfläche des Kegels wird von den Linien des Dreiecks erzeugt. Die Anwendung der Gleichung 4-15 ergibt:

$$O = 2\pi\left(r \cdot \frac{r}{2} + \sqrt{r^2 + h^2} \cdot \frac{r}{2}\right);$$

$$\mathbf{O = \pi \cdot r\,(r + \sqrt{r^2 + h^2}).}$$

Aufgaben zum Abschnitt 4.5

A 4-49 bis 52. Zu bestimmen sind Volumen und Oberfläche der abgebildeten Rotationskörper.

A 4-53. Zu bestimmen sind Volumen und Oberfläche des abgebildeten Rohrkrümmers.

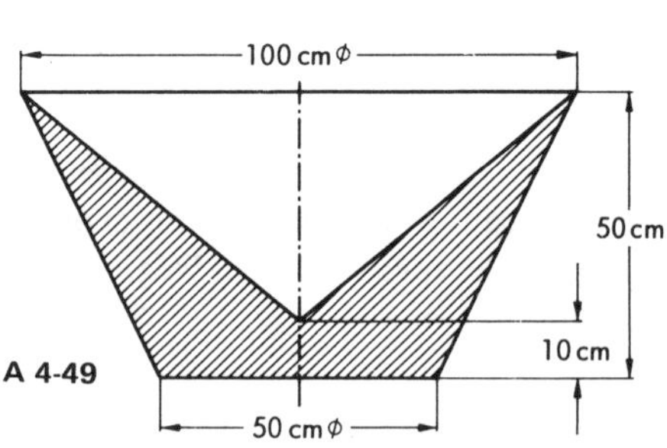

Abb. A 4-49

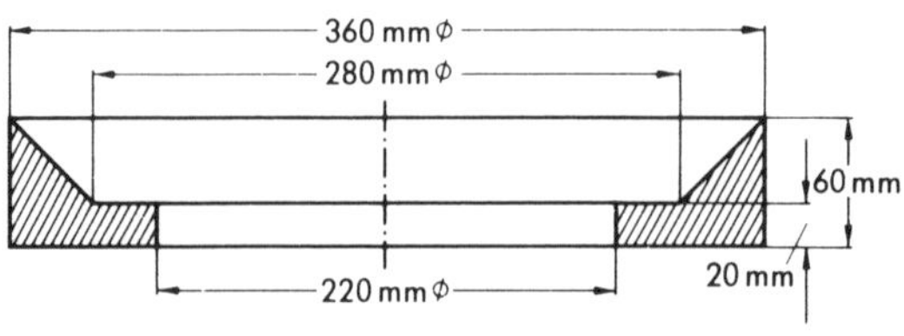

Abb. A 4-50

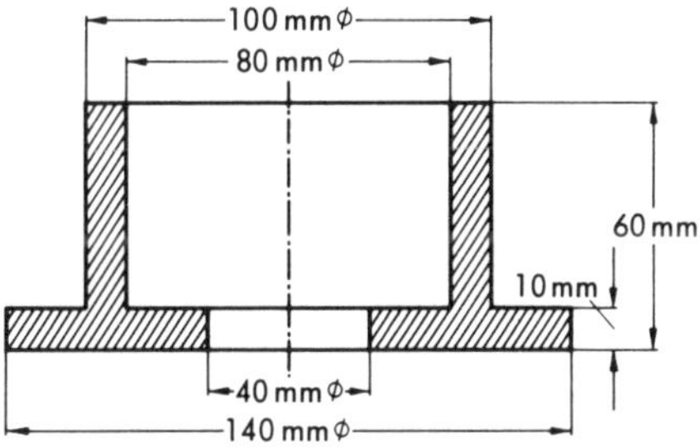

Abb. A 4-51

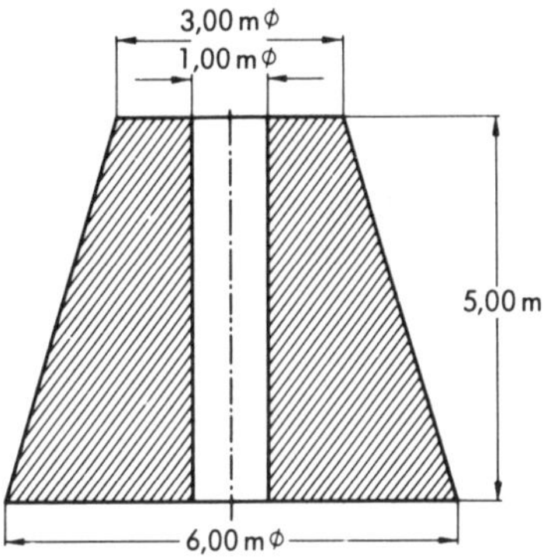

Abb. A 4-52

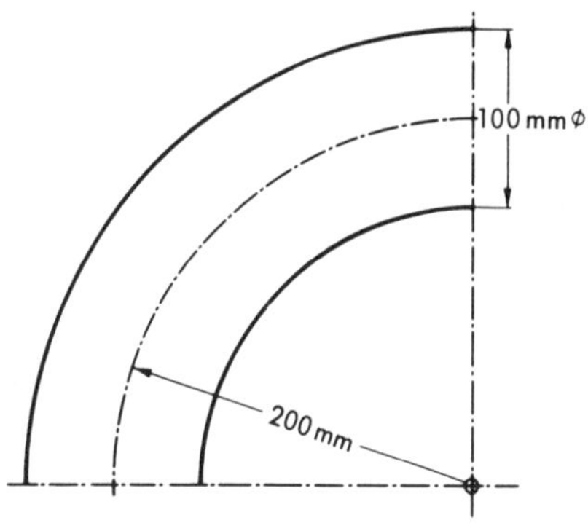

Abb. A 4-53

4.6 Zusammenfassung

Der Schwerpunkt ist der Schnittpunkt der Schwerlinien eines Körpers (Abb. 4-1). Bei homogenen Körpern, Flächen und Linien liegt er in eventuell vorhandenen Symmetrieebenen bzw. -achsen. Bei mehreren Symmetrieebenen bzw. -achsen liegt er in der Schnittgeraden, bzw. im Schnittpunkt.

Die Berechnung der Koordinaten des Schwerpunktes erfolgt für inhomogene Körper nach den Gleichungen.

$$x_s = \frac{\int x \cdot dm}{m_{ges}} ; \qquad y_s = \frac{\int y \cdot dm}{m_{ges}} ; \qquad z_s = \frac{\int z \cdot dm}{m_{ges}} . \qquad \text{Gl. 4-1}$$

In der Summenschreibweise

$$x_s = \frac{\Sigma\, x_i \cdot m_i}{\Sigma\, m_i} ; \qquad y_s = \frac{\Sigma\, y_i \cdot m_i}{\Sigma\, m_i} ; \qquad z_s = \frac{\Sigma\, z_i \cdot m_i}{\Sigma\, m_i} . \qquad \text{Gl. 4-3}$$

Für die Schwerpunktachsen gilt

$$\int x \cdot dm = 0; \qquad \int y \cdot dm = 0; \qquad \int z \cdot dm = 0. \qquad \text{Gl. 4-2}$$

Folgende Größen werden in den obigen Gleichungen für m eingeführt:

Homogener Körper	V	Gl. 4-4/5/6
Flächenschwerpunkt	A	Gl. 4-7/8/9
Linienschwerpunkt	l	Gl. 4-10/11/12

Die Schwerpunkte der wichtigsten geometrischen Grundfiguren sind in den Tabellen 4-I und II gegeben.

Läßt sich ein Körper nicht aus geometrischen Grundfiguren zusammensetzen und ist eine Integration nicht möglich, dann kann man die Summengleichungen tabellarisch auswerten, nachdem der Körper in eine genügende Anzahl von Teilabschnitten zerlegt wurde. Auch graphische Verfahren, z.B. Seileckkonstruktion führen zum Ziel.

Ein Rotationskörper wird bei der Drehung einer Fläche, eine Rotationsfläche wird bei der Drehung einer Linie um eine Achse beschreiben. Die Berechnung des Volumens bzw. der Oberfläche erfolgt nach den folgenden Gleichungen

$$\mathbf{V = 2\pi \cdot r_s \cdot A} \qquad \textbf{Gl. 4-14}$$

r_s Schwerpunktsabstand der erzeugenden Fläche A

$$\mathbf{O = 2\pi\, r_s \cdot L} \qquad \textbf{Gl. 4-16}$$

r_s Schwerpunktsabstand der erzeugenden Linie L.

5. Aktions- und Reaktionskräfte; das Freimachen

5.1 Allgemeines

Eine statische Berechnung kann nur durchgeführt werden, wenn Klarheit darüber besteht, wo und wie die Kräfte an einem starren Körper angreifen. Dazu ist es notwendig, diesen starren Körper aus seinen Verbindungen loszulösen und zu untersuchen, welche Kräfte diese Verbindungen auf den Körper übertragen. Diese *inneren Kräfte* sind neben eventuell noch vorhandenen *äußeren Kräften* an dem Körper wirksam und müssen in einer Berechnung berücksichtigt werden.

Diese Überlegungen laufen darauf hinaus, den Körper durch einen gedachten Schnitt aus seiner Umgebung zu isolieren. Diesen Vorgang nennt man *Freimachen*. Überall wo dieser gedachte Schnitt Verbindungen oder Teile des starren Körpers schneidet, müssen die dort übertragenen inneren wie äußeren, auf den isolierten Teil wirkenden Kräfte eingetragen und in der Berechnung berücksichtigt werden. Es handelt sich darum, festzustellen, welche Kräfte die Umgebungselemente auf das betrachtete Teil ausüben, nicht umgekehrt. Die exakte Unterscheidung zwischen Aktions- und Reaktionskräften ist hier besonders wichtig.

Das Freimachen wird folgendermaßen durchgeführt.

1. Zeichnen des Körpers herausgelöst aus allen Verbindungen.
2. Einführung und Bezeichnung von Kräften bzw. Momenten an den geschnittenen Stellen.
3. Bei Zerlegung eines ganzen Systems (z.B. mehrteiliger Rahmen) Durchführung einer Kontrolle, ob alle inneren Kräfte zweimal mit umgekehrten Richtungssinn auftreten (nach dem Lehrsatz actio = reactio).

In den nachfolgenden Abschnitten wird untersucht, welche Kräfte die einzelnen Bauelemente (Lager, Stützen, Seile usw.) übertragen können.

5.2 Bauelemente, die Kräfte in einer Richtung übertragen

Das sind Bauelemente, die in der Lage sind, Bewegung nur in einer Richtung zu verhindern.

Ein Seil kann nur eine Zugkraft entlang der Seilachse aufnehmen. Bei anderen Belastungen weicht es aus. Ein Stab, auf den keine Querbelastung wirkt, überträgt Kräfte nur entlang der Stabachse. Diese Kraft kann im Gegensatz zum Seil den Stab sowohl ziehen als auch drücken, d.h. in beiden Richtungen wirksam sein.

Wenn an einem Körper zwei Kräfte angreifen und dieser Körper im Gleichgewicht ist, dann müssen diese beiden Kräfte kollinear und gleich groß sein (1. Lehrsatz). Jedes

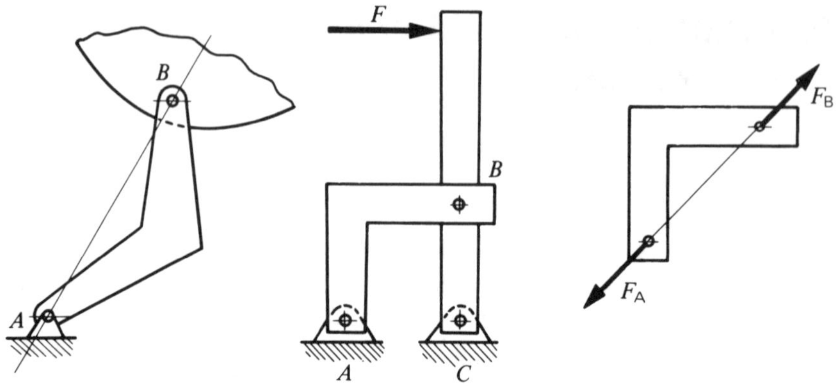

Abb. 5-1

beliebige Bauelement, an dem nur zwei Kraftangriffspunkte vorliegen, entspricht deshalb einem Stab, wobei die Wirkungslinie der Kraft die beiden Kraftangriffspunkte verbindet. Diese müssen konstruktiv als reibungsfreie Gelenke ausgeführt sein, bzw. als solche angenommen werden können. Für den diskutierten Fall zeigt die Abb. 5-1 zwei Beispiele. Der gekröpfte Träger, der den senkrechten Holm abstützt, kann nur Kräfte übertragen, deren Wirkungslinie die Punkte A und B verbindet. Man nennt ein solches Bauelement eine *Pendelstütze*.

Es soll mit Nachdruck darauf hingewiesen werden, daß das freigemachte System nach Abb. 5-2 falsch ist. Hier wirkt außer den in den Punkten A und B angreifenden Kräften noch eine zusätzliche Kraft. Wenn zwei von drei Kräften gleich groß, entgegengesetzt gerichtet und kollinear sind, sind sie nach dem 1. Lehrsatz im Gleichgewicht. Damit ist ein Gleichgewicht mit einer dritten Kraft nicht mehr möglich. Das richtige Freimachen eines Systems nach Abb. 5-2 wird weiter unten behandelt (s. auch Beispiel 2).

Eine glatte Oberfläche kann auf ein aufliegendes Teil nur mit einer Kraft senkrecht zur Fläche wirken. Bei jeder anderen Komponente würde das Teil ausweichen. Zu

Abb. 5-2

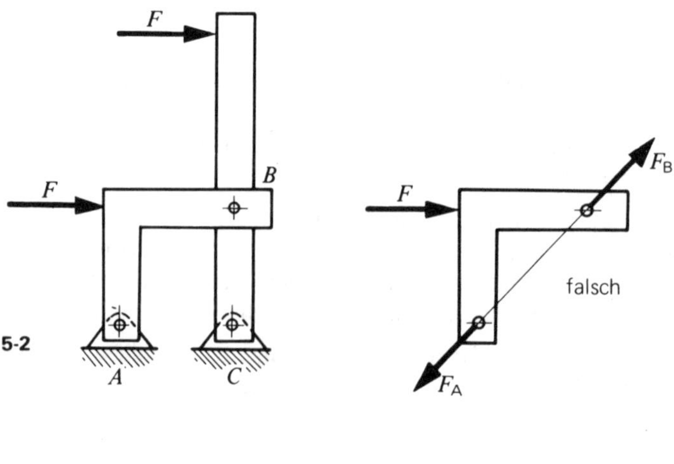

Tabelle 5-I. Lagerungsarten in der Ebene

	Wirkende Kräfte	Anzahl der Unbekannten
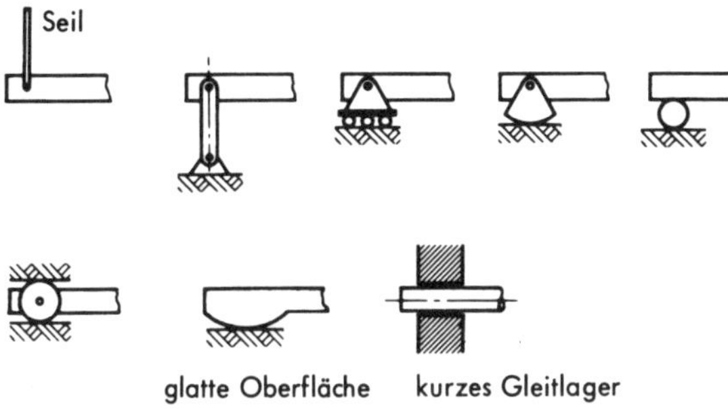	 Kraft mit bekannter Wirkungslinie	1
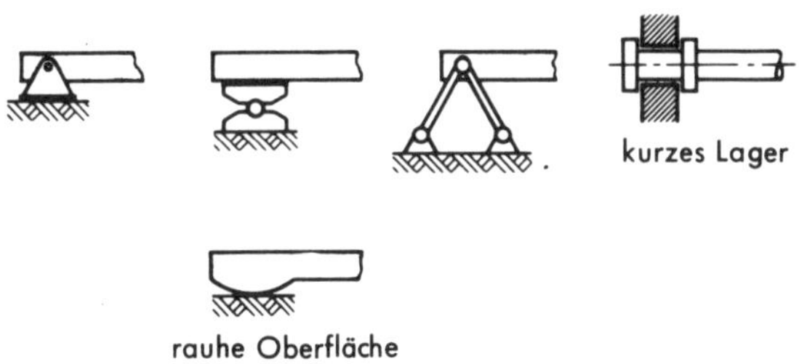	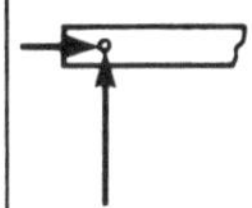 Kraft mit unbekannter Wirkungslinie	2
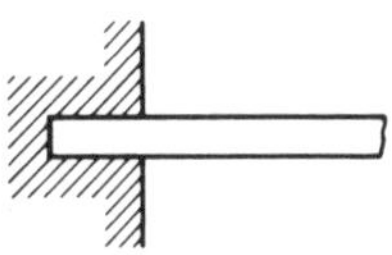	 Kraft mit unbekannter Wirkungslinie und Moment	3

den glatten Oberflächen gehören in diesem Zusammenhang auch längsverschiebliche Gleit- oder auch Wälzlager, die Kräfte nur in radialer Richtung aufnehmen können. Das gleiche gilt analog für eine Rolle, ein Rollensegment und ein Rollenlager eines Balkens. Auch hier können Kräfte nur senkrecht zur Oberfläche aufgenommen werden, da eine tangentiale Komponente durch eine entsprechende Verlagerung aufgenommen wird (Wärmedehnung von Brücken, Wellen usw.).

Beim Freimachen eines Körpers der über oben beschriebene Bauelemente mit anderen Teilen verbunden ist, muß eine Kraft unbekannter Größe und bekannter Wirkungslinie eingeführt werden. Außer im Seil und an der glatten Oberfläche ist auch der Wirkungssinn unbekannt. Dieser ergibt sich jedoch aus den Vorzeichen der Berechnung. Es verbleibt für eine Berechnung demnach nur eine Unbekannte, nämlich die Größe der Kraft.
Eine Zusammenfassung enthält Tabelle 5-I.

5.3 Bauelemente, die Kräfte in beliebiger Richtung übertragen

Das sind Bauelemente, die eine Verschiebung vollkommen verhindern, jedoch eine Drehung zulassen.

Ein festes Gelenk ohne Reibung erfüllt diese Bedingung. Dieses Gelenk kann unmittelbar an einem Festpunkt sitzen, es kann aber auch konstruktiv als Schnittpunkt zweier Stäbe angeführt werden. Ein kurzes Gleitlager, dessen axiale Verschieblichkeit durch Bunde verhindert wird, kann auch beliebig gerichtete Kräfte aufnehmen und läßt bis zum gewissen Grade auch Verdrehung zu. Das gleiche tut ein als Festlager ausgeführtes Wälzlager. Eine rauhe Oberfläche kann, soweit es die Reibung zuläßt, eine Tangentialkomponente der Kraft übertragen. Beim Freimachen von Bauelementen dieser Art erhält man demnach 2 Unbekannte, entweder die Kraft und den Winkel der Wirkungslinie oder die x- und y-Komponente der Kraft (Tabelle 5-I).

5.4 Die Einspannung

Abb. 5-3

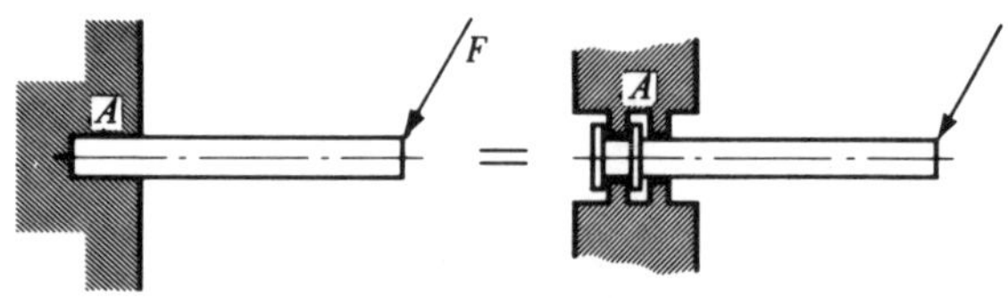

Die Einspannungsstelle verhindert sowohl eine Verschiebung als auch eine Verdrehung. Sie muß demnach sowohl Kräfte in beliebiger Richtung als auch ein Moment übertragen können.

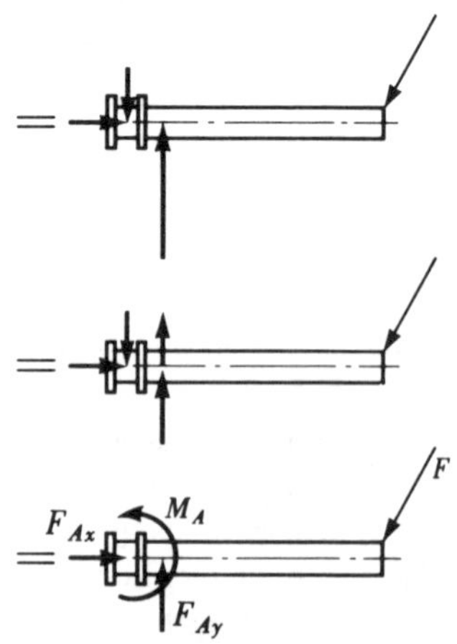

Man kann eine Einspannung als eine Kombination eines Fest- und Loslagers betrachten, wobei beide Lager einen sehr kleinen Abstand haben. Das Festlager überträgt die Längskraft. In beiden Lagern treten Querkräfte entgegengesetzter Richtung auf (Abb. 5-3). Die größere Querkraft kann man so aufteilen, daß ein Kräftepaar und eine Querkraft entsteht. Als Endergebnis erhält man die Kräfte F_{AX} und F_{AY} und das Moment, das in diesem Fall Einspannmoment genannt wird.

Beim Freimachen einer Einspannstelle erhält man 3 Unbekannte; die Größe der Kraft, den Winkel der Wirkungslinie und das Moment oder die x- und y-Komponente der Kraft und das Moment.

Beispiele zum Kapitel 5

Beispiel 1 (Abb. 5-4)

Zwei Massen sind wie abgebildet aufgehängt. Die Verbindungsknoten und die Aufhängepunkte sind freizumachen. Die Eigengewichte der Seile werden vernachlässigt.

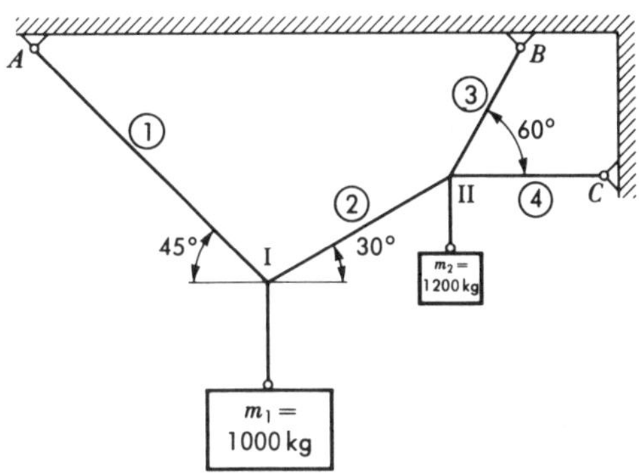

Abb. 5-4

Lösung (Abb. 5-5)

Das System besteht nur aus Seilen, deren Mittellinien identisch mit Wirkungslinien der Kräfte sind.

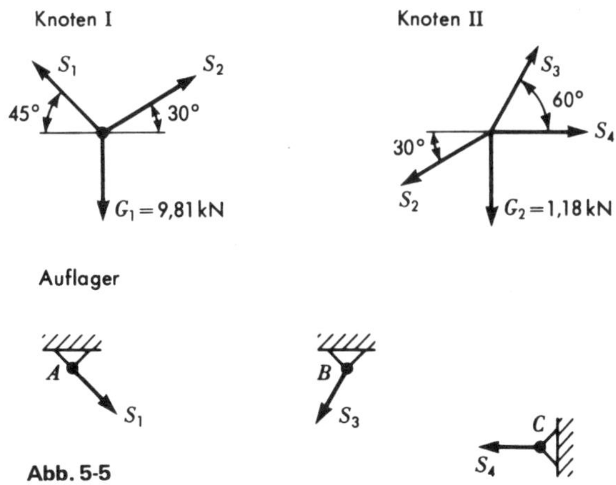

Abb. 5-5

Beispiel 2 (Abb. 5-6)

Alle Teile des abgebildeten Systems sind freizumachen unter Vernachlässigung der Eigengewichte der Balken und der Rolle und unter Annahme reibungsfreier Gelenke.

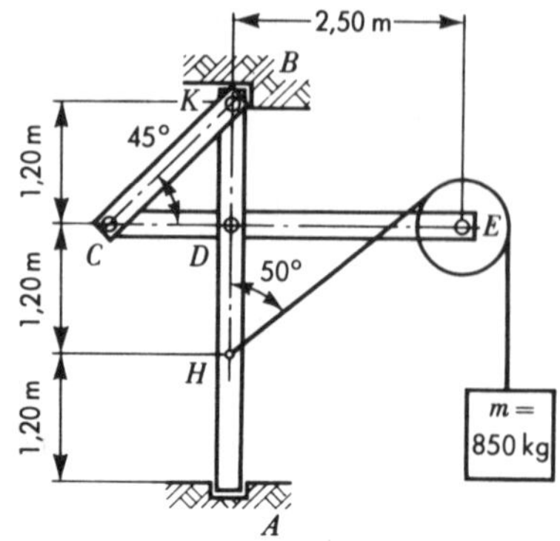

Abb. 5-6

Lösung (Abb. 5-7)

Alle Teile, aus denen das System besteht, müssen getrennt gezeichnet werden. Die in den Verbindungsbolzen bzw. in den Auflagern wirkenden inneren Kräfte müssen als äußere Kräfte an diesen Punkten eingezeichnet werden. Dabei ist zu beachten, daß der 2. Lehrsatz actio = reactio nicht verletzt wird. Jeder Punkt erscheint zweimal, z.B. D in Teil II und IV. Wählt man für F_{Dx} in IV den positiven Wirkungssinn, dann muß F_{Dx} im Teil II in negativer Richtung wirken. Für alle Verbindungsstellen, an denen keine äußeren Kräfte angreifen, muß beim Zusammensetzen der Teile die Summe aller inneren Kräfte Null ergeben. Diese Kontrolle sollte immer durchgeführt werden. In welcher Richtung die Kräfte an den einzelnen Teilen wirklich angreifen, ist für das Freimachen belanglos. *Den richtigen Wirkungssinn ergibt das Vorzeichen der Berechnung. Dabei bedeuten positives Vorzeichen – Kraft bzw. Moment wirken wie angenommen, negatives Vorzeichen – Kraft bzw. Moment wirken umgekehrt wie angenommen.* Soweit möglich, sollten der Anschaulichkeit wegen jedoch die Kräfte und Momente in der richtigen Richtung eingetragen werden.

Teil I ist ein Stab ohne Querbelastung, kann also nur Kräfte in Richtung der Achse aufnehmen. Die Kräfte werden in C und K eingeleitet. Nach der vorliegenden Belastung ist es offensichtlich, daß der Stab gedrückt wird.

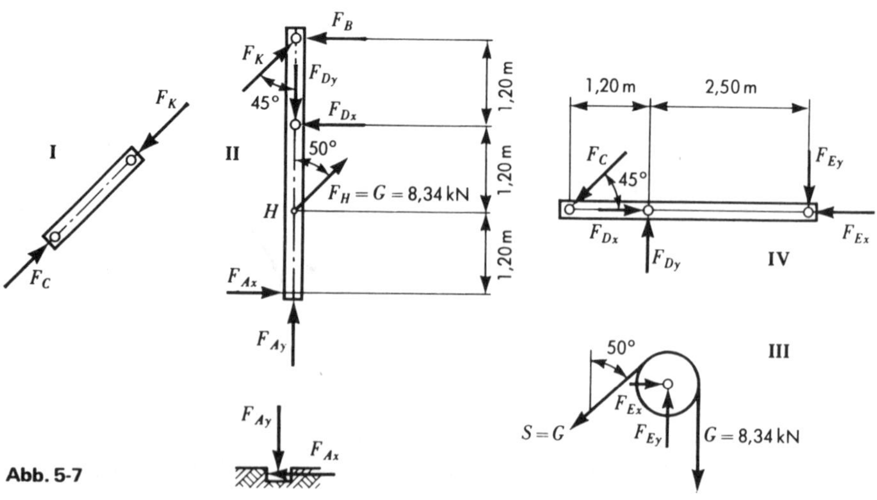

Abb. 5-7

Am Teil II greifen folgende Kräfte an. In *K* die Reaktionskraft von Teil I. Im Auflager *B* stützt sich der Balken an einer glatt angenommenen Oberfläche ab. Aus diesem Grund ist $F_{By} = 0$ und $F_{Bx} = F_B$. *D* ist ein festes Gelenk, in dem die beiden Komponenten F_{Dx} und F_{Dy} wirken, dabei ist, wie eben schon ausgeführt der Wirkungssinn gleichgültig. In *H* greift die Seilkraft in bekannter Richtung an. Da das Seil über eine feste Rolle ohne Reibung geführt wird, muß die Seilkraft gleich der Gewichtskraft *G* sein. Bei *A* wird der Balken durch seitliche Anschläge am Weggleiten gehindert. Es muß demnach neben der Komponente F_{Ay} auch F_{Ax} wirken.

Am Teil III greifen die beiden Seilkräfte an, die beide gleich *G* sein müssen. Am Lagerbolzen der Rolle sind wie in einem festen Gelenk F_{Ex} und F_{Ey} wirksam.

Am Teil IV wirken in *C* die Reaktionskraft von Teil I, in *D* und *E* die Reaktionskräfte der Teile II bzw. III.

Beispiel 3

Die Abbildung 9-16 im Kapitel 9 zeigt das Hubwerk eines Radladers. Die durch die Belastung F_S an der Schaufel verursachten Gelenkkräfte in A bis O sind zu berechnen. Das System ist entsprechend freizumachen.

Lösung

In Abb. 9-17 sind die Einzelteile getrennt gezeichnet. In allen Gelenken ist jeweils eine x- und y-Komponente der Gelenkkraft einzutragen. Dabei ist zu beachten, daß der Lehrsatz actio = reactio erfüllt ist. Beim Zusammensetzen des Systems müssen sich alle inneren Kräfte gegenseitig aufheben.

Die Teile AC; DH; LM; KN sind Pendelstützen, bzw. Zuganker. Die Wirkungslinien der durch diese Teile hindurchgeleiteten Kräfte verbinden die jeweiligen Gelenkpunkte dieser Bauteile. Für eine graphische Lösung müssen die resultierenden Gelenkkräfte in den genannten Teilen so eingeführt werden, daß sie die oben beschriebene Bedingung erfüllen. Für eine analytische Lösung muß diese Bedingung rechnerisch formuliert werden, z.B. für das Teil AC:

$$\frac{F_{Ay}}{F_{Ax}} = \frac{y_A - y_C}{x_A - x_C} = \frac{F_{Cy}}{F_{Cx}}$$

Diese Gleichungen entsprechen $\Sigma M = 0$ für jeweils ein Gelenk. Damit ist eine zusätzliche Gleichung verfügbar, die z.B. an der Schaufel die Berechnung der vier Unbekannten F_{AX} F_{AY} F_{BX} F_{BY} ermöglicht.

Beispiel 4 (Abb. 5-8)

Abgebildet ist in vereinfachter Form ein Getriebe mit einem schrägverzahnten Zahnradpaar. Der Getriebekasten ist geöffnet dargestellt. Angetrieben wird die Welle A-B bei A in angegebener Richtung. Der Abtrieb ist bei D. Die Lager A und C sind Festlager, die Lager B und D sind längsverschieblich. Das System ist für eine Berechnung der Eingriffskräfte der Zahnräder und der Lagerkräfte freizumachen.

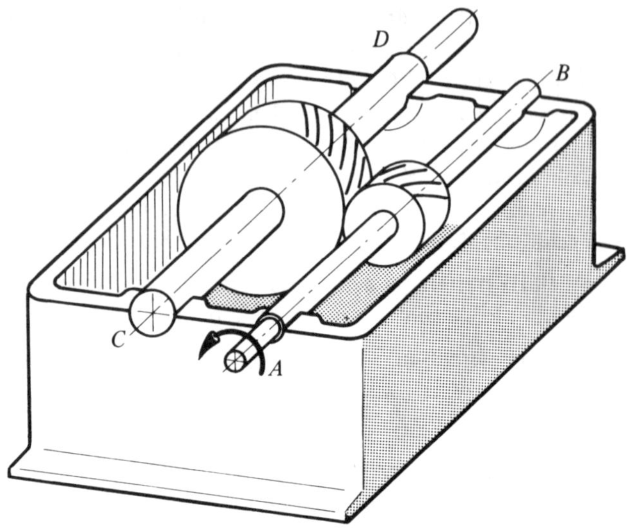

Abb. 5-8

Lösung (Abb. 5-9)

Es handelt sich um ein einfaches räumliches Kräftesystem. Deshalb werden die Wellen und der Getriebekasten perspektivisch dargestellt.

Am Eingriffspunkt E beider Zahnräder treten folgende Kräfte auf. Der Zahneingriff verursacht radiale Kräfte, die die Zahnräder auseinander zu drücken versuchen. Diese Kräfte sind als actio und reactio eingetragen und mit F_{Ex} bezeichnet. Die Schrägverzahnung verursacht eine axiale Kraft F_{Ez}, die in diesem Falle, wie man es sich leicht klar machen kann, an der Welle CD in Richtung D wirkt. Die Reaktionskraft dazu greift am Zahnrad 1 an. Das angegebene Antriebsmoment verursacht am Zahnrad 2 eine Umfangskraft F_{Ey}, die nach unten gerichtet ist. Diese hat eine umgekehrte wirkende Reaktionskraft am Zahnrad 1 zur Folge.

Die an der Eingriffsstelle der Zahnräder angreifenden Kräfte stellen die Belastung der Wellen dar und werden von den Lagern aufgenommen.

Welle AB

Am Festlager A verursacht die Kraft F_{Ez} die Axialkraft F_{Az}. Die Eingriffskraft F_{Ex} wird von den beiden Lagerkräften F_{Ax} und F_{Bx} aufgenommen, die Umfangskraft F_{Ey} von F_{Ay} und F_{By}.

Die Umfangskraft F_{Ey} versucht den Deckel abzuheben, die Kräfte F_y am Lager wirken dem entgegen.

Welle CD

Es gilt sinngemäß alles, was zur Welle AB gesagt wurde. Besonders sei darauf hingewiesen, daß der Momentenpfeil M_D nicht die Drehrichtung angibt. Es handelt sich hier um das Reaktionsmoment, das von der angetriebenen Maschine auf das Getriebe ausgeübt wird. Das Moment an der angetriebenen Maschine wirkt umgekehrt.

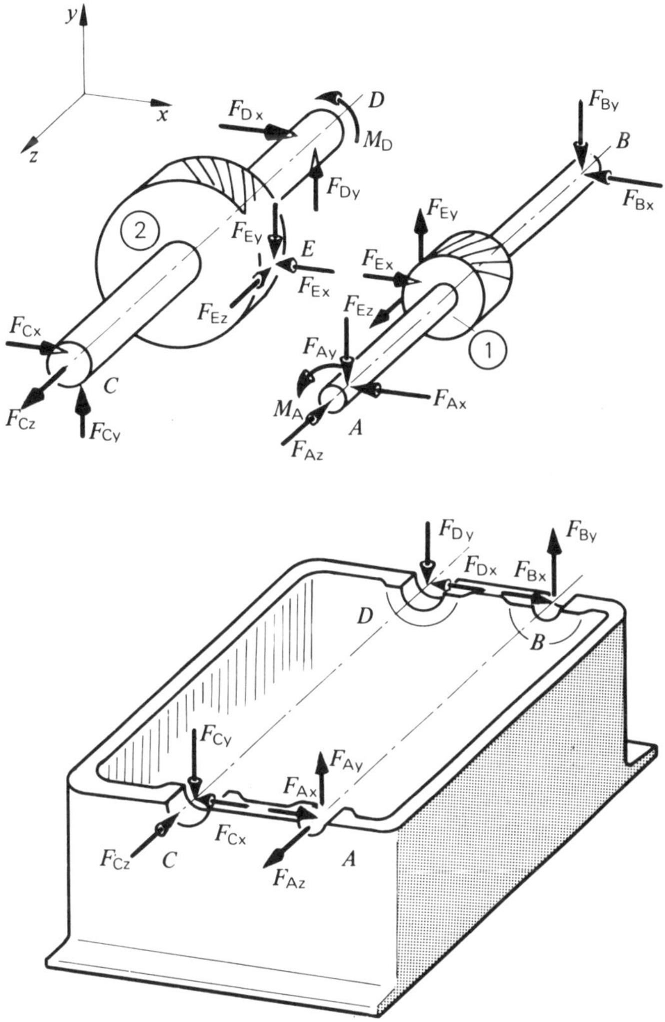

Abb. 5-9

Getriebekasten

An den vier Lagerstellen wirken jeweils die Reaktionskräfte von den Wellen. Man sieht hier nochmals, daß die rechte Welle von unten gegen den Getriebedeckel drückt, während die linke Welle das Getriebeunterteil belastet.

Aus Gründen der Anschaulichkeit wurden bei der Lösung dieser Aufgabe die Kräfte jeweils so angenommen, wie sie tatsächlich wirken. Es sei hier jedoch nochmals darauf hingewiesen, daß die Auflagerreaktionen im Wirkungssinn beliebig angenommen werden können. Es muß nur der Lehrsatz actio = reactio erfüllt sein (z.B. Welle-Getriebekasten). Den tatsächlichen Wirkungssinn ergibt das Vorzeichen, wobei + richtige Annahme bedeutet und – „umgekehrt wie angenommen“.

Aufgaben zum Kapitel 5

A 5-1 bis 12. Das abgebildete System ist unter Vernachlässigung der Eigengewichte freizumachen. Alle Gelenke und Oberflächen sollen reibungsfrei angenommen werden.

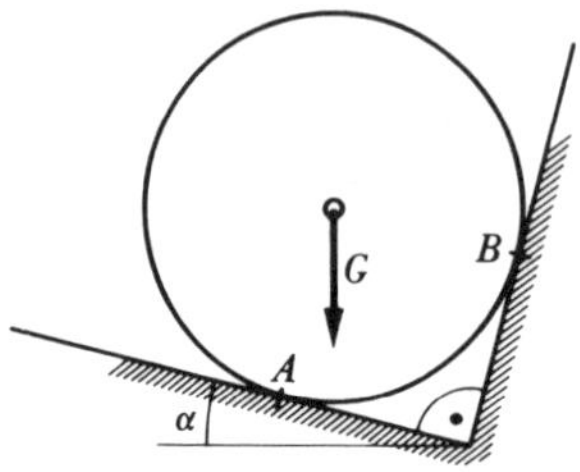

Abb. A 5-1

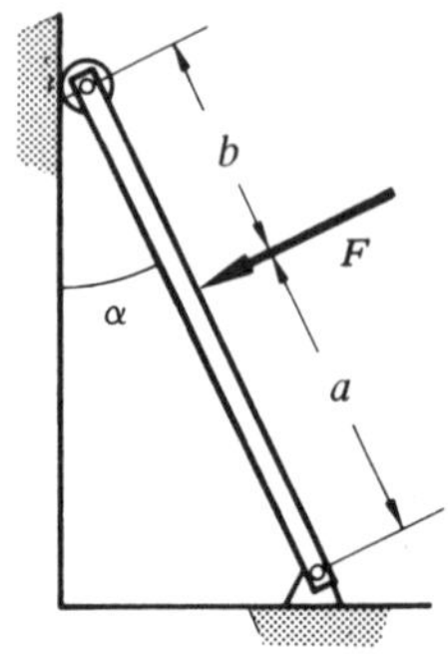

Abb. A 5-2

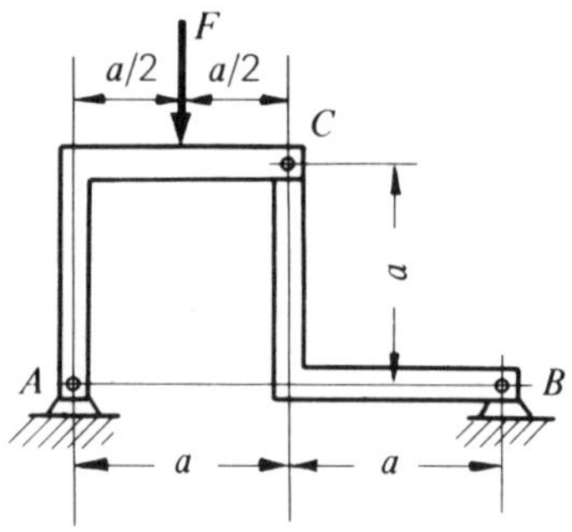

Abb. A 5-3

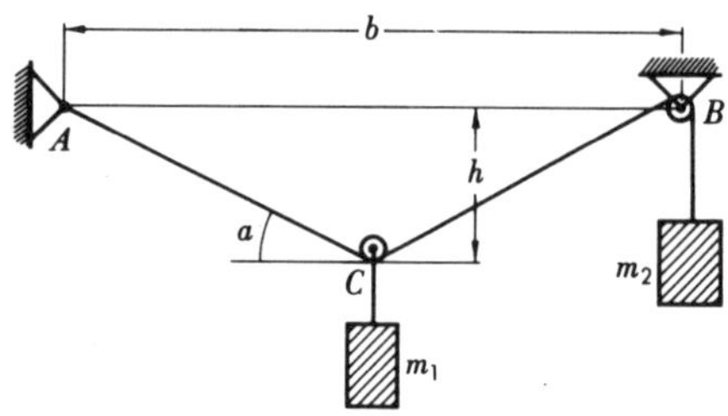

Abb. A 5-4

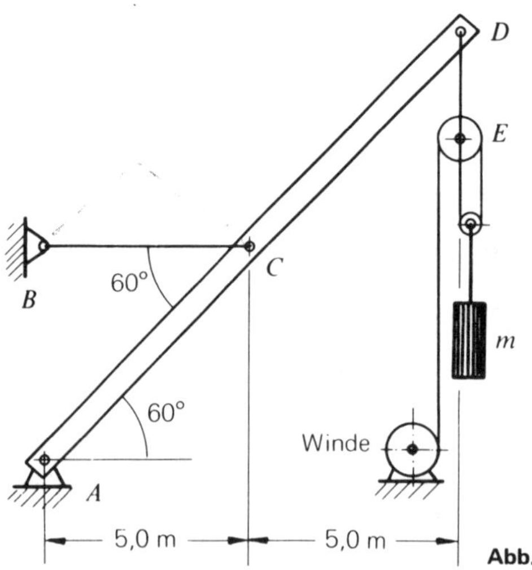

Abb. A 5-5

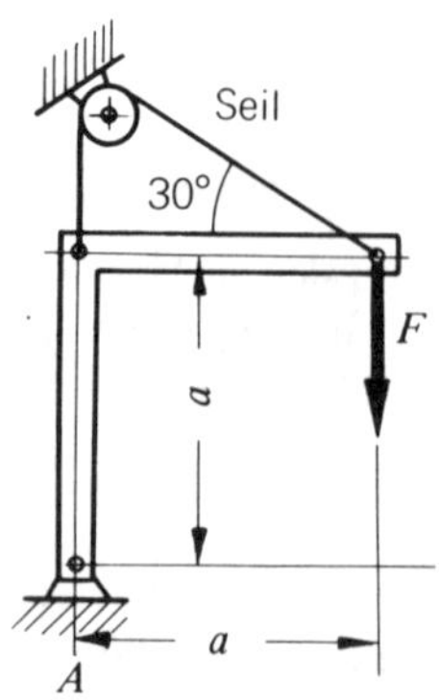

Abb. A 5-6

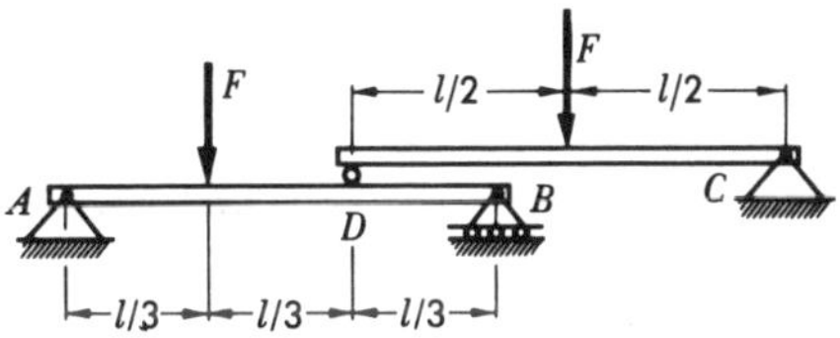

Abb. A 5-7

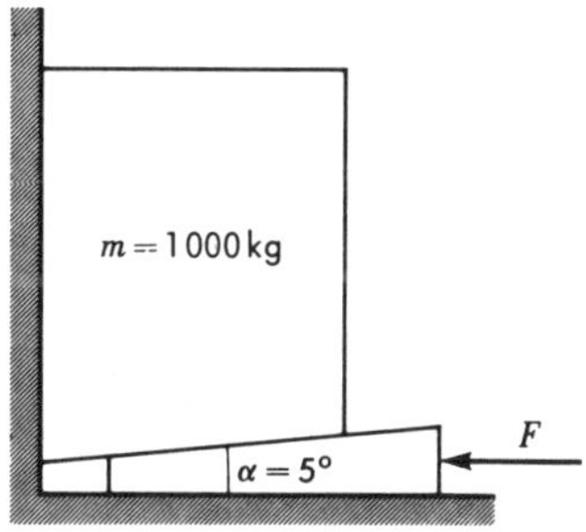

Abb. A 5-8

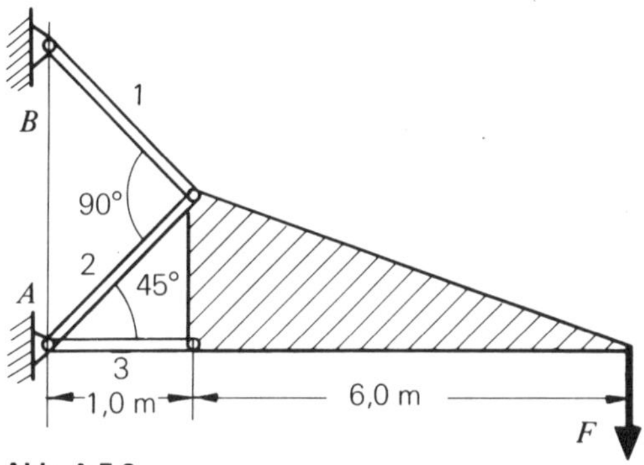

Abb. A 5-9

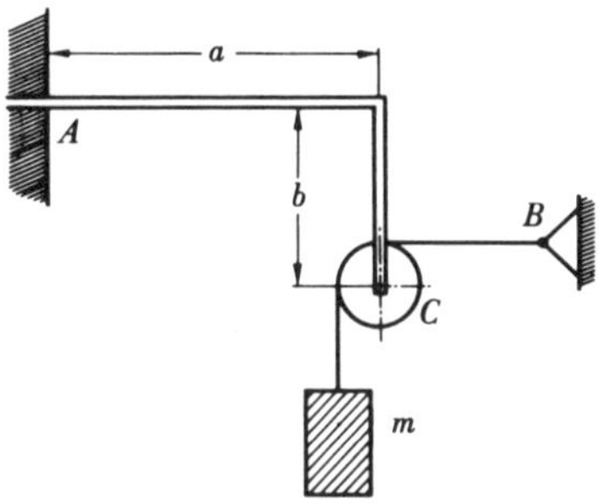

Abb. A 5-10

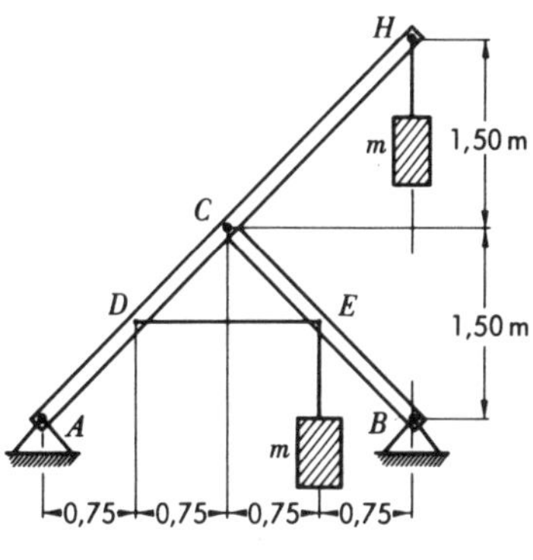

Abb. A 5-11

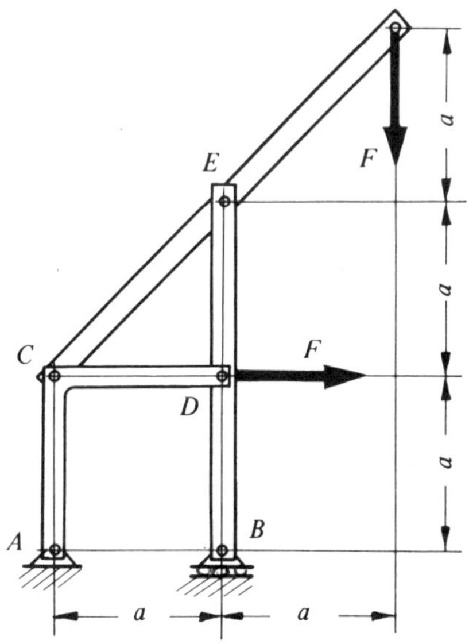

Abb. A 5-12

A 5-13. Zu untersuchen ist, ob die in der Tabelle aufgeführten Systeme richtig bzw. vollständig freigemacht sind.

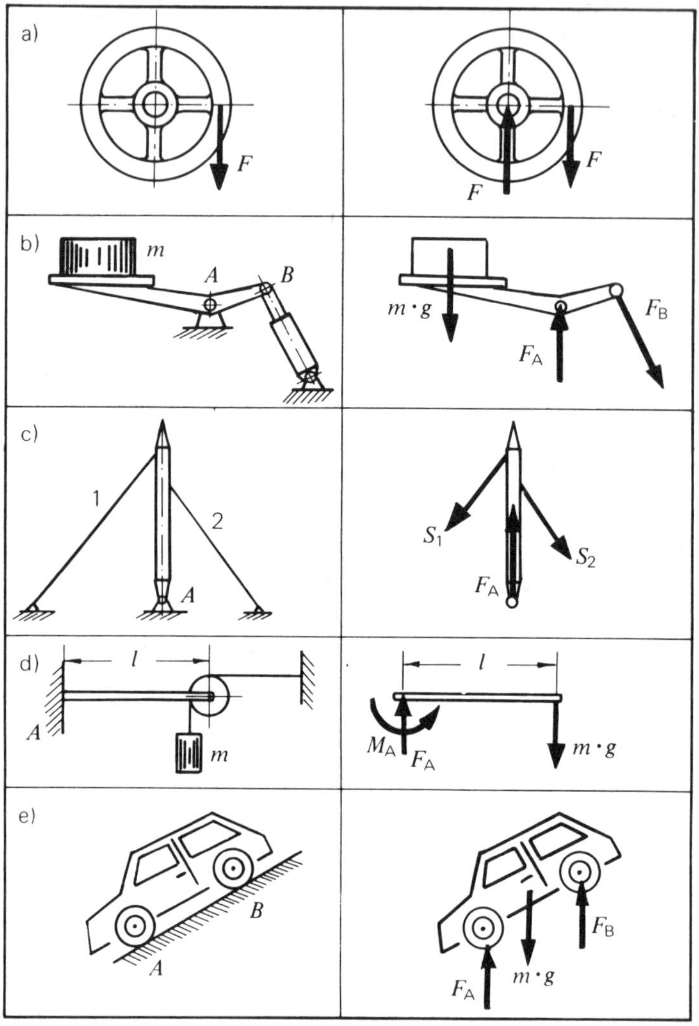

Abb. A 5-13

6. Die Gleichgewichtsbedingungen für das ebene Kräftesystem

6.1 Allgemeines

Ein starrer Körper ist im Gleichgewicht, wenn sich alle am Körper angreifenden Kräfte und Momente gegenseitig aufheben.

In diesem Falle sind die resultierende Kraft und das resultierende Moment gleich Null. Der starre Körper kann, sofern er in Ruhe ist, nicht aus diesem Zustand herauskommen. Sollte er im Zustand der Bewegung sein, dann kann diese nur geradlinig und gleichförmig sein. Es ist keine überschüssige Kraft vorhanden, um eine Beschleunigung bzw. Verzögerung zu verursachen bzw. eine Richtungsänderung einzuleiten (Beharrungsprinzip 6. Lehrsatz).

Die beiden oben formulierten Gleichgewichtsbedingungen der Statik $F_{res} = 0$ und $M_{res} = 0$ gelten demnach für den Ruhezustand und den Zustand der gleichförmigen, geradlinigen Bewegung. Sie werden in den nachfolgenden Abschnitten auf die verschiedenen Kräftesysteme angewendet.

6.2 Gemeinsamer Angriffspunkt

6.2.1 Analytische Methode

Soll die Resultierende Null sein, dann müssen es auch ihre x- und y-Komponenten sein. Das liefert die beiden Gleichungen

$$F_{res\,x} = 0; \qquad F_{res\,y} = 0.$$

Da aber $F_{res\,x} = \Sigma F_x$ und $F_{res\,y} = \Sigma F_y$ ist, können diese Gleichungen in die Form

$$\sum \mathbf{F_x} = \mathbf{0}; \qquad \sum \mathbf{F_y} = \mathbf{0} \qquad \textbf{Gl. 6-1}$$

gebracht werden.

Die Gleichungen 6-1 sind die analytischem Gleichgewichtsbedingungen für ein ebenes Kräftesystem mit gemeinsamen Angriffspunkt.

Mit diesen beiden Gleichungen können zwei Unbekannte z.B. zwei Stabkräfte errechnet werden (vgl. auch Abschnitt 3.2 und Abb. 3-4).

6.2.2 Graphische Methode

Die Resultierende erhält man graphisch durch geometrische Addition der wirkenden Kräfte im Kräfteplan (Abb. 3-3). Für den Fall $F_{res} = 0$ muß sich der von den Kräften gebildete Linienzug gleichsinnig (mit eindeutigem Umfahrungssinn) schließen.

Die graphische Bedingung für Gleichgewicht am gemeinsamen Angriffspunkt lautet demnach: Das Kräftepolygon (Kräftevieleck) muß gleichsinnig geschlossen sein.

6.2.3 Drei nichtparallele Kräfte im Gleichgewicht

Die Abb. 6-1 zeigt eine Scheibe, an der die drei Kräfte F_1 F_2 F_3 in den Punkten A B C angreifen. Das System ist im Gleichgewicht.

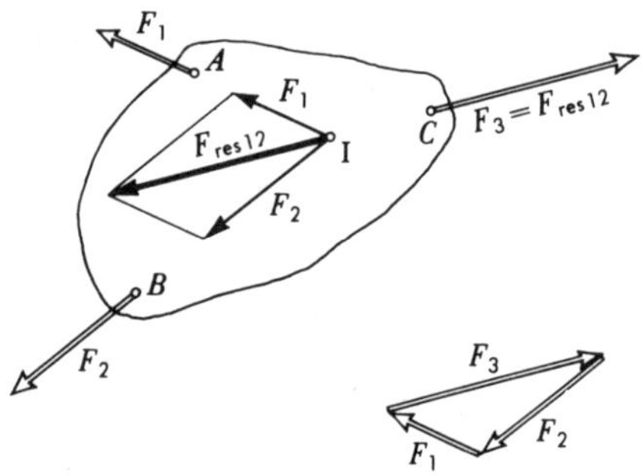

Abb. 6-1

Die Kräfte F_1 und F_2 werden in dem gemeinsamen Schnittpunkt I verschoben und dort zu der Resultierenden $F_{res\ 12}$ zusammengesetzt. Soll Gleichgewicht herrschen, dann müssen $F_{res\ 12}$ und F_3 gleich groß, entgegengesetzt gerichtet und kollinear sein (1. Lehrsatz), d.h. aber, daß F_1 F_2 und F_3 einen gemeinsamen Schnittpunkt (I) haben müssen.

Drei nichtparallele Kräfte sind im Gleichgewicht, wenn

a) ihre Wirkungslinien einen gemeinsamen Schnittpunkt haben,
b) das Kräftedreieck gleichsinnig geschlossen ist.

Beispiele zum Abschnitt 6.2

Beispiel 1 (Abb. 6-2)

Eine an einem Haken A aufgehängte Masse wird in der skizzierten Weise von einem Mann seitlich ausgelenkt. Die von dem Mann aufgebrachte Kraft betrage $F = 500$ N. Zu bestimmen sind:

a) der Winkel α
b) die Kraft im Punkt A.

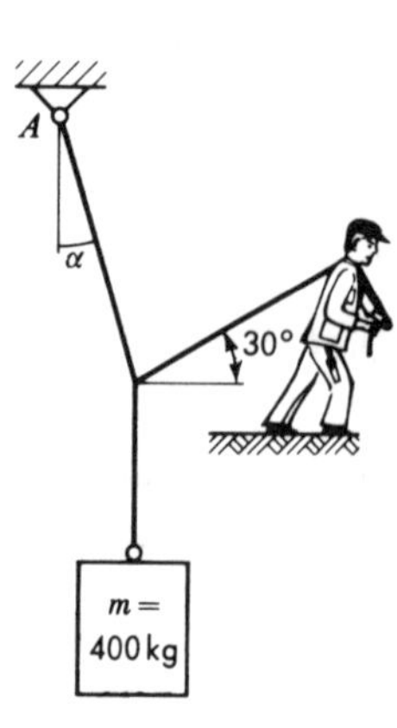

Abb. 6-2

Analytische Lösung (Abb. 6-3)

Das System wird am Knotenpunkt freigemacht. Dabei wird G = mg = 3,92 kN eingeführt. Die beiden Gleichungen

$$\sum F_x = 0; \qquad \sum F_y = 0$$

lauten für diesen Fall

$$F_M \cos 30^\circ - F_A \sin\alpha = 0 \qquad (1)$$

$$F_M \sin 30^\circ + F_A \cos\alpha - G = 0. \qquad (2)$$

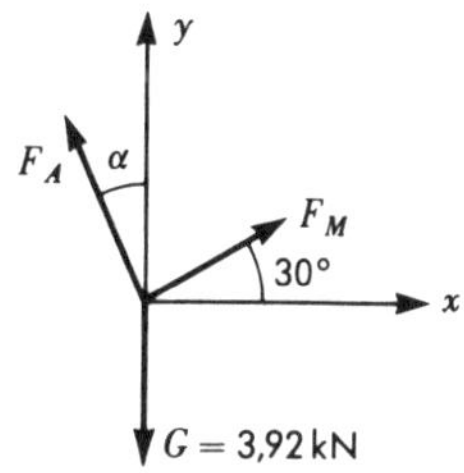

Abb. 6-3

Aus Gleichung 1

$$F_A = F_M \frac{\cos 30^\circ}{\sin\alpha}$$

einsetzen in 2

$$F_M \sin 30^\circ + F_M \cos 30^\circ \cdot \cot\alpha - G = 0$$

$$\cot\alpha = \frac{G - F_M \sin 30^\circ}{F_M \cos 30^\circ} = \frac{3{,}92\ \text{kN} - 0{,}5\ \text{kN} \cdot 0{,}5}{0{,}5\ \text{kN} \cdot 0{,}866}$$

$\alpha = \mathbf{6{,}72^\circ}$.

Einsetzen in $F_A = F_M \cdot \dfrac{\cos 30^\circ}{\sin\alpha}$

$$\mathbf{F_A = 3{,}70\ kN.}$$

Graphische Lösung (Abb. 6-4)

Nach Festlegung eines Kräftemaßstabes wird das gleichsinnig geschlossene Kräftedreieck gezeichnet. Man erhält innerhalb der Zeichengenauigkeit die oben angegebenen Ergebnisse.

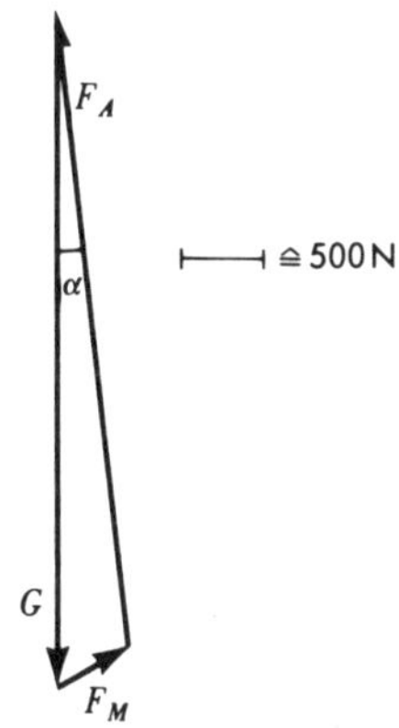

Abb. 6-4

Beispiel 2 (Abb. 6-5)

Zwei Massen sind in der angegebenen Weise an Seilen aufgehängt. Zu bestimmen sind die Seilkräfte S_1 bis S_4.

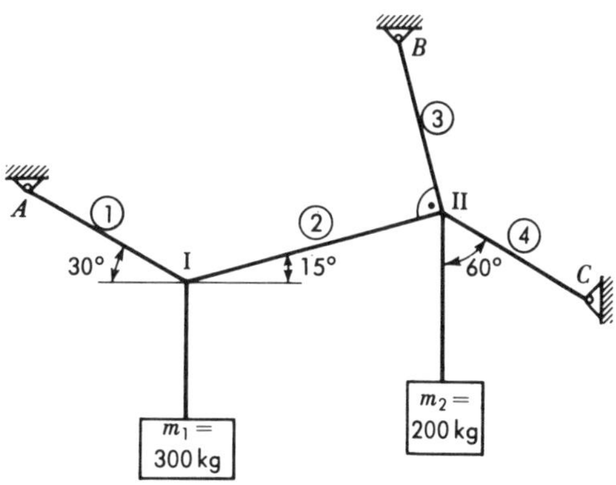

Abb. 6-5

Analytische Lösung (Abb. 6-6)

Das System wird in den Knoten freigemacht. Man erhält zwei Kräftesysteme mit gemeinsamen Angriffspunkt.

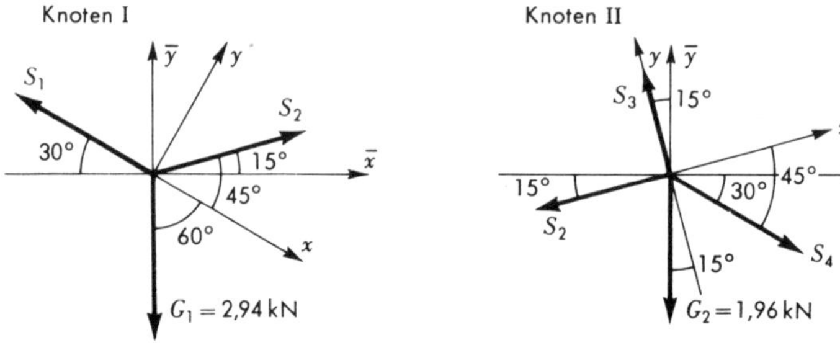

Abb. 6-6

Benutzt man ein kartesisches Koordinatensystem mit horizontaler Abszisse $(\bar{x}\,\bar{y})$, dann muß man die beiden Bestimmungsgleichungen

$$\sum F_{\bar{x}} = 0; \qquad \sum F_{\bar{y}} = 0$$

simultan lösen, d.h. in beiden Gleichungen sind beide Unbekannten vorhanden. Es empfiehlt sich, ein gedrehtes Koordinatensystem anzuwenden, dessen eine Koordinatenachse mit einer unbekannten Seilkraft zusammenfällt. In Abb. 6-6 sind das die Koordinatensysteme x und y.

Die erste Gleichung setzt man für die Richtung an, in die eine Unbekannte keine Komponente hat. Die Berechnung muß am Knoten I beginnen, da dort im Gegensatz zu Knoten II nur 2 Unbekannte, nämlich S_1 und S_2 sind.

Knoten I

$$\sum F_y = 0; \qquad S_2 \sin 45^\circ - G_1 \sin 60^\circ = 0$$

$$S_2 = \frac{\sin 60^\circ}{\sin 45^\circ} \cdot G_1$$

$$= \frac{\frac{1}{2}\sqrt{3}}{\frac{1}{2}\sqrt{2}}\, G_1 = \sqrt{\frac{3}{2}} \cdot G_1$$

$$\mathbf{S_2 = 3{,}60\ kN.}$$

$$\sum F_x = 0; \qquad S_2 \cos 45^\circ + G_1 \cos 60^\circ - S_1 = 0$$

$$S_1 = \frac{\sin 60^\circ}{\sin 45^\circ} \cos 45^\circ\, G_1 + \cos 60^\circ\, G_1$$

$$S_1 = G_1 (\sin 60^\circ + \cos 60^\circ)$$

$$S_1 = G_1 \left(\frac{1}{2}\sqrt{3} + \frac{1}{2}\right) = \frac{1}{2} G_1 (\sqrt{3} + 1)$$

$$\mathbf{S_1 = 4{,}02\ kN.}$$

Knoten II

Die beiden Unbekannten sind jetzt S_3 und S_4

$$\sum F_x = 0\,; \qquad S_4 \cos 45^\circ - G_2 \sin 15^\circ - S_2 = 0$$

$$S_4 = \frac{1}{\cos 45^\circ}\,(G_2 \sin 15^\circ + S_2)$$

$$\mathbf{S_4 = 5{,}81\ kN}$$

$$\sum F_y = 0\,; \qquad S_3 - G_2 \cos 15^\circ - S_4 \sin 45^\circ = 0$$

$$S_3 = G_2 \cos 15^\circ + S_4 \sin 45^\circ$$

$$\mathbf{S_3 = 6{,}00\ kN.}$$

Graphische Lösung (Abb. 6-7)

Auch in diesem Falle müssen die Seilkräfte im Knoten I zuerst bestimmt werden. Nach Festlegung eines geeigneten Kräftemaßstabes wird das gleichsinnig geschlossene Kräftedreieck bestehend aus G_1 S_1 S_2 gezeichnet.

Am Knoten II sind die Kräfte G_2 und S_2 bekannt. Man muß die Konstruktion des Kräftevierecks mit diesen Größen beginnen. Das Viereck wird mit den unbekannten Kräften S_3 und S_4 geschlossen.

Es ist möglich, unter Verwendung von nicht maßstabsgerechten Skizzen nach Abb.6-7 mit Hilfe geometrischer Beziehungen die unbekannten Größen auszurechnen. Das ist vor allem beim Dreieck sehr einfach und der reinen analytischen Methode vorzuziehen. Für Knoten I ergibt sich nach dem sin-Satz

$$S_1 = \frac{\sin 75^\circ}{\sin 45^\circ} \cdot G_1 = 4{,}02\ \text{kN}$$

$$S_2 = \frac{\sin 60^\circ}{\sin 45^\circ} \cdot G_1 = 3{,}60\ \text{kN.}$$

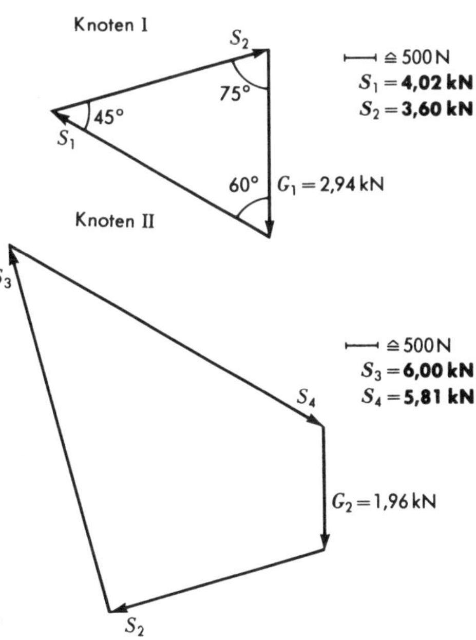

Abb. 6-7

Für das Viereck muß man die Resultierende von G_2 und S_2 nach Größe und Richtung bestimmen (Abschnitt 2.2.1). Damit ist die Aufgabe auf den vorher besprochenen Fall eines Dreiecks reduziert.

Beispiel 3 (Abb. 6-8a)

Das skizzierte Hubwerk ist mit einer Masse von 400 kg belastet. Zu bestimmen sind unter Vernachlässigung der Eigenmassen die Kräfte in den Gelenken A, B und C.

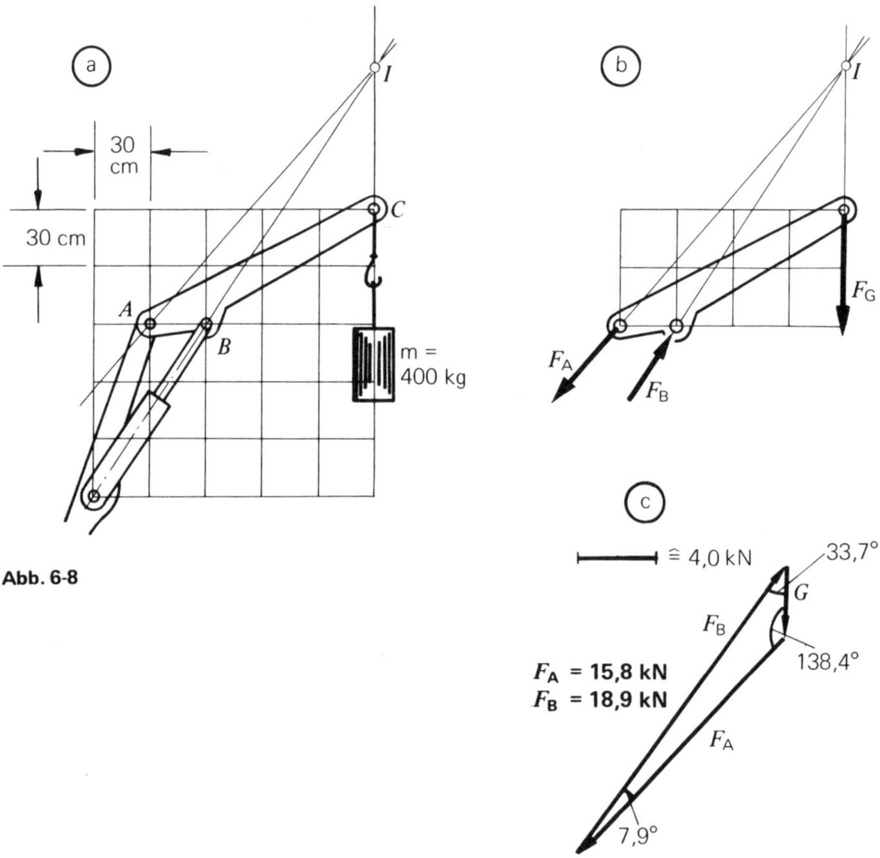

Abb. 6-8

Lösung (Abb. 6-8b/c)

An dem Auslegerarm greifen drei Kräfte an, die Gewichtskraft G, die vom hydraulischen Hubkolben ausgeübte Kraft F_B und die Gelenkraft F_A. Bekannt sind die Wirkungslinien der Gewichtskraft G und der Kraft F_B, da der Hubkolben der Definition einer Pendelstütze bzw. eines Stabes genügt. Damit liegt der Schnittpunkt I der Wirkungslinien fest, durch den auch die Wirkungslinie von F_A gehen muß (gemeinsamer Schnittpunkt der Wirkungslinien von drei Kräften im Gleichgewicht). Die zweite Bedingung, nach der das Kräftedreieck gleichsinnig geschlossen sein muß liefert die unbekannten Kräfte. Mit

$$G = m \cdot g = 3{,}92 \text{ kN}$$

erhält man

$$\mathbf{F_A = 15{,}8\ kN; \qquad F_B = 18{,}9\ kN.}$$

Die Steigungswinkel der Wirkungslinien kann man aus rechtwinkligen Dreiecken mit Hilfe der Winkelfunktionen ausrechnen. Daraus ergeben sich die Winkel im Kräftedreieck. Aus einer nicht maßstäblichen Skizze des Kräftedreiecks ist es möglich, aus dem sin-Satz die Kräfte zu berechnen.

$$\frac{F_A}{\sin 33{,}7^\circ} = \frac{G}{\sin 7{,}9^\circ}; \qquad F_A = 15{,}76 \text{ kN}$$

$$\frac{F_B}{\sin 138{,}4^\circ} = \frac{G}{\sin 7{,}9^\circ}; \qquad F_B = 18{,}87 \text{ kN}.$$

Diese Methode liefert schnell genaue Ergebnisse.

Kontrolle: $\Sigma M_A = 0$; $\Sigma M_B = 0$ (s. Abschnitt 6.4)

Beispiel 4 (Abb. 6-9a)

Eine Walze soll nach Skizze auf eine Schwelle gezogen werden. $m = 100$ kg.

Wie groß ist die dazu erforderliche Kraft?

Lösung (Abb. 6-9b)

Im Moment des Hochziehens wird die Auflagekraft im Punkt B gleich Null. Es verbleiben drei Kräfte an der Walze, die Gewichtskraft G, die Zugkraft F und die Kraft, die von der Schwellenkante A auf die Walze übertragen wird. Der gemeinsame Schnittpunkt dieser Kräfte ist der Mittelpunkt M. Das Kräftedreieck im Kräfteplan (Abb. 6-9b) ergibt:

$$\mathbf{F = 735\ N} \ (\rightarrow)$$

Kontrolle: $\sum M_A = 0$ (s. Abschnitt 6.4)

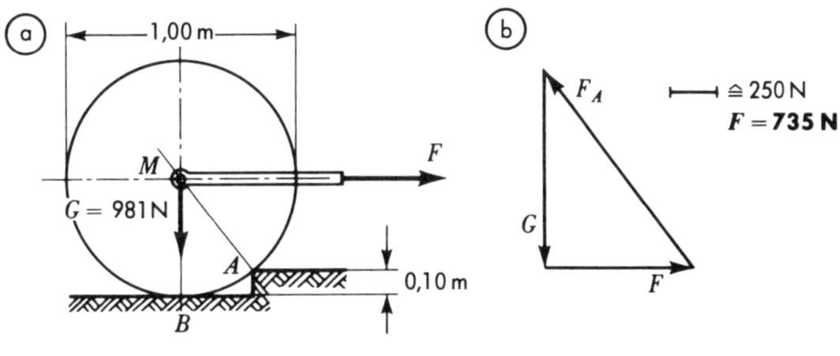

Abb. 6-9

Aufgaben zum Abschnitt 6.2

A 6-1. Für die in Abb. A5-1 gezeichnete Walze sind die Auflagerreaktionen in A und B graphisch und analytisch zu bestimmen. $G = 1{,}0$ kN; $\alpha = 35°$.

A 6-2. Für das System Abb. A5-5 sind die Auflagerreaktionen in A B C graphisch und analytisch zu bestimmen. m = 2000 kg.

A 6-3. Die Massen des Systems Abb. A5-4 betragen $m_1 = 10$ kg und $m_2 = 20$ kg. In welchem Abstand h von der Verbindungslinie A B stellt sich die Masse 1 ein, wie groß ist der Winkel α und welche Kraft wird auf das Gelenk A übertragen? $b = 2{,}00$ m. Lösung graphisch und analytisch.

A 6-4. Die Masse 2 des Systems Abb. A 5-4 ist so zu bestimmen, daß sich die Masse 1 auf eine Höhe $h = 1{,}0$ m einstellt. $b = 4{,}0$ m. Lösung graphisch und analytisch. $m_1 = 5{,}0$ kg.

A 6-5. Für das skizzierte System ist die Masse m so zu bestimmen, daß der Balken AB horizontal bleibt. Für diesen Fall ist die Reaktionskraft in A zu bestimmen. Die Rolle ist reibungsfrei anzunehmen.

A 6-6. Wie groß muß die an den abgebildeten Seilen S_1 und S_2 angreifende Kraft F sein und unter welchem Winkel zur Vertikalen muß sie angreifen, wenn beide Seile mit der maximalen Kraft von 1,2 kN beansprucht werden sollen?

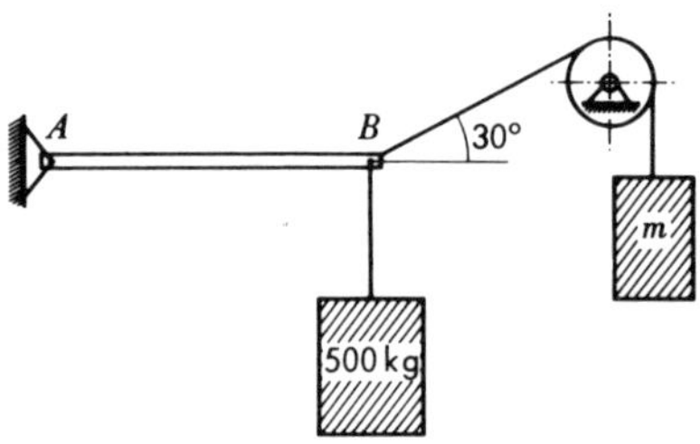

Abb. A 6-5

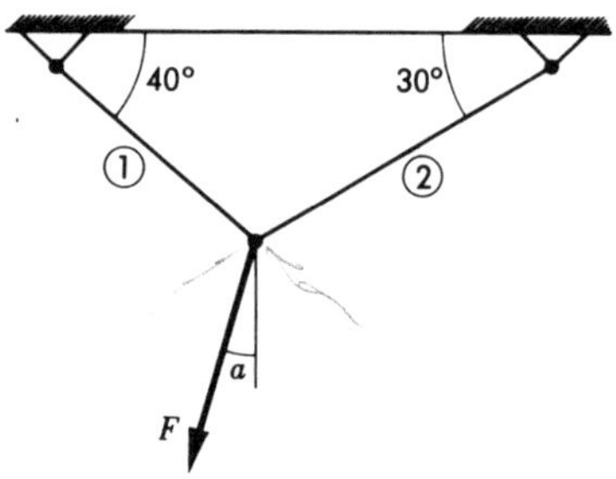

Abb. A 6-6

A 6-7/8. Für den abgebildeten Stabverband sind für die gegebene Belastung die Stabkräfte graphisch und analytisch zu ermitteln. Es ist anzugeben, ob der Stab gezogen oder gedrückt wird.

A 6-9. Für den skizzierten Stabverband ist m_2 so zu bestimmen, daß das System in der gezeichneten Lage im Gleichgewicht bleibt. Für diesen Fall sind die Stabkräfte S_1 S_2 und S_3 zu ermitteln. Lösung graphisch und analytisch.

A 6-10. Ein Seil ist nach Skizze zwischen einem PKW und einem Baum gespannt. Mit der Kraft $F = 500$ N wird quer gegen das Seil gedrückt. Welche Kraft wirkt am PKW?

A 6-11. Für das System Abb. A 5-3 sind die Kräfte in A B C zu ermitteln. $F = 2{,}0$ kN. Lösung graphisch und analytisch.

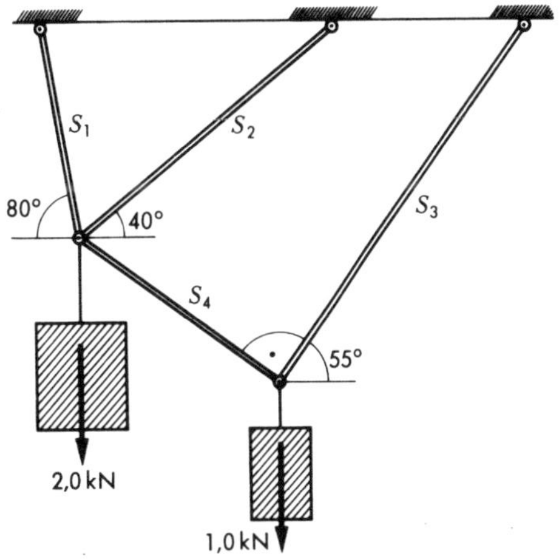

Abb. A 6-7

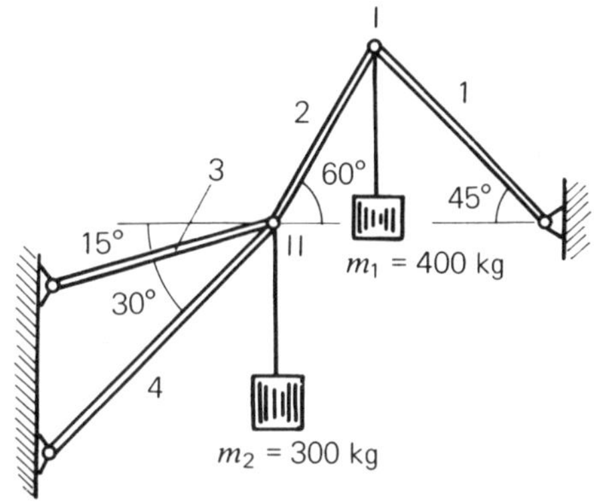

Abb. A 6-8

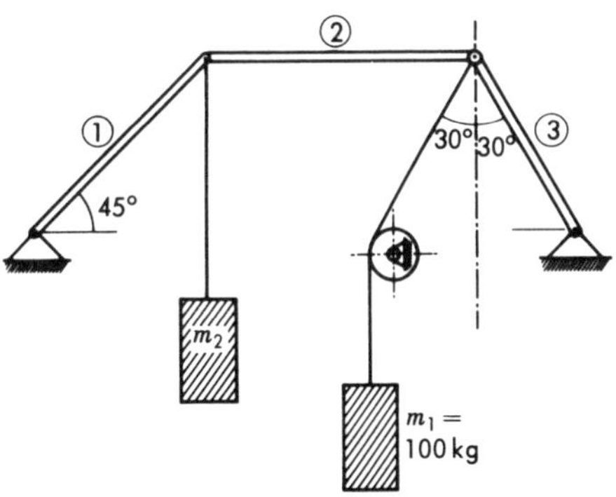

Abb. A 6-9

Abb. A 6-10

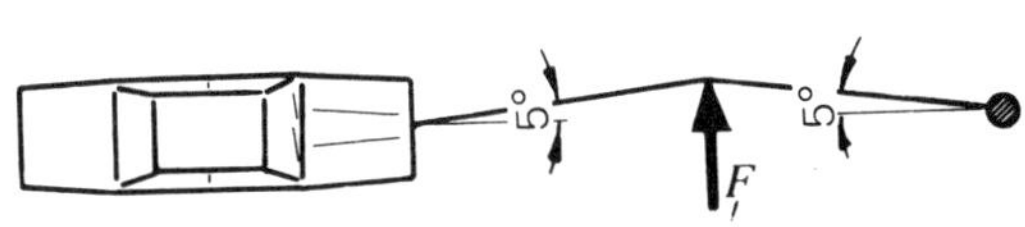

A 6-12. Für den gezeichneten Gelenkhebel sind für Gleichgewicht die Kraft F_2 und die Auflagerreaktion in A graphisch und analytisch zu bestimmen.

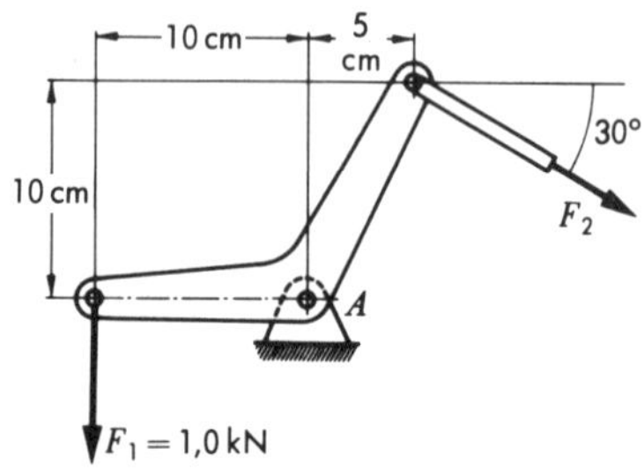

Abb. A 6-12

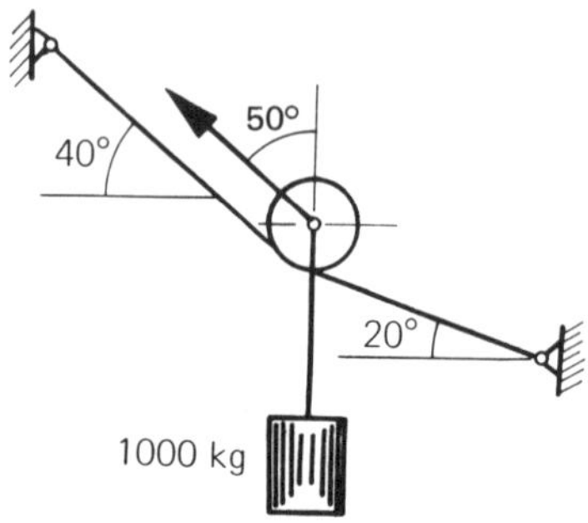

Abb. A 6-13

A 6-13. Eine Last wird an einem Seil hochgezogen. Für die gezeichnete Position ist die Kraft im Schlepp- und im Tragseil zu bestimmen.

A 6-14. Ein Balken ist wie abgebildet auf zwei schiefe Ebenen abgestützt und durch eine Kraft F belastet. In welchem Abstand x muß die Kraft F angreifen, wenn der Balken in der gezeichneten Lage im Gleichgewicht sein soll. Die Oberflächen sind glatt und die Masse des Balkens soll vernachlässigt werden.

A 6-15. Die Abbildung zeigt eine leichte Stange, die in B auf einer Rolle aufliegt und im Punkt A an einer glatten Wand abgestützt ist. In welchem Abstand x muß die verschiebliche Masse befestigt werden, damit das System in der gezeichneten Lage im Gleichgewicht ist?

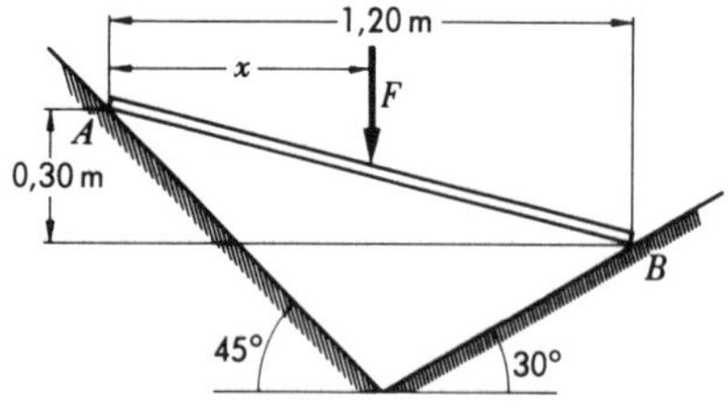

Abb. A 6-14

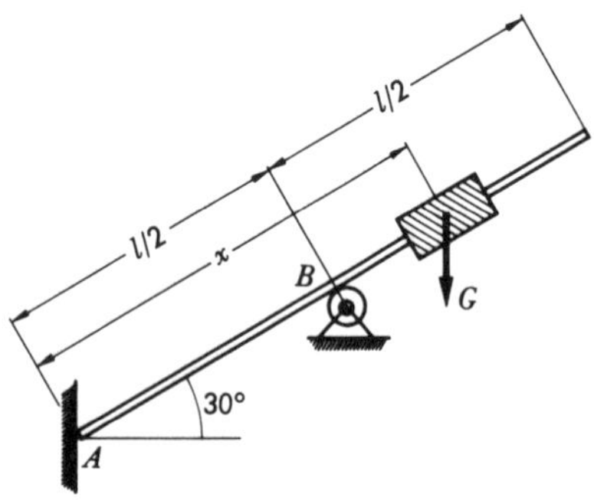

Abb. A 6-15

A 6-16. Ein masselos angenommener Keil, dessen Reibung vernachlässigt werden kann (eingelegte Rollen), wird wie abgebildet eingetrieben. Wie groß sind die an den Keilflächen wirkenden Kräfte?

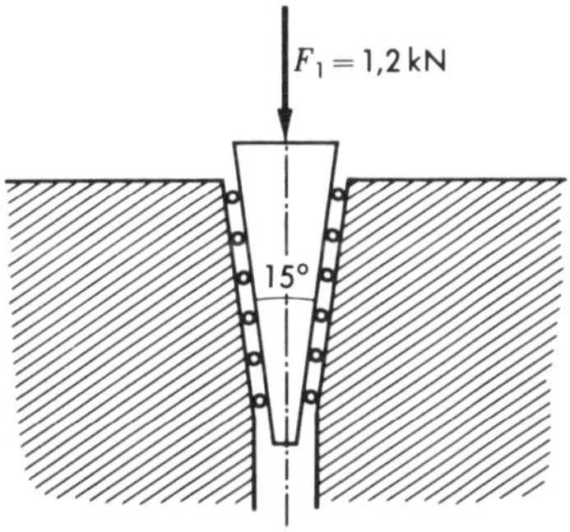

Abb. A 6-16

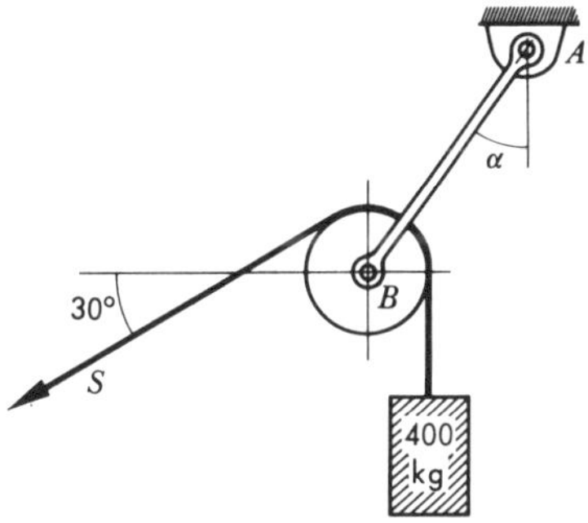

Abb. A 6-17

A 6-17. Über eine Rolle ist ein nach Skizze belastetes Seil gelegt. Die Rolle ist wie abgebildet gelagert. Unter welchen Winkel α stellt sich die Haltestange $A\ B$ ein? Wie groß ist die Stangenkraft F_S?

A 6-18. Für das abgebildete System sind die Auflagerreaktionen in A und B zu bestimmen.

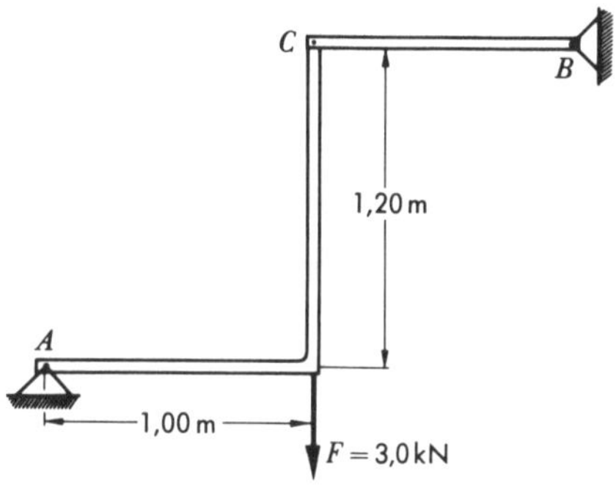

Abb. A 6-18

6.3 Parallele Kräfte

6.3.1 Analytische Methode

Die Bedingung $F_{res} = 0$ ist als Gleichgewichtsbedingung für ein paralleles Kräftesystem nicht ausreichend. Das sieht man an einem Kräftepaar, für das $F_{res} = 0$ gilt, das aber, wird es nicht von einem gleich großen entgegengesetzt gerichteten Kräftepaar kompensiert, eine Drehung einleitet.

Die analytischen Gleichgewichtsbedingungen für ein paralleles Kräftesystem sind demnach

$$\sum \mathbf{F} = 0\,; \qquad \sum \mathbf{M} = 0. \qquad \text{Gl. 6-2}$$

Der Pol für die Momentengleichung ist frei wählbar.

Im nachfolgenden soll untersucht werden, ob es möglich ist, mit Hilfe mehrerer Momentengleichungen mehr als zwei unbekannte Kräfte (z.B. Auflagerreaktionen) zu berechnen.

Für ein Kräftesystem nach Abb. 6-10 sollen die Gleichungen

① $\sum F = 0$

② $\sum M_I = 0$

③ $\sum M_{II} = 0$

aufgestellt werden.

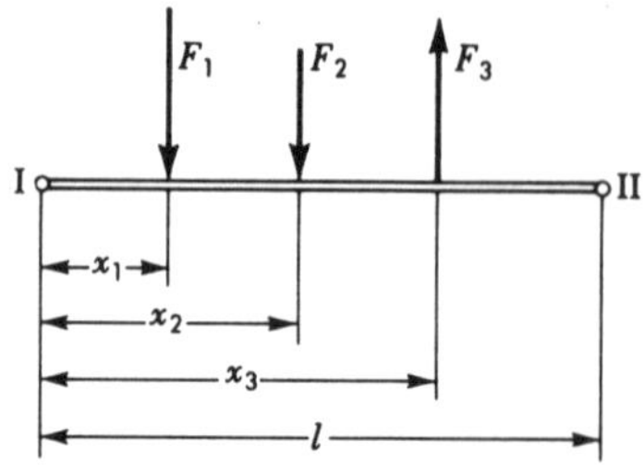

Abb. 6-10

$$\sum F = 0\,; \qquad -F_1 - F_2 + F_3 = 0 \qquad (1)$$

$$\sum M_I = 0\,; \qquad -x_1F_1 - x_2F_2 + x_3F_3 = 0 \qquad (2)$$

$$\sum M_{II} = 0$$

$$(l - x_1)F_1 + (l - x_2)F_2 - (l - x_3)F_3 = 0$$

$$l(F_1 + F_2 - F_3) - x_1F_1 - x_2F_2 + x_3F_3 = 0 \qquad (3)$$

Die letzte Gleichung setzt sich aus den Gleichungen (1) und (2) zusammen und ergibt die richtige, aber nutzlose Beziehung 0 – 0 = 0. Nur zwei der drei Gleichungen sind unabhängig, deshalb können nur zwei Unbekannte bestimmt werden.

Anstatt der Gleichungen 6.2 kann als äquivalentes Gleichungssystem

$$\sum \mathbf{M_I} = \mathbf{0}\,; \qquad \sum \mathbf{M_{II}} = \mathbf{0} \qquad \textbf{Gl. 6-3}$$

verwendet werden, wobei die Punkte I und II frei wählbar sind.

6.3.2 Graphische Methode

Die Bedingung $F_{res} = 0$ wird durch ein gleichsinnig geschlossenes Krafteck erfüllt, das beim parallelen Kräftesystem eine Doppellinie darstellt.

Im Abschnitt 3.4.1 wurde in Beispiel 3 mit Hilfe des Seilecks die Größe des Momentes für ein Kräftesystem bestimmt, dessen Resultierende = 0 ist. Wie dort ausführlich dargestellt wurde, wird dieses Moment = 0, wenn der letzte Seilstrahl mit dem Seilstrahl 0′ zusammenfällt, d.h. wenn das Seileck geschlossen ist. Anschaulich dargestellt ist das in Abb. 3-47.

Die graphischen Bedingungen für das Gleichgewicht eines parallelen Kräftesystems sind:

1. **das zu einer Doppellinie reduzierte Kräftepolygon muß gleichsinnig geschlossen sein**
2. **das Seileck muß geschlossen sein.**

Beispiele zum Abschnitt 6.3

Beispiel 1 (Abb. 6-11)

Ein Balken ist bei A fest, bei B horizontal beweglich gelagert. Er ist vertikal mit den Kräften F_1 bis F_3 belastet. Zu bestimmen sind die Auflagereaktionen in A und B unter Vernachlässigung des Eigengewichtes des Balkens.

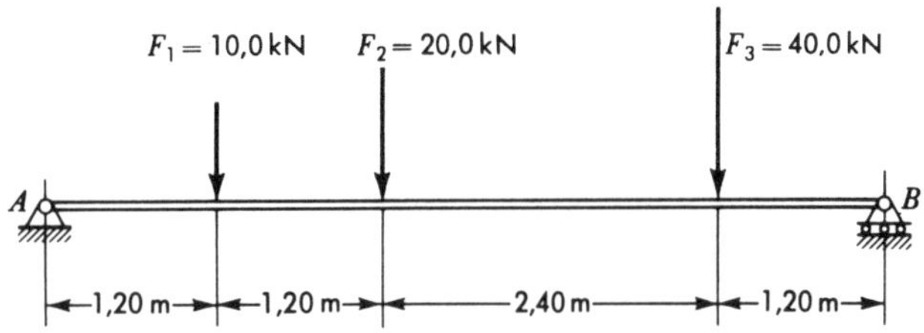

Abb. 6-11

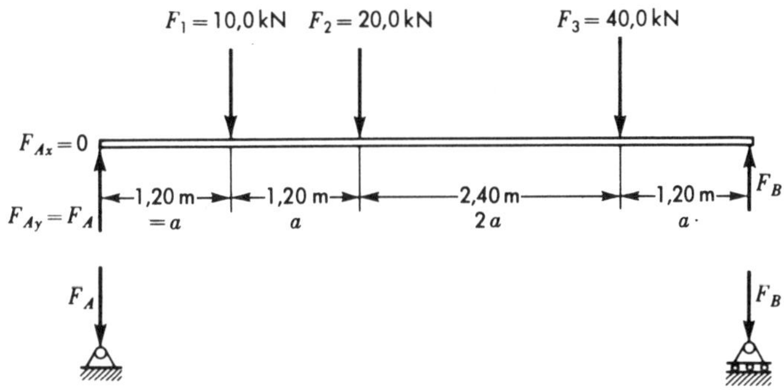

Abb. 6-12

Analytische Lösung (Abb. 6-12)

Das System muß zunächst freigemacht werden. Im Lager B kann eine Kraft nur senkrecht zur Oberfläche wirken. Aus diesem Grunde ist Gleichgewicht nur möglich, wenn F_{AX} gleich Null ist. Damit verbleibt auch bei A eine senkrechte Kraft.

Für dieses System müssen die Gleichgewichtsbedingungen

$$\sum F = 0\,; \qquad \sum M = 0$$

bzw.

$$\sum M_I = 0\,; \qquad \sum M_{II} = 0$$

ausgewertet werden. Das sind je zwei Gleichungen für die Berechnung der zwei Unbekannten F_A und F_B.

Will man das simultane Lösen der beiden Gleichungen vermeiden, dann beginnt man mit einer Momentengleichung in bezug auf einen Punkt, der auf der Wirkungslinie einer gesuchten Kraft liegt, z.B.

$$\sum M_A = 0.$$

Für die Länge 1,20 m wird die Größe a eingeführt.

$$-F_1\,a - F_2\,2a - F_3\,4a + F_B\,5a = 0$$

$$F_B = \tfrac{1}{5}\,(F_1 + 2F_2 + 4F_3) = \tfrac{1}{5}\,(10 + 40 + 160)\ \text{kN}$$

$$\mathbf{F_B = 42{,}0\ kN}$$

Die zweite Gleichung ergibt

$$\sum F = 0; \qquad F_A + F_B - F_1 - F_2 - F_3 = 0$$

$$F_A = F_1 + F_2 + F_3 - F_B = 70\ \text{kN} - 42\ \text{kN}$$

$$\mathbf{F_A = 28{,}0\ kN}$$

Man kann die Rechnung durch den Ansatz einer Momentengleichung für einen zweiten beliebigen Punkt kontrollieren, z.B.

$$\sum M_B = 0; \qquad -F_A\,5\,\mathrm{a} + F_1\,4\,\mathrm{a} + F_2\,3\,\mathrm{a} + F_3\,\mathrm{a} = 0$$

nach dem Kürzen von a:

$$-28 \cdot 5 + 10 \cdot 4 + 20 \cdot 3 + 40 = 0$$

$$140 - 140 = 0\,.$$

Graphische Lösung (Abb. 6-13)

1. Zeichnen des maßstabgerechten Lageplanes mit den Wirkungslinien aller Kräfte.
2. Festlegen eines Kräftemaßstabes und zeichnen des Linienzuges $F_1 + F_2 + F_3$ im Kräfteplan.
3. Festlegen des Poles. Zur Zeichenvereinfachung wurden die Polstrahlen 0 und 3 unter 45° gewählt.
4. Ziehen und bezeichnen der Polstrahlen.
5. Wahl eines beliebigen Punktes auf der Wirkungslinie von F_1. Zeichnen der Seilstrahlen $0'$ und $1'$ durch diesen Punkt.
6. Nach der Analogie, Dreieck im Kräfteplan entspricht Punkt im Lageplan, zeichnen der Seilstrahlen $2'$ und $3'$.
7. Die Gleichgewichtsbedingung „geschlossenes Seileck" wird mit der Schlußlinie s' im Lageplan erfüllt. Das geschlossene Seileck besteht aus $0'\ 1'\ 2'\ 3'\ s'$. Die Resultierende der Belastung geht durch den Schnittpunkt $0'\ 3'$.
8. Parallelverschiebung von s' in den Lageplan ergibt Polstrahl s im Kräfteplan.
9. Bestimmung der Auflagerkraft F_B (Schnittpunkt $s'\ 3'\ B$ im Lageplan entspricht Dreieck $s\ 3\ F_B$ im Kräfteplan).
10. Bestimmung der Auflagerkraft F_A analog zu 9. Damit ist die Bedingung „gleichsinnig geschlossenes Krafteck" erfüllt.

Beispiel 2 (Abb. 6-14)

Ein eingespannter Balken ist mit den Kräften F_1 und F_2 belastet. Zu bestimmen sind die Auflagerreaktionen in A unter Vernachlässigung des Eigengewichtes des Balkens.

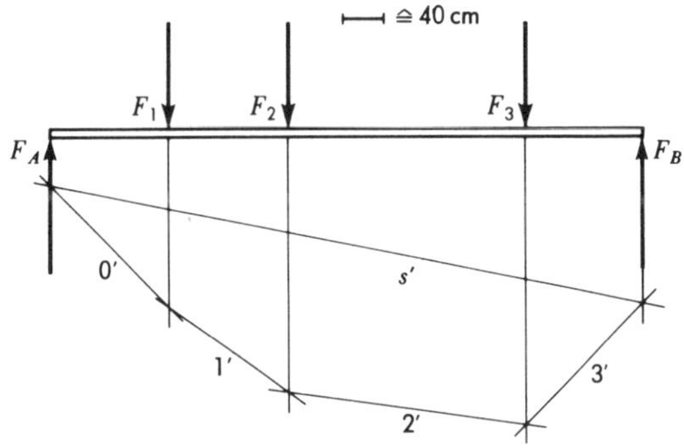

F_A = **28,0 kN**
F_B = **42,0 kN**

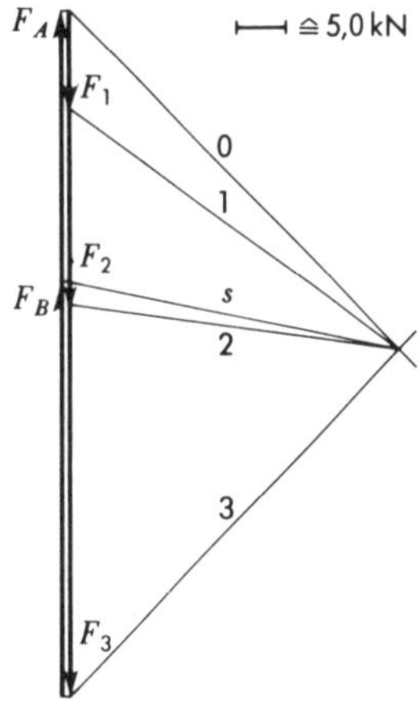

Abb. 6-13

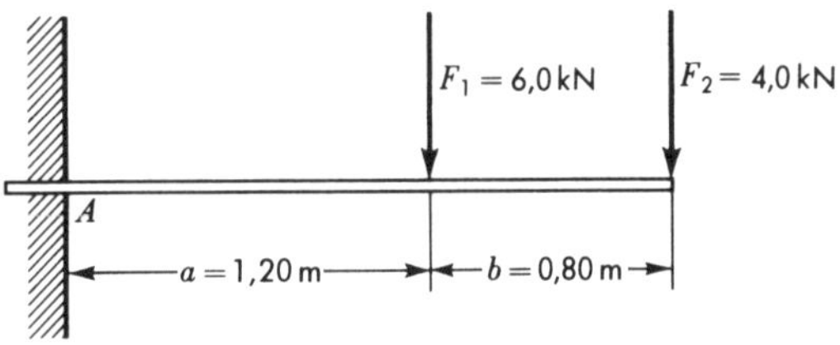

Abb. 6-14

Analytische Lösung (Abb. 6-15)

Der Balken wird freigemacht. Es ist zweckmäßig mit einer Momentengleichung für die Einspannstelle zu beginnen:

$$\sum M_A = 0; \qquad M_A - F_1\, a - F_2\,(a+b) = 0$$

$$M_A = F_1\, a + F_2\,(a+b)$$

$$\mathbf{M_A} = 6\text{ kN}\cdot 1{,}2\text{ m} + 4\text{ kN}\cdot 2\text{ m} = \mathbf{15{,}2\ kNm}\ (\curvearrowleft)$$

$$\sum F = 0; \qquad F_A - F_1 - F_2 = 0$$

$$\mathbf{F_A} = F_1 + F_2 = \mathbf{10{,}0\ kN.}$$

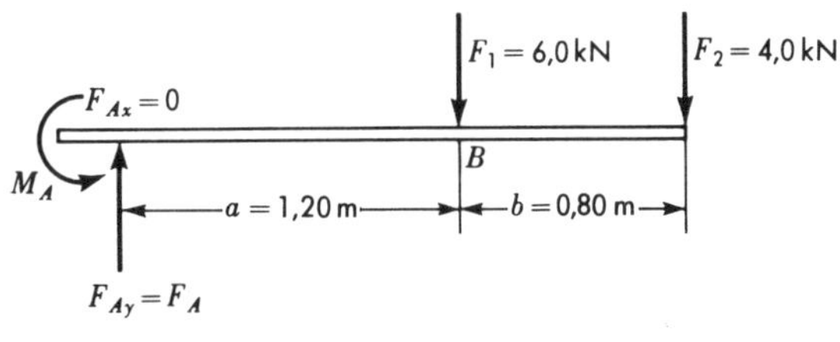

Abb. 6-15

Man kann die Berechnung auch mit einer Momentengleichung für z.B. den Punkt B beginnen (umständlich)

$$+M_A - F_A\, a - F_2\, b = 0\,; \qquad M_A = F_A\, a + F_2\, b.$$

(M_A ist in der Ebene verschiebbar, siehe Abschnitt „Kräftepaar").

$$\sum F = 0\,; \qquad F_A = F_1 + F_2$$

nach Einsetzen in die obige Gleichung

$$M_A = (F_1 + F_2)\,a + F_2\, b = F_1\, a + F_2\,(a + b).$$

Das ist die oben abgeleitete Beziehung.

Graphische Lösung (Abb. 6-16)

Das geschlossene Krafteck liefert die Auflagerreaktion.

$$\mathbf{F_A = 10{,}0\,kN}\ (\uparrow)\,.$$

Damit erhält man ein Kräftesystem, dessen Resultierende gleich Null ist, das aber ein Moment erzeugt. Diesem Moment muß das Einspannmoment das Gleichgewicht halten, d.h. es muß gleich groß und entgegengesetzt gerichtet sein.

Die Bestimmung des Momentes mit Hilfe des Seilecks wurde in Abschnitt 2.4.1 Beispiel 3 erläutert.

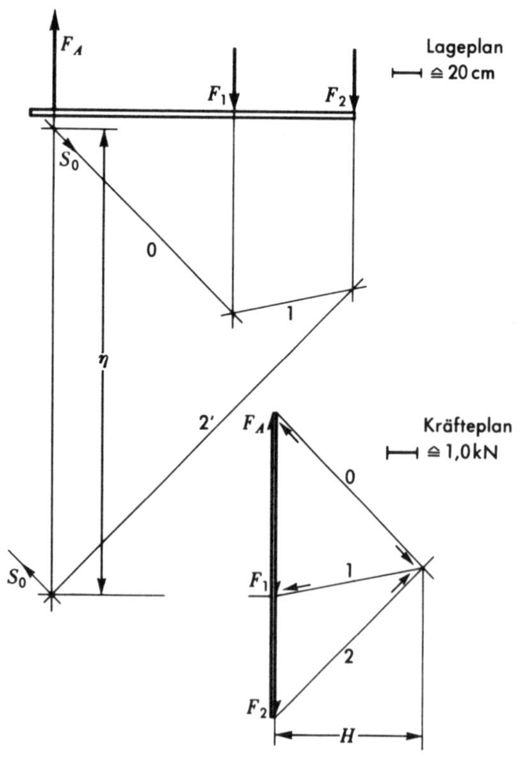

Abb. 6-16

Die Größe des Momentes erhält man aus

$$M_A = H \cdot \eta \qquad \text{mit} \quad H = 5\ \text{kN}\,;\ \eta = 3{,}04\ \text{m}$$

$$M_A = 5\ \text{kN} \cdot 3{,}04\ \text{m} = 15{,}2\ \text{kNm}\,.$$

Den Drehsinn erhält man aus dem Wirkungssinn von S_0. An der Stelle, an der sich $F_A\ S_0\ S_2$ schneiden, muß $F_A = \vec{S}_2 + \vec{S}_0$ gelten. Das ergibt einen Wirkungssinn von S_0 von rechts unten nach links oben. Für den Schnittpunkt $F_1\ S_1\ S_0$ muß $\vec{F}_1 = \vec{S}_0 + \vec{S}_1$ gelten. Das ergibt einen Wirkungssinn von S_0 in umgekehrter Richtung. Das entstehende Kräftepaar hat einen negativen Drehsinn. Das Einspannmoment muß demnach positiv wirken.

Aufgaben zum Abschnitt 6.3

A 6-19/20/21. Für den abgebildeten Balken sind unter Vernachlässigung der Eigengewichte die Auflagerreaktionen in A und B zu bestimmen. Lösung graphisch und analytisch.

A 6-22. Für den abgebildeten Träger sind die Auflagerreaktionen in A und B zu berechnen. Die Trägermasse beträgt 500 kg/m. Lösung graphisch und analytisch.

A 6-23. Das abgebildete Fachwerk hat eine Masse von 440 kg und ist wie gezeichnet belastet. Zu bestimmen sind die Auflagerreaktionen. Lösung graphisch und analytisch.

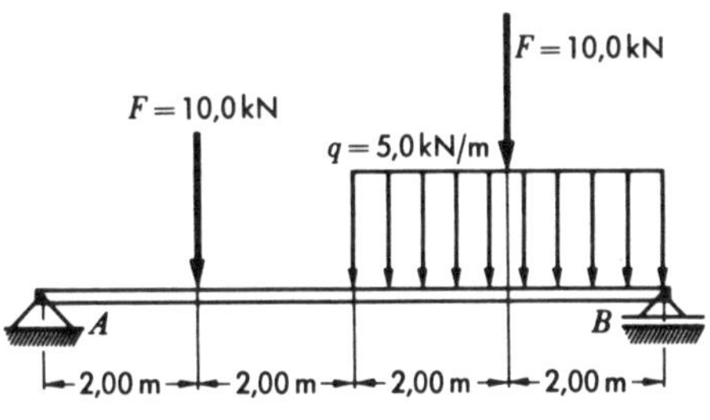

Abb. A 6-19

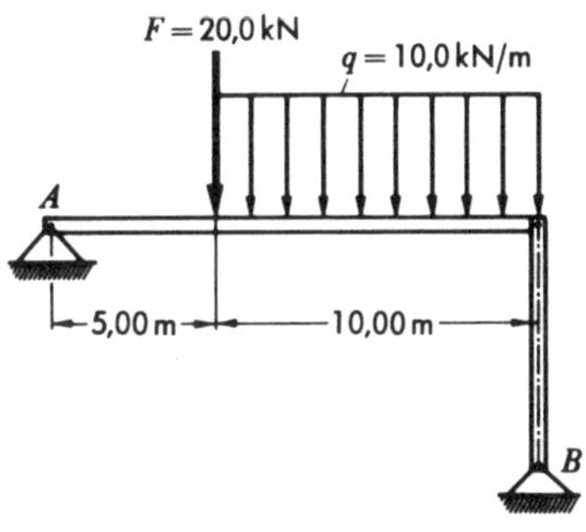

Abb. A 6-20

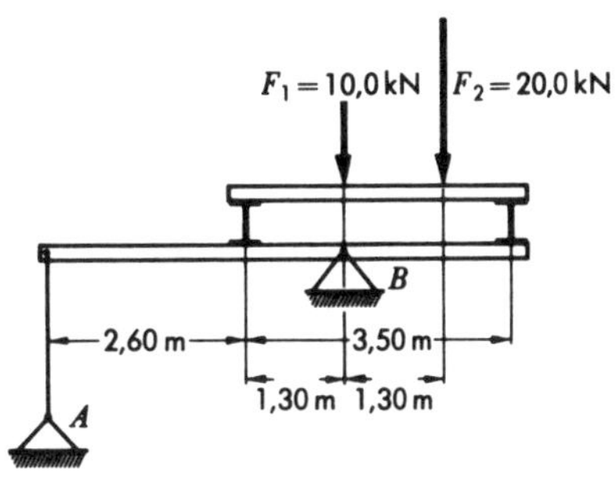

Abb. A 6-21

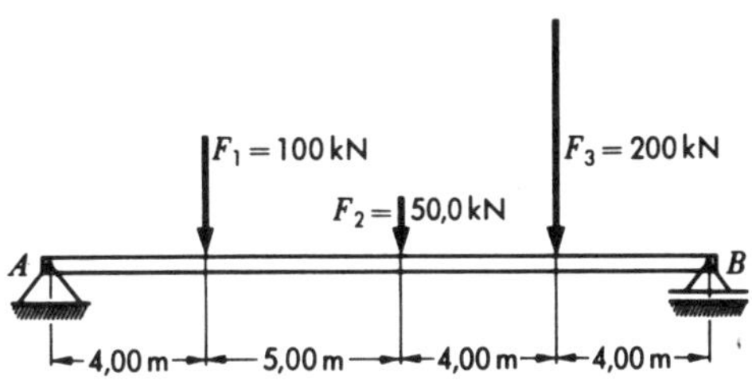

Abb. A 6-22

A 6-24. Für das System Abb. 5-7 sind für $F = 60$ kN die Auflagerreaktionen in A B C zu bestimmen.

A 6-25. Wie lang muß der Abschnitt x des abgebildeten Balkens ausgeführt werden, wenn das Lager A vollkommen entlastet werden soll?

A 6-26. Die Auflagerreaktionen des Balkens Abb. A 5-6 sind für $F = 34{,}0$ kN und $a = 2{,}4$ m zu bestimmen.

A 6-27. Wie groß muß die Masse 3 sein, damit der skizzierte Balken in der horizontalen Lage im Gleichgewicht ist? Die Balkenmasse kann vernachlässigt werden. Wie groß ist in diesem Falle die Auflagerreaktion in A?

A 6-28. Das abgebildete System ist ein Modell für einen Auslegerkran mit Last und Gegengewicht. Dabei stellt der rechte Teil den Ausleger dar. Wie groß muß die Masse m_3 sein (entspricht Gegengewicht) und in welchem Abstand x muß sie angebracht sein, damit das voll belastete System nicht nach rechts und das System ohne m_2 nicht nach links kippt? $a = 20{,}0$ cm.

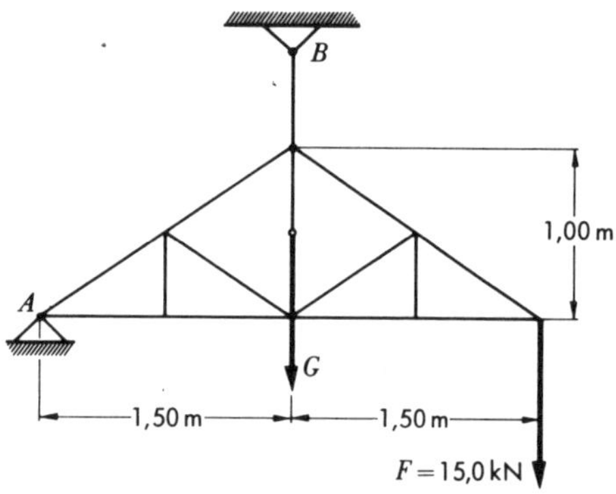

Abb. A 6-23

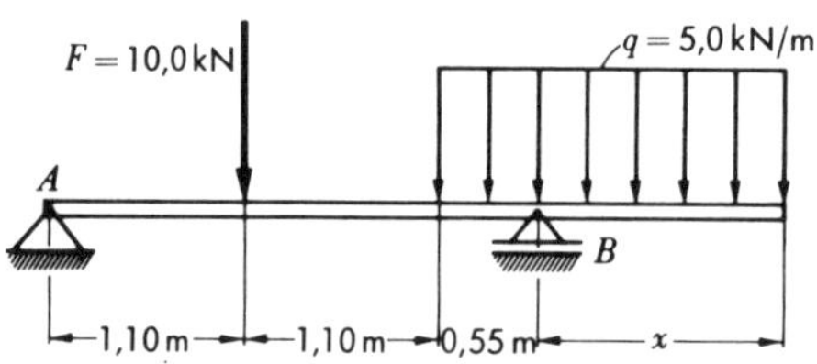

Abb. A 6-25

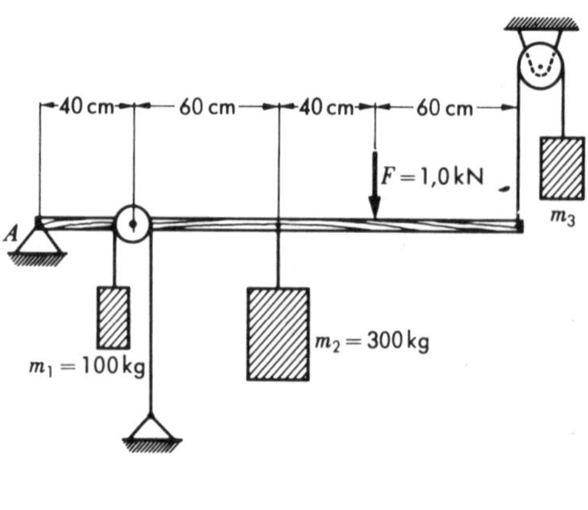

Abb. A 6-27

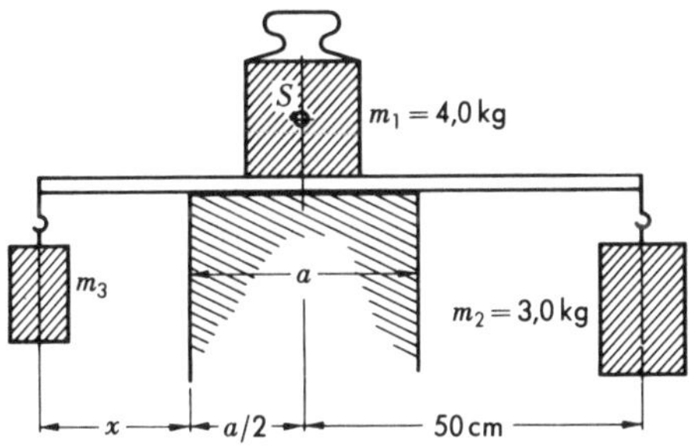

Abb. A 6-28

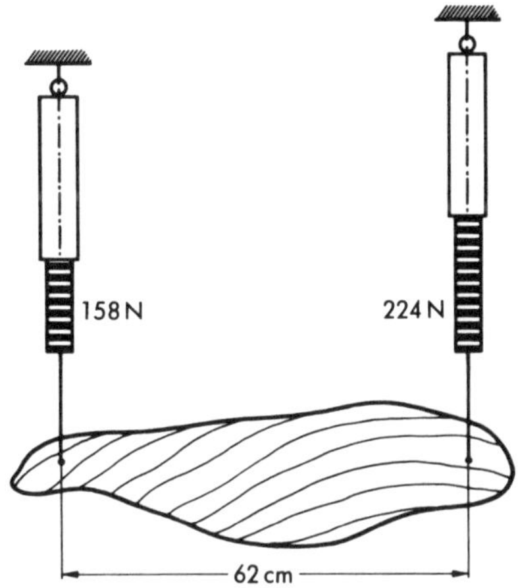

Abb. A 6-29

A 6-29. Ein Körper ist an 2 vertikalen Federwaagen aufgehängt. Zu bestimmen ist der Abstand des Schwerpunktes vom linken Aufhängepunkt.

A 6-30. Die Achsbelastung eines Wagens wird für Vorder- und Hinterachse auf einer Waage gemessen. Dabei ergeben sich folgende Werte: Vorderachse 7,4 kN, Hinterachse 10,3 kN. Der Achsabstand beträgt 3,45 m. Zu bestimmen ist die Lage des Schwerpunktes.

A 6-31. Eine homogene Platte mit der Masse 120 kg/m² ist wie abgebildet gelagert. Zu bestimmen sind die Auflagerreaktionen in A und B.

A 6-32. Eine Masse wird mit einem Seil wie abgebildet aufgehängt. Für die beiden Aufhängungsarten a) und b) sind die Seilkräfte und die Auflagerreaktionen in A zu berechnen.

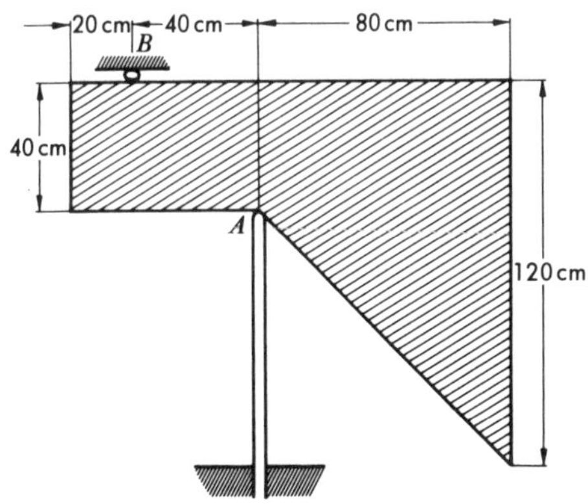

Abb. A 6-31

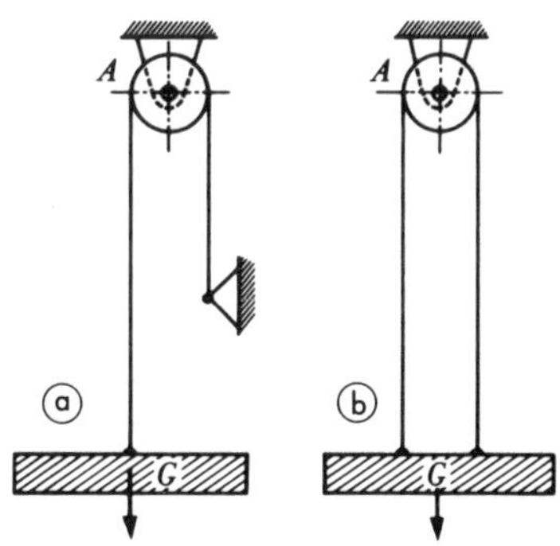

Abb. A 6-32

A 6-33. Der abgebildete Flaschenzug soll reibungsfrei arbeiten und die Seile sollen parallel sein. Zu bestimmen ist die Kraft die der Mann zum Heraufziehen mit konstanter Geschwindigkeit aufwenden muß. Gesamtmasse 80 kg.

A 6-34. Abgebildet ist ein Differentialflaschenzug. Die beiden oberen Rollen sind fest miteinander verbunden. Die eingelegte Kette kann nicht in der Führung gleiten. Zu berechnen ist die Kraft, die einer Gewichtskraft von 1 kN das Gleichgewicht hält.

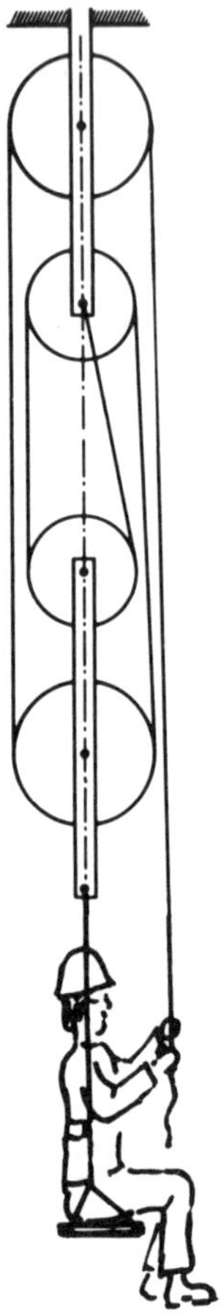

Abb. A 6-33

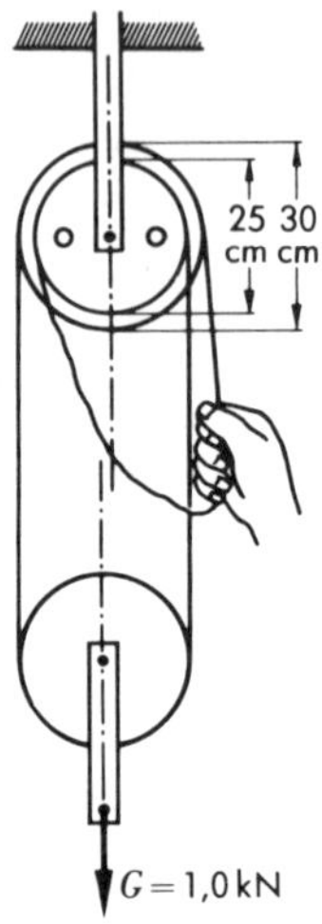

Abb. A 6-34

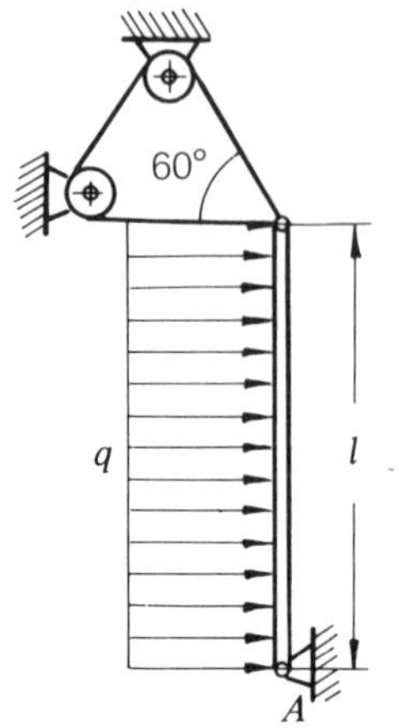

Abb. A 6-35

A 6-35. Für das abgebildete System sind Auflagerreaktion in A und die Seilkraft zu bestimmen.

A 6-36. Ein Balken wird in der abgebildeten Weise gehalten. Zu bestimmen sind die Auflagerreaktionen in *A* und *B*. Zu diskutieren ist der Zusammenhang zwischen dieser Lagerung und einer Einspannung.

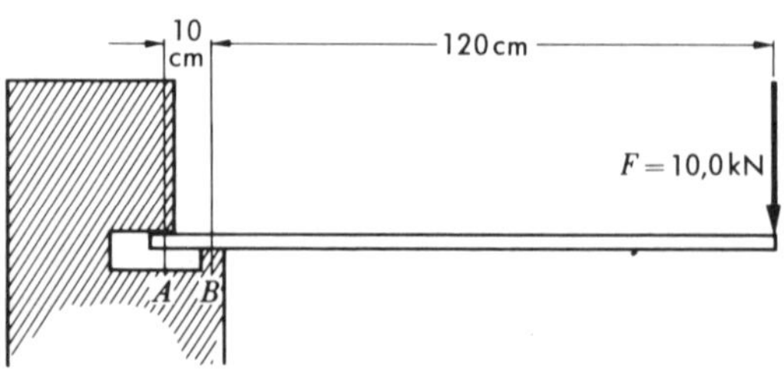

Abb. A 6-36

6.4 Das allgemeine Kräftesystem

6.4.1 Analytische Methode

Da man ein allgemeines ebenes Kräftesystem in zwei parallele Kräftesysteme zerlegen kann (z.B. x- und y-Richtung siehe auch Abschnitt 3.4.2), erhält man als **Gleichgewichtsbedingungen** die 3 Gleichungen:

$$\sum F_x = 0; \qquad \sum F_y = 0; \qquad \sum M = 0. \qquad \text{Gl. 6-4}$$

Nach den Ausführungen im Abschnitt 6.3.1 würde jede weitere Momentengleichung abhängig von den vorhandenen Gleichungen sein. Man kann aber anstatt einer Kräftegleichung eine Momentengleichung anwenden. Das ist für viele Aufgaben vorteilhaft. Äquivalente Gleichungssysteme erhält man demnach

$$\sum F = 0; \qquad \sum M_I = 0; \qquad \sum M_{II} = 0 \qquad \text{Gl. 6-5}$$

$$\sum M_I = 0; \qquad \sum M_{II} = 0; \qquad \sum M_{III} = 0. \qquad \text{Gl. 6-6}$$

Die als Pole gewählten Punkte sind frei wählbar. Es gibt zwei Ausnahmen:

1. Für die Gleichungen 6-5 darf Verbindungslinie I-II nicht senkrecht auf der Richtung stehen, für die die Kräftegleichung angesetzt wurde. Das ergäbe die 3 nicht unabhängigen Gleichungen von Abschnitt 6.3.1.
2. Für die Gleichung 6-6 dürfen die Punkte I II III nicht auf einer Geraden liegen, weil auch dann die Gleichungen nicht unabhängig sind.

Es empfiehlt sich, als Pole die Schnittpunkte von jeweils zwei unbekannten Kräften zu nehmen. Damit umgeht man das simultane Lösen mehrerer Gleichungen.

6.4.2 Graphische Methode

Die beiden Bedingungen $F_{res\,x} = 0$ und $F_{res\,y} = 0$ werden durch ein gleichsinnig geschlossenes Kräftepolygon erfüllt. Das resultierende Moment wird beim geschlossenen Seileck gleich Null.

Das allgemeine ebene Kräftesystem ist im Gleichgewicht wenn:

1. **das Krafteck gleichsinnig geschlossen ist,**
2. **das Seileck geschlossen ist.**

6.4.3 Die Culmannsche*) Gerade

In diesem Abschnitt soll untersucht werden, unter welchen Bedingungen 4 Kräfte, die nicht parallel sind, keinen gemeinsamen Schnittpunkt haben und in einer Ebene liegen, im Gleichgewicht sind. Von diesen 4 Kräften kann man jeweils 2 zu einer Resultierenden zusammenfassen (Abb. 6-17). Die in den Punkten A und D wirkenden Kräfte F_1 und F_4 werden in dem Schnittpunkt der Wirkungslinien I verschoben und zur Resultierenden $F_{res\,14}$ zusammengelegt. Das gleiche geschieht mit den Kräften 2 und 3 im Punkt II.

---

*) Culmann, Carl *10.7.1821, † 9.12.1881 Professor, Polytechnikum Zürich.

Diese beiden Kräfte ergeben die Resultierende $F_{res\,23}$. Soll Gleichgewicht herrschen, dann müssen die beiden Resultierenden gleich groß, entgegengesetzt gerichtet und kollinear sein. Die letzte Bedingung kann nur erfüllt werden, wenn die Resultierenden auf der Verbindungslinie der Schnittpunkte von jeweils 2 Kräften liegt. Diese Linie nennt man die CULMANNsche Gerade und bezeichnet sie mit *Cu.* Im Kräfteplan liegt die CULMANNsche Gerade, da sie mit den Resultierenden zusammenfällt, in der Diagonale des Kräftevierecks. Hätte man im Lageplan die Schnittpunkte von F_1 F_2 und F_3 F_4 miteinander verbunden, dann ergäbe das auch eine CULMANNsche Gerade, die im Kräfteplan als die zweite Diagonale erschiene. Weitere Kombinationen von Schnittpunkten und CULMANNscher Gerade überlege sich der Leser.

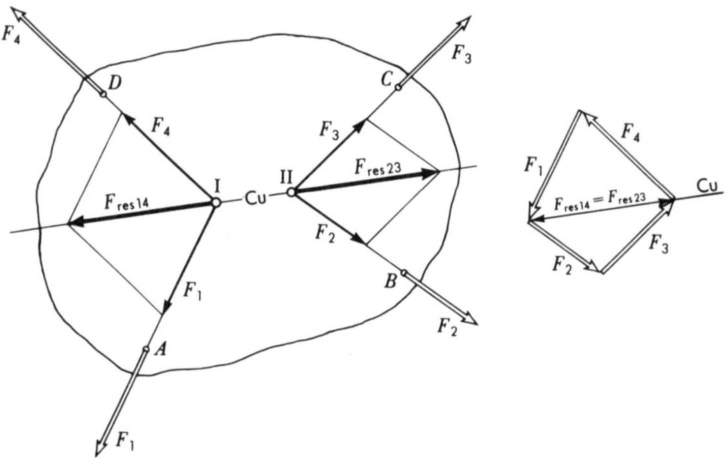

Abb. 6-17

Beispiele zum Abschnitt 6.4

Beispiel 1 (Abb. 6-18)

Ein Balken, der bei A ein Festlager, bei B ein Loslager hat, wird wie abgebildet belastet. Zu bestimmen sind die Auflagerreaktionen in A und B.

Analytische Lösung (Abb. 6-19)

Zunächst wird der Balken freigemacht. Am günstigsten ist es, die Berechnung mit einer Momentengleichung zu beginnen, für die der Pol im Schnittpunkt von 2 Unbekannten ist, z.B. hier

$$\sum M_A = 0$$

$$-6\ \text{kN}\cdot 1{,}25\ \text{m} + 2\ \text{kN}\cdot 3\ \text{m} - 6{,}06\ \text{kN}\cdot 4{,}75\ \text{m} + F_B\cdot 7\ \text{m} = 0$$

$$+F_B\cdot 7\ \text{m} = 0$$

$$-7{,}5\ \text{kNm} + 6\ \text{kNm} - 28{,}80\ \text{kNm} + F_B\cdot 7\ \text{m} = 0$$

$$-30{,}30\ \text{kNm} + F_B\cdot 7\ \text{m} = 0$$

$$F_B = \frac{30{,}30\ \text{kNm}}{7\ \text{m}} = \mathbf{4{,}33\ kN}\ \uparrow$$

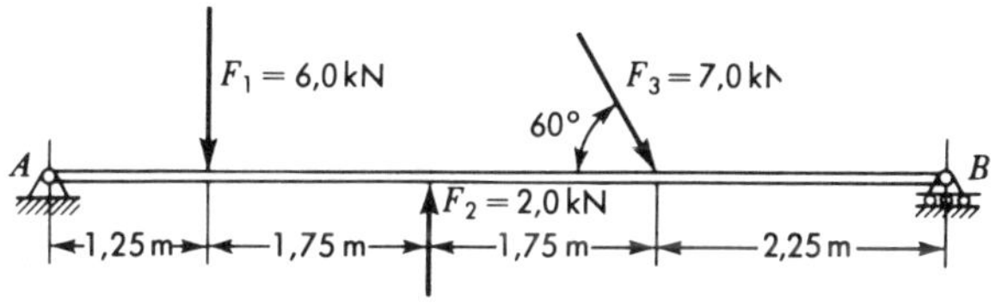

Abb. 6-18

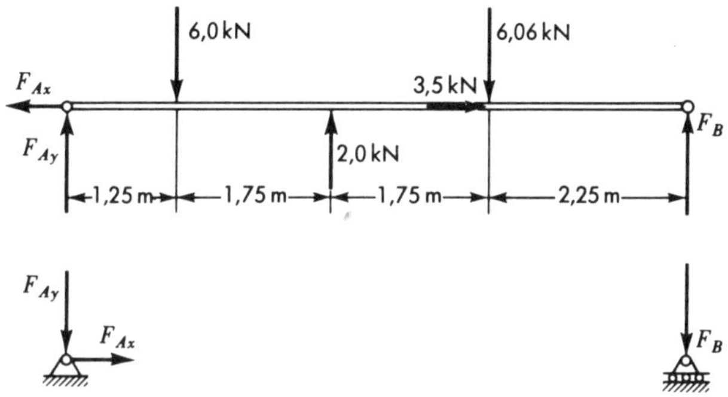

Abb. 6-19

Die beiden Gleichungen $\sum F_x = 0$ und $\sum F_y = 0$ ergeben F_{Ax} und F_{Ay}.

$$\sum F_x = 0; \qquad -F_{Ax} + 3,5 \text{ kN} = 0$$

$$\mathbf{F_{Ax} = 3,5\ kN\ (\leftarrow)}$$

$$\sum F_y = 0; \qquad F_{Ay} - 6,0 \text{ kN} + 2,0 \text{ kN} - 6,06 \text{ kN} + F_B = 0$$

$$\mathbf{F_{Ay} = 5,73\ kN\ (\uparrow)}$$

Graphische Lösung (Abb. 6-20)

1. Zeichnen des maßstäblichen Lageplanes mit allen Wirkungslinien außer der von F_A, die unbekannt ist.
2. Zeichnen des Kraftecks mit den bezeichneten Polstrahlen.
3. Im Gegensatz zum parallelen Kräftesystem ist der Punkt, in dem man die Seileckkonstruktion auf der Wirkungslinie von F_1 beginnt, nicht frei wählbar. Im geschlossenen Seileck müssen sich der Seilstrahl 0′, die Schlußlinie s' und die Auflagerreaktion F_A in einem Punkt schneiden. Von der Wirkungslinie der Kraft F_A ist aber nur ein Punkt, nämlich der Punkt A bekannt. Die obige Bedingung kann also nur erfüllt werden, wenn der Seilstrahl 0′ durch A, d.h. durch den Punkt des festen Auflagers geführt wird. Danach Durchführung der Seileckkonstruktion.
4. Schließen des Seilecks mit der Schlußlinie s'.
5. Übertragung von s' in den Kräfteplan.
6. Die Wirkungslinie von F_B ist bekannt. F_B muß den Linienzug F_1 F_2 F_3 weiterführen und mit s und 3 ein Dreieck bilden. Damit liegt die Größe von F_B fest.
7. Mit der Kraft F_A wird das Krafteck gleichsinnig geschlossen. Es besteht aus F_1 F_2 F_3 F_B F_A oder bei Zerlegung von F_A in Komponenten aus F_1 F_2 F_3 F_B F_{Ay} F_{Ax}.

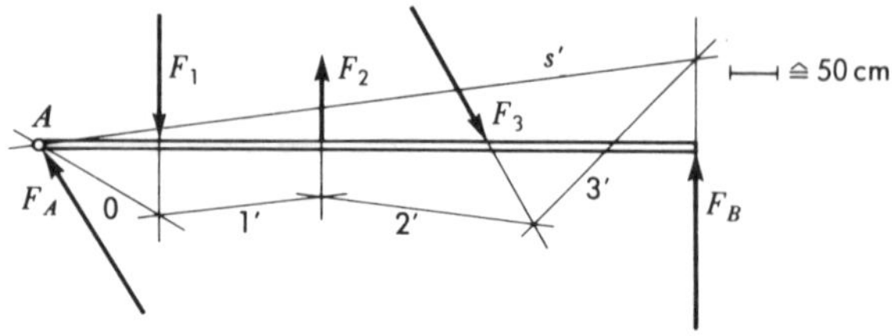

$F_{Ax} = \mathbf{3{,}50\,kN}$
$F_{Ay} = \mathbf{5{,}70\,kN}$
$F_B = \mathbf{4{,}35\,kN}$

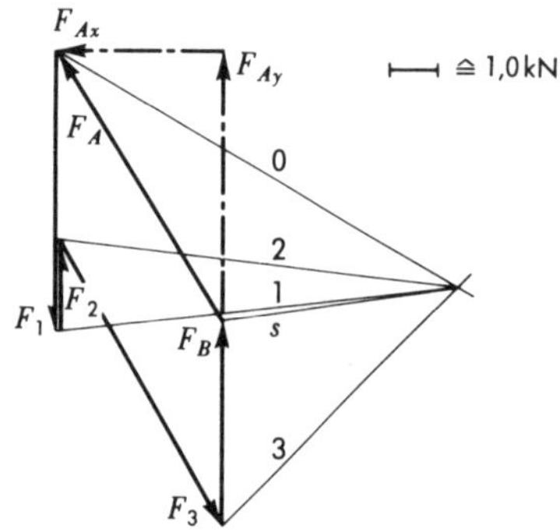

Abb. 6-20

Es kann bei ungünstiger Wahl des Pols im Kräfteplan sein, daß die Schnittpunkte des Seilecks außerhalb des Zeichenblattes liegen. In diesem Falle muß man die Konstruktion mit einem neugewählten Pol wiederholen.

Beispiel 2 (Abb. 6-21)

Ein Ausleger (G = 2,5 kN) ist am Ende mit F = 10 kN belastet. Er ist in A in einem festen Gelenk und in B längsverschieblich gelagert. Zu bestimmen sind die Auflagerreaktionen in A und B.

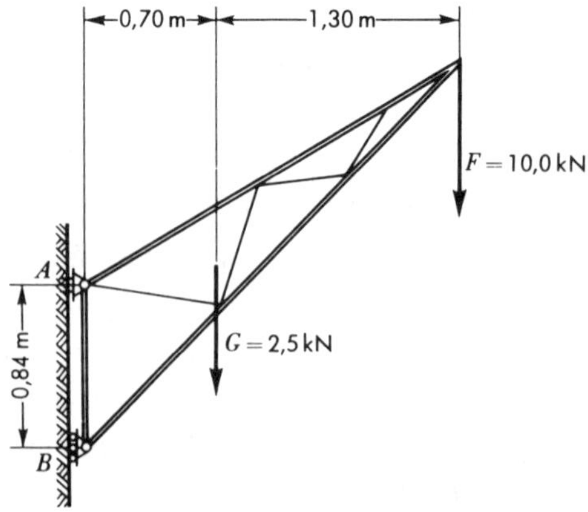

Abb. 6-21

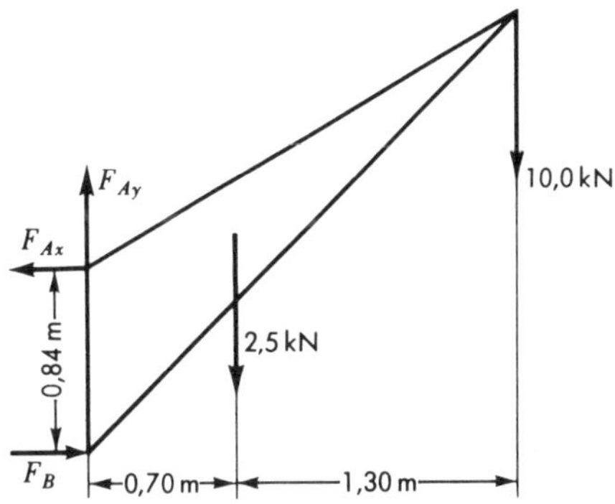

Abb. 6-22

Analytische Lösung (Abb. 6-22)

Das System wird freigemacht.
Ausgehend von der Momentengleichung für den Punkt A erhält man

$$\sum M_A = 0$$

$$-2{,}5\ \text{kN}\cdot 0{,}7\ \text{m} - 10\ \text{kN}\cdot 2\ \text{m} + F_B\cdot 0{,}84\ \text{m} = 0$$

$$-1{,}75\ \text{kNm} - 20\ \text{kNm} + F_B\cdot 0{,}84\ \text{m} = 0$$

$$\mathbf{F_B} = \frac{21{,}75\ \text{kNm}}{0{,}84\ \text{m}} = \mathbf{25{,}89\ kN}\ (\rightarrow)$$

$$\sum F_x = 0\,; \qquad -F_{Ax} + B = 0$$

$$\mathbf{F_{Ax} = 25{,}89\ kN}\ (\leftarrow)$$

$$\sum F_y = 0\,; \qquad F_{Ay} - 2{,}5\ \text{kN} - 10{,}0\ \text{kN} = 0$$

$$\mathbf{F_{Ay} = 12{,}5\ kN}\ (\uparrow)$$

Graphische Lösung (Abb. 6-23)

Die Seileckkonstruktion wird entsprechend dem Beispiel 1 durchgeführt. Es ist zweckmäßig, für G die Bezeichnung F_1 und für F die Bezeichnung F_2 einzuführen. Seilstrahl $0'$ muß auch hier durch das feste Auflager gezogen werden. Das geschlossene Seileck besteht aus $0'\ 1'\ 2'\ s'$. Nach Übertragung der Schlußlinie in das Krafteck erhält man aus der Bedingung, daß $F_B\ s\ 2$ und $0\ s\ F_A$ je ein Dreieck bilden müssen, die Größen von F_A und F_B und aus der Bedingung des gleichsinnig geschlossenen Kraftecks die Richtung von F_A und F_B.

Beispiel 3 (Abb. 6-24)

Abgebildet ist ein Klemmkörper, der durch eine auf das Gelenk D ausgeübte Kraft in Position gebracht wird. Auf Grund der Oberflächenbeschaffenheit greifen die Kräfte in A und B unter 5° zur Normalen an. Für eine Zustellkraft von 200 N sind die Oberflächenkräfte in A und B und die Gelenkkraft in C zu bestimmen.

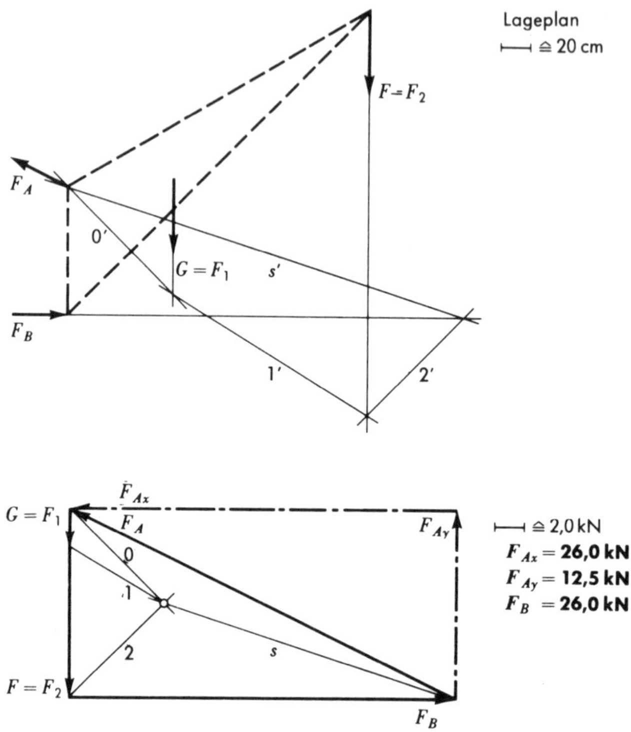

Abb. 6-23

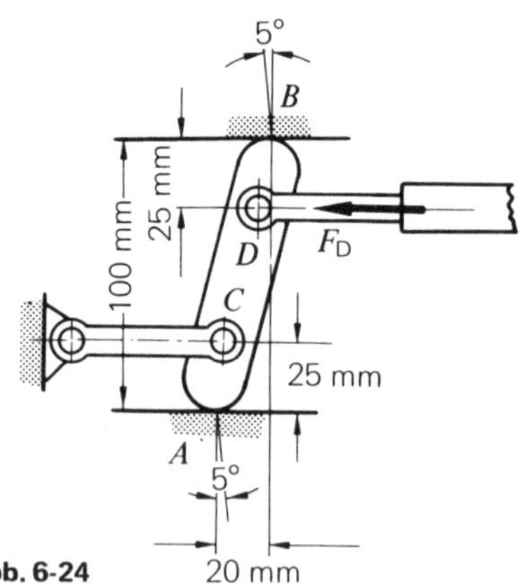

Abb. 6-24

Analytische Lösung (Abb. 6-25)

Das System wird freigemacht. Es ist immer günstig, die Berechnung mit einer Momentengleichung zu beginnen, wobei als Pol der Schnittpunkt von zwei Unbekannten gewählt wird. Das ist hier der Punkt I. Die Kraft F_B wird in ihre x und y-Komponente zerlegt.

$\Sigma\ M_I = 0;\ F_D \cdot 50\ \text{mm} - F_B \cdot \sin 5° \cdot 75\ \text{mm} - F_B \cdot \cos 5° \cdot 22{,}2\ \text{mm} = 0$

$\mathbf{F_B = 349\ N}$ (↘)

$\Sigma\ F_y = 0;\ \mathbf{F_{Ay}} = F_B \cdot \cos 5° = \mathbf{348\ N}$ (↑)

$\mathbf{F_{Ax}} = F_{Ay} \cdot \tan 5° = \mathbf{30\ N}$ (←)

$\Sigma\ F_x = 0;\ F_C + F_{BX} - F_{AX} - F_D = 0$

$\mathbf{F_C} = F_D = \mathbf{200\ N}$ (→)

Kontrolle: $\Sigma\ M = 0$ für beliebigen Punkt.

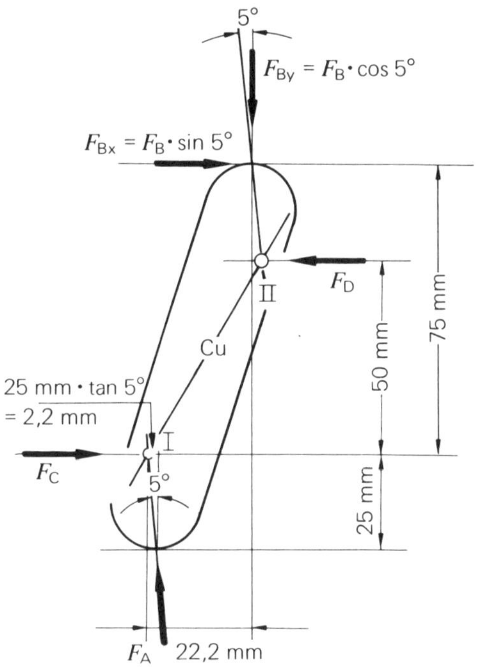

Abb. 6-25

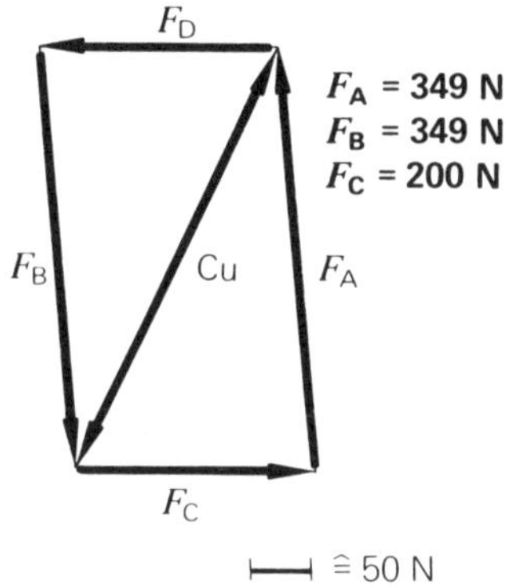

Abb. 6-26

Graphische Lösung (Abb. 6-26)

Es handelt sich hier um vier Kräfte im Gleichgewicht. Die CULMANNsche Konstruktion muß deshalb zum Ziele führen. Die CULMANNsche Gerade verbindet die Schnittpunkte von jeweils zwei Kräften. Gewählt wurden hier die Punkte I und II. Es ist jedoch auch möglich die CULMANNsche Gerade so zu legen, daß sie die Schnittpunkte F_A F_D und F_B F_C verbindet. Nach Festlegung eines Kräftemaßstabes wird die Konstruktion mit der bekannten Kraft F_D begonnen. F_D F_B und Cu bilden im Lageplan Abb. 6-25 einen gemeinsamen Schnittpunkt, diese Größen müssen im Lageplan ein Dreieck bilden. Diese Überlegung ergibt mit der bekannten Größe F_D das gleichsinnig geschlossene Dreieck F_D F_B Cu. Auf den Schnittpunkt II wirkt Cu in umgekehrter Richtung, man kann demnach anschließend das Dreieck Cu F_C F_A zeichnen. Als Ergebnis erhält man das gleichsinnig geschlossenen Kraftviereck F_D F_B F_C F_A wobei die CULMANNsche Gerade eine innere Kraft darstellt (actio = reactio).

Beispiel 4 (Abb. 6-27)

Zwei starre Scheiben sind mit drei Stäben verbunden und in A und B gelagert. Die Belastung erfolgt symmetrisch durch eine Kraft von 100 kN. Zu bestimmen sind die drei Stabkräfte.

Analytische Lösung (Abb. 6-27)

Zunächst soll darauf hingewiesen werden, daß die starren Scheiben durch Stabverbände ersetzt werden können. Es handelt sich hier demnach um die Aufgabe, Stabkräfte innerhalb von Stabverbänden (Fachwerken) zu bestimmen. Ausführlich wird dieses Thema in Kapitel 10 behandelt.

Aus Symmetriegründen betragen beide Auflagerreaktionen 50 kN. Der Wirkungssinn der Stabkräfte kann beliebig angenommen werden (Zug oder Druck). Bei falscher Annahme ergibt die Berechnung ein negatives Vorzeichen im Ergebnis. Positives Vorzeichen heißt immer „Kraft wirkt wie angenommen". Es ist z.T. üblich, alle Stäbe als Zugstäbe anzunehmen. Ein negatives Vorzeichen deutet dann auf einen Druckstab hin.

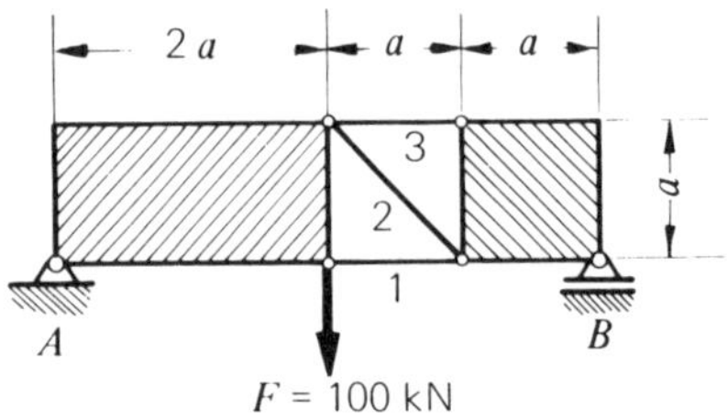

Abb. 6-27

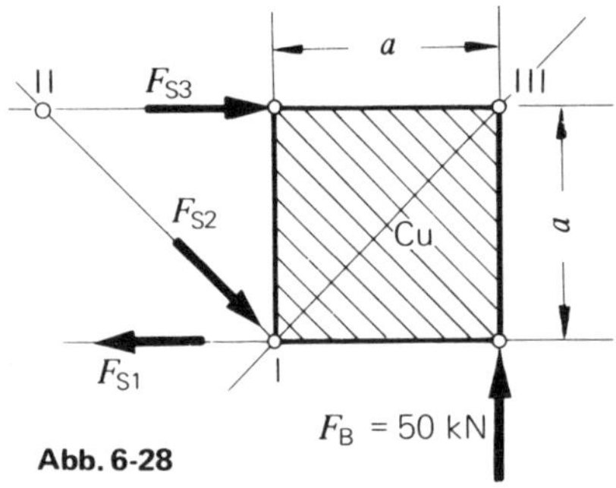

Abb. 6-28

Hier soll jedoch, um das Verständnis für die Wirkung von Kräften zu verbessern, durch einfache Überlegungen vorher festgestellt werden, ob es sich um Zug- oder Druckstäbe handelt. Diese Überlegungen stellen eine zusätzliche Kontrollmöglichkeit dar. Grundsätzlich kann ein Zugstab durch ein Seil ersetzt werden, ein Druckstab nicht. Es ist leicht einzusehen, daß im vorliegenden Falle bei Ersatz der Stäbe 3 und 2 durch ein Seil das Gebilde zusammenklappen würde. Möglich ist jedoch der Austausch des Stabes 1. Die Schlußfolgerung daraus ist, daß Nr. 1 ein Zugstab ist, die Stäbe 2 und 3 Druckstäbe. Nimmt man, wie geschehen (Abb. 6-28) die Stabkräfte entsprechend an, und sind die Überlegungen richtig getroffen worden, dann darf die Berechnung nur positive Vorzeichen in den Ergebnissen liefern.

Freigemacht wurde der rechte Teil des Gebildes. Am einfachsten ist es, die Berechnung mit Momentengleichungen so zu beginnen, daß jeweils nur eine Unbekannte in der Gleichung enthalten ist. Das ist dann der Fall, wenn man als Pol den Schnittpunkt von zwei unbekannten Kräften nimmt.

$$\Sigma M_{\mathrm{I}} = 0; \qquad F_{\mathrm{B}} \cdot a - F_{\mathrm{S3}} \cdot a = 0$$

$$\mathbf{F_{S3} = 50\ kN} \ \text{(Druck)}$$

$$\Sigma M_{\mathrm{II}} = 0; \qquad F_{\mathrm{B}} \cdot 2a - F_{\mathrm{S1}} \cdot a = 0$$

$$\mathbf{F_{S1} = 100\ kN} \ \text{(Zug)}$$

$$\Sigma F_{\mathrm{y}} = 0; \qquad -\tfrac{1}{2}\sqrt{2}\, F_{\mathrm{S2}} + F_{\mathrm{B}} = 0$$

$$\mathbf{F_{S2} = 70{,}7\ kN} \ \text{(Druck).}$$

Kontrolle: z.B. Freimachen des linken Teils.

Graphische Lösung (Abb. 6-29)

Es handelt sich um vier Kräfte, die im Gleichgewicht sind. Die Lösung erfolgt mit der CULMANNschen Geraden, die die Schnittpunkte von jeweils zwei Kräften, in diesem Falle I und III verbindet. Es wäre auch möglich, die Konstruktion mit der Verbindungslinie II B durchzuführen. Ein Kräftemaßstab wird festgelegt. Begonnen wird mit der bekannten Größe F_{B}. Das ergibt das Dreieck F_{B} F_{S3} Cu. Daran angeschlossen wird das Dreieck Cu F_{S2} F_{S1} gezeichnet. Insgesamt ergibt sich das gleichsinnig geschlossene Kraftviereck mit Cu als Diagonale.

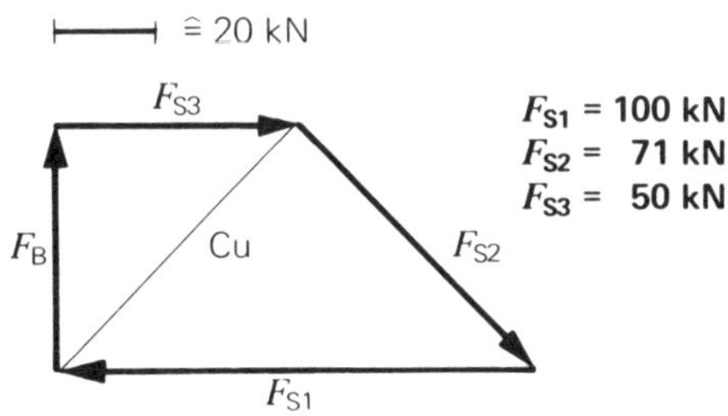

Abb. 6-29

Dem aufmerksamen Leser wird nicht entgangen sein, daß die Lösung ohne Kenntnis der CULMANNschen Geraden möglich ist. Man kann die rechte Scheibe als im Punkte B verschieblich und in I fest gelagert auffassen, wobei die Kraft F_{S3} als äußere Belastung wirkt (s. Abb. 6-28). Drei Kräfte im Gleichgewicht haben einen gemeinsamen Schnittpunkt der Wirkungslinien. Das kann nur der Punkt III sein. Das Kraftdreieck liefert die Kraft F_{I} (gleich der Diagonalen Cu), die in die Richtungen F_{S2} und F_{S1} zerlegt werden kann. Hier wird es besonders anschaulich, daß die CULMANNsche Gerade im Lageplan die Wirkungslinie der Resultierenden von zwei Kräften und im Kräfteplan die Wirkungslinie selbst darstellt.

Aufgaben zum Abschnitt 6.4

A 6-37. Für den in Abb. A 5-2 gezeichneten Balken sollen die Auflagerreaktionen in A und B graphisch und analytisch bestimmt werden. $F = 1{,}2$ kN, $a = 1{,}10$ m, $b = 0{,}75$ m, $\alpha = 25°$.

A 6-38. Für den Hebebaum Abb. A 5-5 sind die Auflagerreaktionen in A B C für m = 2 000 kg zu bestimmen.

A 6-39. Der Stab A B von Abb. A 6-5 soll in horizontaler Lage im Gleichgewicht sein. Zu bestimmen sind m und die Auflagerreaktionen in A.

A 6-40. Für den Ladebaum Abb. A 5-5 sind die Auflagerreaktionen in A und B zu bestimmen. Last $m = 2000$ kg, Ladebaum (Schwerpunkt in C) $m = 1000$ kg.

A 6-41. Für den Ausleger Abb. A 5-9 sind die Auflagerreaktionen in A und B bzw. alle Stabkräfte zu bestimmen. $F = 10$ kN.

A 6-42. Für das System Abb. A 5-3 sind unter Vernachlässigung der Eigengewichte die Auflagerreaktionen in A B C zu bestimmen. $F = 2{,}0$ kN.

A 6-43. Für den Gelenkhebel Abb. A 6-12 sind F_2 und die Auflagerreaktionen im Gelenk A zu bestimmen.

A 6-44. Für das System Abb. 6-15 ist der Abstand x der Masse m so zu bestimmen, daß der leichte Balken in der skizzierten Lage im Gleichgewicht ist. Lagerung in A und B reibungsfrei.

A 6-45/46. Für die Systeme Abb. A 6-17/18 sind die Auflagerreaktionen in A und B zu bestimmen.

A 6-47. Welche Abmessung h muß der abgebildete Träger haben, wenn die Auflagerkraft $F_B = 0$ sein soll? Die Masse des Trägers und der Rolle kann vernachlässigt werden.

A 6-48. Für eine Tür von 25 kg Masse sind die Reaktionskräfte in den Türangeln zu bestimmen. In dem unteren Scharnier sitzt die Tür auf.

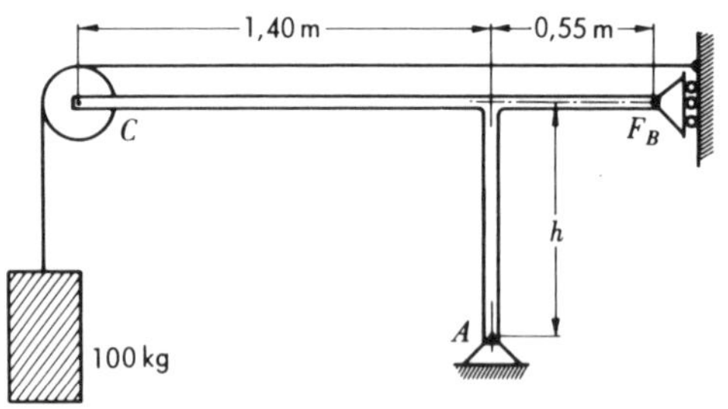

Abb. A 6-47

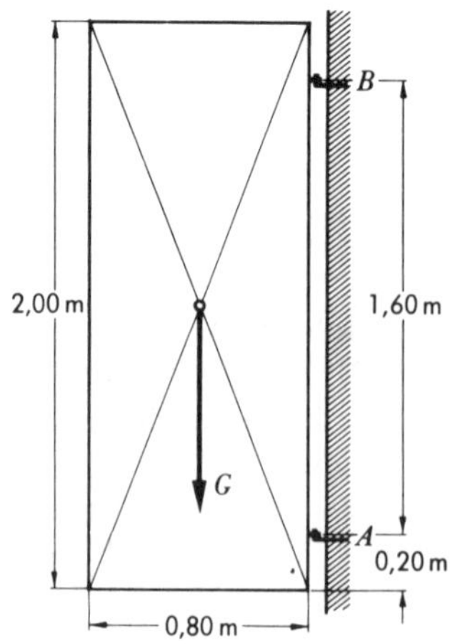

Abb. A 6-48

A 6-49. Für den skizzierten Träger sind die Auflagerreaktionen in A B und C graphisch und analytisch zu bestimmen.

A 6-50. Die abgebildete Spannrolle soll einen Riemen so spannen, daß eine Riemenkraft S von 500 N entsteht. Dafür ist die Größe der Masse m zu bestimmen. Der Hebel hat eine Masse von etwa 10 kg, die Gewichtskraft liegt etwa in der Rollenachse.

A 6-51/52. Die Auflagerreaktionen des abgebildeten Fachwerks sind graphisch und analytisch zu bestimmen.

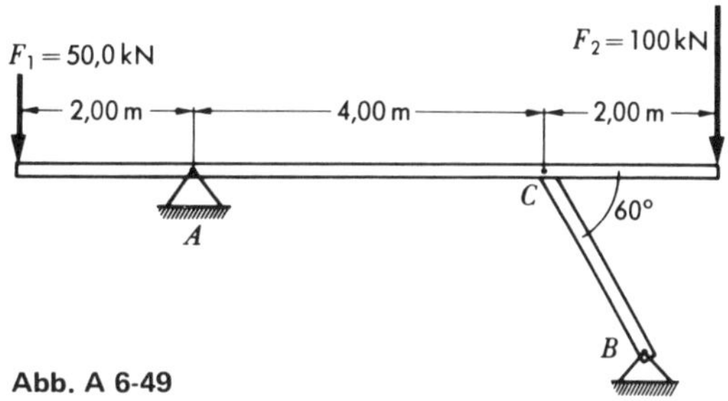

Abb. A 6-49

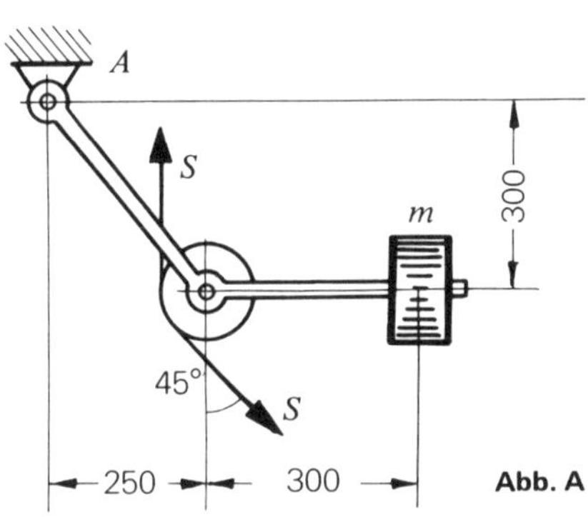

Abb. A 6-50

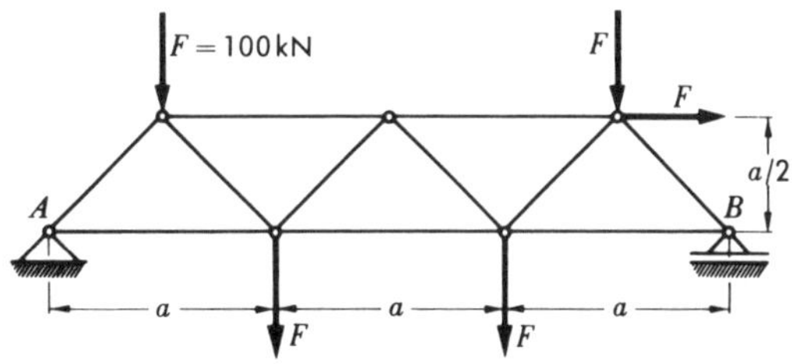

Abb. A 6-51

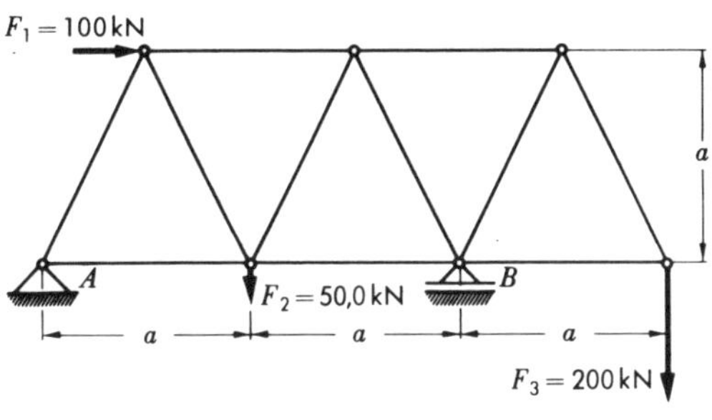

Abb. A 6-52

A 6-53/54. Für den abgebildeten Stabverband sind die Auflagerreaktionen in *A* und *B* zu bestimmen.

A 6-55. Die abgebildete Platte ist horizontal drehbar um den Punkt A gelagert. Das um die Rollen (d = 20 mm) geführte Band wird nach oben gezogen. Infolge Reibung erhöht sich die Bandkraft an jeder Rolle um 2%. Wie groß muß die Federkraft sein, wenn die Platte in der gezeichneten Position bleiben soll? Wie groß ist die Kraft am Rollengelenk 1-2?

A 6-56/57/58. Die abgebildete Platte wird von 3 Stäben gehalten. Zu bestimmen sind graphisch und analytisch die Stabkräfte. Es ist anzugeben, ob die Stäbe gezogen oder gedrückt werden.

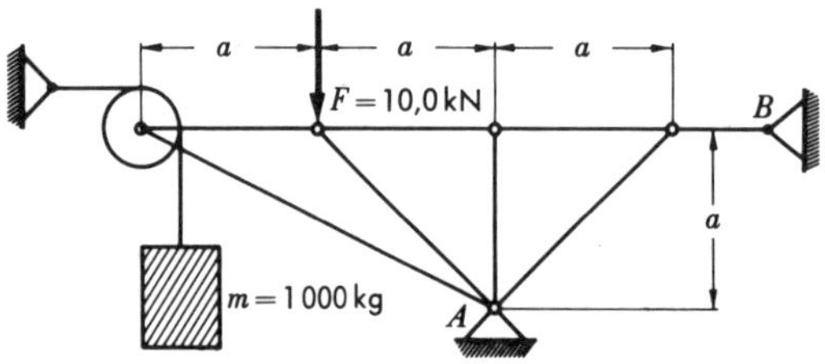

Abb. A 6-53

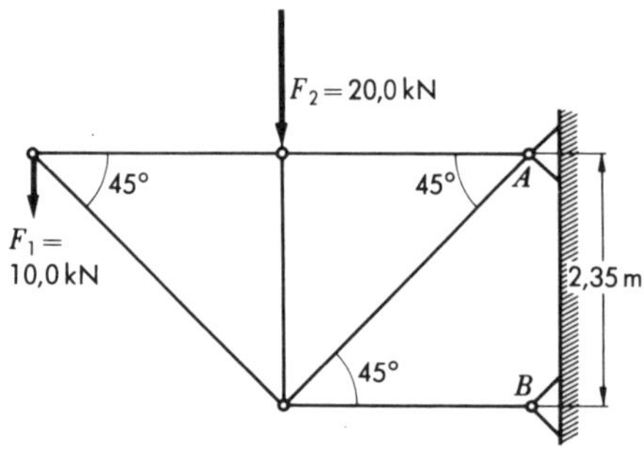

Abb. A 6-54

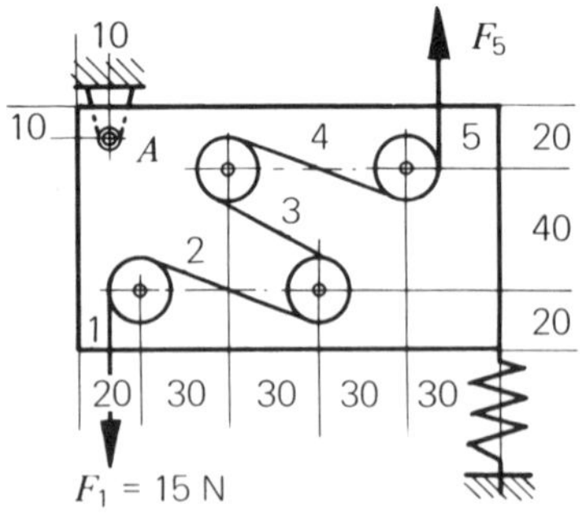

Abb. A 6-55

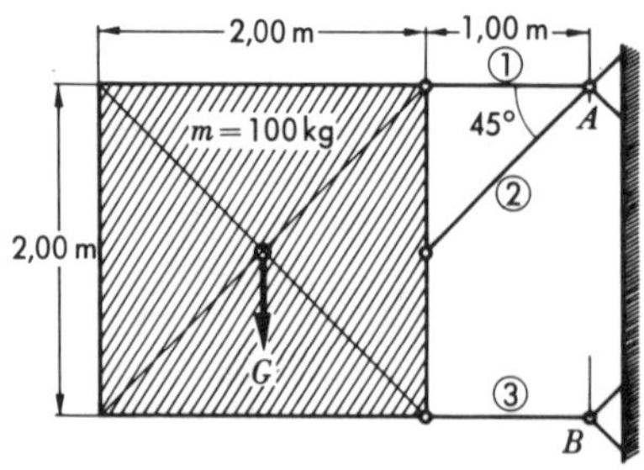

Abb. A 6-56

A 6-59. Eine Leiter steht im Punkt *B* auf einer glatten Unterlage und ist in *A* gegen eine glatte Wand gelehnt. Die Leiter wird von einem Seil in der skizzierten Weise gehalten. Die Leiter wiegt zusammen mit einem Mann, der auf der mittleren Sprosse steht, 100 kg. Zu bestimmen sind die Auflagerreaktionen in *A B* und die Seilkraft *S*.

A 6-60. Zu bestimmen sind analytisch und graphisch die an der Welle durch den Ringschlüssel verursachten Kräfte. An der Stelle B ist die Kraft in Normal- und Tangentialrichtung zu zerlegen. $F = 150$ N.

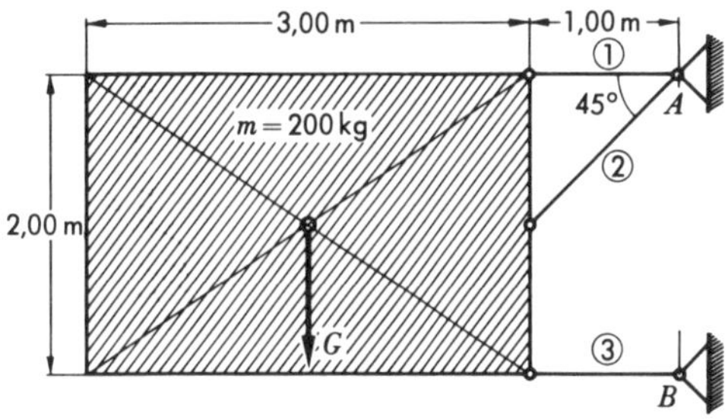

Abb. A 6-57

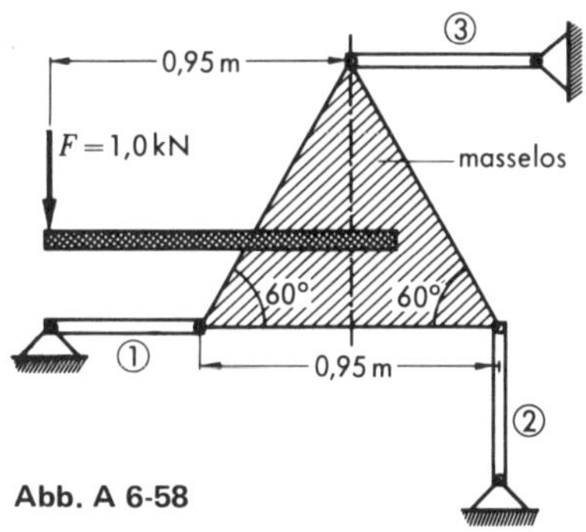

Abb. A 6-58

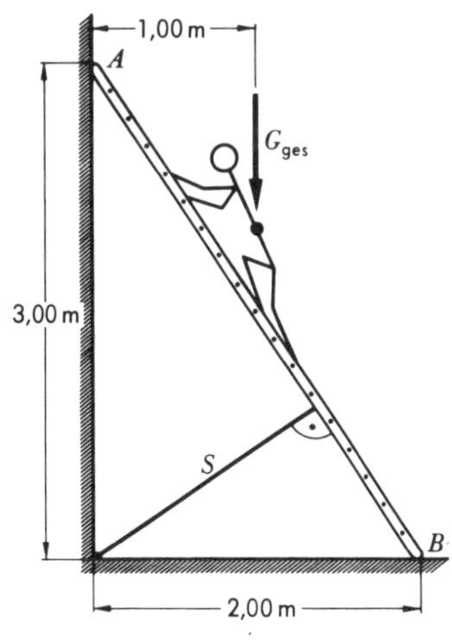

Abb. A 6-59

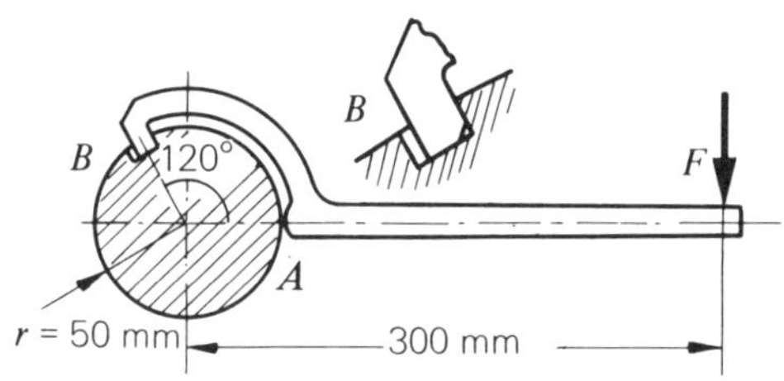

Abb. A 6-60

A 6-61. Eine masselos angenommene Platte wird wie skizziert durch F belastet und von 3 Stäben gehalten. Zu bestimmen sind die Stabkräfte S_1 S_2 S_3. Es ist anzugeben, ob die Stäbe gezogen oder gedrückt werden. Wie groß sind die Stabkräfte, wenn S_2 horizontal liegt?

A 6-62/63/64. Ein Träger wird von 3 Seilen bzw. Stäben gehalten und durch F belastet. Zu bestimmen sind graphisch und analytisch die Stab- bzw. Seilkräfte.

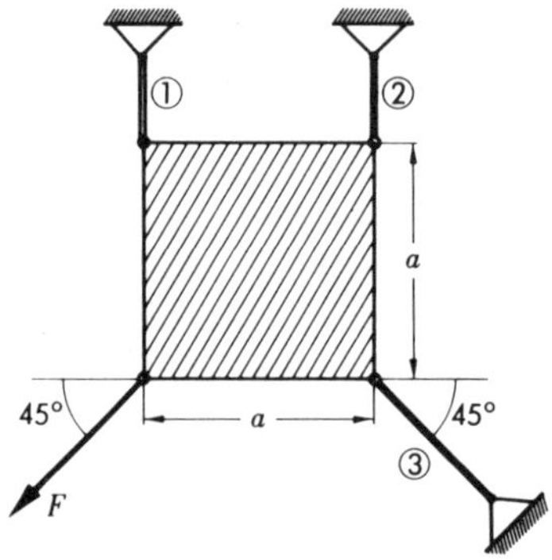

Abb. A 6-61

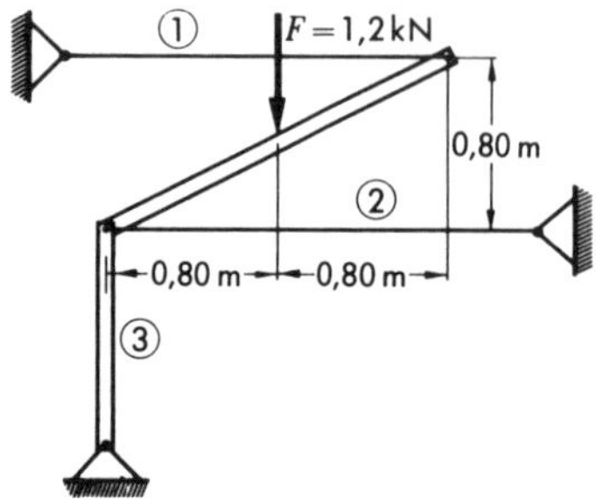

Abb. A 6-62

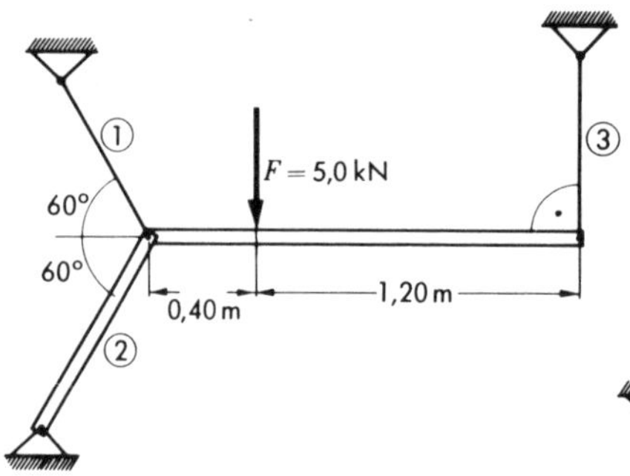

Abb. A 6-63

Abb. A 6-64

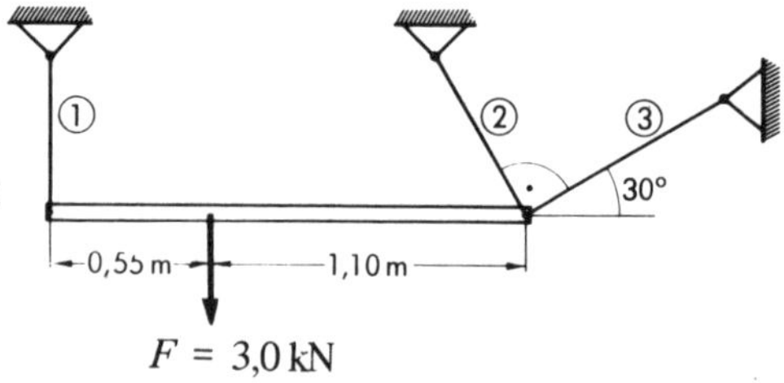

A 6-65. Gegeben ist ein beliebiges Kräftesystem mit gemeinsamem Angriffspunkt im Gleichgewicht. Es ist zu beweisen, daß für einen Punkt auf der x-Achse die Momentengleichung $\Sigma M = 0$ erfüllt ist und daß diese Momentengleichung identisch ist mit $\Sigma F_y = 0$. Das gleiche ist zu beweisen für einen Punkt auf der y-Achse und $\Sigma F_x = 0$.

A 6-66. Für den eingespannten Balken Abb. A 5-10 sind die Auflagerreaktionen in A zu bestimmen. $a = 1{,}50$ m; $b = 1{,}00$ m; $m = 200$ kg.

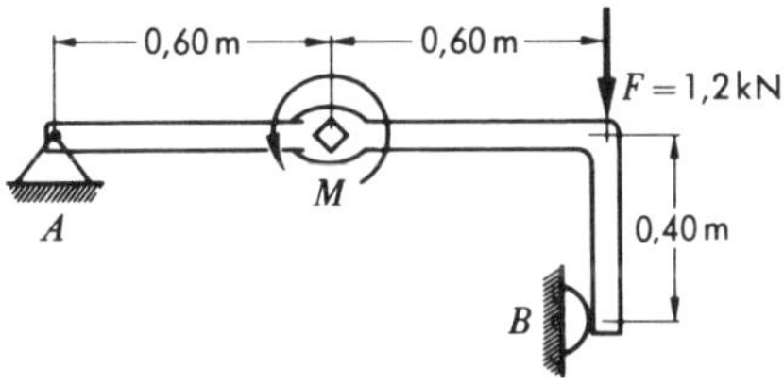

Abb. A 6-67

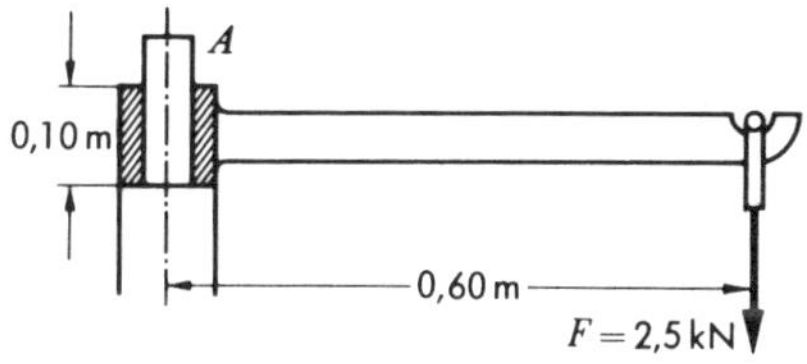

Abb. A 6-68/69

A 6-67. An einem Winkelhebel greifen die Kraft F und das Moment M an. Wie groß kann M maximal werden, wenn der Hebel bei B nicht abheben soll?

A 6-68. Die Nabe eines mit einer Kraft F belasteten Hebels ist bei A aufgeschrumpft. Zu bestimmen sind die in der Schrumpfverbindung übertragenen Auflagerreaktionen.

A 6-69. Die Nabe des mit einer Kraft F belasteten Hebels ist mit geringem Spiel auf den abgebildeten Bolzen aufgesteckt. Zu bestimmen sind die Auflagerreaktionen an der Nabe.

Abb. A 6-70

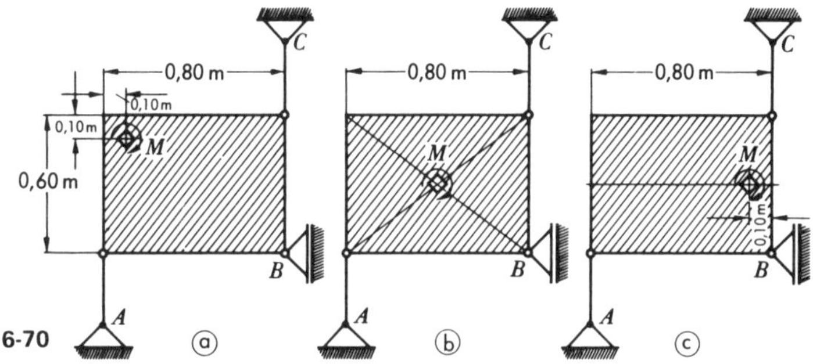

A 6-70. In eine masselos angenommene Platte wird über einen Vierkant das Moment M = 0,5 kNm eingeleitet. Die Platte ist in A B C gelagert. Zu bestimmen sind für dic Fälle a) b) c) die Auflagerreaktionen in A B C.

A 6-71. Die Auflagerreaktionen F_A und F_B des Balkens A 6-36 sind so aufzuteilen, daß ein Kräftepaar und eine vertikale Kraft F_B entstehen.

A 6-72. Die Auflagerreaktionen des Balkens Abb. A 6-36 sind für den Fall zu bestimmen, daß der Balken bei B eingespannt ist (vgl. Ergebnis mit dem der Aufgabe 6-71).

A 6-73. Für die abgebildeten Masten sind die Auflagerreaktionen in A und B zu bestimmen. Die Massen der Masten betragen m_1 = 180 kg; m_2 = 230 kg.

A 6-74. An einem homogenen Zylinder (Gewichtskraft G) greift eine Kraft F an. Diese Kraft versucht den Zylinder um die Kante A zu kippen. Als Standsicherheit ν definiert man das Verhältnis des Momentes, das dem Kippen entgegenwirkt (Standmoment) zu dem Kippmoment. Für mehrere Kräfte gilt

$$\nu = \frac{\Sigma M_{\text{stand}}}{\Sigma M_{\text{kipp}}}$$

ν ist für den gegebenen Fall in allgemeiner Form in Abhängigkeit von r h ρ F abzuleiten.

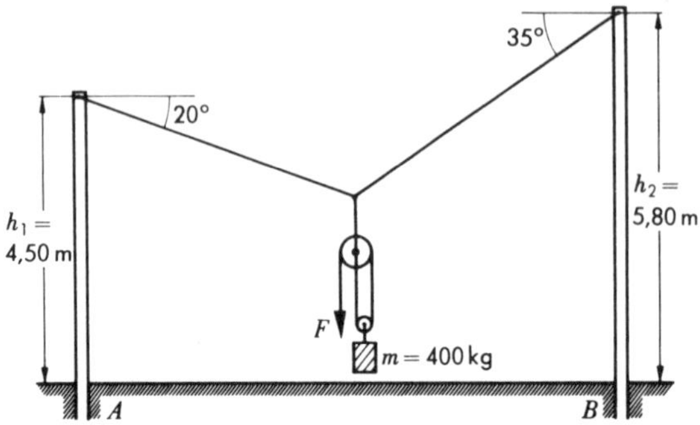

Abb. A 6-73

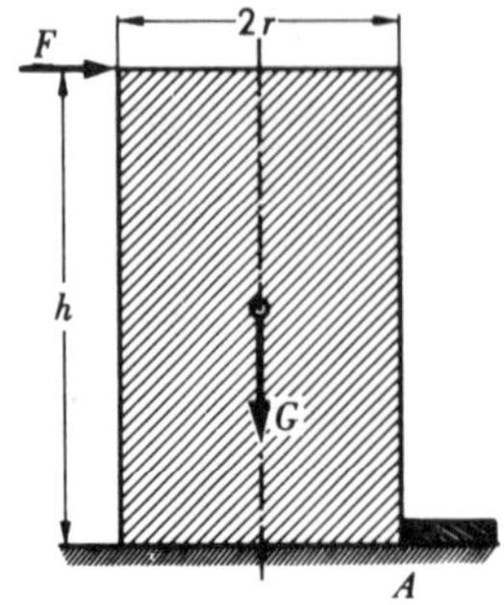

Abb. A 6-74/75

A 6-75. Die Lage der Resultierenden von F und G (Aufgabe 6-74) ist für die Fälle $\nu = 1, \nu < 1, \nu > 1$ zu bestimmen.

A 6-76. Die Standsicherheit (s. A 6-74) des Systems Abb. A 6-28 ist zu bestimmen, und zwar für volle Belastung in bezug auf die rechte Kante und für das System ohne m_2 für die linke Kante. $a = 30$ cm; $m_3 = 2{,}0$ kg; $x = 15{,}0$ cm.

A 6-77. Wie Aufgabe 6-76, jedoch für $a = 20$ cm und $a = 10$ cm, wobei Länge des Stabes und m_3 beibehalten werden (Diskussion der Ergebnisse).

A 6-78. Der abgebildete Block soll eine Standsicherheit $\nu = 2{,}00$ haben (s. A 6-74). Wie groß muß für diese Bedingung die Kraft F_1 sein?

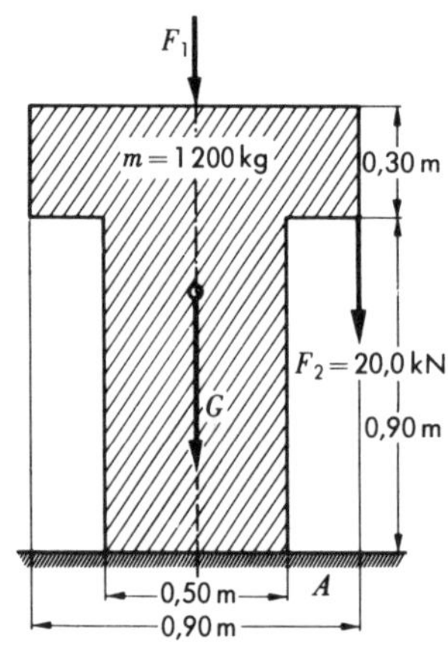

Abb. A 6-78

6.5 Die statisch bestimmte und statisch unbestimmte Lagerung

Die Lagerung eines starren Körpers ist statisch bestimmt, wenn man aus den verfügbaren Gleichgewichtsbedingungen die Auflagerreaktionen berechnen kann.

Ein Kräftesystem mit gemeinsamem Angriffspunkt hat 2 Gleichgewichtsbedingungen $\Sigma F_x = 0$; $\Sigma F_y = 0$, die für 2 Unbekannte gelöst werden können. Die Aufhängung nach Abb. 6-30a ist statisch bestimmt, denn hier ergeben die beiden Gleichungen bzw. das geschlossene Krafteck die Größen S_1 und S_2. Obwohl bei der Aufhängung b auch nur 2 Unbekannte auftreten, ist sie statisch unbestimmt. In diesem Falle ist die Glei-

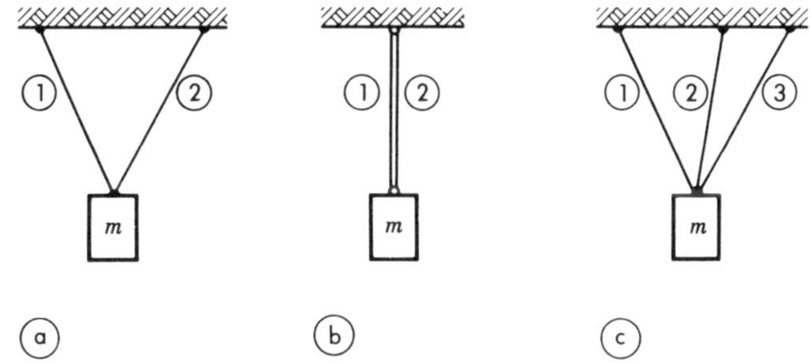

Abb. 6-30

chung $\Sigma F_x = 0$ sowieso erfüllt $(0 \equiv 0)$, so daß aus der verbleibenden Gleichung $\Sigma F_y = 0$ zwei Seilkräfte errechnet werden müßten. Im Kräfteplan ist aus dem Dreieck eine Doppellinie geworden. Nur für den Fall mathematisch exakt gleicher Längen und gleicher Dehnung wäre $S_1 = S_2 = \frac{1}{2} G$. Bei ungleichen Längen kann im Extremfall eine Seilkraft 0 sein, die andere das volle Gewicht tragen. Die Aufgabe, S_1 und S_2 zu bestimmen, kann nur gelöst werden, wenn die Deformation, d.h. das Festigkeitsverhalten mit in Rechnung gesetzt wird. Ein solches System ist statisch unbestimmt. Auch die Aufhängung c ist statisch unbestimmt, da es nicht möglich ist, aus 2 Gleichungen 3 Unbekannte auszurechnen. Die Seilkräfte hängen sehr stark von den Ausgangslängen und Dehnungen ab, z.B. kann eine Seilkraft 0 sein, wenn ein Seil zu lang gefertigt wird. Die Anzahl der Unbekannten (hier 3) minus der Anzahl der zur Verfügung stehenden Gleichungen (hier 2) ist der Grad der statischen Unbestimmtheit. Die Aufhängung nach Abb. 6-30c ist einfach statisch unbestimmt. Bei Verwendung von 4 Seilen wäre die Aufhängung zweifach statisch unbestimmt usw.

Für das parallele Kräftesystem stehen auch 2 Gleichungen zur Verfügung, es können demnach 2 Auflagerkräfte berechnet werden, z.B. die Seilkräfte 1 und 2 in Abb. 6-31. Es ist nicht möglich, z.B. durch eine Symmetriebedingung eine zusätzliche Gleichung zu erhalten. Das System nach Abb. 6-32 ist einfach statisch unbestimmt, denn die Symmetriebedingungen $S_1 = S_3$ ist nichts weiter als die algebraisch vereinfachte Momentengleichung für den Punkt C. Das hat zur Folge, daß ein dreifach gelagerter durchgehender Balken bzw. eine dreifach gelagerte Welle auch bei Symmetrie statisch unbestimmt ist. Die Auflagerreaktionen können nur über die Berechnung der Deformationen bestimmt werden. Die überschüssige Lagerkraft muß so groß sein, daß sie die an der Lagerstelle ohne Lagerung vorhandene Durchbiegung rückgängig macht.

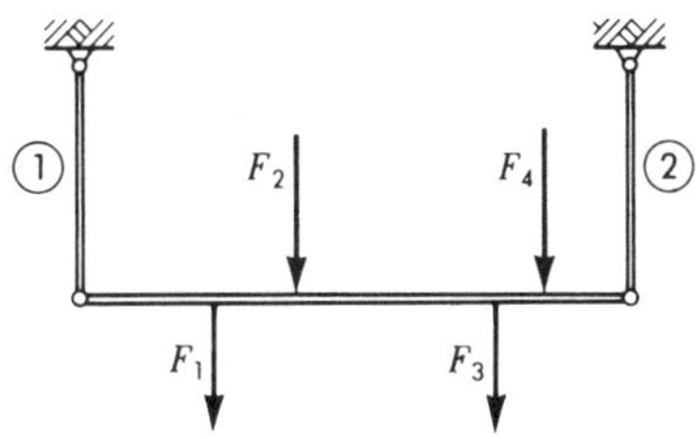

Abb. 6-31

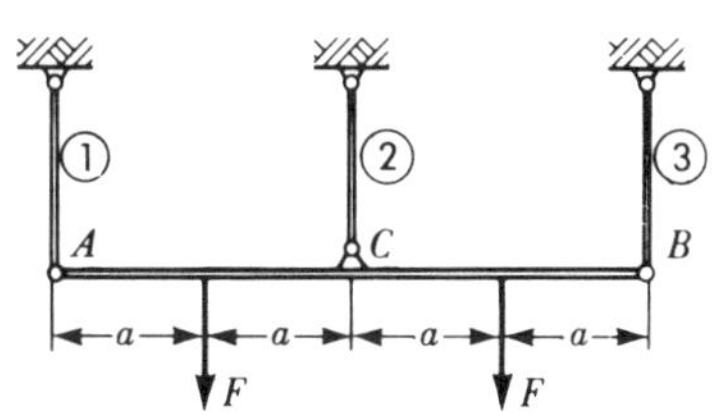

Abb. 6-32

Für das allgemeine ebene Kräftesystem stehen 3 Gleichgewichtsbedingungen zur Verfügung, damit können 3 Auflagerreaktionen berechnet werden. In Abb. 6-33 sind verschiedene Aufhängungen einer Platte gezeigt. Für alle 3 Fälle sollen die 3 Stabkräfte S_1 S_2 S_3 bestimmt werden. Für den Fall a) kann man z.B. mit der CULMANNschen Gerade (Verbindungslinie der Schnittpunkte S_1 S_2 und S_3 G) graphisch die 3 Kräfte ermitteln. Die Anwendung eines der 3 äquivalenten Gleichungssysteme (z.B. 2 Momentengleichungen und 1 Kräftegleichung) würde rechnerisch zum Ziel führen. Bei der Aufhängung b) fällt die CULMANNsche Gerade in Richtung der einen Stabkraft. Die Durchführung der Konstruktion ist deshalb nicht möglich. Die Momentengleichung für den Punkt A ergibt, da sich in A alle Stabkräfte schneiden, die Gleichung $\frac{1}{2}\, a \cdot G = 0$, die nur für $G = 0$ erfüllt ist. Gleichgewicht in dieser Form ist nicht möglich. Würde man eine Platte in dieser Weise aufhängen, dann ergäben die Beanspruchungen der Stäbe eine Deformation, bei der sich die 3 Wirkungslinien nicht mehr in einem Punkt schneiden und das ganze System im Gleichgewicht ist. Das System ist demnach statisch unbestimmt, denn zur Berechnung der Stabkräfte müssen die Festigkeitseigenschaften hinzugezogen werden. Für die Aufhängung c) kann die Konstruktion nach CULMANN nicht durchgeführt werden, denn es gibt nur einen Schnittpunkt von 2 Kräften. Die Kräftegleichung für eine um 45° gedrehte x-Achse liefert: $G \cdot \sin 45° = 0$, die nur für $G = 0$ erfüllt ist. Gleichgewicht kann sich nur nach einer Deformation einstellen, bei der die Stäbe nicht mehr parallel sind. Auch dieses System ist statisch unbestimmt.

Aus dem oben Ausgeführten folgt:

Ein starrer Körper ist für den allgemeinen ebenen Belastungsfall statisch bestimmt gelagert, wenn

a) **insgesamt 3 Auflagerreaktionen vorliegen** (z.B. 3 Stäbe; Festlager und Loslager; Einspannung; siehe Tabelle 5-I),
b) **3 Stab- oder Lagerkräfte keinen gemeinsamen Schnittpunkt haben,**
c) **3 Stab- oder Lagerkräfte nicht parallel sind.**

Ein System kann in einer Richtung statisch unbestimmt, in der anderen Richtung statisch bestimmt sein. Wird ein Balken von 2 Festlagern (Gelenken) gehalten (Abb. 6-34), dann können die Auflagerreaktionen F_{Ay} und F_{By} aus den Gleichungen $\Sigma M = 0$ und $\Sigma F_y = 0$ berechnet werden.

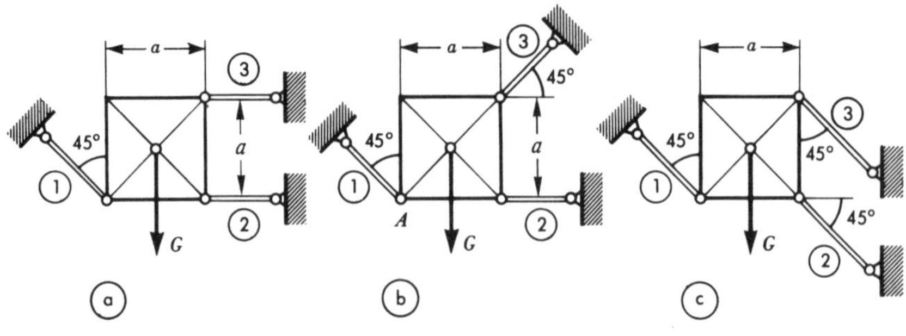

Abb. 6-33

Die noch verbleibende Gleichung $\Sigma F_x = 0$ genügt nicht, um F_{Ax} und F_{Bx} zu ermitteln. Das System ist einfach statisch unbestimmt und zwar hier in x-Richtung, denn den 4 Unbekannten stehen 3 Bestimmungsgleichungen gegenüber.

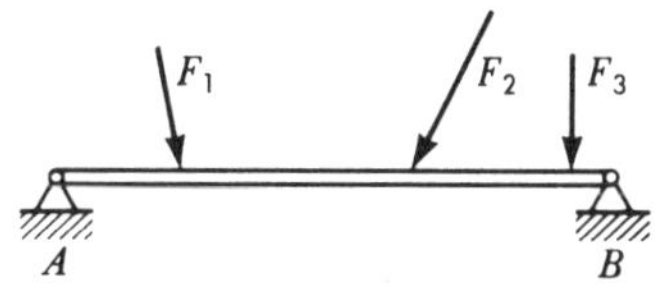

Abb. 6-34

6.6 Zusammenfassung

Die analytischen Gleichgewichtsbedingungen für ein **allgemeines ebenes Kräftesystem** lauten:

$$\sum \mathbf{F_x} = 0; \qquad \sum \mathbf{F_y} = 0; \qquad \sum \mathbf{M} = 0 \qquad \text{Gl. 6-4}$$

$$\sum \mathbf{F} = 0; \qquad \sum \mathbf{M_A} = 0; \qquad \sum \mathbf{M_B} = 0 \qquad \text{Gl. 6-5}$$

$$\sum \mathbf{M_A} = 0; \qquad \sum \mathbf{M_B} = 0; \qquad \sum \mathbf{M_C} = 0. \qquad \text{Gl. 6-6}$$

Das sind 3 äquivalente Gleichungssysteme mit je 3 Gleichungen, die eine Berechnung von 3 unbekannten Auflagerreaktionen gestatten.
Für **parallele Kräfte** entfällt je eine Kräftegleichung:

$$\sum \mathbf{F} = 0; \qquad \sum \mathbf{M} = 0 \qquad \text{Gl. 6-2}$$

$$\sum \mathbf{M_A} = 0; \qquad \sum \mathbf{M_B} = 0. \qquad \text{Gl. 6-3}$$

Es können 2 unbekannte Kräfte berechnet werden.
Für **Kräfte mit gemeinsamen Angriffspunkt** entfällt je eine Momentengleichung:

$$\sum \mathbf{F_x} = 0; \qquad \sum \mathbf{F_y} = 0. \qquad \text{Gl. 6-1}$$

Man kann auch in diesem Fall mit Momentengleichungen arbeiten, jedoch bringt das keine Vorteile. Auch hier können 2 Unbekannte berechnet werden.

Die graphischen Gleichgewichtsbedingungen für ein allgemeines ebenes Kräftesystem lauten:

a) das Krafteck muß gleichsinnig geschlossen sein (entspricht $\Sigma F_x = 0; \Sigma F_y = 0$),
b) das Seileck muß geschlossen sein (entspricht $\Sigma M = 0$).

Für ein Kräftesystem mit gemeinsamen Angriffspunkt entfällt Bedingung b.

Drei nichtparallele Kräfte sind im Gleichgewicht, wenn

a) ihre Wirkungslinien einen gemeinsamen Schnittpunkt haben,
b) das Kräftedreieck gleichsinnig geschlossen ist.

Die Gleichgewichtsbedingungen für 4 nicht parallele Kräfte ohne gemeinsamen Schnittpunkt werden durch die CULMANNsche Konstruktion erfüllt.

Ein starrer Körper ist in der Ebene statisch bestimmt gelagert, wenn

a) insgesamt 3 Auflagerreaktionen vorhanden sind (nach Tabelle 5-I),
b) diese 3 Auflagerreaktionen keinen gemeinsamen Schnittpunkt haben,
c) diese 3 Auflagerreaktionen nicht parallel sind.

7. Der statisch bestimmt gelagerte Balken mit Belastung in einer Ebene

7.1 Der zweifach gelagerte Balken

In dem nachfolgenden Abschnitt sollen die Auflagerreaktionen von Balken und Wellen verschiedener Belastungen und Lagerungen ermittelt werden. Einige einfache Beispiele wurden bereits im vorhergehenden Kapitel behandelt. In den meisten Fällen können die Gewichtskräfte von Balken bzw. Wellen gegenüber den Belastungen vernachlässigt werden.

Für die Bestimmung der Auflagerreaktionen werden die in Kapitel 6 abgeleiteten Gleichgewichtsbedingungen benutzt.

Beispiel 1 (Abb. 7-1)

Ein gekröpfter Balken ist wie abgebildet gelagert und wird mit 2 Kräften und einer Streckenlaste belastet. Zu bestimmen sind die Auflagerreaktionen.

Analytische Lösung (Abb. 7-2)

Das Freimachen ergibt ein System nach Abb. 7-2. Ausgehend von einer Momentengleichung für den Punkt A erhält man:

$$\sum M_A = 0; \qquad -F_1\, a - F_3\, 2a - F_2\, 3a + F_B\, 2a = 0$$

$$\mathbf{F_B} = \frac{1}{2}\,(F_1 + 2F_3 + 3F_2) = \mathbf{5{,}75\ kN}\ (\leftarrow)$$

$$\sum F_y = 0; \qquad F_{Ay} - F_3 - F_2 = 0$$

$$\mathbf{F_{Ay}} = F_3 + F_2 = \mathbf{3{,}5\ kN}\ (\uparrow)$$

$$\sum F_x = 0; \qquad F_{Ax} + F_1 - F_B = 0$$

$$\mathbf{F_{Ax}} = F_B - F_1 = \mathbf{2{,}75\ kN}\ (\rightarrow).$$

Graphische Lösung (Abb. 7-3)

Für die Durchführung der Seileckkonstruktion ist es zweckmäßig, die Kräfte anders zu bezeichnen, und zwar werden F_2 und F_3 vertauscht. Natürlich kann die Seileckkonstruktion auch für anderslautende Bezeichnungen durchgeführt werden. Es muß unabhängig von den Bezeichnungen ein Dreieck im Kräfteplan einem Schnittpunkt im Lageplan entsprechen. Der Pol wurde so gewählt, daß der Polstrahl 0 vertikal, der Polstrahl 3 unter 45° verläuft.

Beispiel 2 (Abb. 7-4)

Ein auskragender Balken ist bei A fest, bei B horizontal verschieblich gelagert. Dieser Balken wird von der Kraft F_2 und einem zweiten Balken wie abgebildet belastet. Zu ermitteln sind die Auflagerreaktionen in A und B.

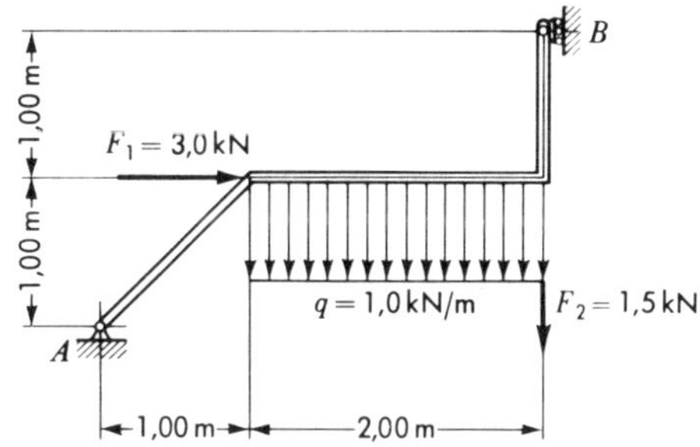

Abb. 7-1

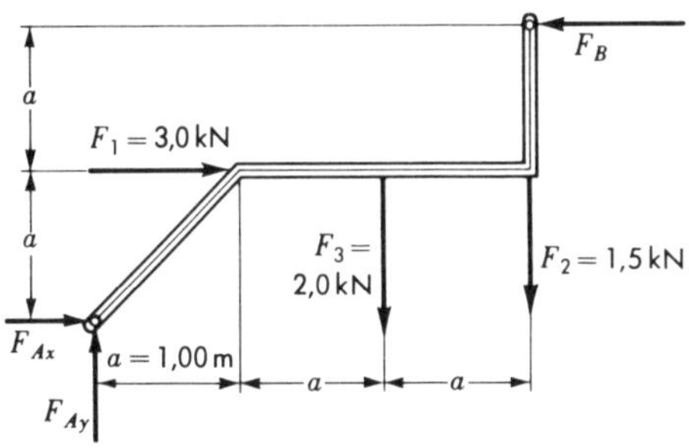

Abb. 7-2

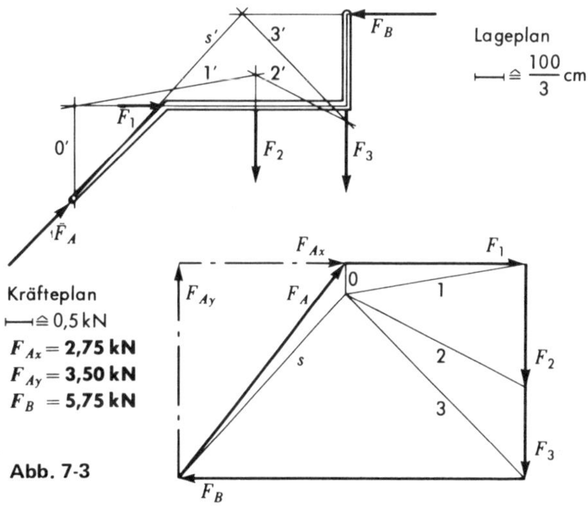

Abb. 7-3

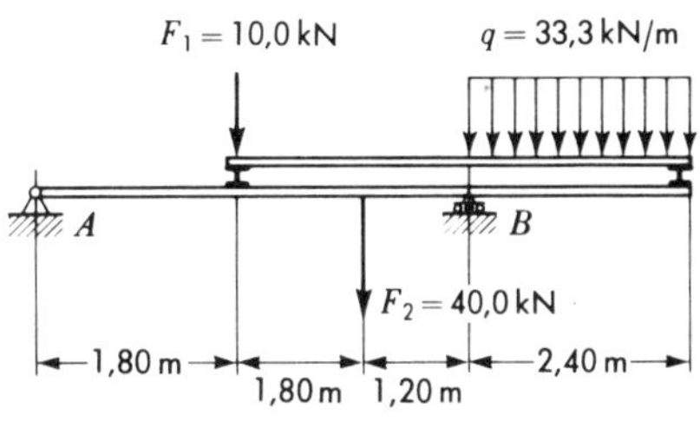

Abb. 7-4

Analytische Lösung (Abb. 7-5)

Das System wird freigemacht. Es ist nicht notwendig, die Stützkräfte des oberen Balkens in den I-Trägern zu bestimmen und diese als Belastung des Balkens einzuführen. Es handelt sich hier um innere Kräfte, die sich gegenseitig aufheben und auf die Auflagerreaktionen keinen Einfluß haben.
Würde man die Rechnung wie oben angedeutet durchführen, ergäben sich die gleichen Ergebnisse.

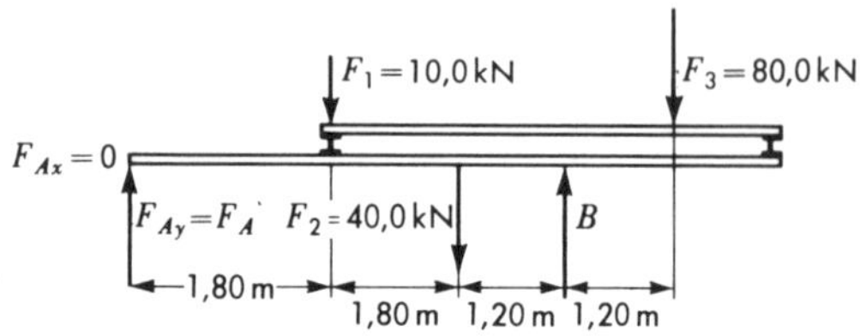

Abb. 7-5

Die Berechnung beginnt mit einer Momentengleichung

$$\sum M_A = 0$$

$$-10\,kN \cdot 1{,}8\,m - 40\,kN \cdot 3{,}6\,m + F_B \cdot 4{,}8\,m - 80\,kN \cdot 6\,m = 0$$

$$-18\,kNm - 144\,kNm - 480\,kNm + F_B \cdot 4{,}8\,m = 0$$

$$\mathbf{F_B = 133{,}75\,kN\ (\uparrow)}$$

$$\sum F_y = 0; \qquad F_A + B - F_1 - F_2 - F_3 = 0$$

$$F_A = -133{,}75\,kN + 10\,kN + 40\,kN + 80\,kN$$

$$\mathbf{F_A = -3{,}75\,kN\ (\downarrow)}$$

Die am auskragenden Teil des Balkens angreifende Streckenlast ist so groß, daß der Balken trotz der anderen Kräfte in A abheben würde, wäre dort kein festes Gelenk. Die Kraft F_A muß, wie das Vorzeichen ergibt, nach unten wirken.

Graphische Lösung (Abb. 7-6)

Es ist zweckmäßig, für die Resultierende der Streckenlast die Bezeichnung F_3 einzuführen. Die Schlußlinie liegt im Kräfteplan außen und ergibt zusammen mit der Bedingung des gleichsinnig geschlossenen Krafttecks den von oben nach unten gerichteten Wirkungssinn von F_A. Die Resultierende der Belastung liegt im Schnittpunkt von $0'$ und $3'$, demnach rechts von B. Sie versucht den Balken um den Punkt B nach rechts zu kippen.

Beispiel 3 (Abb. 7-7)

Eine zweifach gelagerte Welle ist wie abgebildet belastet. In A ist ein Loslager, in B ein Festlager eingebaut. Zu bestimmen sind die Auflagerreaktionen.

Lösung (Abb. 7-8)

Das System wird freigemacht. Die Lagerkräfte werden wie eingezeichnet, in ihrem Wirkungssinn angenommen.

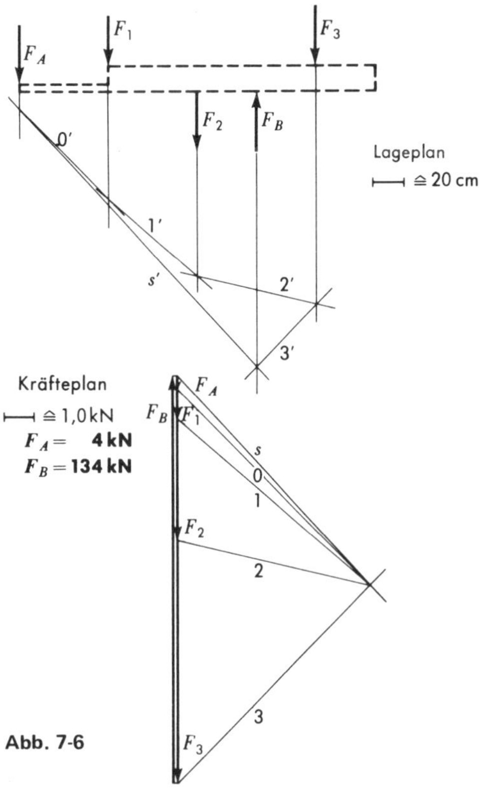

Abb. 7-6

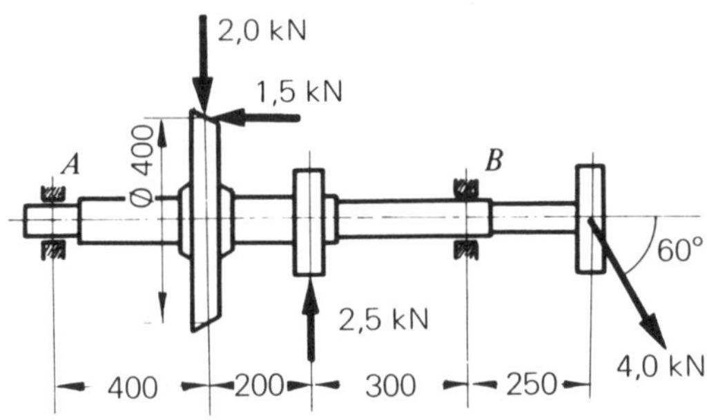

Abb. 7-7

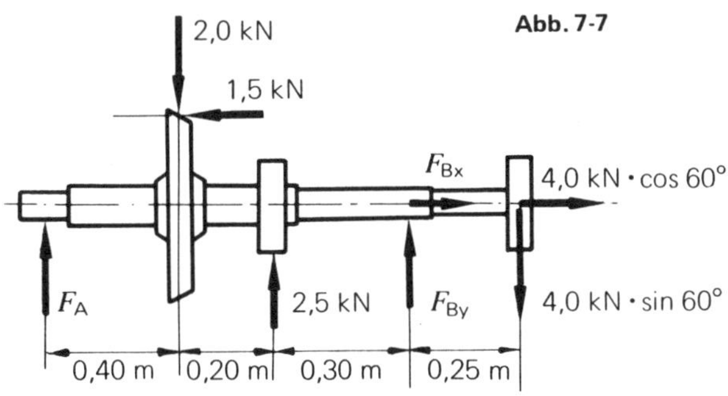

Abb. 7-8

$\Sigma\ M_A = 0;$

$$F_{By} \cdot 0{,}9\ \text{m} + 1{,}5\ \text{kN} \cdot 0{,}2\ \text{m} - 2{,}0\ \text{kN} \cdot 0{,}4\ \text{m} + 2{,}5\ \text{kN} \cdot 0{,}6\ \text{m} - 4{,}0\ \text{kN} \cdot \sin 60^\circ \cdot 1{,}15\ \text{m} = 0$$

$$\mathbf{F_{By} = 3{,}32\ kN\ (\uparrow)}$$

$\Sigma\ F_y = 0;$ $F_A - 2{,}0\ \text{kN} + 2{,}5\ \text{kN} + F_{By} - 4{,}0\ \text{kN} \cdot \sin 60^\circ = 0$

$$\mathbf{F_A = -\ 0{,}35\ kN\ (\downarrow)}$$

$\Sigma\ F_x = 0;$ $F_{Bx} - 1{,}5\ \text{kN} + 4{,}0\ \text{kN} \cdot \cos 60^\circ = 0$

$$\mathbf{F_{Bx} = -\ 0{,}50\ kN\ (\leftarrow).}$$

Kontrolle: $\Sigma\ M_B = 0.$

Beispiel 4 (Abb. 7-9)

Ein Träger ist nach Abbildung vierfach gelagert. Er wäre danach zweifach statisch unbestimmt (s. Abschnitt 6.5). Jedoch sind in den Träger zwei Gelenke bei E und H eingebaut. Zu bestimmen sind die Auflager- und Gelenkkräfte.

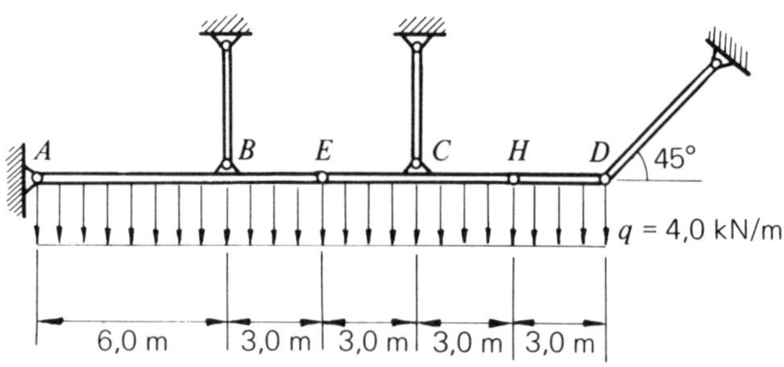

Abb. 7-9

Lösung (Abb. 7-10)

Ein vierfach gelagerter Träger ist zweifach statisch unbestimmt gelagert, denn es sind zwei überschüssige Auflagerkräfte vorhanden. Da ein Gelenk keine Momente übertragen kann, ist es möglich, für E und H die Gleichung $\Sigma M = 0$ aufzustellen. Das sind die noch fehlenden zwei Bestimmungsgleichungen für die Auflager. Die Berechnung der Gelenkkräfte erfordert das Freimachen nach Abb. 7-10. Man kann das System auch aus drei Trägern bestehend auffassen. Das ergibt 3 x 3 = 9 Bestimmungs-Gleichungen, denen 2 (A) + 1 (B) + 1 (C) + 1 (D) + 2 (E) + 2 (H) = 9 Unbekannte gegenüberstehen.

Aus den Erläuterungen folgt, daß ein n-fach statisch unbestimmt gelagerter Träger (Durchlaufträger) durch Einbau von n Gelenken statisch bestimmt wird. Ein solcher Träger wird Gelenk- oder GERBERträger*) genannt. Der Leser überlege sich, ob es beliebig ist, wo die Gelenke eingebaut werden.

*) Gerber, Heinrich, *18.11.1832, †3.1.1912; Bauingenieur.

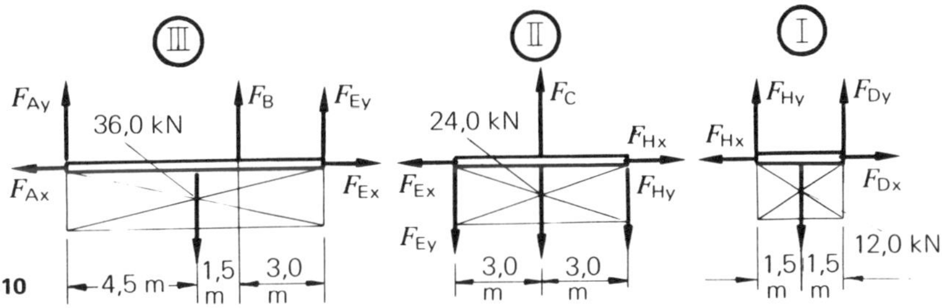

Abb. 7-10

Für jedes Teilsystem werden die Gleichgewichtsbedingungen aufgestellt.

System I:

$\Sigma\ M_H = 0$; **F_{Dy} = 6,0 kN** (↑)

wegen $\alpha = 45°$ **F_{Dx} = 6,0 kN** (→)

$\Sigma\ F_y = 0$; **F_{Hy} = 6,0 kN** (↑ Teil I)

$\Sigma\ F_x = 0$; **F_{Hx} = 6,0 kN** (← Teil I).

Die Reaktionskräfte F_H von Teil I greifen am Teil II an.

System II:

$\Sigma\ M_E = 0$; **F_C = 36,0 kN** (↑)

$\Sigma\ F_y = 0$; **F_{Ey} = 6,0 kN** (↓ Teil II)

$\Sigma\ F_x = 0$; **F_{Ex} = 6,0 kN** (← Teil II).

System III:

$\Sigma\ M_A = 0$; **F_B = 18,0 kN** (↑)

$\Sigma\ F_y = 0$; **F_{Ay} = 12,0 kN** (↑)

$\Sigma\ F_x = 0$; **F_{Ax} = 6,0 kN** (←).

Kontrolle: $\Sigma\ M_E = 0$;

Die graphische Lösung kann mit der Seileckkonstruktion erfolgen. Der Leser überlege sich, daß es im vorliegenden Falle drei Schlußlinien gibt (drei Teilbalken), die alle durch die jeweiligen Gelenke gehen müssen.

Aufgaben zum Abschnitt 7.1

A 7-1 bis 11. Für den abgebildeten Balken sind graphisch und analytisch die Auflagerreaktionen in A und B zu bestimmen.

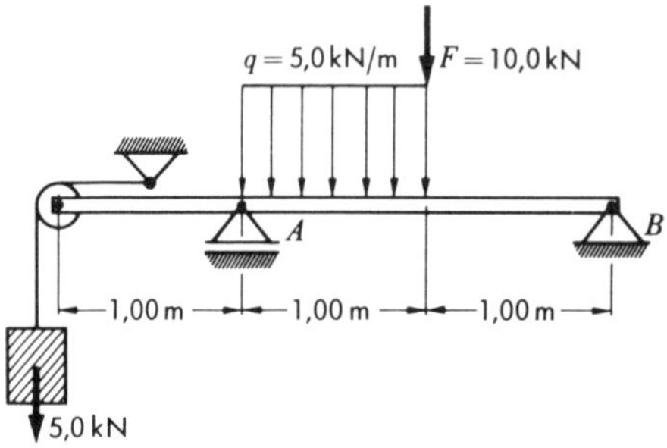

Abb. A 7-1

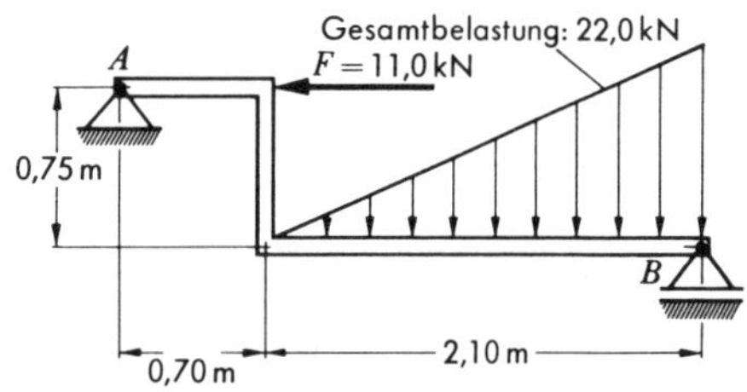

Abb. A 7-2

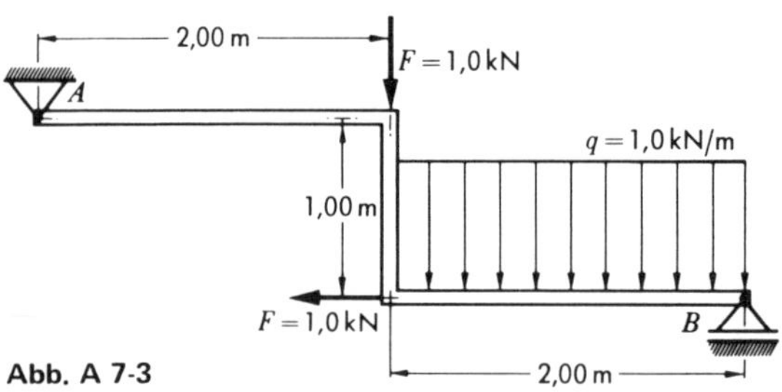

Abb. A 7-3

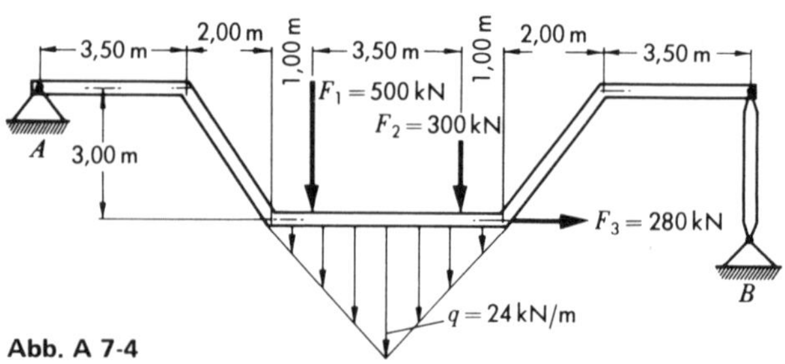

Abb. A 7-4

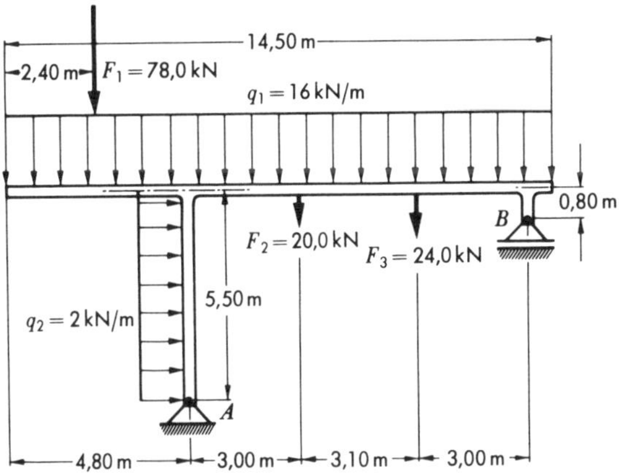

Abb. A 7-5

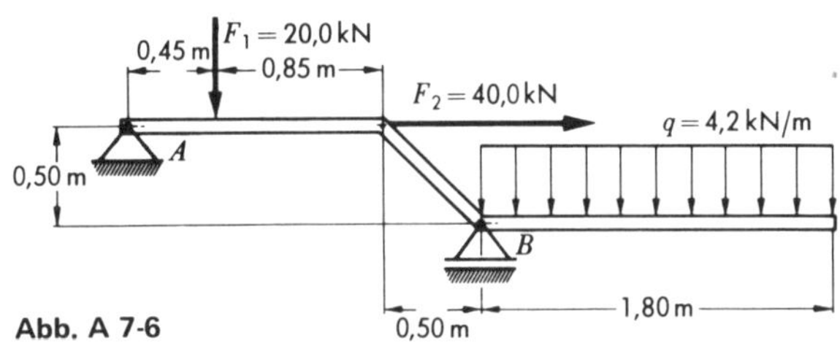

Abb. A 7-6

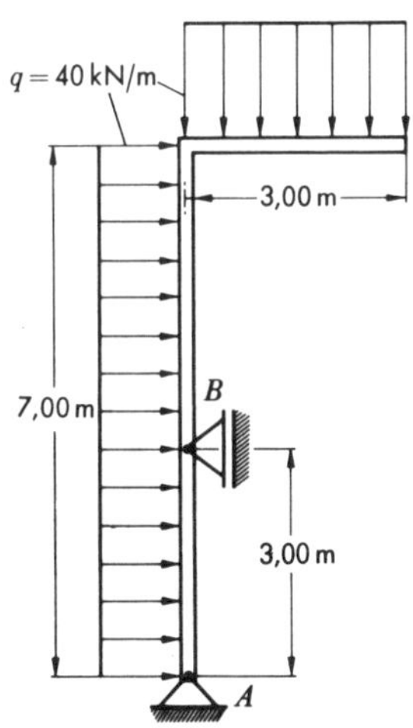

Abb. A 7-7

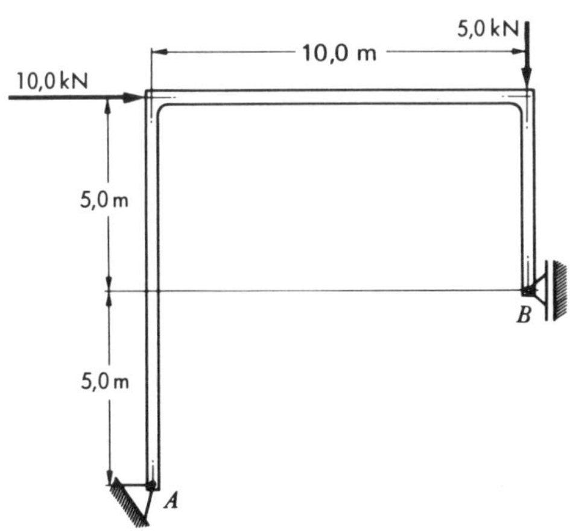

Abb. A 7-8

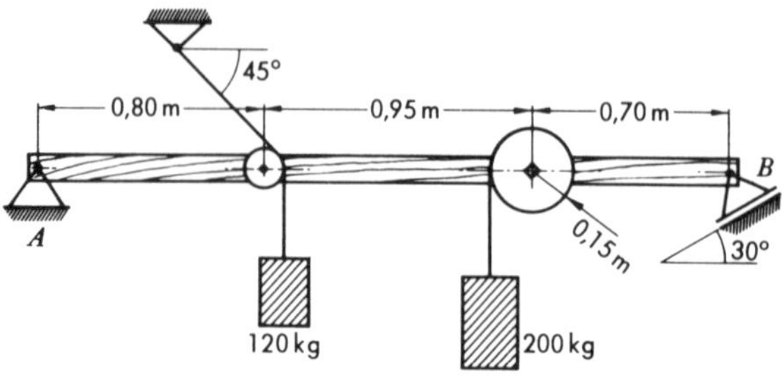

Abb. A 7-9

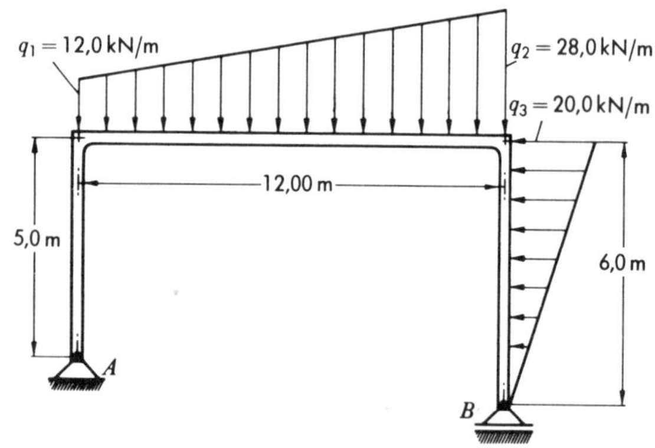

Abb. A 7-10

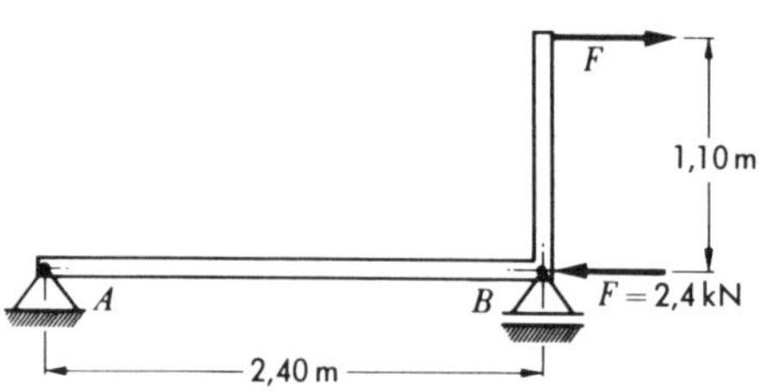

Abb. A 7-11

Abb. A 7-12

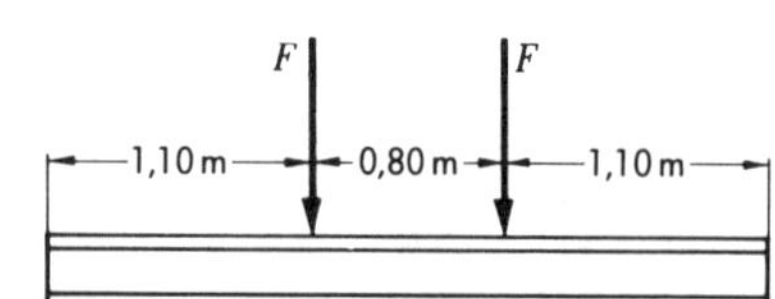

A 7-12. Der abgebildete Träger mit einer Flanschbreite von 20 cm liegt auf einem ebenen Untergrund. Die Gesamtbelastung, die sich aus den beiden Kräften F und der Gewichtskraft des Trägers zusammensetzt, beträgt 85 kN. Wegen der Anordnung der Kräfte wird angenommen, daß die auf die Unterlage ausgeübte Flächenpressung (N/cm^2) in der Mitte um 30 % höher ist als außen. Für den Fall, daß sie linear nach außen abnimmt, ist die maximale Flächenpressung zu berechnen.

A 7-13. Für den abgebildeten Balken ist der Lagerabstand x so zu bestimmen, daß die beiden vertikalen Auflagerreaktionen gleich groß sind.

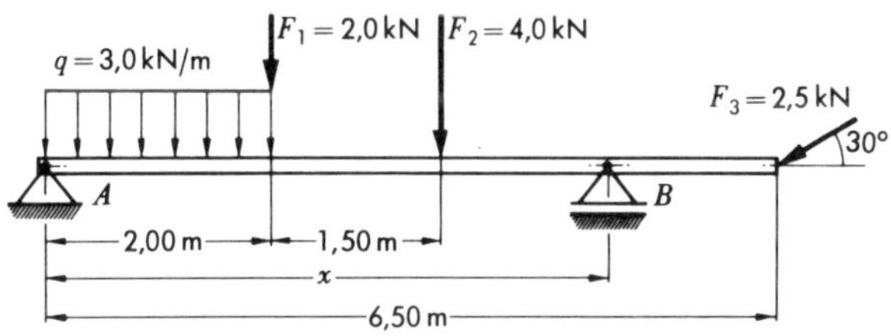

Abb. A 7-13

7.2 Der eingespannte Balken

Die Einspannung kann sowohl x- und y-Komponenten als auch ein Einspannmoment, d.h. insgesamt 3 Auflagerreaktionen übertragen (s. Tabelle 5-I).

Da das allgemeine ebene Kräftesystem 3 unabhängige Gleichgewichtsbedingungen hat, macht jede zusätzliche Lagerung, werden nicht besondere Maßnahmen ergriffen (siehe Beispiel 4 Abschnitt 7.1), das System statisch unbestimmt. Die graphische und analytische Bestimmung der Auflagerreaktionen für einen geraden, eingespannten Balken mit parallelen Einzellasten wurde in Kapitel 6 durchgeführt (Abschnitt 6.3). Im nachfolgenden werden die Auflagerreaktionen gekröpfter Balken für nicht parallele Kräfte, Streckenlasten und Belastungen durch ein Moment bestimmt. In diesen Fällen ist die Seileckkonstruktion nicht von Vorteil. Aus diesem Grunde werden die Aufgaben nur analytisch gelöst.

Beispiel 1 (Abb. 7-11)

Der eingespannte, gekröpfte Träger ist, wie abgebildet, belastet. Zu bestimmen sind die Auflagerreaktionen in der Einspannstelle A.

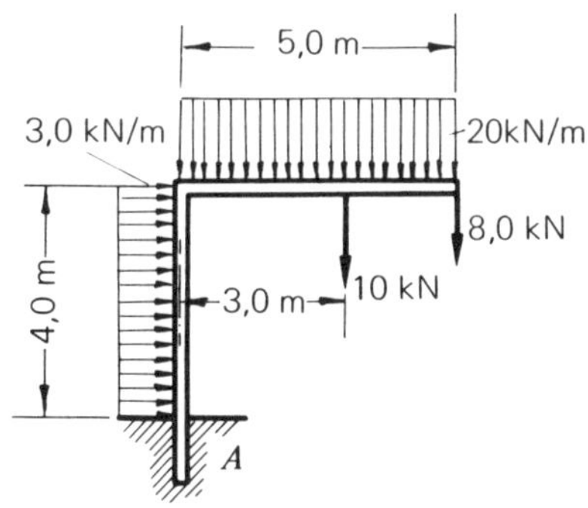

Abb. 7-11

Lösung (Abb. 7-12)

Das System wird freigemacht, wobei für die Streckenlasten die Resultierenden eingeführt werden. Am günstigsten ist es, die Berechnung mit einer Momentengleichung für die Einspannstelle zu beginnen.

$\Sigma\ M_A = 0;$

$M_A - 10\ kN \cdot 3\ m - 8\ kN \cdot 5\ m - 100\ kN \cdot 2{,}5\ m - 12\ kN \cdot 2\ m = 0$

$\mathbf{M_A = 344\ kNm}$ (↶)

$\Sigma\ F_y = 0;$ $F_{Ay} - 100\ kN - 10\ kN - 8\ kN = 0$

$\mathbf{F_{Ay} = 118\ kN}$ (↑)

$\Sigma\ F_x = 0;$ $-F_{Ax} + 12\ kN = 0$

$\mathbf{F_{Ax} = 12\ kN}$ (←).

Kontrolle: $\Sigma\ M = 0$ für beliebigen Punkt.

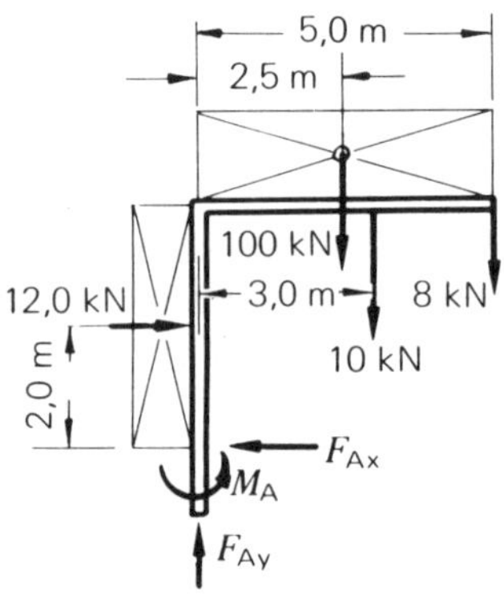

Abb. 7-12

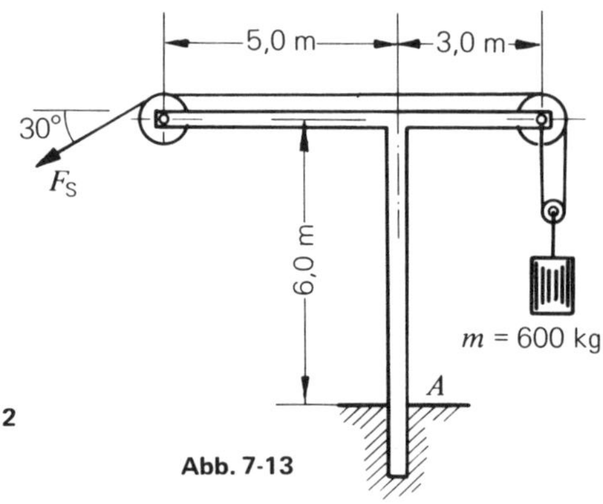

Abb. 7-13

Beispiel 2 (Abb. 7-13)

Ein eingespannter Träger mit aufgeschweißtem Querholm ist über Rollen mit einer Masse nach Skizze belastet. Zu bestimmen sind die Einspannreaktionen.

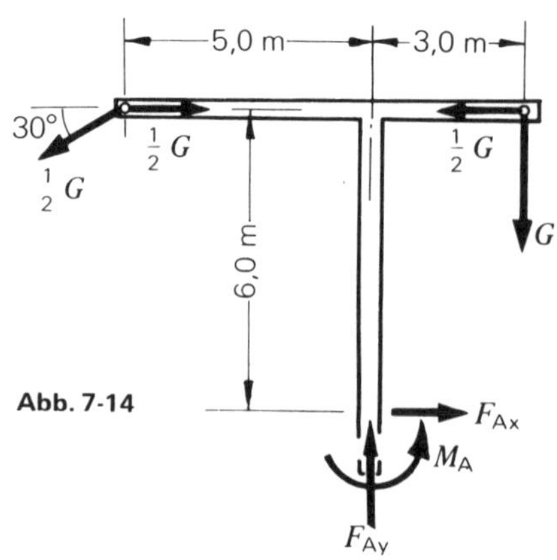

Abb. 7-14

Lösung (Abb. 7-14)

Das System wird freigemacht. Die Seilkräfte können in die Gelenke parallel verschoben werden (s. dazu Abschnitt 3.3.4 und die Aufgabe A 3-60). Die beiden horizontalen Kräfte $\frac{1}{2}\,G$ belasten die Gelenke und den Holm. Sie sind innere Kräfte, die die Größe der Auflagerreaktionen nicht beeinflussen.

Der Wirkungssinn der Auflagerreaktionen wird im mathematisch positiven Sinn eingeführt.

$$G = m \cdot g = 5{,}89\ \mathrm{kN}$$

$$\Sigma\ M_\mathrm{A} = 0;$$

$$M_\mathrm{A} - G \cdot 3{,}0\ \mathrm{m} + \tfrac{1}{2}\,G \cdot \sin 30^\circ \cdot 5\ \mathrm{m} + \tfrac{1}{2}\,G \cdot \cos 30^\circ \cdot 6{,}0\ \mathrm{m} = 0$$

$$\mathbf{M_A = -\,4{,}99\ kNm}\ (\curvearrowright)$$

$$\Sigma\ F_\mathrm{y} = 0; \qquad F_\mathrm{Ay} - G - \tfrac{1}{2}\,G \cdot \sin 30^\circ = 0$$

$$\mathbf{F_{Ay} = 7{,}36\ kN}\ (\uparrow)$$

$$\Sigma\ F_\mathrm{x} = 0; \qquad F_\mathrm{Ax} - \tfrac{1}{2}\,G \cdot \cos 30^\circ = 0$$

$$\mathbf{F_{Ax} = 2{,}55\ kN}\ (\rightarrow).$$

Kontrolle: $\Sigma\ M = 0$ für beliebigen Punkt.

Beispiel 3 (Abb. 7-15)

Ein zweifach gekröpfter Balken ist bei A eingespannt und mit 3 Einzellasten, 1 Streckenlast und einem über einen Vierkant eingeleiteten Moment M_1 belastet. Zu bestimmen sind die Auflagerreaktionen in A.

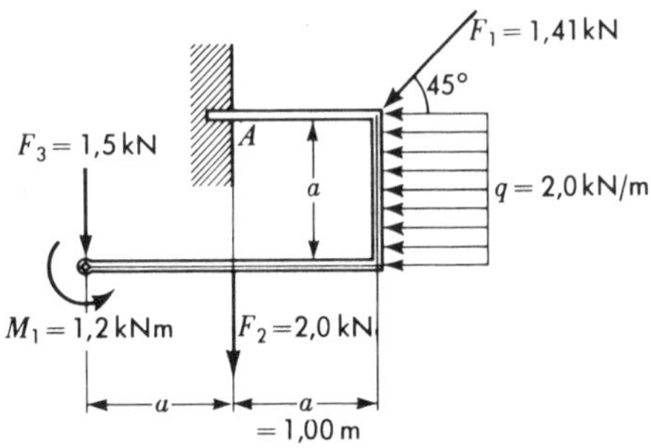

Abb. 7-15

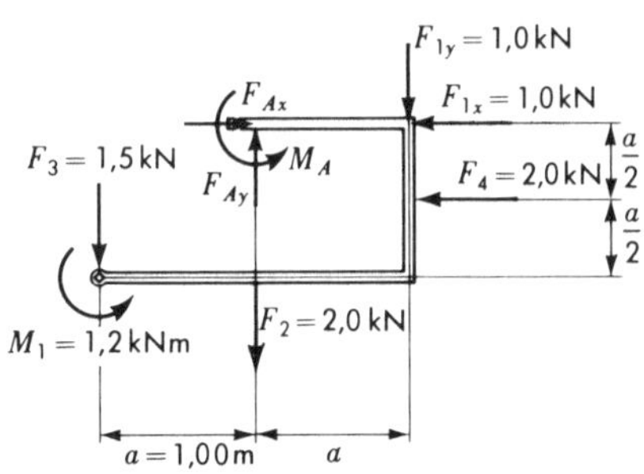

Abb. 7-16

Lösung (Abb. 7-16)

Nach dem Freimachen des Systems erhält man aus den Gleichgewichtsbedingungen:

$$\Sigma\, M_\mathrm{A} = 0; \qquad M_\mathrm{A} - F_{1\mathrm{y}}\, a - F_4 \frac{a}{2} + F_3\, a + M_1 = 0$$

$$\mathbf{M_A} = (F_{1\mathrm{y}} + F_4/2 - F_3)\, a - M_1 = \mathbf{0{,}70\ kNm}\ (\curvearrowright).$$

Wäre bei A ein Gelenk vorhanden, würden die angreifenden Kräfte den Balken entgegengesetzt Uhrzeigersinn drehen. Deshalb muß M_A entgegengesetzt wirken.

$$\sum F_y = 0; \qquad F_{Ay} - F_{1y} - F_2 - F_3 = 0$$

$$\mathbf{F_{Ay}} = F_{1y} + F_2 + F_3 = \mathbf{4{,}5\ kN}\ (\uparrow)$$

$$\sum F_x = 0; \qquad F_{Ax} - F_{1x} - F_4 = 0$$

$$\mathbf{F_{Ax}} = F_{1x} + F_4 = \mathbf{3{,}0\ kN}\ (\rightarrow).$$

Kontrolle: Momentengleichung für beliebigen Pol.

Aufgaben zum Abschnitt 7.2

A 7-14. Ein gekröpfter Balken ist wie abgebildet bei A eingespannt und über eine Rolle mit G belastet. Zu bestimmen sind für die Belastungsfälle a) – f) die Auflagerreaktionen in A unter Vernachlässigung der Eigengewichte. $G = 0{,}70$ kN.

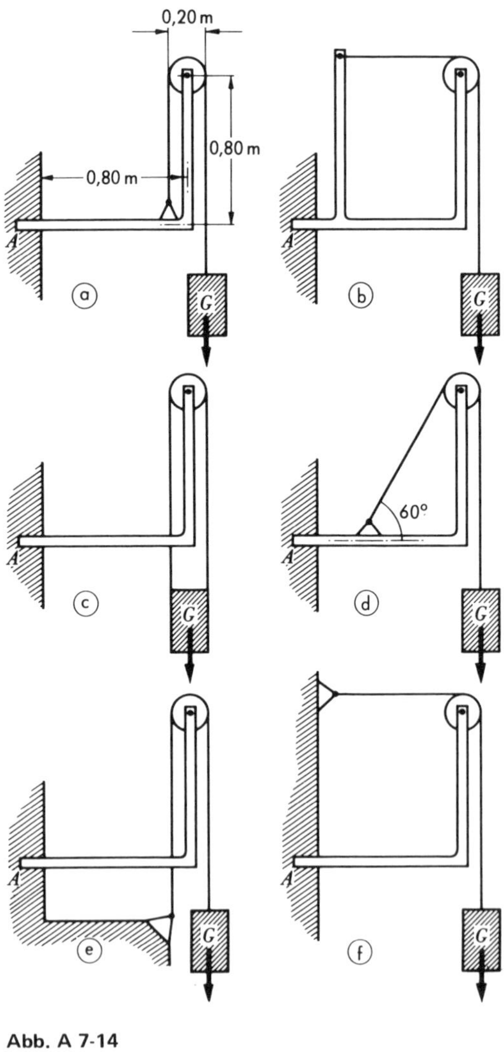

Abb. A 7-14

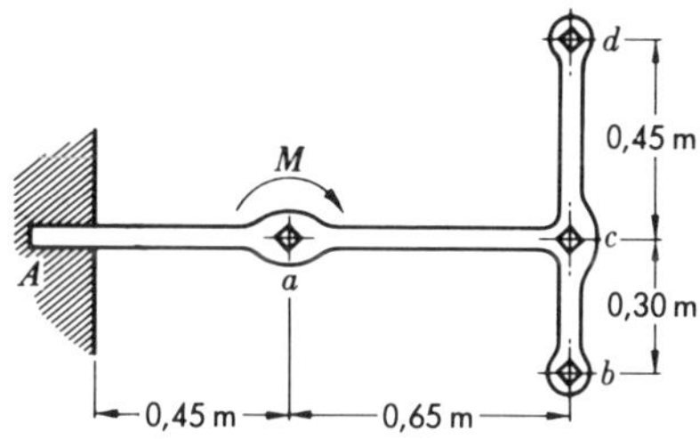

Abb. A 7-15

A 7-15. Der eingespannte Winkelhebel, dessen Masse vernachlässigt werden kann, wird nacheinander an den Stellen *a b c d* mit einem Moment M = 2 kNm belastet. Zu bestimmen sind für alle Belastungsfälle die Auflagerreaktionen in A.

A 7-16. Ein eingespannter Balken von 3,00 m Länge ist mit einer Streckenlast wie abgebildet belastet. Welchen Abstand x muß eine Stützkraft F von 7,0 kN haben, damit das Einspannmoment möglichst klein wird. Wie groß ist das Einspannmoment für diesen Fall?

A 7-17. Wie A 7-16, jedoch für eine Stützkraft F = 2,0 kN.

A 7-18. Für den Träger einer offenen Unterstellhalle sind die Einspannreaktionen in A zu bestimmen.

A 7-19. Für den gekröpften eingespannten Balken sind die Einspannreaktionen zu berechnen.

Abb. A 7-16/17

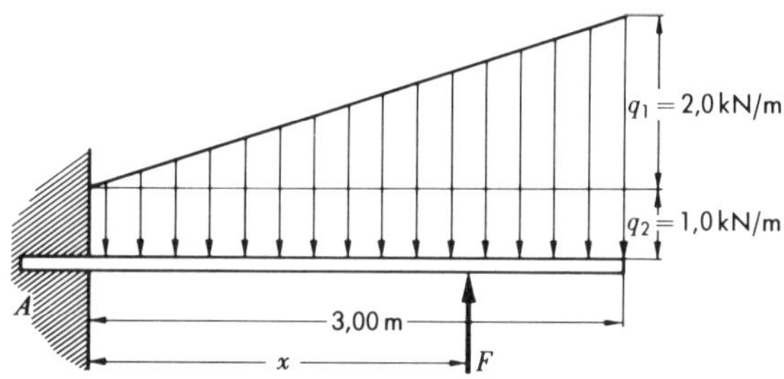

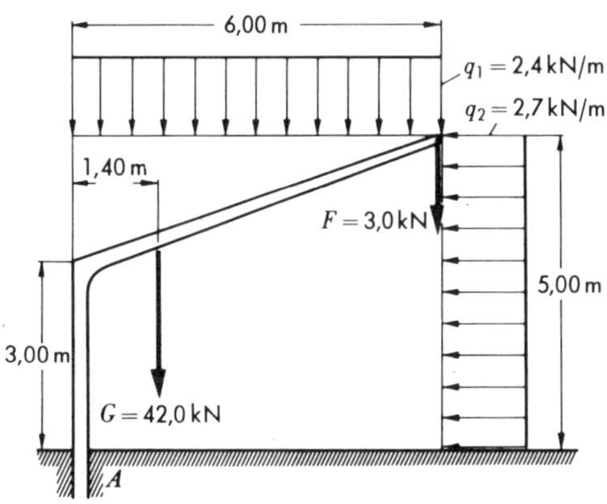

Abb. A 7-18

A 7-20. Gegeben ist das skizzierte System. Im Punkt B (C) soll ein Moment eingeleitet werden. Wie groß muß dieses sein, wenn das Einspannmoment in A verschwinden soll?

A 7-21. Ein Block ist an zwei in *A* und *B* eingeschraubten Stangen aufgehängt. Zu bestimmen sind die in den Einschraubstellen auftretenden Reaktionskräfte und -momente.

A 7-22. Eine Verbindungsstange ist bei *A* und *B* in 2 Blöcke eingepreßt. Das ganze System ist wie abgebildet aufgehängt. Zu bestimmen sind die Einspannreaktionen in *A* und *B*.

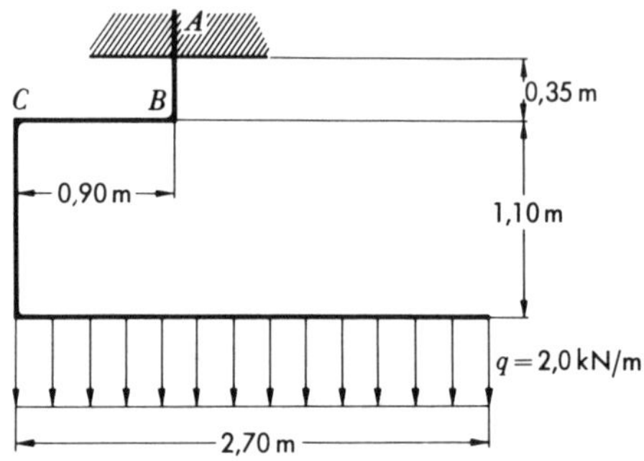

Abb. A 7-19/20

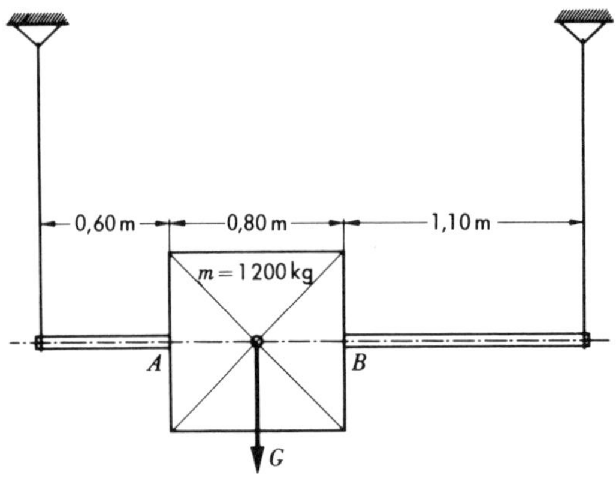

Abb. A 7-21

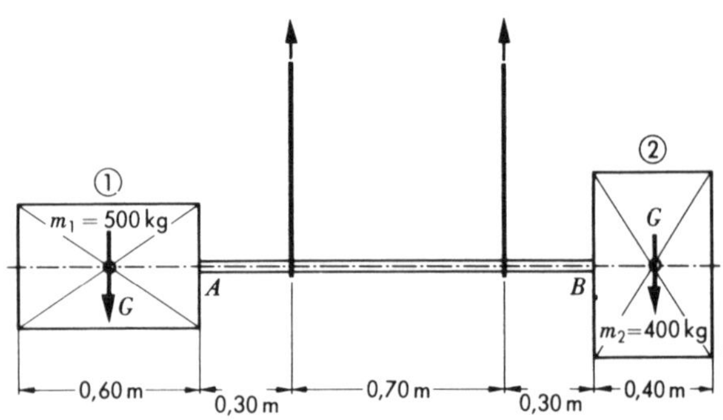

Abb. A 7-22

A 7-23. Für den vierfach gelagerten Gerberträger der mit einer durchgehenden konstanten Streckenlast belastet ist, sind alle Auflagerreaktionen und Gelenkkräfte zu bestimmen.

A 7-24. Für den dreifach gelagerten Gerberträger sind die Auflagerreaktionen in *A B* und *C* zu bestimmen.

A 7-25. Ist der Balken Abb. A 7-24 auch ohne Gelenk statisch bestimmt?

A 7-26. An welcher Stelle des abgebildeten Trägers muß das Gelenk eingebaut werden, wenn die Gelenkkraft möglichst klein werden soll? Wie groß ist für diese Bedingung die Gelenkkraft?

A 7-27. Für den abgebildeten Träger sind die Auflagerreaktionen für den Fall zu bestimmen, daß das Gelenk in der Mitte zwischen den Auflagern *B* und *C* eingebaut ist.

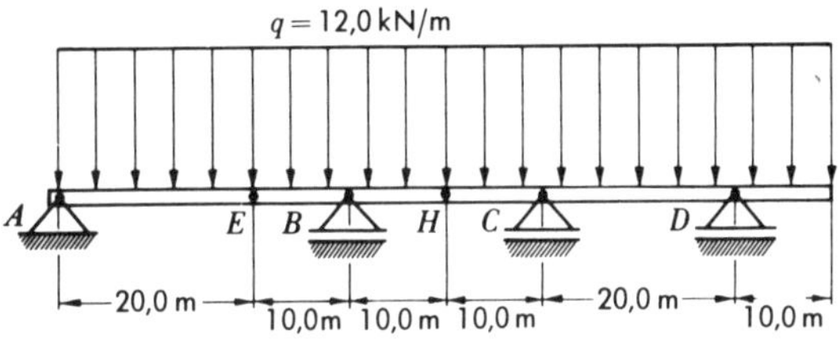

Abb. A 7-23

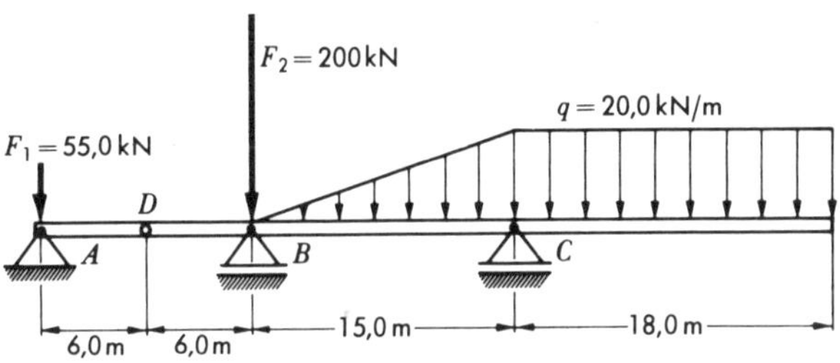

Abb. A 7-24

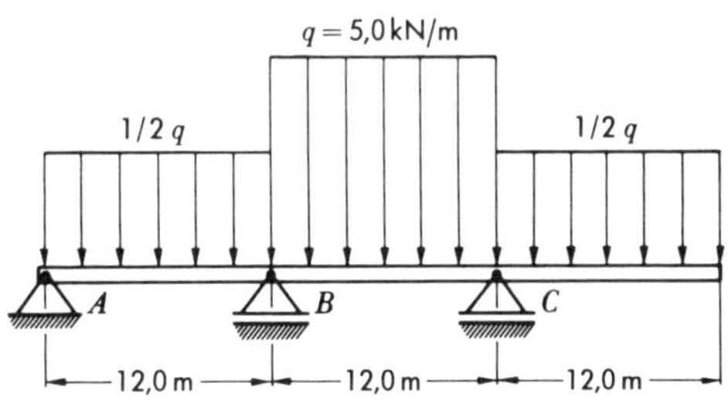

Abb. A 7-26/27

7.3 Zusammenfassung

Ein Balken auf zwei Stützen (Fest- und Loslager) und ein eingespannter Balken sind statisch bestimmt gelagert. Für die Berechnung wird der Balken freigemacht. Dabei ist es zweckmäßig, schräge Kräfte in x- und y-Richtung zu zerlegen und für Streckenlasten die Resultierende einzuführen. Die Berechnung beginnt man am besten mit einer Momentengleichung, deren Pol im Schnittpunkt von zwei Unbekannten liegt. Die weiteren Gleichgewichtsbedingungen liefern die übrigen Auflagerreaktionen.

Ein dreifach gelagerter durchgehender Balken ist statisch unbestimmt.

Einen drei- bzw. mehrfach gelagerten Balken kann man durch Einbau von Gelenken statisch bestimmt machen (Gelenk- oder GERBERträger). Für jedes überschüssige Auflager muß ein Gelenk eingefügt werden, das die zusätzlich notwendig gewordene Gleichung $\Sigma M = 0$ liefert.

8. Das zweifach aufgehängte Seil mit ebener Einzelbelastung

8.1 Allgemeines

Für ein Seil, das zwischen zwei festen Auflagern aufgehängt ist und zur Aufhängung von Einzellasten benutzt wird, sollen die im Seil auftretenden Kräfte und die Auflagerreaktionen in den Aufhängepunkten bestimmt werden. Es werden dabei folgende Voraussetzungen gemacht:

1. Die Gewichtskraft des Seiles ist, verglichen mit der Belastung, so klein, daß sie vernachlässigt werden kann.
2. Das Seil ist so flexibel, daß nennenswerte Biegung nicht auftritt.

Unter diesen Voraussetzungen sind die Mittellinien des Seiles identisch mit Wirkungslinien von Kräften.

Bekannt sind die horizontalen Abstände der Lasten (x_1 x_2) und der horizontale und vertikale Abstand der festen Auflager x_B y_B (Abb. 8-1). Die vertikalen Abstände der Lasten y und damit die im Seil wirkenden Kräfte hängen davon ab, wie stark das Seil gespannt ist, d.h. wie groß die horizontalen Komponenten von F_A und F_B sind. In Abb. 8-1 sind gestrichelt die Seillinien für verschiedene Spannungen des Seiles eingezeichnet. Schon daraus folgt, daß für die Berechnung der wirkenden Kräfte noch eine Angabe notwendig ist. Entweder muß eine Kraft oder die y-Koordinate eines auf dem Seil liegenden Punktes bekannt sein, um die Berechnung durchführen zu können.

Auch aus der Gegenüberstellung der zur Verfügung stehenden Gleichungen (3) und der Anzahl der Unbekannten (4, nämlich F_{Ax}; F_{Ay}; F_{Bx} ; F_{By}) ersieht man, daß eine zusätzliche Größe bekannt sein muß, um die im System wirkenden Kräfte bestimmen zu können.

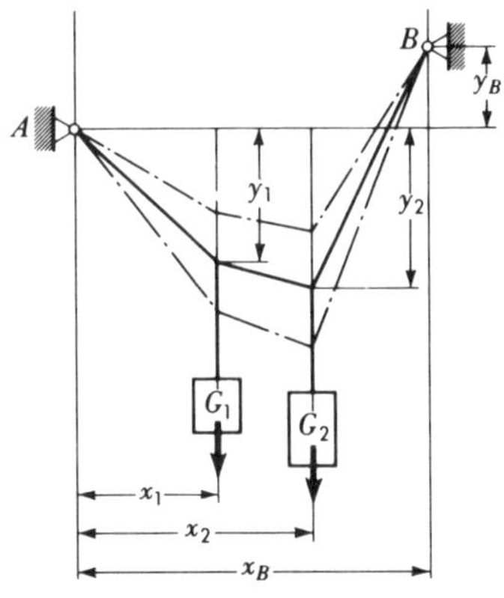

Abb. 8-1

8.2 Analytische Methode

Für ein mit 3 vertikalen Kräften belastetes Seil (Abb. 8-2) sollen alle Seilkräfte und die Auflagerreaktionen bestimmt werden. Bekannt sind alle horizontalen Abstände x und die vertikalen Abstände y_B und y_2.

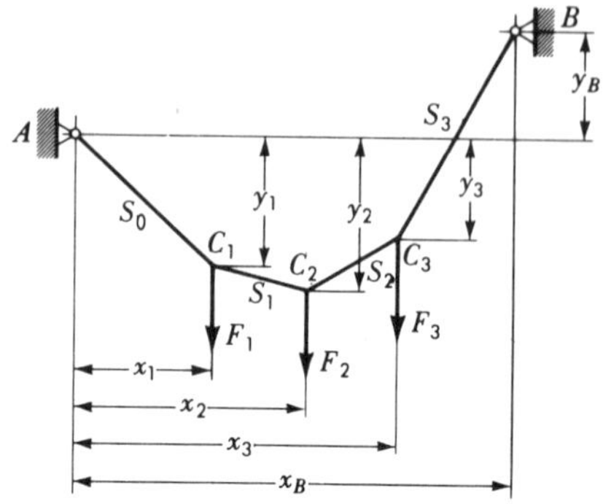

Abb. 8-2

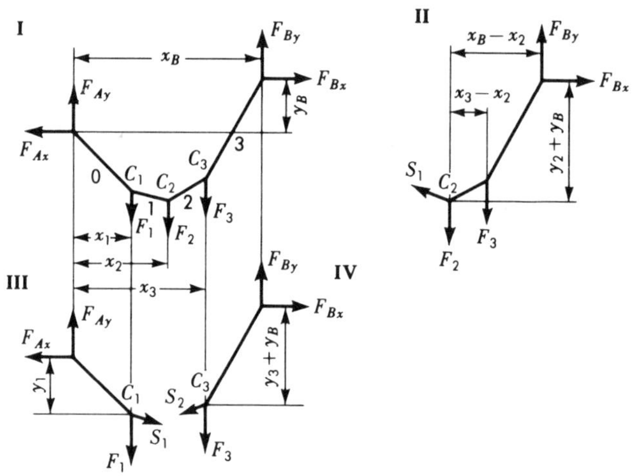

Abb. 8-3

$\Sigma M_A = 0$ für das System I (Abb. 8-3) und $\Sigma M_2 = 0$ für II ergeben 2 Gleichungen für die Unbekannten F_{Bx} und F_{By}. Die noch zur Verfügung stehenden Gleichungen für das System I, nämlich $\Sigma F_x = 0$ und $\Sigma F_y = 0$, lassen sich nach F_{Ax} und F_{Ay} auflösen. Damit sind die Auflagerreaktionen F_{Ax} F_{Ay} F_{Bx} F_{By} bekannt. Es soll an dieser Stelle besonders festgehalten werden, daß die Kräfte F_{Ax} und F_{Bx} gleich groß und entgegengesetzt gerichtet sind. Aus den Gleichungen $\Sigma F_x = 0$ und $\Sigma F_y = 0$ für System II z.B. kann die Seilkraft S_1 ermittelt werden. Durch Anwenden der Gleichgewichtsbedingungen auf einzelne Teilabschnitte des Seiles (z.B. III und IV) kann man alle Seilkräfte und vertikalen Abstände y berechnen. Bei vertikalen Lasten erhält man aus $\Sigma F_x = 0$ für die x-Komponenten aller Seilkräfte die gleiche Größe, nämlich die Horizontalkomponente der Auflagerkräfte F_A und F_B.

Der Horizontalzug eines mit vertikalen Kräften belasteten Seils ist an jeder Stelle des Seiles gleich groß und ist gleich der horizontalen Komponente der Auflagerreaktion.

8.3 Graphische Methode

Ein belastetes Seil kann in einzelne Kräftesysteme mit gemeinsamen Angriffspunkten aufgeteilt werden. Für die Punkte C_1 C_2 C_3 muß jeweils das aus der Last F und den beiden angreifenden Seilkräften gebildete Kräftedreieck gleichsinnig geschlossen sein. Im vorigen Abschnitt wurde nachgewiesen, daß der Horizontalzug aller Seilkräfte bei vertikalen Lasten konstant ist, d.h. die Horizontalkomponente aller Seilkräfte bzw. die Höhen aller Kräftedreiecke müssen gleich groß sein. Zeichnet man die Kraftdreiecke nach Abb. 8-4 so, daß die Lasten kollinear liegen, dann erkennt man, daß es sich um die Seileckkonstruktion handelt, die diesem Verfahren den Namen gab.

Die Seilkräfte treten jeweils als Kraft und Gegenkraft paarweise auf und sind im Kräfteplan mit den Polstrahlen identisch. Die Vertikalkomponenten der Seilkraft 0 und der letzten Seilkraft sind gleich den Vertikalkomponenten der beiden Auflager. Dem Horizontalzug bzw. den Horizontalkomponenten der Auflager entspricht die Höhe H des Kräfteplans.

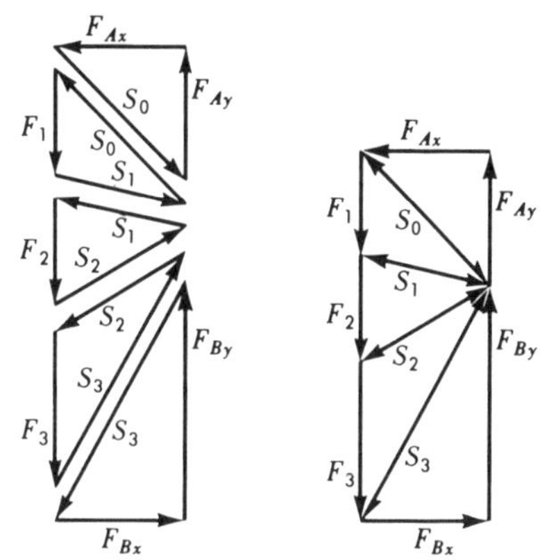

Abb. 8-4

Die größte Seilkraft tritt in dem Seilstück mit dem größten Neigungswinkel auf. Das ist nach dem oben Ausgeführten immer ein außen liegender Seilabschnitt, der mit einem der beiden Auflager verbunden ist. Bei Symmetrie sind es die beiden Außenabschnitte des Seiles.

Der Pol ist bei der Seileckkonstruktion frei wählbar. Man muß den Pol so legen, daß das Seileck die geforderten geometrischen Bedingungen erfüllt, d.h. der erste und der letzte Strahl müssen durch die Auflager gehen, und die Seilstrahlen S_1 und S_2 müssen sich in dieser Aufgabe im Punkt C_2 schneiden. Man kann durch eine höchstens dreimalige Konstruktion des Seilecks diese Bedingung erfüllen.

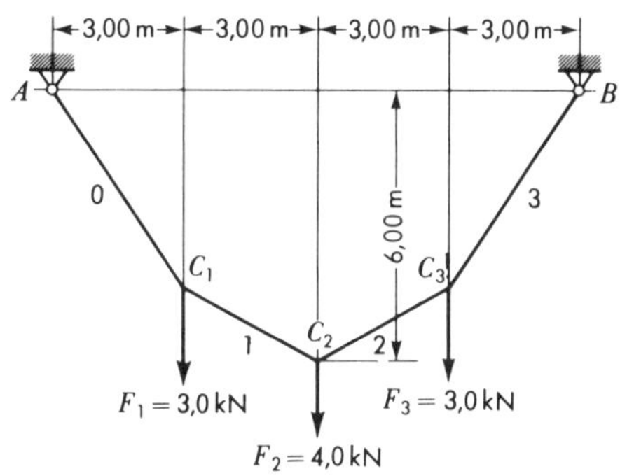

Abb. 8-5

Beispiel 1 (Abb. 8-5)

Ein symmetrisch belastetes Seil ist auf gleicher Höhe in den Gelenken A und B aufgehängt. Der tiefste Punkt des Seiles liegt 6,00 m unter der horizontalen Verbindungslinie der Aufhängepunkte.
Zu bestimmen sind alle Seilkräfte, die Auflagerreaktionen in A und B und die Abstände von C_1 und C_3 von der Verbindungslinie der beiden Auflager.

Analytische Lösung (Abb. 8-6)

Zunächst wird das Seil in den Aufhängepunkten A und B freigemacht (System I). Die Symmetriebedingungen bzw. die Momentengleichung für A bzw. B und $\Sigma F_y = 0$ liefern

$$\mathbf{F_{Ay} = F_{By} = 5{,}0\ kN}\ (\uparrow).$$

Aus der Gleichung $\Sigma F_x = 0$ erhält man $F_{Ax} = F_{Bx}$.

Für System II ergibt

$$\sum M_{C2} = 0; \qquad F_{By}\ 2\,a - F_{Bx}\ 2\,a - F_3\ a = 0$$

$$F_{Bx} = F_{By} - F_3/2 = 3{,}5\ \text{kN}\ (\rightarrow)$$

$$\mathbf{F_{Ax} = 3{,}5\ kN}\ (\leftarrow).$$

Die Berechnung von $S_1 = S_2$ (Symmetrie) kann auf mehrere Arten erfolgen:

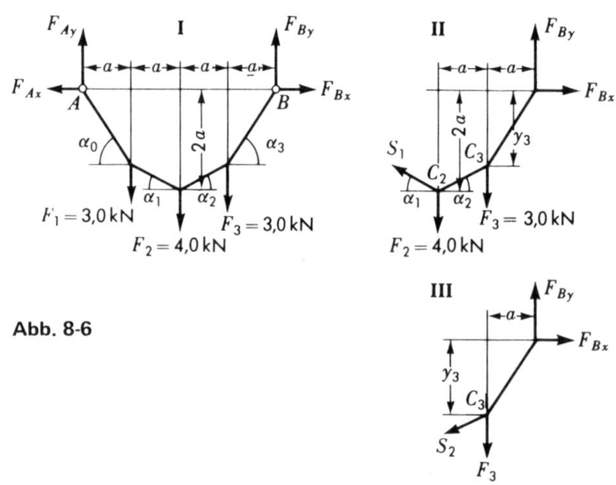

Abb. 8-6

Methode 1

$$\sum F_x = 0; \qquad S_{1x} = F_{Bx} = 3{,}5\ \text{kN}$$

$$\sum F_y = 0; \qquad S_{1y} - F_2 - F_3 + F_{By} = 0$$

$$S_{1y} = F_2 + F_3 - F_{By}$$

$$S_{1y} = 2{,}0\ \text{kN}$$

$$S_1 = \sqrt{S_{1x}^2 + S_{1y}^2}$$

$$\mathbf{S_1 = 4{,}03\ kN}$$

Aus dem Neigungswinkel des Seiles kann die Lage von C_3 bzw. C_1 errechnet werden.

$$\tan\alpha_1 = \tan\alpha_2 = \frac{S_{1y}}{S_{1x}} = \frac{2{,}0}{3{,}5}$$

$$2a - y_3 = a\tan\alpha_2$$

$$y_3 = 2a - a\tan\alpha_2$$

$$\mathbf{y_3 = 4{,}29\ m.}$$

Man kann, nachdem die Auflagerreaktionen bekannt sind, auch das System III für die weitere Berechnung benutzen:

Methode 2

$$\sum M_{C3} = 0\,; \qquad F_{By}\,a - F_{Bx}\,y_3 = 0$$

$$y_3 = \frac{F_{By}}{F_{Bx}}\,a$$

$$\mathbf{y_3 = 4{,}29\ m.}$$

Jetzt können die Neigungswinkel aller Seilabschnitte berechnet werden

$$\tan\alpha_2 = \tan\alpha_1 = \frac{6{,}00\ \text{m} - 4{,}29\ \text{m}}{3{,}00\ \text{m}}$$

$$\alpha_1 = \alpha_2 = 29{,}7^\circ$$

$$\tan\alpha_3 = \tan\alpha_0 = \frac{4{,}29}{3{,}00}$$

$$\alpha_0 = \alpha_3 = \mathbf{55^\circ}.$$

Da der Horizontalzug S_x überall konstant und gleich F_{Ax} bzw. F_{Bx} ist, kann man schreiben:

$$S = \frac{S_x}{\cos\alpha} = \frac{F_{Ax}}{\cos\alpha}$$

$$\mathbf{S_1 = S_2} = \frac{3{,}5\ \text{kN}}{\cos 29{,}7^\circ} = \mathbf{4{,}03\ kN}$$

$$\mathbf{S_0 = S_3} = \frac{3{,}5\ \text{kN}}{\cos 55^\circ} = \mathbf{6{,}10\ kN.}$$

Das letzte Ergebnis hätte man auch

aus $\quad S_0 = \sqrt{F_{Ax}{}^2 + F_{Ay}{}^2}$

bzw. $\quad S_3 = \sqrt{F_{Bx}{}^2 + F_{By}{}^2} \quad$ erhalten können.

Grundsätzlich kann gesagt werden, daß das zweite hier durchgeführte Verfahren eher zum Ziel führt.

Graphische Lösung (Abb. 8-7)

Die Seileckkonstruktion wird zunächst für einen beliebigen symmetrisch liegenden Pol $\overline{P}$ durchgeführt. Dabei liegen die Polstrahlen 0 und 3 unter 45°. Da $\overline{H}$ unter diesen Voraussetzungen einem Horizontalzug von 5,0 kN entspricht, erhält man die

Seillinie für $F_{Ax} = F_{Bx} = 5{,}0$ kN. Dabei ergibt sich ein Abstand des Punktes C_2 von $\bar{y}_2 = 4{,}20$ m von der Verbindungslinie $A - B$. Dieser Wert soll aber 6,00 m betragen. Der Horizontalzug des Seiles ist damit zu groß gewählt. Aus einer einfachen Proportion kann man den richtigen Horizontalzug und damit die Lage des richtigen Pols im Kräftedreieck berechnen:

$$\frac{H}{\bar{H}} = \frac{\bar{y}}{y}.$$

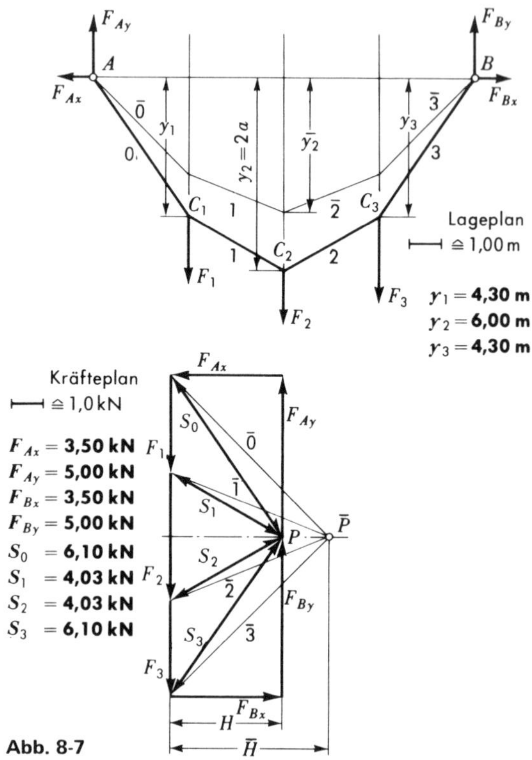

Abb. 8-7

(Horizontalzug und Durchhängung sind umgekehrt proportional).
Nach H aufgelöst:

$$H = \frac{\bar{y}}{y}\,\bar{H} = \frac{4{,}20}{6{,}00} \cdot 5{,}0 \text{ kN}$$

$$\mathbf{H = 3{,}50\ kN}.$$

Der konstante Horizontalzug beträgt 3,5 kN. Damit liegt der Pol P fest. Die für diesen Pol durchgeführte Seileckkonstruktion ergibt die maßstäblich richtige Seillinie, aus der alle Abstände y herausgemessen werden können. Im Krafteck entsprechen die Polstrahlen den Seilkräften. Aus der Analogie, Punkt im Lageplan entspricht Dreieck im Kräfteplan, erhält man die Auflagerreaktionen, deren Wirkungssinn die Bedingung gleichsinnig geschlossenes Krafteck ergibt. Dieses Krafteck besteht hier aus den äußeren Kräften F_1 F_2 F_3 und den Auflagerreaktionen F_{Bx} F_{By} F_{Ay} F_{Ax}, die diesen Kräften das Gleichgewicht halten. Die Seilkräfte erscheinen im Krafteck als innere Kräfte, die sich gegenseitig aufheben.

Aufgaben zum Kapitel 8

A 8-1. Für das abgebildete, mit drei Kräften belastete Seil sind alle Seilkräfte, die Auflagerreaktionen und die maximale Durchhängung analytisch zu ermitteln. $y_3 = 4{,}00$ m.

A 8-2. Wie Aufgabe 8-1, Lösung graphisch.

A 8-3. Es sind alle Seilkräfte, die Auflagerreaktionen und die Durchhängungen zu bestimmen für den Fall, daß die maximale Seilkraft 10 kN beträgt. Lösung analytisch.

A 8-4. Wie Aufgabe 8-3, Lösung graphisch.

A 8-5. Für das gegebene Seil sind die Seilkräfte, Auflagerreaktionen und die Durchhängung an der Lastangriffsstelle 1 analytisch zu ermitteln.

A 8-6. Für das gegebene Seil sind die Seilkräfte, Auflagerreaktionen und Durchhängungen y_1 und y_3 analytisch zu bestimmen.

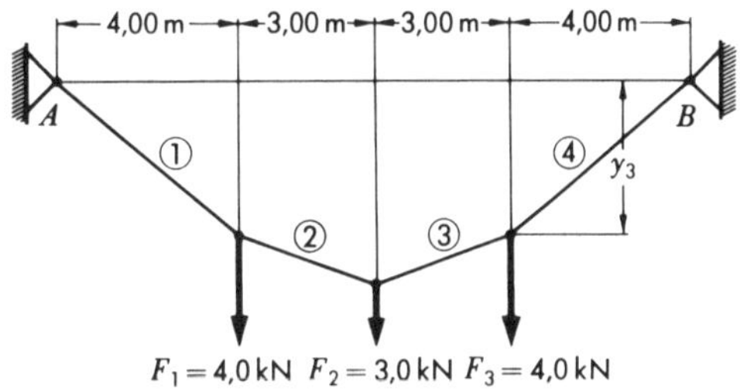

Abb. A 8-1/2/3/4

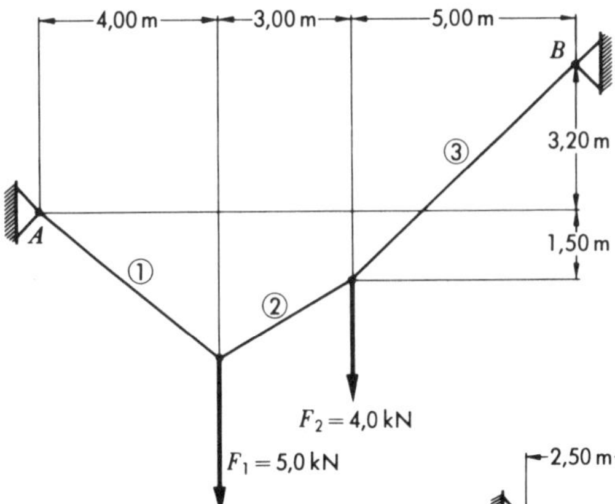

Abb. A 8-5

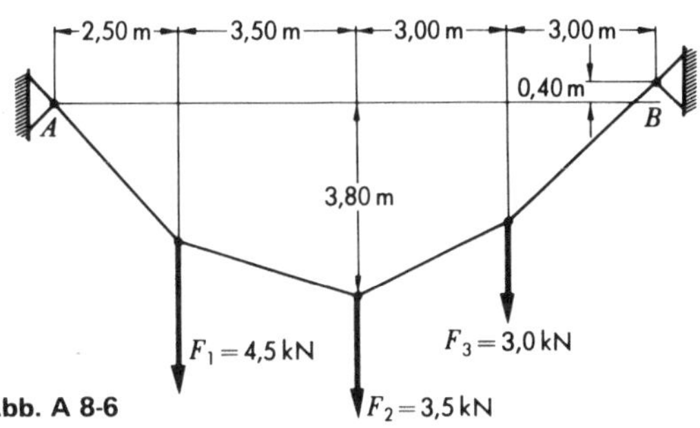

Abb. A 8-6

8.4 Zusammenfassung

Die Eigengewichte und die Biegung des Seiles werden vernachlässigt. Für die Berechnung der Seilkräfte unter diesen Bedingungen muß neben der Lage der Auflager und der Größe der Lasten auch noch die Lage eines Lastenangriffspunktes oder eine Seilkraft bzw. deren Komponente gegeben sein. Durch Anwendung der Gleichgewichtsbedingungen auf Abschnitte des Seils können analytisch die Unbekannten bestimmt werden. Die Seileckkonstruktion gestattet die graphische Ermittlung der Seilkräfte.

Bei vertikaler Belastung eines Seiles ist der Horizontalzug im Seil konstant. Aus diesem Grunde wirkt die größte Seilkraft in dem Seilstück mit dem größten Neigungswinkel. Das ist immer ein außenliegender Seilabschnitt.

9. Der ebene, statisch bestimmte Rahmen

9.1 Allgemeines

Ein statisch bestimmter Rahmen besteht aus einzelnen Bauteilen, die in reibungslos angenommenen Gelenken miteinander verbunden sind. Die Belastung ist beliebig, d.h. nicht auf die Gelenke beschränkt. Das ist der Unterschied zu dem im nächsten Kapitel behandelten Fachwerk.

Der einfachste Rahmen ist der Dreigelenkbogen. Dieser besteht aus zwei Bauteilen, die in einem Gelenk miteinander verbunden und jeweils in einem Gelenk gelagert sind (Abb. 9-1). An diesem System soll die Frage der statischen Bestimmtheit diskutiert werden. Am freigemachten System erkennt man, daß insgesamt 6 Unbekannte zu bestimmen sind. Das sind jeweils die x- und y-Komponenten der drei Gelenkkräfte in A; B und C. Es stehen jeweils drei Gleichgewichtsbedingungen für das linke und rechte freigemachte System (I und II) und das Gesamtsystem (I + II) zur Verfügung. Man erhält also 9 Bestimmungsgleichungen, von denen nur 6 unabhängig sind. Von den 9 Gleichungen kann man beliebige 6 zur Berechnung der Gelenkkräfte auswählen. Die verbleibenden 3 Gleichungen müssen beim Einsetzen der gerechneten Werte erfüllt sein. Auf diese Kontrolle der Rechenergebnisse sollte nie verzichtet werden. Eine geschickte Wahl der Reihenfolge der aufgestellten Gleichungen vermeidet fast immer das simultane Lösen mehrerer Gleichungen (siehe nachfolgende Beispiele).

Wendet man die oben erläuterten Überlegungen auf einen Dreigelenkbogen an, dessen drei Gelenkpunkte in einer Linie liegen (Abb. 9-2), dann ergibt sich folgendes: beim

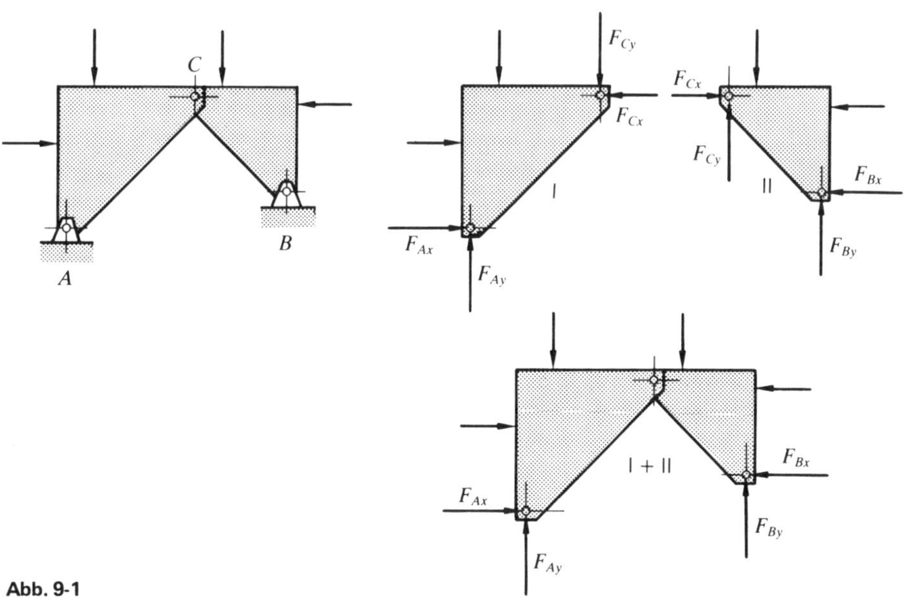

Abb. 9-1

Lösen des aufgestellten Gleichungssystems kürzen sich die unbekannten Größen heraus, man erhält Trivialitäten z.B. 0 = 0. Das System ist statisch unbestimmt. Man kann sich das auch an einfachen Überlegungen klar machen.

Die Bauteile nach Abb. 9-2 sind im Gegensatz zu denen nach Abb. 9-1 nur dann zu montieren, wenn sie ohne Maßabweichungen gefertigt sind, was praktisch nicht möglich ist. Ein System nach Abb. 9-2 ist für technische Anwendungen nicht brauchbar. Diese Aussage gilt nicht allgemein für statisch unbestimmte Systeme.

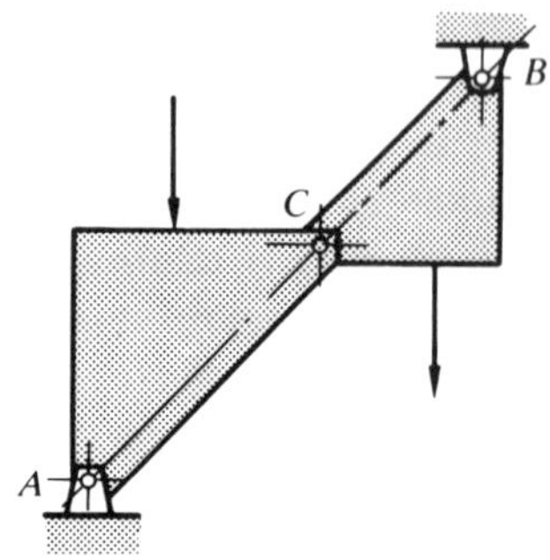

Abb. 9-2

Ob ein mehrteiliger Rahmen statisch bestimmt oder unbestimmt ist, kann man analog zu den Ausführungen oben entscheiden, wenn man sich über den Zusammenbau des Systems klar wird. Ein System ist dann statisch bestimmt, wenn es ohne Zwang montiert werden kann, d.h., wenn es nicht irgendwann „hingedrückt" oder ein Bauteil in der Länge eingestellt werden muß. Der Leser überprüfe das an dem Schaufellader Abb. 9-16. Die Überlegungen sollte man bei jeder Konstruktion anstellen. Natürlich gibt es darüber hinaus eine exakte Methode um über die statische Bestimmtheit zu entscheiden. Alle Einzelteile getrennt freigemacht müssen die erforderliche Anzahl von Bestimmungsgleichungen ergeben. Darüber hinaus aufgestellte Gleichungen für ganze Baugruppen (z.B. zwei zusammenhängende Teile) dürfen dabei nicht gezählt werden. Sie sind von den anderen Gleichungen abhängig.

9.2 Bestimmung der Gelenkkräfte am Rahmen

9.2.1 Analytische Methode

Wenn der ganze Rahmen im Gleichgewicht ist, müssen es auch alle Teile des Rahmens sein. Das System muß zunächst in allen Teilen bzw. Teilgruppen freigemacht werden (s. Beispiele 2 und 4). Dabei ist die Frage der statischen Bestimmtheit zu klären. Für alle freigemachten Gruppen sind die Gleichgewichtsbedingungen aufzustellen. Es ergeben sich bereits für zwei Bauelemente (Dreigelenkbogen) 6 Gleichungen mit 6 Unbekannten. Entsprechend mehr für mehrteilige Rahmen. Jedoch kann man in fast allen Fällen das simultane Lösen der Gleichungen vermeiden, wenn man den Lösungsweg entsprechend wählt.

Die konstruktive Ausführung des Gelenks muß bekannt sein, wenn äußere Kräfte in das Gelenk eingeleitet werden. Greift die Kraft an einem lose hindurchgesteckten Bolzen an, dann muß dieser getrennt freigemacht werden. Der Bolzen, auf den die Kraft wirkt, kann auch fest in einem Bauteil verbunden sein. In diesem Falle muß diese beim Freimachen des entsprechenden Bauteils eingeführt werden.

9.2.2 Graphische Methode

Es kommen die in Kapitel 6 behandelten Verfahren zur Anwendung. Zunächst soll als Grundelement der Dreigelenkbogen behandelt werden. Die Abb. 9-3 soll den Lösungsweg veranschaulichen. Der Teil b der Abbildung zeigt zunächst das Bauteil AC entlastet. Damit erfüllt jetzt Teil AC die Funktion einer Pendelstütze. Die Wirkungslinie der Stützkraft verbindet die Punkte A und C. Damit sind die Kräfte mit Hilfe der Seileckkonstruktion bestimmbar. Als Beispiel dafür kann die Lösung der Aufgabe Abb. 6-21 im Kapitel 6 angesehen werden. Das Ergebnis sind die für das links entlastete System wirkenden Kräfte $F_{A1} = F_{C1}$ und F_{B1}. In einem nächsten Schritt werden die Auflagerreaktionen für das rechts entlastete System bestimmt ($F_{B2} = F_{C2}$ und F_{A2}). Die geometrische Addition der Kräfte in A; B und C (z.B. $\vec{F}_{A1} + \vec{F}_{A2} = \vec{F}_A$) ergeben die Auflagerreaktionen für das voll belastete System. Das oben beschriebene Verfahren ist durchaus aufwendig. Es ergibt sich eine wesentliche Vereinfachung, wenn die Bauteile jeweils nur mit einer Kraft belastet sind oder die Belastung für jeweils eine Seite zu einer Resultierenden zusammengefaßt wird (nachfolgende Beispiele 1 und 2). In diesem Falle stehen jeweils drei Kräfte im Gleichgewicht. Die Lösung erfolgt über eine einfache Dreieckskonstruktion. Es ist nicht richtig, die Resultierende aller äußeren Kräfte zu bestimmen (rechts und links) und für diese Belastung die Gelenkkräfte zu bestimmen. Die Begründung dafür überlege sich der Leser.

Mehrteilige Rahmen werden in der Technik in einer so großen Vielfalt angewendet, daß es kaum möglich ist, allgemeingültige Lösungswege zu beschreiben. Grundsätzlich kann man sich jeden Rahmen aus Dreigelenkbogen aufgebaut denken. Der oben beschriebenen Lösungsweg muß auf mehrteilige Systeme angewendet werden. Eine Lösung ist nur möglich, wenn man alle Bauteile, die die Funktion einer Pendelstütze erfüllen, als solche erkennt. Für den Schaufellader Abb. 9-16 muß man, bevor die Lösung in Angriff genommen wird, erkennen, daß die Bauelemente AC, DH, NK, LM Pendelstützen sind. An der Schaufel greifen die Kräfte F_S F_A F_B an. Es sind die Wirkungslinien von F_S und F_A bekannt. Der Schnittpunkt beider legt die Lage der Wirkungslinie von F_B fest (drei Kräfte im Gleichgewicht). Das entsprechende Kräftedreieck ergibt F_B. So erhält man nacheinander die einzelnen Gelenkkräfte (siehe entsprechendes Beispiel). Für viele Bauteile mit wenig Pendelstützen muß mehrmals die Seileckkonstruktion durchgeführt werden. Das kann aufwendig werden. Es ist dann meistens günstiger, analytische Verfahren durchzuführen. Im Zuge der Entwicklung der Rechnertechnik geht der Trend in diese Richtung.

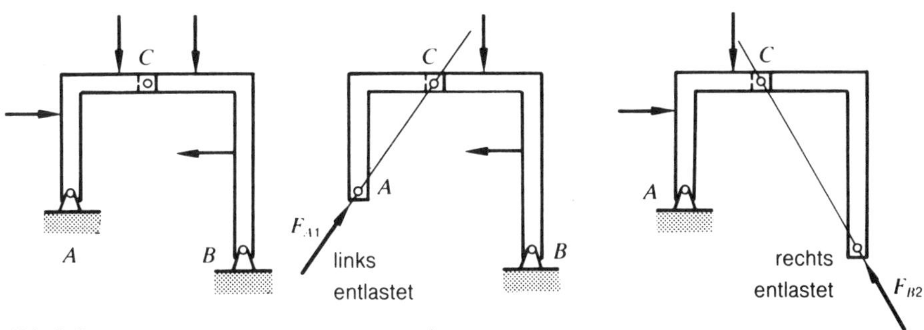

Abb. 9-3

Beispiele zum Abschnitt 9.2

Beispiel 1 (Abb. 9-4)

Für den gegebenen Dreigelenkbogen sind die Auflager- und Gelenkkräfte analytisch und graphisch unter Vernachlässigung der Eigengewichte zu ermitteln.

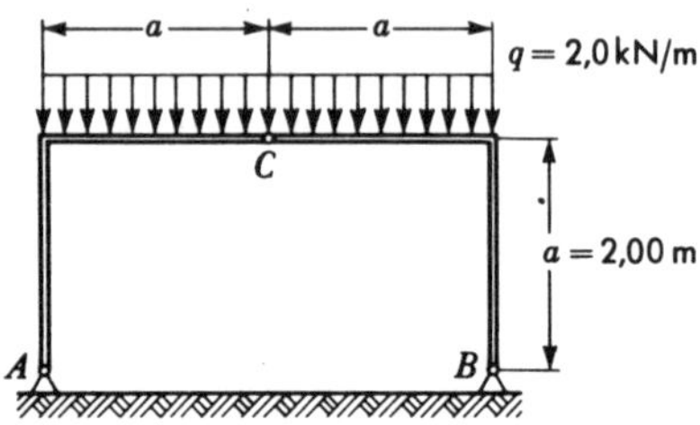

Abb. 9-4

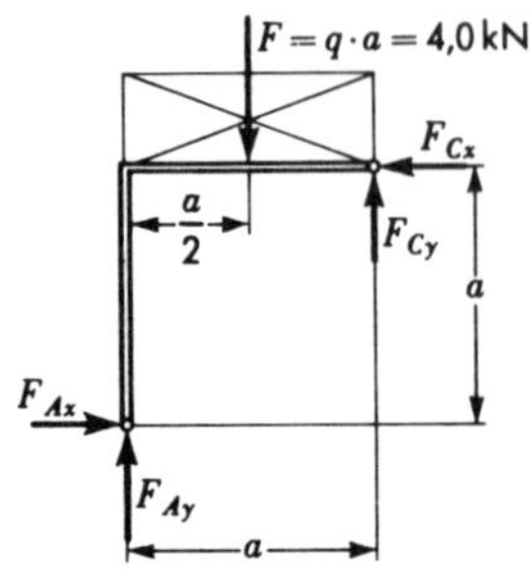

Abb. 9-5

Analytische Lösung (Abb. 9-5)

Da das System symmetrisch ist, genügt es, eine Hälfte freizumachen. Die Symmetriebedingung bzw. die Momentengleichung für B im Gesamtsystem liefert

$$\mathbf{F_{Ay} = F_{By} = 4{,}0\,kN}\ (\uparrow).$$

Für das freigemachte System erhält man aus der Momentengleichung für C die Auflagerreaktion F_{Ax}.

$$\sum M_c = 0; \qquad F_{Ax}\, a - F_{Ay}\, a + F\frac{a}{2} = 0$$

$$\mathbf{F_{Ax}} = F_{Ay} - F/2 = \mathbf{2{,}0\,kN}\ (\rightarrow)$$

$$\mathbf{F_{Bx} = 2{,}0\,kN}\ (\leftarrow)$$

$$\sum F_x = 0; \qquad F_{Ax} - F_{Cx} = 0 \quad \mathbf{F_{Cx} = 2{,}0\,kN}\ (\leftarrow \text{am linken Teil})$$

$$\sum F_y = 0; \qquad F_{Ay} + F_{Cy} - F = 0 \quad \mathbf{F_{Cy} = 0}.$$

Das zuletzt errechnete Resultat kann man aus der Symmetriebedingung durch Überlegung erhalten.

Auf Grund der Symmetrie müßte F_{Cy} im rechten und linken Teil gleich wirken. Auf Grund des Lehrsatzes actio = reactio muß es entgegengesetzt wirken. Dieser Widerspruch löst sich nur für den Fall $F_{Cy} = 0$ auf.

Graphische Lösung (Abb. 9-6)

Die Kräftedreiecke werden für den jeweils einseitig entlasteten Dreigelenkbogen gezeichnet. Im entlasteten Teil muß die Kraft durch die beiden Gelenke gehen. Die geometrische Addition von F_{A1} F_{A2} und F_{B1} F_{B2} ergibt F_A und F_B bzw. die x- und y-Komponenten dieser Kräfte. Für den voll belasteten Dreigelenkbogen müssen F F_A F_C bzw. F F_C F_B im Gleichgewicht sein. Die beiden aneinander gezeichneten Dreiecke ergeben das gleichsinnig geschlossene Kräftepolygon $F\,F\,F_A\,F_B$ mit F_C als innere Kraft (vgl. CULMANNsche Gerade).

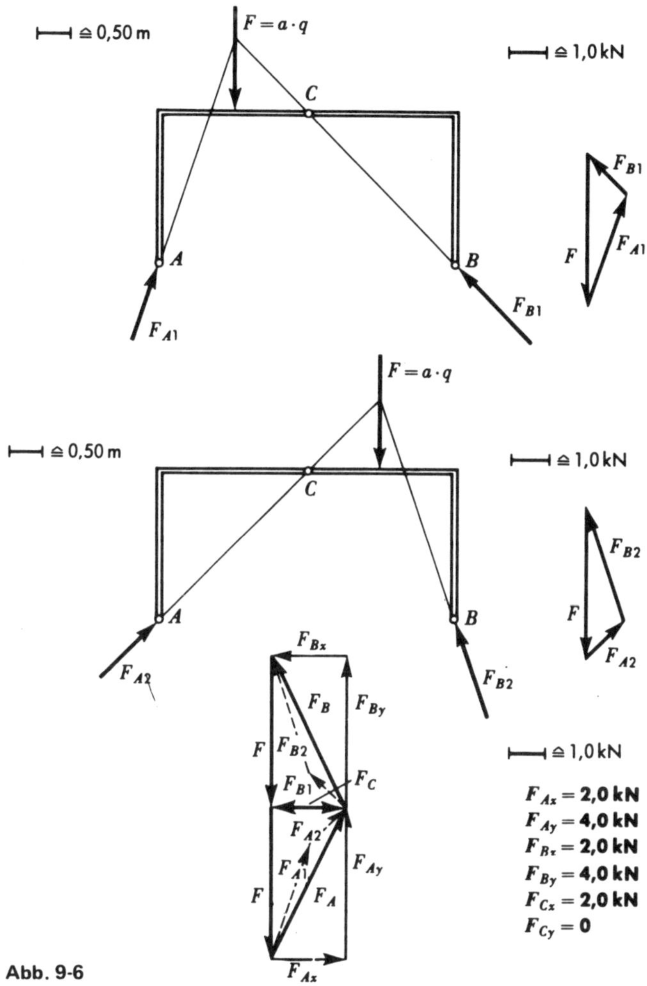

Abb. 9-6

Beispiel 2 (Abb. 9-7)

Abgebildet ist ein Stahlrahmen, der über ein Rollensystem wie angegeben belastet ist. Für den Fall, daß die Seilwinde eine Kraft von F = 100 kN erzeugt, sind unter Vernachlässigung der Eigenmassen die Gelenkkräfte in A, B und C zu bestimmen.

Analytische Lösung (Abb. 9-8)

Das System wird freigemacht. Die Zerlegung der Kräfte an den Rollengelenken und ihre Verschiebung in den Drehpunkt der Rollen ergibt die eingezeichnete Belastung (s. dazu Abschnitt 3.3.4 und Aufgabe A 3-60).

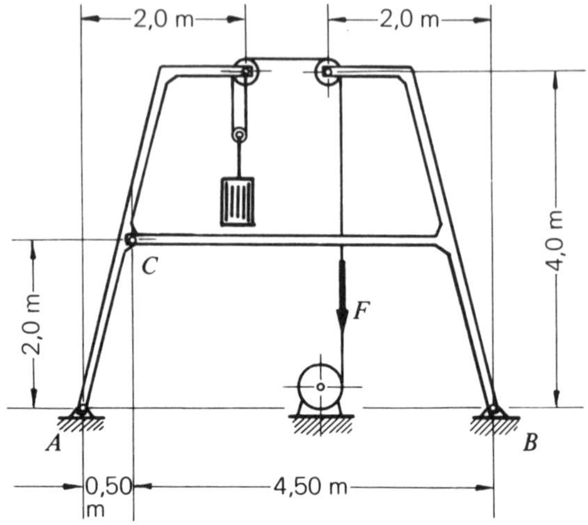

2,0 m
2,0 m
4,0 m
C
F
2,0 m
A
B
0,50 m
4,50 m

Abb. 9-7

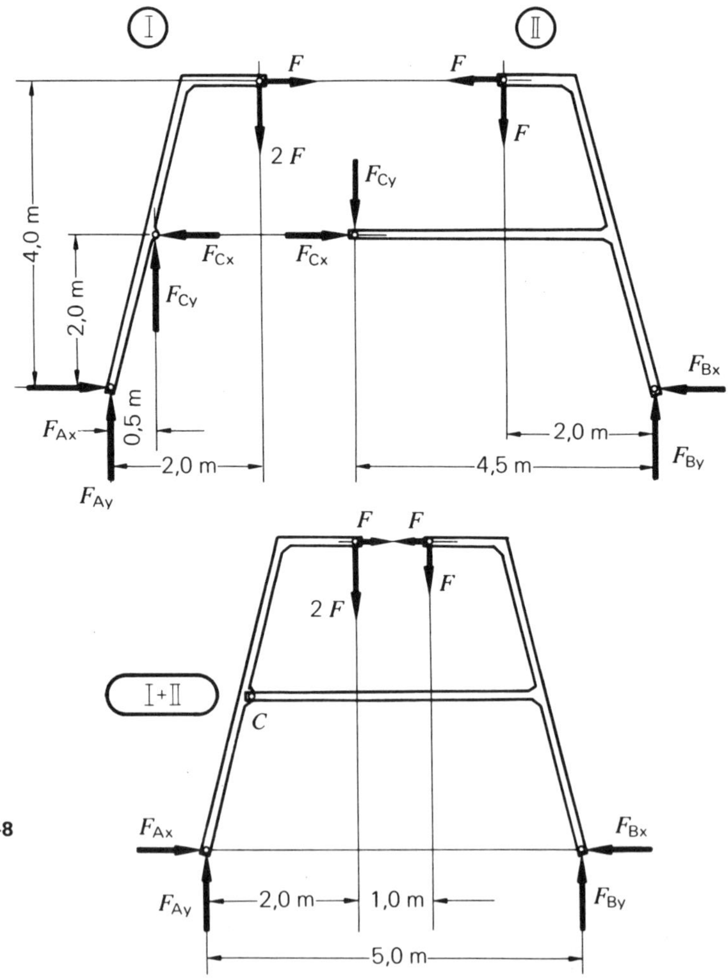

I
II
F
F
F
2 F
F_{Cy}
F_{Cx}
F_{Cx}
F_{Cy}
4,0 m
2,0 m
F_{Ax}
F_{Ay}
0,5 m
2,0 m
F_{Bx}
F_{By}
2,0 m
4,5 m
F
F
2 F
F
I+II
C
F_{Ax}
F_{Ay}
F_{Bx}
F_{By}
2,0 m
1,0 m
5,0 m

Abb. 9-8

System I + II

$\Sigma\ M_A = 0;\qquad F_{By} \cdot 5\text{ m} - 2F \cdot 2\text{ m} - F \cdot 3\text{ m} = 0$

$\mathbf{F_{By}} = 1{,}40\,F = \mathbf{140\ kN}\ (\uparrow)$

$\Sigma\ F_y = 0;\qquad F_{Ay} - 3F + F_{By} = 0$

$\mathbf{F_{Ay}} = 1{,}60\,F = \mathbf{160\ kN}\ (\uparrow)$

System I

$\Sigma\ M_C = 0;\qquad -F_{Ay} \cdot 0{,}5\text{ m} + F_{Ax} \cdot 2{,}0\text{ m} - 2F \cdot 1{,}5\text{ m} - F \cdot 2{,}0\text{ m} = 0$

$\mathbf{F_{Ax}} = 2{,}90\,F = \mathbf{290\ kN}\ (\rightarrow)$

$\Sigma\ F_y = 0;\qquad F_{Cy} + F_{Ay} - 2F = 0$

$\mathbf{F_{Cy}} = 0{,}40\,F = \mathbf{40\ kN}\ (\uparrow \text{ Teil I})$

$\Sigma\ F_x = 0;\qquad -F_{Cx} + F_{Ax} + F = 0$

$\mathbf{F_{Cx}} = 3{,}90\,F = \mathbf{390\ kN}\ (\leftarrow \text{ Teil I})$

System I + II

$\Sigma\ F_x = 0;\qquad F_{Ax} - F_{Bx} = 0;\qquad \mathbf{F_{Bx}} = \mathbf{290\ kN}\ (\leftarrow).$

Die Gleichgewichtsbedingungen für das System II wurden bisher nicht benutzt. Es ist zweckmäßig, diese für eine Kontrollrechnung heranzuziehen.

System II

$\Sigma\ M_B = 0;\qquad F_{Cy} \cdot 4{,}5\text{ m} - F_{Cx} \cdot 2{,}0\text{ m} + F \cdot 4\text{ m} + F \cdot 2{,}0\text{ m} = 0$

$(40 \cdot 4{,}5 - 390 \cdot 2 + 100 \cdot 4 + 100 \cdot 2)\text{ kNm} = 0$

$\Sigma\ F_x = 0;\qquad F_{Cx} - F - F_{Bx} = 0$

$390\text{ kN} - 100\text{ kN} - 290\text{ kN} = 0$

$\Sigma\ F_y = 0;\qquad F_{By} - F_{Cy} - F = 0$

$140\text{ kN} - 40\text{ kN} - 100\text{ kN} = 0.$

Man sieht, daß die Gleichungen erfüllt sind.

Graphische Lösung (Abb. 9-9)

Der Rahmen wird jeweils einseitig entlastet betrachtet. Der entlastete Teil hat die Funktion einer Pendelstütze. Die im Rollengelenk wirkenden Kräfte werden zur Resultierenden vereinigt. Die Bedingung für drei Kräfte im Gleichgewicht (gemeinsamer Schnittpunkt, gleichsinnig geschlossenes Dreieck) ergibt die Auflagerreaktionen für den einseitig entlasteten Rahmen. Diese werden geometrisch addiert und ergeben die Auflagerkräfte für den voll belasteten Rahmen. Die außen am System angreifenden Kräfte müssen einen geschlossenen Linienzug bilden mit der Gelenkkraft F_C als innerer Kraft. Das erhält man, wenn man nach Festlegung eines Kräftemaßstabes, z.B. die Zeichnung mit F_1 beginnt und in eindeutigem Umfahrungssinn am Rahmen fortfährt. Im vorliegenden $F_1\ F_A\ F_B\ F_2$. Die eingezeichnete Diagonale ergibt die Gelenkkraft

F_C, denn es müssen F_1 F_A F_C und F_2 F_B F_C im Gleichgewicht sein. Diese Kräfte wirken jeweils an einem Teilabschnitt. Diese Überlegungen schließen die zweite Diagonale als Lösung für F_C aus.

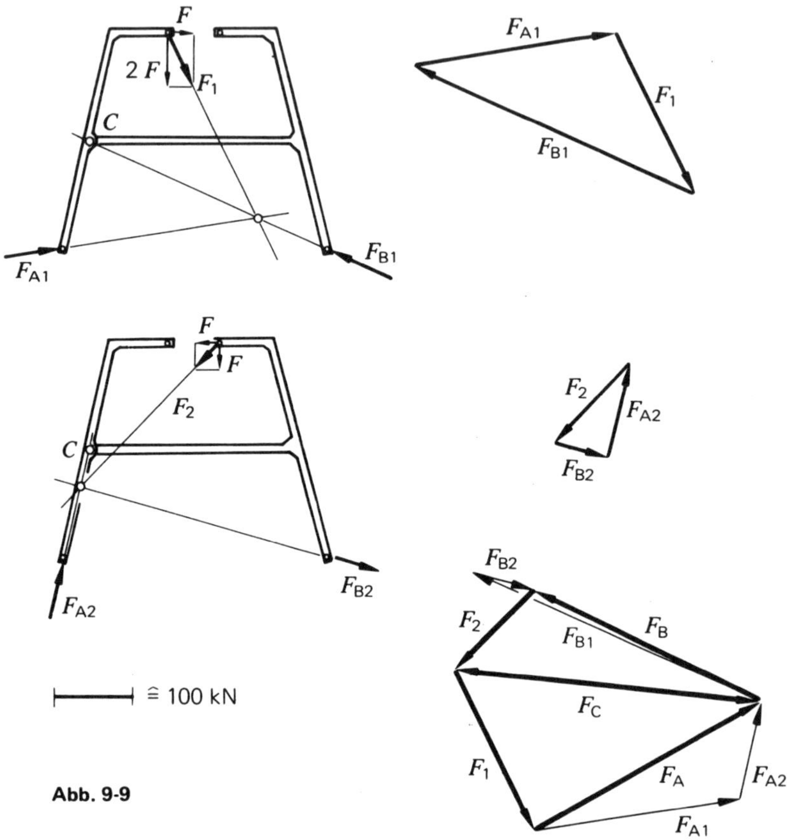

Abb. 9-9

F_A = 331 kN
F_B = 322 kN
F_C = 392 kN

Beispiel 3 (Abb. 9-10)

Die Abbildung zeigt einen Hebemechanismus. Die Last F wird durch einen Hydraulikkolben über den Winkelhebel angehoben, wobei die Rolle C in einem Schlitz abrollt. Für die gezeichnete Lage des Mechanismus sind die Kräfte in den Gelenken A, B und C zu bestimmen.

Analytische Lösung (Abb. 9-11)

Das System wird freigemacht. Im vorliegenden Falle ist die Richtung der Kraft F_C bekannt. Es gelten deshalb folgende Gleichungen:

$$F_{Cx} = F_C \cdot \sin 30°; \qquad F_{Cy} = F_C \cdot \cos 30°$$

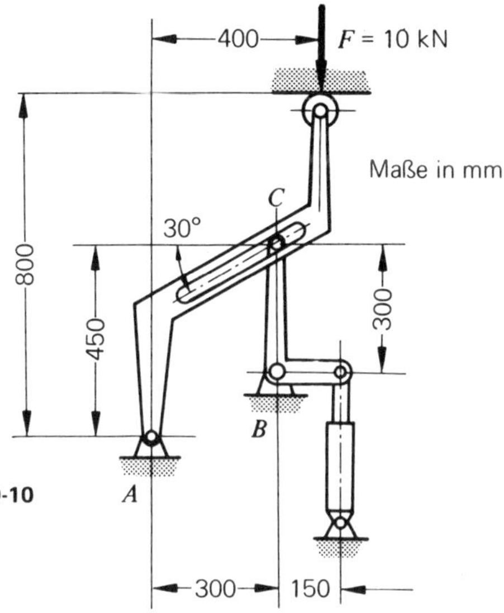

Abb. 9-10

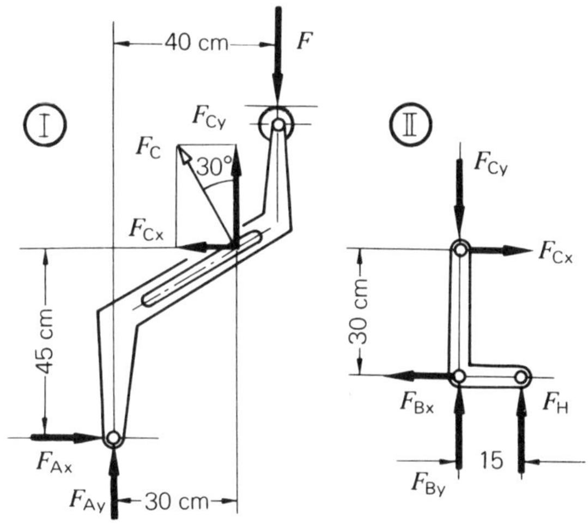

Abb. 9-11

System I

$\Sigma\ M_A = 0;$ $\quad F_{Cx} \cdot 45\text{ cm} + F_{Cy} \cdot 30\text{ cm} - F \cdot 40\text{ cm} = 0$

$F_C\,(45\text{ cm} \cdot \sin 30^\circ + 30\text{ cm} \cdot \cos 30^\circ) - F \cdot 40\text{ cm} = 0$

$\mathbf{F_C = 8{,}25\ kN}$

$F_{Cx} = 4{,}13\text{ kN}$ (← Teil 1); $F_{Cy} = 7{,}15\text{ kN}$ (↑ Teil 1)

$\Sigma\ F_y = 0;$ $\quad F_{Ay} + F_{Cy} - F = 0;$ $\mathbf{F_{Ay} = 2{,}85\ kN}$

$\Sigma\ F_x = 0;$ $\quad F_{Ax} - F_{Cx} = 0;$ $\mathbf{F_{Ax} = 4{,}13\ kN}$ (→).

System II

$\Sigma\ M_B = 0;\qquad F_H \cdot 15\ \text{cm} - F_{Cx} \cdot 30\ \text{cm} = 0$

$\mathbf{F_H = 8{,}25\ kN}$ Kraft am Hydraulikkolben

$\Sigma\ F_y = 0;\qquad F_{By} + F_H - F_{Cy} = 0;\ \mathbf{F_{By} = -\,1{,}10\ kN}\ (\downarrow)$

$\Sigma\ F_x = 0;\qquad F_{Bx} - F_{Cx} = 0;\ \mathbf{F_{Bx} = 4{,}13\ kN}\ (\leftarrow).$

Kontrolle: Die drei Gleichgewichtsbedingungen für das System I + II müssen erfüllt sein.

Graphische Lösung (Abb. 9-12)

An beiden Teilen greifen je drei Kräfte an, deren Wirkungslinien einen gemeinsamen Schnittpunkt haben müssen. Die in beiden Systemen angreifende Kraft F_C ist jeweils entgegengesetzt gerichtet. Insgesamt erhält man ein gleichsinnig geschlossenes Kraft- eck aus den außen angreifenden Kräften F, F_A, F_H, F_B mit F_C als innerer Kraft.

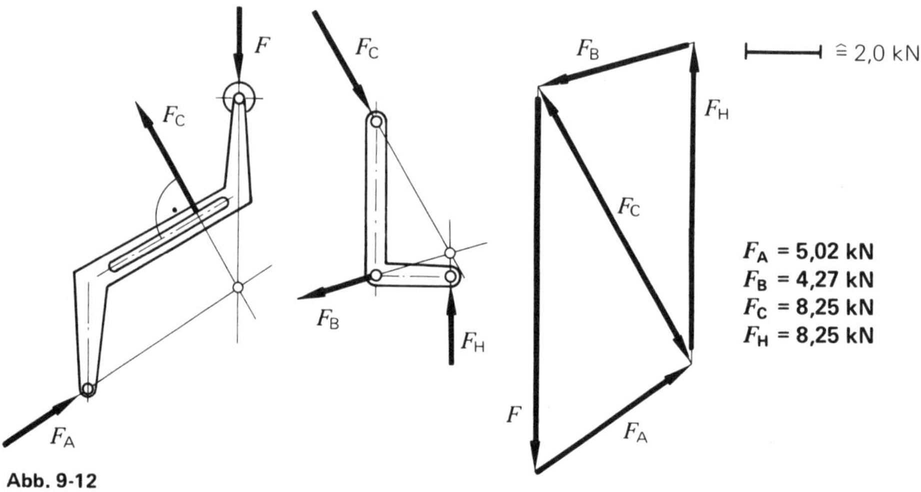

Abb. 9-12

Beispiel 4 (Abb. 9-13)

Für die abgebildete Greiferzange sind alle Gelenkkräfte unter Vernachlässigung der Eigengewichte zu bestimmen.

Analytische Lösung (Abb. 9-14)

Das System wird freigemacht. Wegen der gegebenen Symmetrie genügt es, eine Hälfte zu betrachten. Die Gleichgewichtsbedingung am Gelenk D ergibt

$$F_D - F_{Cy} - F_{Ey} = 0.$$

Mit

$$F_{Cy} = F_{Ey}\ \text{ und }\ F_D = 20\ \text{kN}$$

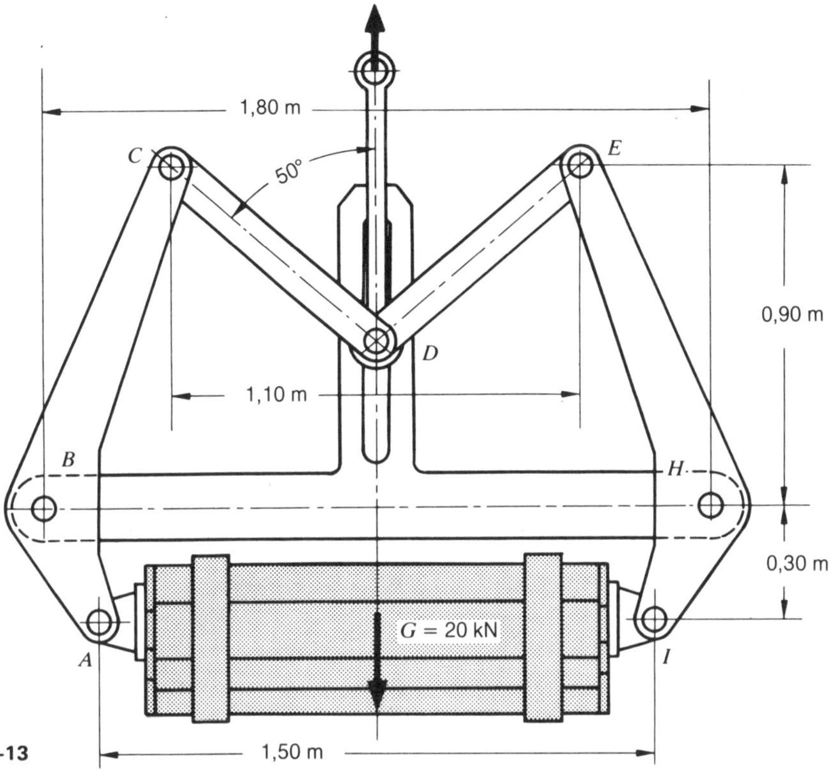

Abb. 9-13

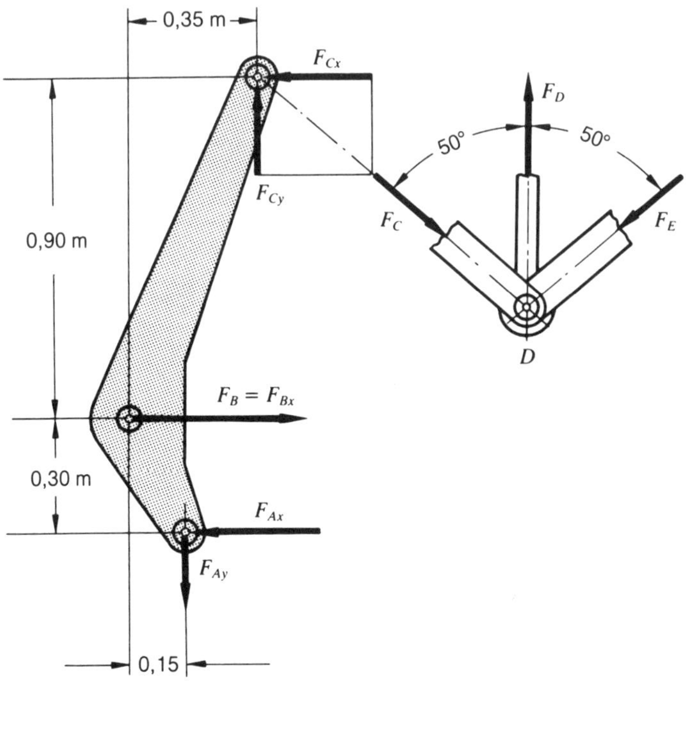

Abb. 9-14

erhält man

$$F_{Cy} = 10\text{ kN},$$

und damit

$$F_{Cx} = F_{Cy} \cdot \tan 50° = 11{,}92\text{ kN}.$$

Diese Werte ergeben $\mathbf{F_C = F_E = 15{,}56\ kN}$ in Richtung CD bzw. DE.

Da das Teil BH auch die Bedingung einer Pendelstütze erfüllt, gilt $F_{BX} = F_B$.

Für den Zangenhebel ABC werden die Gleichgewichtsbedingungen aufgestellt:

$$\Sigma\ F_y = 0 \quad F_{Ay} = 10\text{ kN}$$

$$\Sigma\ M_B = 0 \quad F_{Cx} \cdot 0{,}90\text{ m} + F_{Cy} \cdot 0{,}35\text{ m} - F_{Ax} \cdot 0{,}30\text{ m} - F_{Ay} \cdot 0{,}15\text{ m} = 0$$

$$F_{Ax} = 42{,}42\text{ kN}$$

$$\Sigma\ F_x = 0 \quad F_{Bx} = 54{,}34\text{ kN}$$

Die Kontrolle $\Sigma\ M_A = 0$ ist erfüllt.

Mit diesen Werten erhält man

$$\mathbf{F_A = F_I = 43{,}58\ kN} \qquad \mathbf{F_B = F_H = 54{,}34\ kN}.$$

Graphische Lösung (Abb. 9-15)

Zunächst wird das Kräftedreieck für den Punkt D gezeichnet. Damit liegt die Kraft F_c nach Größe und Richtung fest. Die Wirkungslinien von F_c und F_B sind bekannt. Der Schnittpunkt beider verbunden mit A ergibt die Wirkungslinie von F_A. Das dazugehörige Kräftedreieck liefert die Kräfte F_A und F_B. Damit ist das System gelöst. Werden alle Teile freigemacht und die Kraftecke ineinander gezeichnet, erhält man ein Kräftepolygon wie es zusätzlich abgebildet ist.

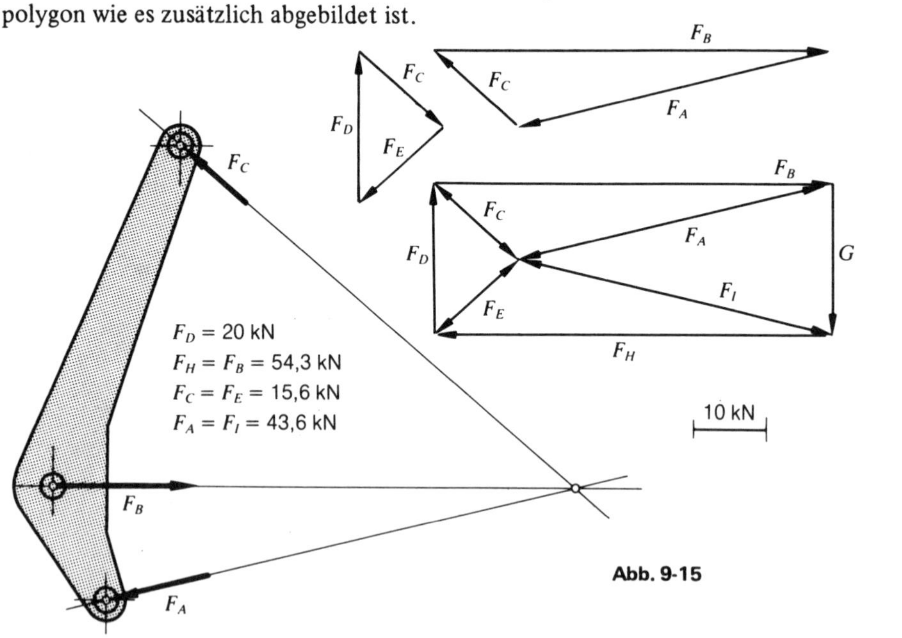

Abb. 9-15

Beispiel 5 (Abb. 9-16)

Für den abgebildeten Schaufellader sind die durch die Belastung F_{SY} und F_{SX} verursachten Gelenkkräfte zu berechnen. Die Lage der einzelnen Gelenkpunkte ist für das eingezeichnete Koordinatensystem tabellarisch gegeben.

Lösung (Abb. 9-17)

Das System wird freigemacht.

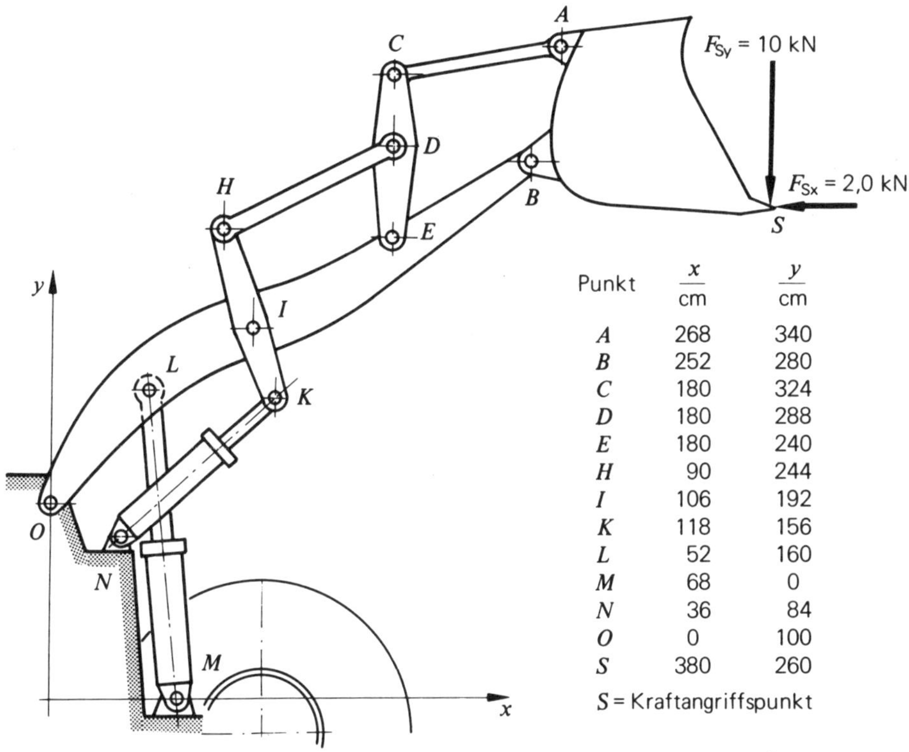

Punkt	$\frac{x}{\text{cm}}$	$\frac{y}{\text{cm}}$
A	268	340
B	252	280
C	180	324
D	180	288
E	180	240
H	90	244
I	106	192
K	118	156
L	52	160
M	68	0
N	36	84
O	0	100
S	380	260

S = Kraftangriffspunkt

Abb. 9-16

Teil AB (Schaufel)

Die Wirkungslinie der Kraft F_A liegt in der Verbindungslinie AC. Aus ähnliche Dreiecken erhält man:

$$\frac{F_{Ay}}{F_{Ax}} = \frac{y_A - y_C}{x_A - x_C} = \frac{2}{11}; \qquad F_{Ay} = \frac{2}{11} F_{Ax}.$$

Begonnen wird mit einer Momentengleichung für B:

$$\Sigma M_B = 0; \qquad -F_{Ay}(x_A - x_B) + F_{Ax}(y_A - y_B) - F_{Sy}(x_F - x_B) - F_{Sx}(y_B - y_F) = 0.$$

In diese Gleichung wird die Beziehung für F_{AY} eingesetzt.

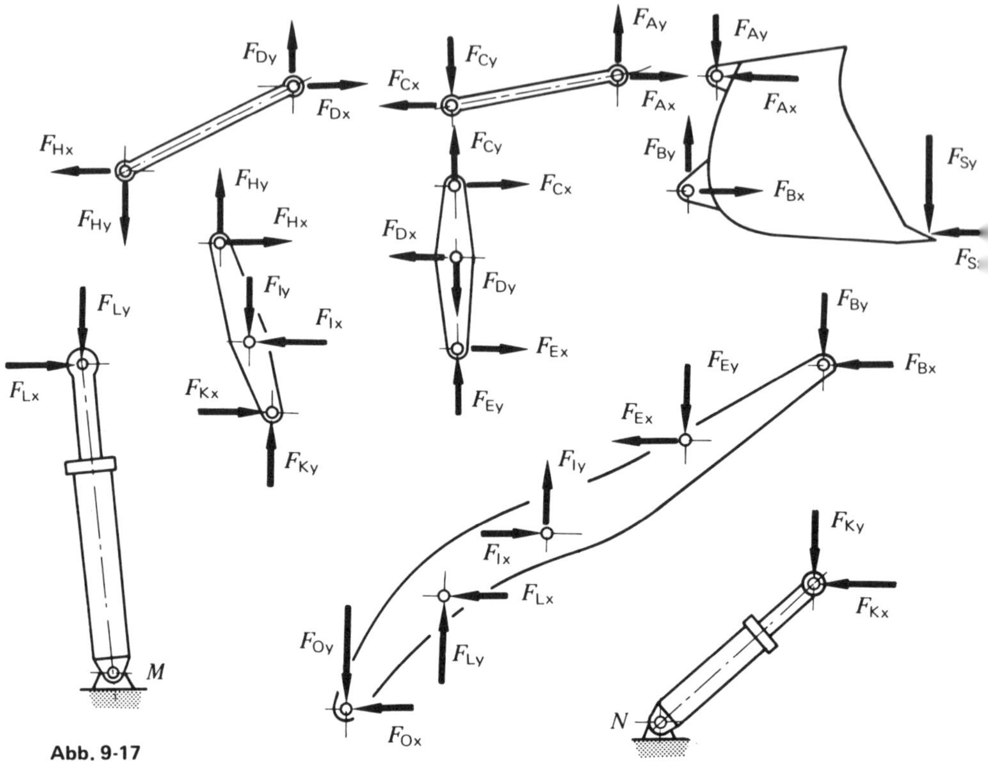

Abb. 9-17

Man erhält

$$F_{Ax} = 23{,}12\ \text{kN}; \qquad F_{Ay} = 4{,}20\ \text{kN}$$

$$\mathbf{F_A = 23{,}50\ kN}$$

$$\Sigma\ F_y = 0; \qquad F_{By} - F_{Ay} - F_{Sy} = 0$$

$$F_{By} = 14{,}20\ \text{kN}$$

$$\Sigma\ F_x = 0; \qquad F_{Bx} - F_{Sx} - F_{Ax} = 0$$

$$F_{Bx} = 25{,}12\ \text{kN}$$

$$\mathbf{F_B = 28{,}86\ kN}.$$

Kontrolle: $\Sigma\ M_A = 0$.

Teil AC (Stab)

$$\mathbf{F_C} = F_A = \mathbf{23{,}50\ kN}.$$

Teil CDE (senkrechte Position)

Die Kraft F_D wirkt in Richtung DH

$$\frac{F_{Dy}}{F_{Dx}} = \frac{\Delta y}{\Delta x} = \frac{44 \text{ cm}}{90 \text{ cm}} = \frac{22}{45}\,; \quad F_{Dy} = \frac{22}{45}\, F_{Dx}$$

$\Sigma\, M_E = 0;\qquad - F_{Cx}(y_C - y_E) + F_{Dx}(y_D - y_E) = 0$

$F_{Dx} = 40{,}46 \text{ kN};\; F_{Dy} = 19{,}78 \text{ kN};\; \mathbf{F_D = 45{,}04\ kN}$

$\Sigma\, F_y = 0;\qquad F_{Ey} - F_{Dy} + F_{Cy} = 0;\quad F_{Ey} = 15{,}58 \text{ kN}$

$\Sigma\, F_x = 0;\qquad F_{Ex} + F_{Cx} - F_{Dx} = 0$

$F_{Ex} = 17{,}34 \text{ kN};\quad \mathbf{F_E = 23{,}31\ kN}.$

Kontrolle: $\Sigma\, M_D = 0$.

Teil HD (Stab)

$\mathbf{F_H} = F_D = \mathbf{45{,}04\ kN}.$

Teil HIK

Die Kraft F_K wirkt in Richtung NK

$$F_{Ky} = \frac{\Delta y}{\Delta x}\, F_{Kx} = \frac{72}{82}\, F_{Kx}$$

$\Sigma\, M_I = 0;$

$- F_{Hy}(x_I - x_H) - F_{Hx}(y_H - y_I) + F_{Ky}(x_K - x_I) + F_{Kx}(y_I - y_K) = 0$

$F_{Kx} = 52{,}02 \text{ kN};\quad F_{Ky} = 45{,}67 \text{ kN};\quad \mathbf{F_K = 69{,}22\ kN}$

$\Sigma\, F_y = 0;\qquad - F_{Iy} + F_{Ky} + F_{Hy} = 0;\quad F_{Iy} = 65{,}45 \text{ kN}$

$\Sigma\, F_x = 0;\qquad - F_{Ix} + F_{Hx} + F_{Kx} = 0$

$F_{Ix} = 92{,}48 \text{ kN};\quad \mathbf{F_I = 113{,}30\ kN}.$

Kontrolle: $\Sigma\, M_K = 0$.

Teil NK (Stab)

$\mathbf{F_N} = F_K = \mathbf{69{,}22\ kN}.$

Teil BEILO

Die Kraft F_L wirkt in Richtung ML

$$F_{Ly} = \frac{160}{16}\, F_{Lx} = 10\, F_{Lx}$$

$\Sigma\ M_0 = 0;$

$$F_{Bx}(y_B - y_0) - F_{By}\,x_B + F_{Ex}(y_E - y_0) - F_{Ey}\,x_E$$
$$- F_{Ix}(y_I - y_0) + F_{Iy}\,x_I + F_{Lx}(y_L - y_0) + F_{Ly}\,x_L = 0$$

$F_{Lx} = 1{,}73$ kN; $F_{Ly} = 17{,}30$ kN; $\mathbf{F_L = 17{,}39}$ **kN**

$\Sigma\ F_y = 0;$

$- F_{0y} + F_{Ly} + F_{Iy} - F_{Ey} - F_{By} = 0;\quad F_{0y} = 52{,}98$ kN

$\Sigma\ F_x = 0;$

$- F_{0x} - F_{Lx} + F_{Ix} - F_{Ex} - F_{Bx} = 0$

$F_{0x} = 48{,}29$ kN; $\mathbf{F_0 = 71{,}68}$ **kN.**

Kontrolle: $\Sigma\ M_I = 0.$

Teil LM (Stab)

$\mathbf{F_M} = F_L = \mathbf{17{,}39}$ **kN.**

Die Richtigkeit der Rechnung kann man u.a. mit Hilfe der CULMANNschen Konstruktion nachprüfen. Die drei Auflagerkräfte des Systems F_M F_N F_0 müssen mit der Schaufelkraft F_S ein gleichsinnig geschlossenes Kräfteviereck ergeben mit der CULMANNschen Geraden als Diagonalen. Die Lösung ist jedoch auf diesen Wege nicht möglich, da die Richtung der Kraft F_0 unbekannt ist.
Die graphische Lösung dieser Aufgabe könnte so erfolgen, daß analog zum Rechengang abschnittsweise die oben behandelten Verfahren angewendet werden. Bei den Teile ABS; CDE; HIK handelt es sich um drei Kräfte im Gleichgewicht. Aus den entsprechenden Kräftedreiecken sind die Belastungen des Hauptträgers bekannt. Die Auflagerreaktionen in L und 0 könnte man mit Hilfe des Seilecks ermitteln.

Aufgaben

A 9-1/2/3. Für den abgebildeten Dreigelenkbogen sind die Auflagerreaktionen in *A B C* zu bestimmen.

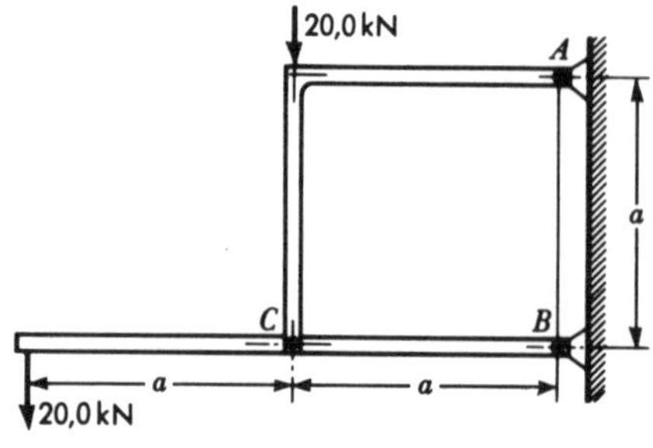

Abb. A 9-1

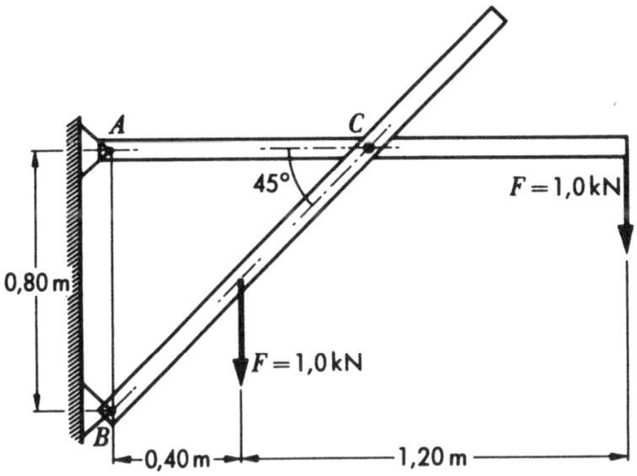

Abb. A 9-2

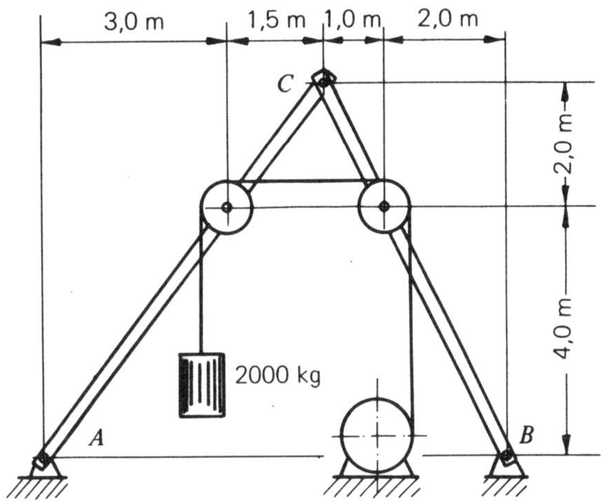

Abb. A 9-3

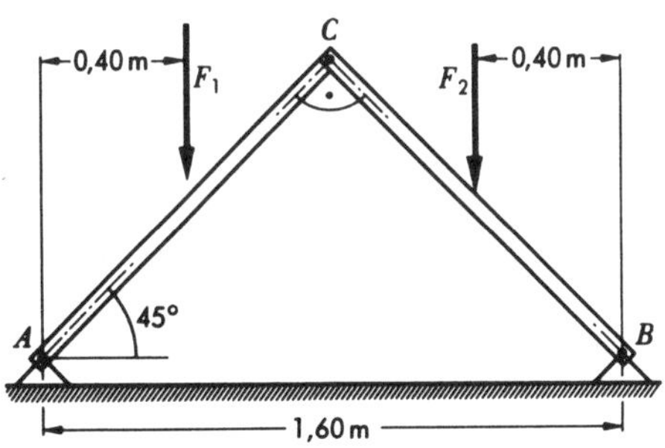

Abb. A 9-4/5

A 9-4. Für den Dreigelenkbogen sind für den Fall $F_1 = F_2 = 5{,}0$ kN die Auflagerreaktionen in *A B C* zu bestimmen.

A 9-5. Wie Aufgabe 9-4 jedoch für $F_1 = 10{,}0$ kN; $F_2 = 5{,}0$ kN.

A 9-6. Für den Dreigelenkbogen Abb. A 5-11 sind die Reaktionskräfte in *A B C* zu bestimmen. $m = 800$ kg.

A 9-7. Eine homogene Walze ist wie skizziert zwischen eine vertikale Wand und den Stab $A-C$ gelegt. Zu bestimmen sind die Reaktionskräfte in A B C.

A 9-8. Für den abgebildeten Rahmen sind die Gelenkkräfte in A B C zu bestimmen. Die Kraft F_2 greift an der Stütze B C an.

A 9-9. Für den abgebildeten Dreigelenkbogen sind die Reaktionskräfte in A B C zu bestimmen.

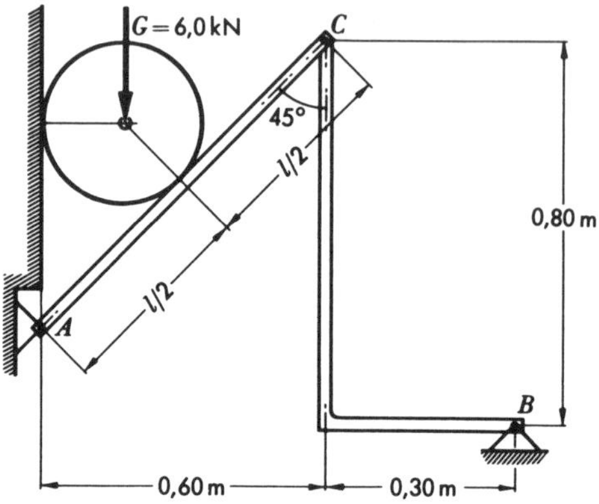

Abb. A 9-7

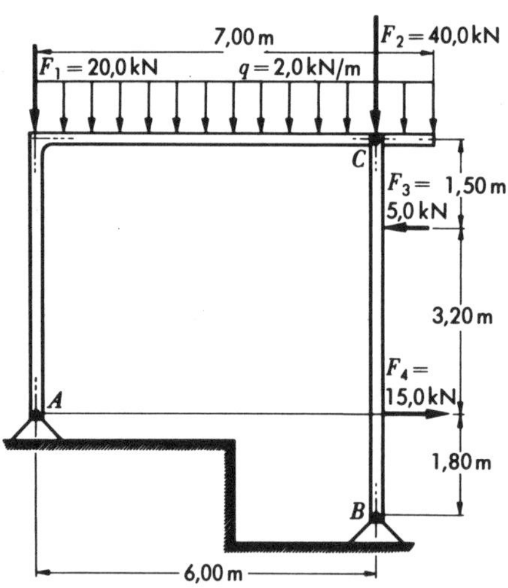

Abb. A 9-8

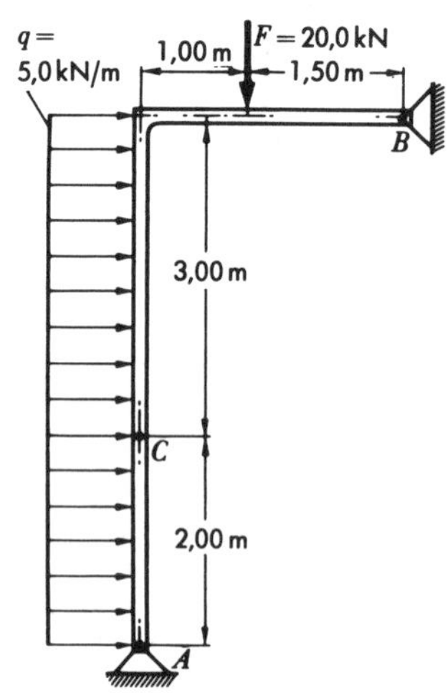

Abb. A 9-9

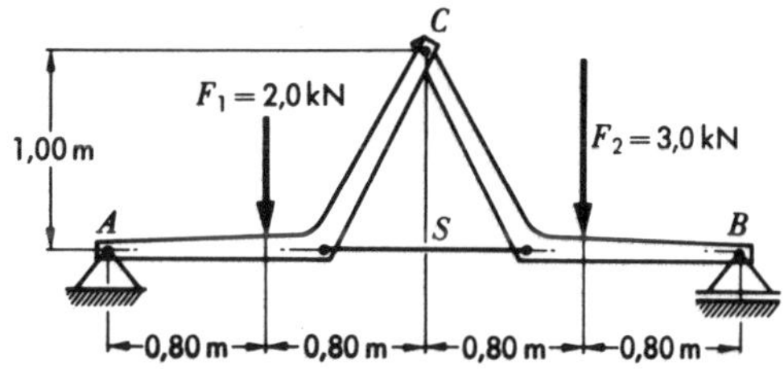

Abb. A 9-10

A 9-10. Der abgebildete Rahmen ist in A fest, in B horizontal verschieblich gelagert. Das Seil S liegt in der Verbindungslinie A B. Zu bestimmen sind die Reaktionskräfte in A B C und die Seilkraft S.

A 9-11. Der aus zwei einfachen Fachwerken bestehende Dreigelenkbogen ist wie abgebildet gelagert und belastet. Die Kraft F_2 greift am Verbindungsbolzen an, der fest mit dem Fachwerk A C verbunden ist. Zu bestimmen sind die Reaktionskräfte in A B C.

A 9-12 Für die abgebildete Brücke sind die durch die Belastung verursachten Gelenkreaktionen in A B C zu bestimmen.

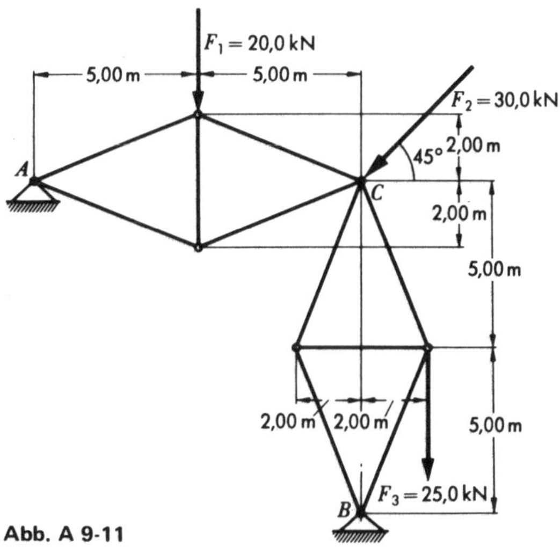

Abb. A 9-11

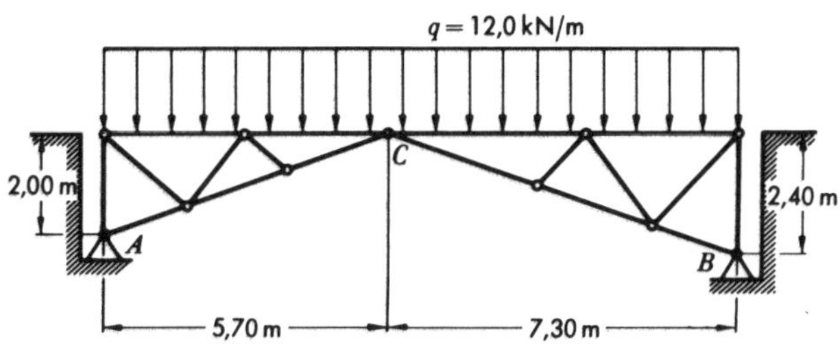

Abb. A 9-12

A 9-13 bis 18. Für den abgebildeten mehrteiligen Rahmen sind für die angegebene Belastung alle Reaktionskräfte in den Gelenken zu ermitteln.

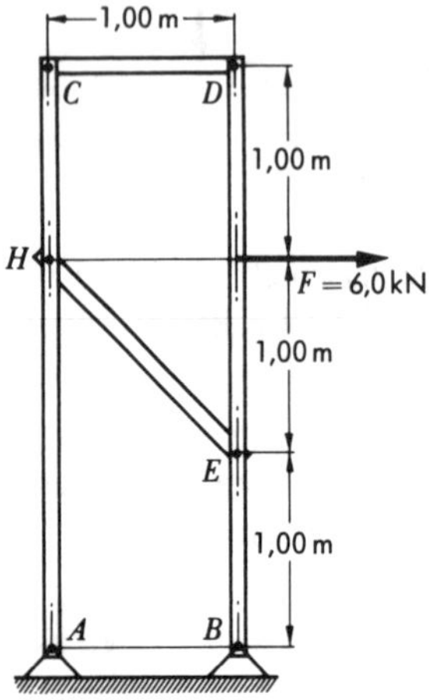

Abb. A 9-13

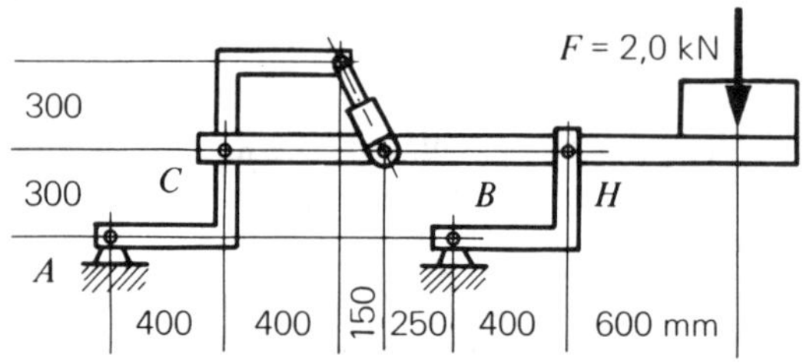

Abb. A 9-15

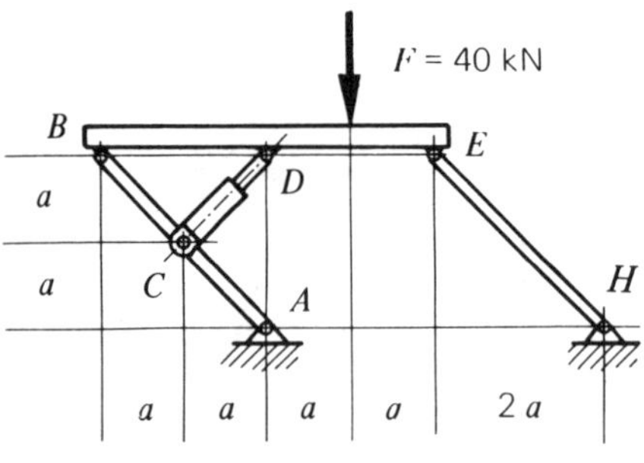

Abb. A 9-14

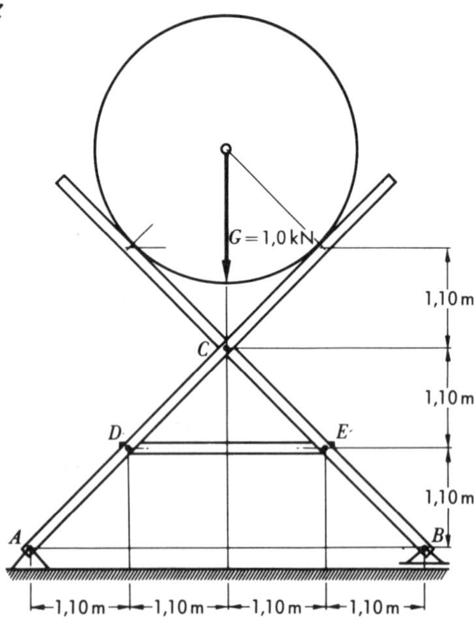

Abb. A 9-16

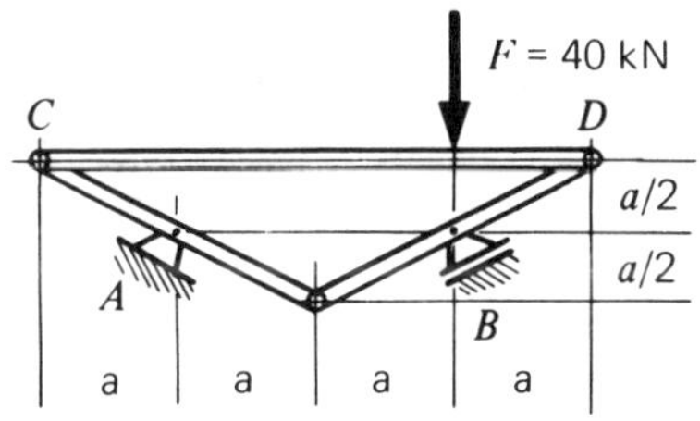

Abb. A 9-17

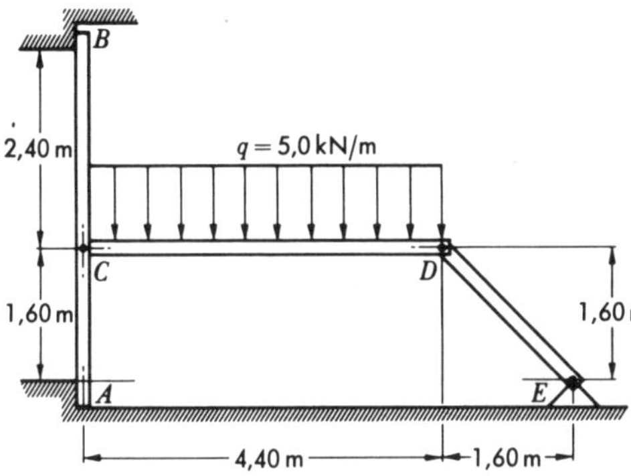

Abb. A 9-18

A 9-19. Für den in Abb. A 5-12 gezeigten Rahmen sind die Auflagerreaktionen und die Reaktionskräfte in den Gelenken zu bestimmen; $F = 10{,}0$ kN.

A 9-20. Die Abb. zeigt eine Kreuzschleife. Wie groß muß das an der Scheibe angreifende Moment sein, damit die Kreuzschleife in der abgebildeten Lage im Gleichgewicht ist? Der Kulissenstein A soll reibungslos angenommen werden.

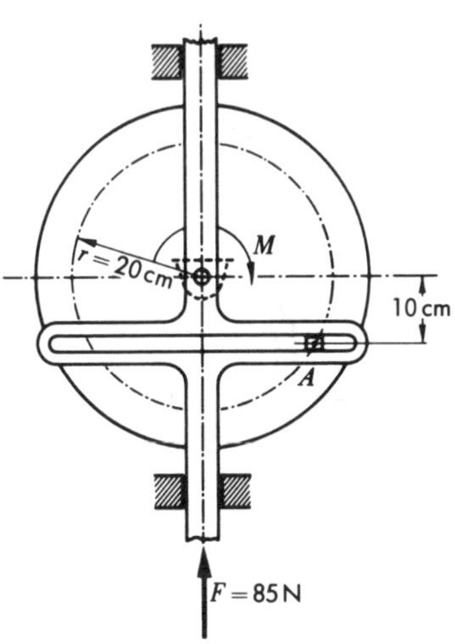

Abb. A 9-20

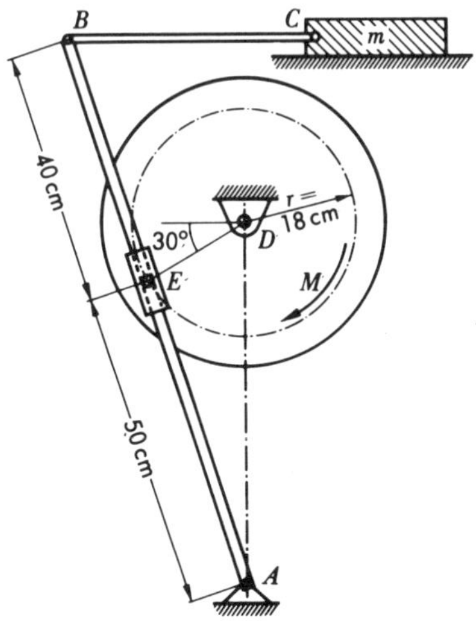

Abb. A 9-21

A 9-21. Die Abbildung zeigt eine Kurbelschleife, die dazu benutzt wird, den Block *m* auf einer Horizontalen hin und her zu schieben. Das Moment an der Scheibe beträgt 14 Nm. Wie groß sind die Kräfte in der Schubstange *B C* und in den Gelenken *A* und *D*, wenn die Reibung im Kulissenstein *E* vernachlässigt wird? Die Stange *B C* liegt horizontal.

A 9-22. Die Abbildung zeigt in vereinfachter Form die Hälfte einer Vorderachse eines PKW. Für eine Radkraft von 4,2 kN sind die in den Gelenken *A B C D* auftretenden Kräfte zu berechnen. Außerdem ist die von der Feder bzw. dem Stoßdämpfer auf die Unterlage *E* ausgeübte Kraft zu bestimmen.

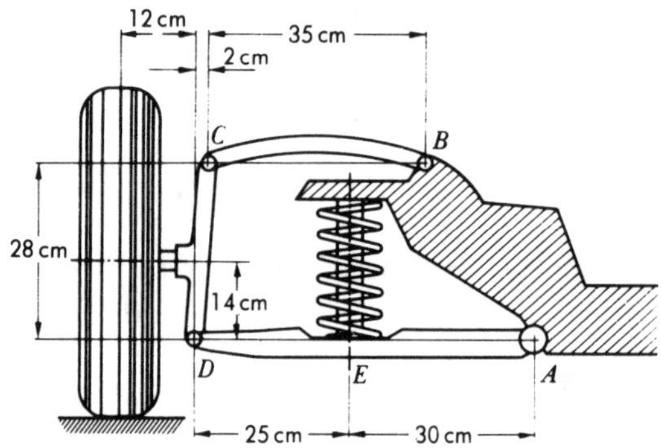

Abb. A 9-22

A 9-23. Für den vereinfacht dargestellten Hebebaum sind für die angegebene Belastung die Auflagerreaktionen in *A B* und die Gelenkkräfte in *C D E K H* zu bestimmen.

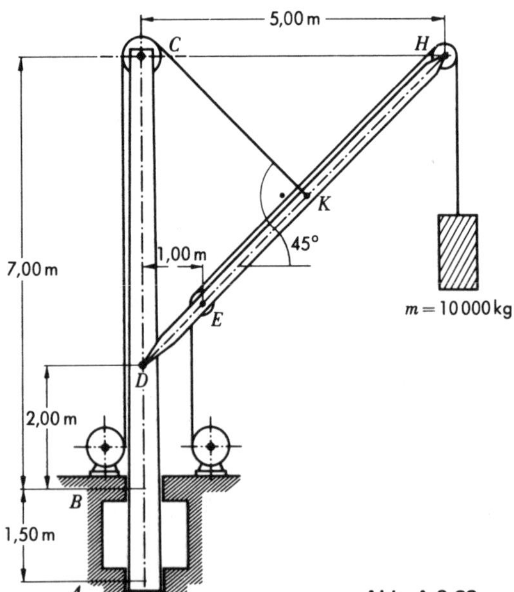

Abb A 9-23

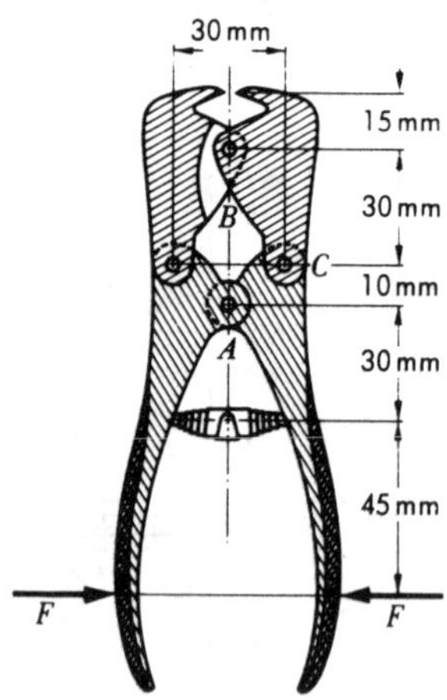

Abb. A 9-24

A 9-24. Für die abgebildete Zange ist die an den Schneiden wirkende Kraft für eine Handkraft $F = 120$ N zu bestimmen. Die dabei auftretenden Gelenkkräfte in A B C sind zu berechnen. Die Federkraft beträgt in der gezeichneten Stellung 20 N.

A 9-25. Für den Raupenbagger sind alle Gelenkkräfte für die eingezeichnete Schaufelkraft von 20 kN zu bestimmen. Die Lage der Gelenkpunkte ist für das eingezeichnete Koordinatensystem tabellarisch gegeben.

Pkt	*x*/m	*y*/m
S	6,3	0
A	4,5	1,4
B	5,1	1,9
C	4,5	4,1
D	4,5	4,3
E	4,7	5,7
H	3,5	5,0
I	1,6	3,1
K	0,8	3,2
L	1,3	2,2

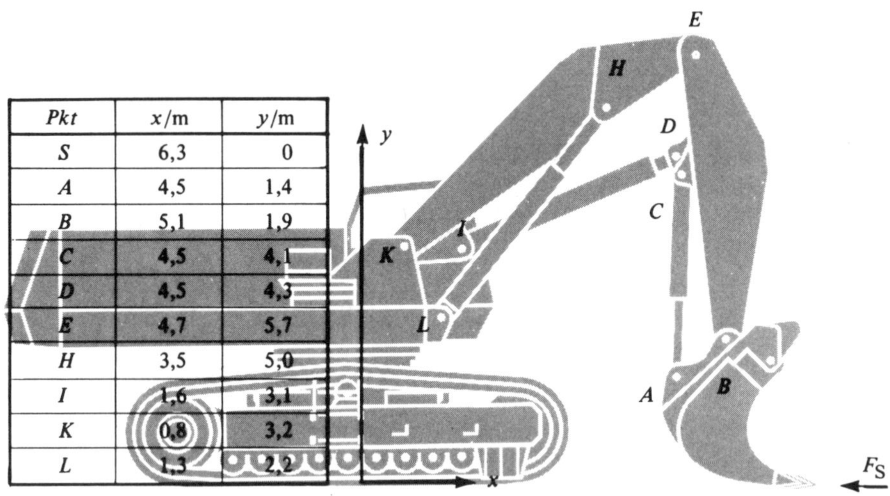

Abb. A 9-25

A 9-26. Für das abgebildete System sind die Auflagerreaktionen in A und B und die beiden Stabkräfte in allgemeiner Form zu ermitteln.

A 9-27. Wie **A 9-26,** jedoch ohne Streckenlast am unteren Träger.

A 9-28. Für das abgebildete System sind die Auflagerreaktionen in A und B und die Stabkräfte in allgemeiner Form zu bestimmen.

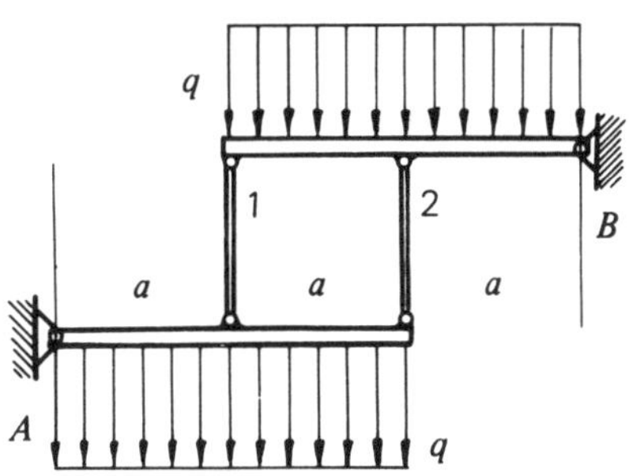

Abb. 9-26/27

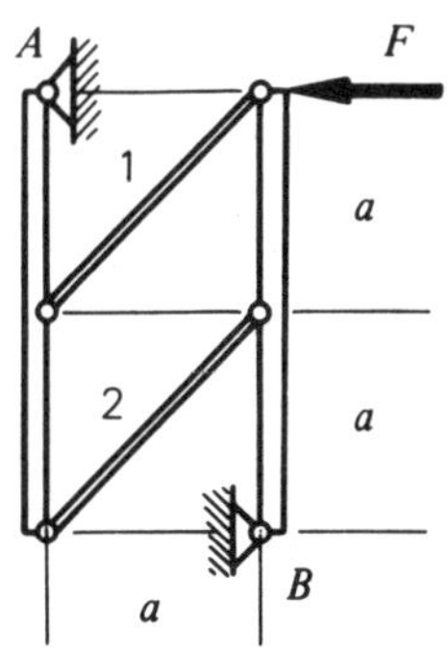

Abb. A 9-28

A 9-29/30. Das gegebene Gebilde besteht aus einem Gelenkträger und einem Stabverband. Zu bestimmen sind die Gelenkkräfte in ABC und die Stabkräfte.

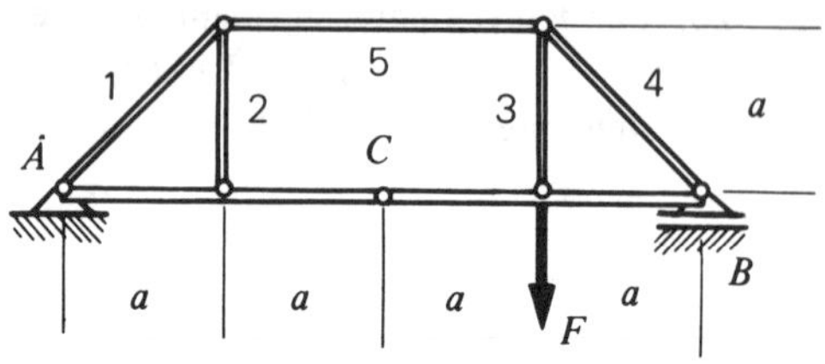

Abb. 9-29

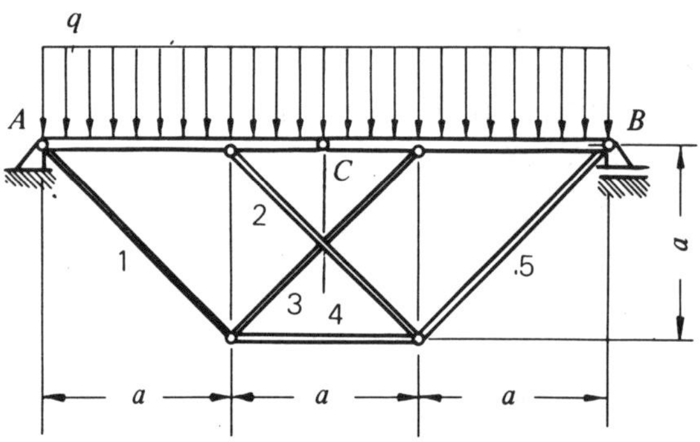

Abb. A 9-30

9.3 Zusammenfassung

Ein Rahmen in dem hier definierten Sinne besteht aus mehreren Bauteilen, die in reibungslos angenommenen Gelenken verbunden sind. Die Belastung ist beliebig und im Gegensatz zum Fachwerk (Kapitel 10) nicht nur auf die Gelenke beschränkt. Die Bestimmung der Gelenkkräfte kann analytisch oder graphisch erfolgen. Im ersten Fall müssen alle Teile freigemacht werden. Dabei ist es zu beachten, daß die Gelenkkräfte jeweils als „actio“ und „reactio“ eingeführt werden. Für einen statisch bestimmten Rahmen stimmen Anzahl der Gleichungen und der Unbekannten überein. Gleichgewichtsbedingungen, die für ganze Baugruppen aufgestellt werden, dürfen dabei nicht mitgezählt werden.

Die graphische Lösung ist vorteilhaft, wenn im System viele Pendelstützen vorhanden sind und die Belastung jeweils eines Bauteils durch eine Kraft erfolgt oder zu einer Kraft reduziert werden kann.

10. Das ebene, statisch bestimmte Fachwerk

10.1 Allgemeines

Ein Fachwerk wird aus Stäben gebildet, die in Knotenpunkten miteinander verbunden sind. Es wird zur Übertragung von Kräften benutzt (z.B. Kranausleger, Brücken, Dachbinder usw.).

In den nachfolgenden Abschnitten werden Methoden für die Bestimmung der in den Stäben wirkenden Kräfte abgeleitet. Die Aufgabe der Festigkeitslehre ist es, danach die richtigen Stababmessungen festzulegen.

Die Berechnung der einzelnen Stabkräfte mit den bisher bekannten einfachen Mitteln ist nur unter einer Reihe von Voraussetzungen möglich.

1. Die Stäbe sind in den Knoten durch reibungsfreie Gelenke verbunden. Das trifft in der Praxis nicht zu. Die Knoten bestehen da aus Knotenblechen, auf die die einzelnen Stäbe aufgenietet oder geschweißt sind. Man führt demnach für die Berechnung anstatt einer Einspannung am Knotenblech ein festes Gelenk ein, unterschlägt also in der Berechnung ein eventuell wirkendes Einspannmoment am Knotenblech.
2. Das Fachwerk wird nur in den Knoten belastet. Auch das trifft in der Praxis nur teilweise zu. Eigenmassen, Windkräfte usw. sind kontinuierlich verteilte Lasten. Für die Berechnung der Stabkräfte werden sie auf die einzelnen Knoten verteilt.
3. Liegen mehrere Knoten in einer Linie, dann verbindet sie nicht ein gemeinsamer Stab, sondern jeder Stab verbindet jeweils nur 2 benachbarte Knoten.

Unter diesen Voraussetzungen sind die Stabachsen identisch mit den Wirkungslinien von Kräften.

Die Bestimmung der Stabkräfte soll hier auf statisch bestimmte Fachwerke beschränkt werden. Es soll deshalb an dieser Stelle untersucht werden, unter welchen Bedingungen ein Fachwerk statisch bestimmt ist.

Das Grundelement des statisch bestimmten Fachwerkes ist der aus 3 Stäben und 3 Knoten gebildete Dreieckverband (jede Kraft kann in die beiden Stabrichtungen zerlegt werden). Der Viereckverband ist instabil (Abb. 10-1).

Man erhält ein statisch bestimmtes Fachwerk, wenn man ausgehend von einem Dreiecksverband zwei Stäbe an je einen Knoten befestigt und sie in einem neuen Knoten verbindet (Abb. 10-2). Setzt man dieses Verfahren fort, dann liefern jeweils 2 neue Stäbe einen neuen Knoten. Unter Berücksichtigung des Ausgangsdreiecks erhält man folgende Beziehung zwischen Anzahl der Stäbe s und Anzahl der Knoten k

$$s = 2k - 3.$$

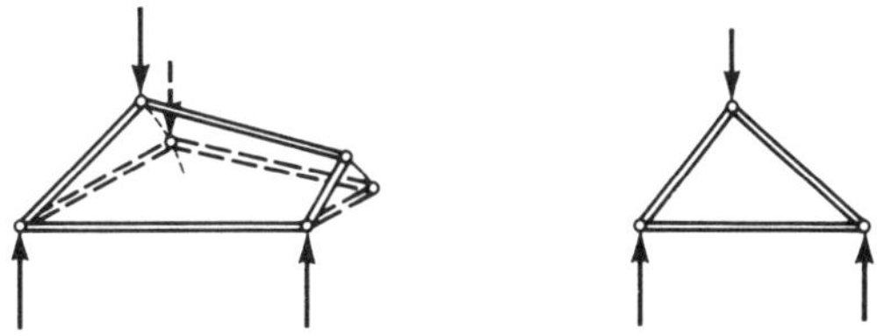

Abb. 10-1

Abb. 10-2

Berücksichtigt man weiter, daß für die statisch bestimmte Lagerung des Fachwerks 3 Auflagerreaktionen, die man auch durch Stabkräfte ersetzen könnte, notwendig sind, dann erhält man

$$s = 2\,k\,.$$

Bei Benutzung dieser Beziehung müssen für ein Festlager 2 Stäbe (x- und y-Richtung) und ein Rollenlager 1 Stab gezählt werden.

Für $s < 2\,k$ handelt es sich nicht um ein Fachwerk, sondern um einen beweglichen Mechanismus, für $s > 2\,k$ ist das Fachwerk stabil, aber statisch unbestimmt (Abb. 10-3).

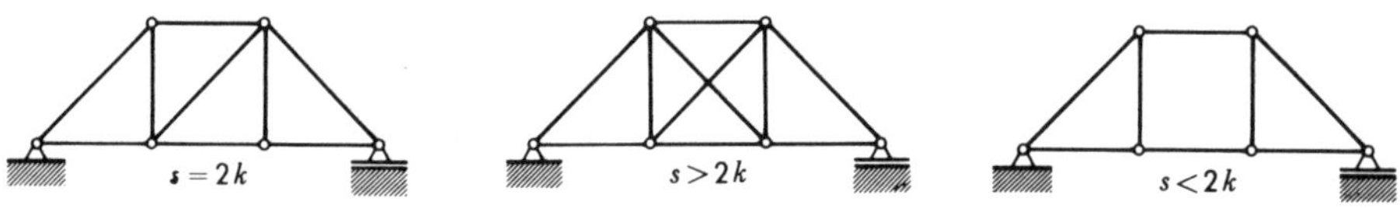

Abb. 10-3

Es gibt zwei Arten von statisch bestimmten Fachwerken. Das Fachwerk mit einfachem Aufbau ist, ausgehend von einem Dreieck durch Hinzufügen von jeweils 2 Stäben und einem Knoten entstanden (Abb. 10-4a). Das Fachwerk Abb. 10-4b erfüllt auch die Bedingung $s = 2\,k$, läßt sich aber nicht wie oben beschrieben konstruieren. Das Verfahren versagt in dem mittleren Feld. Es handelt sich um ein Fachwerk mit nicht einfachem Aufbau.

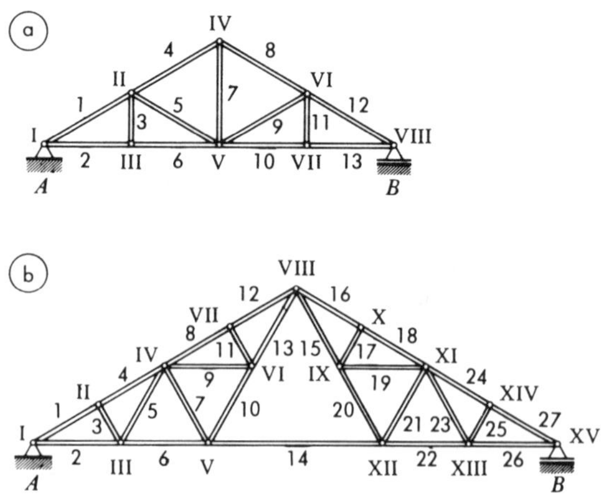

Abb. 10-4

Die Bedingung $s = 2\,k$ kann für ein gesamtes Fachwerk erfüllt sein, obwohl Teilabschnitte statisch unbestimmt sind bzw. einen Mechanismus darstellen. Abb. 10-5 zeigt ein solches Gebilde. Der linke Teil besteht aus einem statisch unbestimmten Fachwerk, der rechte Teil aus einem Mechanismus.

Die in Abschnitt 6.5 angegebenen Bedingungen für statisch bestimmte Lagerung müssen eingehalten werden, wenn für das Fachwerk ohne Lagerung $s = 2\,k - 3$ gilt.

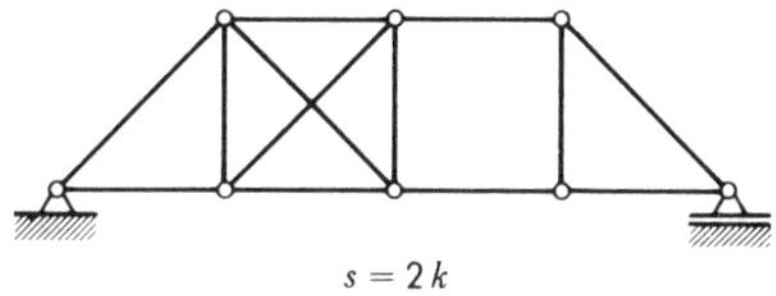

Abb. 10-5

Aus dem oben Gesagten folgt, daß für die statische Bestimmtheit die Bedingung $s = 2\,k$ notwendig, aber nicht hinreichend ist. Man muß untersuchen, ob alle Teilabschnitte die Bedingung $s = 2\,k - 3$ erfüllen (Teilfachwerke enthalten keine Lagerkräfte). Weiterhin muß geklärt werden, ob bei statisch bestimmtem Fachwerk die Lagerung statisch bestimmt ausgeführt ist. Es muß auch beachtet werden, daß ein im Fachwerk fehlender Stab durch ein außen angebrachtes Auflager ersetzt werden kann (Abschnitt 10-2, Beispiel 2).

In einem statisch bestimmten Fachwerk können auch viereckige Felder vorkommen, obwohl das Dreieck das Konstruktionsprinzip darstellt (Abb. 10-6).

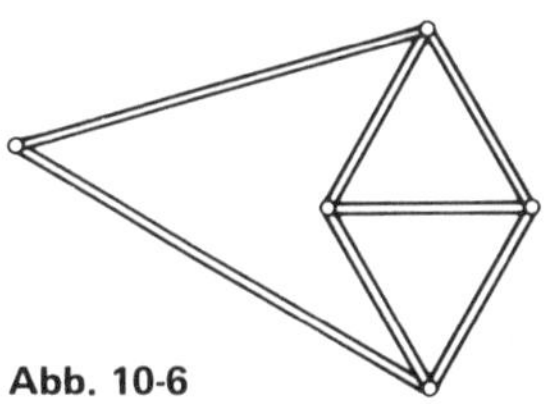

Abb. 10-6

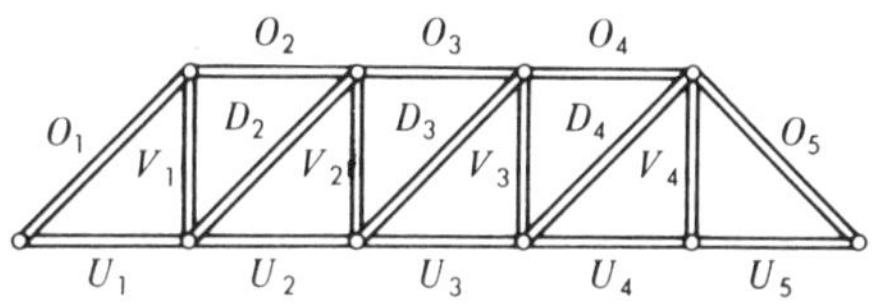

Abb. 10-7

Es ist üblich, die Stabkräfte mit arabischen, die Knoten mit römischen Ziffern zu numerieren. Man kann auch Obergurt-, Untergurt-, Vertikal- und Diagonalstäbe unterscheiden und sie mit O, U, V und D bezeichnen (Abb. 10-7). Dabei bilden die Ober- und Untergurtstäbe die äußere Begrenzung eines Fachwerkes.

10.2 Das Fachwerk mit einfachem Aufbau

10.2.1 Analytische Methode

Wenn das gesamte Fachwerk im Gleichgewicht ist, müssen auch alle Teilabschnitte bzw. alle Knoten im Gleichgewicht sein. Da, wie im Abschnitt 10.1 dargelegt, die Stabachsen gleichzeitig Wirkungslinien von Kräften sind, ergeben sich für die einzelnen Knoten Kräftesysteme mit gemeinsamem Angriffspunkt. Für jeden freigemachten

Knoten müssen demnach die Gleichungen $\Sigma F_x = 0$; $\Sigma F_y = 0$ erfüllt sein. Aus diesen zwei Bedingungen können jeweils 2 unbekannte Stabkräfte berechnet werden. Die Berechnung kann demnach nur an einer Stelle beginnen, wo ein Knoten nicht mehr als zwei Stäbe mit unbekannten Stabkräften vereinigt. Dazu ist es meistens erforderlich, die Auflagerreaktionen des Fachwerkes mit dem in den vorhergehenden Abschnitten besprochenen Methoden zu bestimmen. Sehr oft ergeben sich Rechenvereinfachungen, wenn man für die Bestimmungsgleichungen gedrehte Koordinatensysteme verwendet (siehe Abschnitt 2.2.1).

In vielen Fachwerken gibt es Stäbe, die bei Vernachlässigung der Eigenmassen bzw. anderer kontinuierlich verteilter Kräfte keine Kraft übertragen und die nur zur Versteifung des Fachwerkes bzw. aus Stabilitätsgründen eingebaut sind. Man nennt diese Stäbe Nullstäbe oder Blindstäbe. Es ist zweckmäßig, diese vor Beginn der Berechnung im Lageplan besonders zu kennzeichnen. Die Bestimmung der Blindstäbe basiert auf der Überlegung, daß 3 Kräfte an einem Punkt nur dann im Gleichgewicht sein können, wenn davon 2 Kräfte nicht kollinear sind. Sind 2 Kräfte kollinear, z.B. S_1 und S_2 in Abb. 10-8, dann erhält man $S_3 = 0$ aus $\Sigma F_y = 0$ und $S_1 = S_2$ aus $\Sigma F_x = 0$, d.h. die 2 kollinearen Kräfte sind im Gleichgewicht, die dritte Kraft muß gleich Null sein.

Abb. 10-8

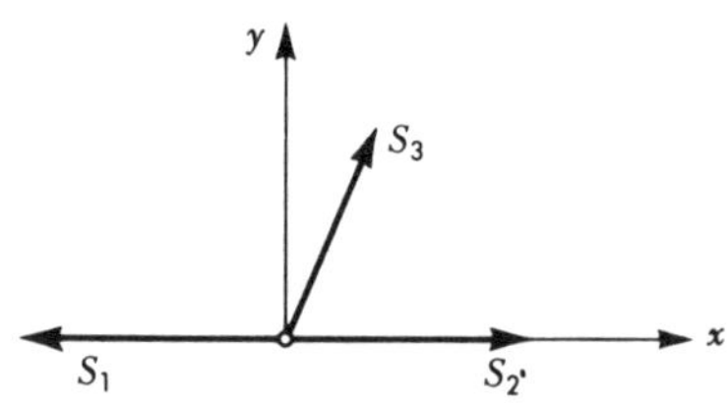

Abb. 10-9 zeigt die Anwendung dieser Überlegung auf Fachwerke. Im Falle a) sind V_1 und F im Gleichgewicht, O_1 ist Blindstab, im Falle b) sind die Lagerkraft und V_1 im Gleichgewicht, U_1 ist Blindstab, im Fall c) bzw. d) sind V_0 und V_1 bzw. S_1 und S_2

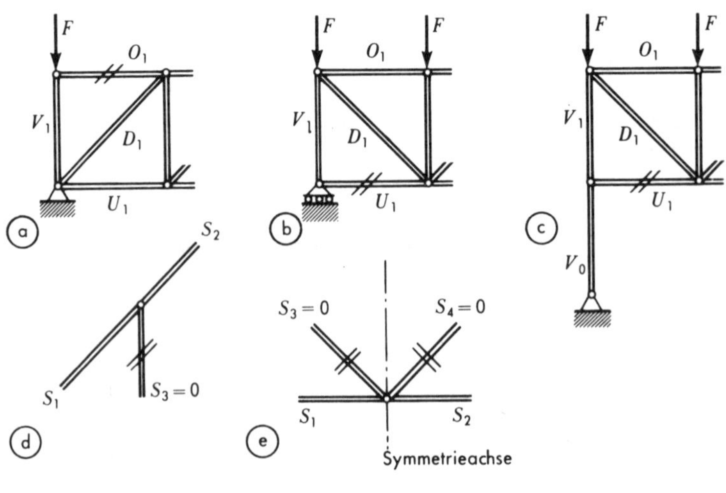

Abb. 10-9

im Gleichgewicht, U_1 bzw. S_3 sind Blindstäbe. Im letzten Fall e) ist das Detail eines symmetrischen Fachwerkes mit symmetrischer Belastung gezeichnet. Aus Symmetriegründen müssen S_3 und S_4 beide ziehen oder drücken, das ist aber nicht möglich, da $\Sigma F_y = 0$ sein muß. Gleichgewicht ist also in diesem Falle nur möglich für $S_3 = S_4 = 0$. Bei der Berechnung ergibt das Vorzeichen den Wirkungssinn der Stabkraft. Stäbe, deren Kräfte in Richtung auf den Knoten wirken, sind Druckstäbe, Stäbe, deren Kräfte vom Knoten weggerichtet sind, sind Zugstäbe. Nimmt man alle Stäbe zunächst als Zugstäbe an (Kraft vom Knoten weggerichtet), dann ergibt die Rechnung für einen Zugstab ein positives, für einen Druckstab ein negatives Vorzeichen.

10.2.2 Graphische Methode (Cremona-Plan)*)

Für jeden freigemachten Knoten muß das Krafteck gleichsinnig geschlossen sein. Mit Hilfe dieser Bedingung können zwei unbekannte Stabkräfte ermittelt werden. Die Konstruktion muß also an einem Knoten mit zwei unbekannten Stabkräften beginnen. Auch bei der graphischen Lösung ist es zweckmäßig, die Blindstäbe vor Beginn der Zeichnung zu kennzeichnen.

Jede Stabkraft muß zweimal gezeichnet werden, da sie als innere Kraft zweimal auftritt und zwar an den beiden Knoten, die der Stab miteinander verbindet. Der Umfahrungssinn des Kraftecks ergibt, ob es sich um einen Zug- oder einen Druckstab handelt. Es ist möglich, die Kraftecke der einzelnen Knoten so aneinander zu legen bzw. zu zeichnen, daß jede Stabkraft nur einmal mit beiden Pfeilrichtungen als innere Kraft auftritt (vgl. Polstrahl bei der Seileckkonstruktion) und ein aus den äußeren Kräften und den Auflagerreaktionen gebildetes gleichsinnig geschlossenes Kraftwerk entsteht. Diese Konstruktion nennt man CREMONA-Plan.

Zum Zeichnen des Cremona-Plans ist es notwendig, alle am Fachwerk angreifenden Kräfte außen an den Knoten, anzutragen. Greift eine Kraft an einem inneren Knoten an, dann überträgt man sie mit einem Hilfsstab von außen auf diesen Knoten (Abb. 10-10). Durch den Hilfsstab werden die anderen Kräfte nicht geändert. Weiterhin ist es notwendig, die Stabkräfte in der Reihenfolge im Kräfteplan zu zeichnen, die ein einheitlicher Umfahrungssinn am Knoten angibt (s. Beispiel 1).

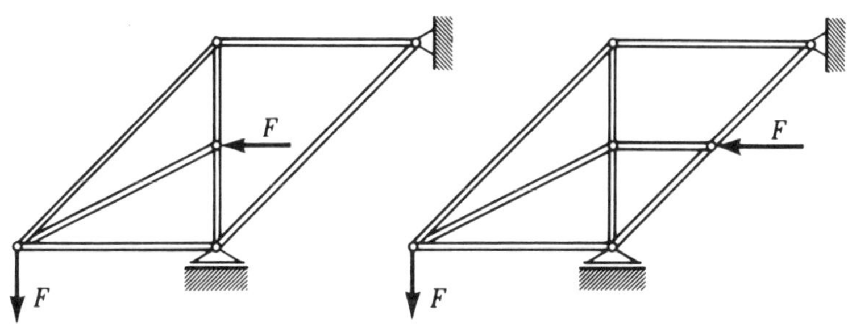

Abb. 10-10

*) Cremona, Luigi (1830 - 1903).

Beispiele zum Abschnitt 10.2

Beispiel 1 (Abb. 10-11)

Für das abgebildete Fachwerk sind alle Stabkräfte nach Größe und Vorzeichen zu bestimmen.

Abb. 10-11

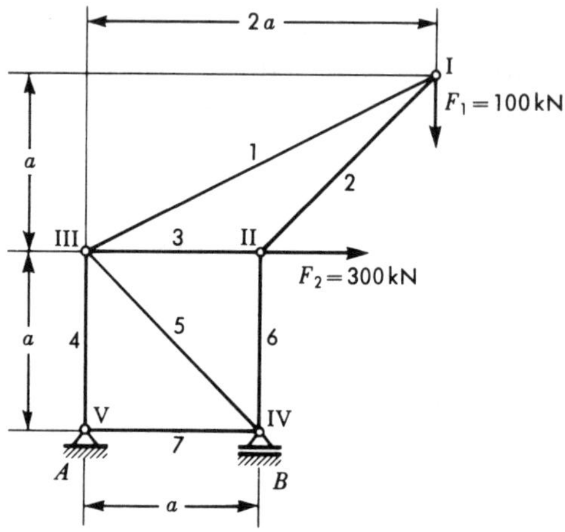

Analytische Lösung

Das Fachwerk ist statisch bestimmt. Blindstäbe sind nicht enthalten. Die Berechnung kann am Knoten I oder, nach Ermittlung der Auflagerreaktionen, am Knoten V beginnen. Beide Knoten verbinden 2 Stäbe.

Die Angriffsrichtung der Stabkräfte an den einzelnen Knoten ist frei wählbar. Nimmt man alle Kräfte von den Knoten weggerichtet an (Zugstab), dann deutet ein negatives Vorzeichen auf einen Druckstab hin. Für einfache Systeme kann man weitgehend vorher festlegen, welcher Stab gedrückt und welcher Stab gezogen wird. Das ist hier geschehen. Einen Druckstab kann man grundsätzlich nicht durch ein Seil ersetzen, weil dann das System zusammenbricht.

Knoten I (Abb. 10-12)

Es ist zweckmäßig, mit einem um 45° gedrehten Koordinatensystem zu arbeiten. Der Winkel des Stabes 1 zur Horizontalen beträgt

$\tan\alpha = 0{,}50 \qquad \alpha = 26{,}6^\circ$

$\sum F_y = 0 \qquad +S_1 \cdot \cos 71{,}6^\circ - F_1 \cdot \sin 45^\circ = 0$

$$\mathbf{S_1} = F_1 \cdot \frac{\sin 45^\circ}{\cos 71{,}6^\circ} = \mathbf{223{,}6\ kN}$$

$\sum F_x = 0 \qquad S_2 - S_1 \cdot \sin 71{,}6^\circ - F_1 \cdot \cos 45^\circ = 0$

$\mathbf{S_2 = 282{,}8\ kN.}$

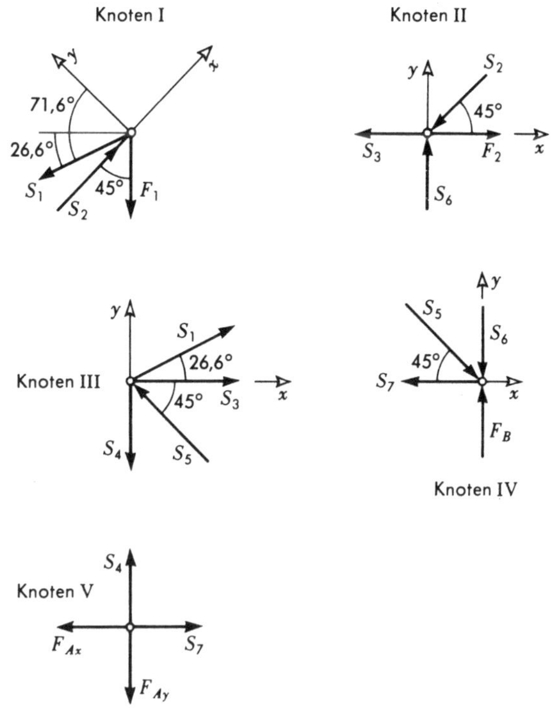

Abb. 10-12

Knoten II

$\sum F_y = 0 \qquad S_6 - S_2 \cdot \sin 45^\circ = 0$

$\mathbf{S_6 = 200\ kN}$

$\sum F_x = 0 \qquad -S_3 - S_2 \cdot \cos 45^\circ + F_2 = 0$

$\mathbf{S_3 = 100\ kN}$

Knoten III

$\sum F_x = 0 \qquad -S_5 \cdot \cos 45^\circ + S_3 + S_1 \cdot \cos 26{,}6^\circ = 0$

$\mathbf{S_5 = 424{,}3\ kN}$

$\sum F_y = 0 \qquad -S_4 + S_5 \cdot \sin 45^\circ + S_1 \sin 26{,}6^\circ = 0$

$\mathbf{S_4 = 400\ kN}$.

Knoten IV

$\sum F_x = 0 \qquad -S_7 + S_5 \cdot \cos 45^\circ = 0$

$\mathbf{S_7 = 300\ kN}$

$\sum F_y = 0 \qquad F_B - S_6 - S_5 \sin 45^\circ = 0$

$\mathbf{F_B = 500\ kN}$

Knoten V

$$\sum F_x = 0 \qquad S_7 - F_{Ax} = 0$$

$$\mathbf{F_{Ax} = 300\,kN}$$

$$\sum F_y = 0 \qquad S_4 - F_{Ay} = 0$$

$$\mathbf{F_{Ay} = 400\,kN.}$$

Kontrolle: Auflagerreaktionen aus den 3 Gleichgewichtsbedingungen bestimmen.

Zusammenfassung der Ergebnisse:

Nr. Stab i	$\frac{Si}{kN}$	+ Zug – Druck
1	223,6	+
2	282,8	–
3	100,0	+
4	400,0	+
5	424,3	–
6	200,0	–
7	300,0	+

Auflagerreaktionen

$$F_{Ax} = 300\text{ kN} \leftarrow$$

$$F_{Ay} = 400\text{ kN} \downarrow$$

$$F_B = 500\text{ kN} \uparrow$$

Graphische Lösung (Abb. 10-12/13/14)

Die freigemachten Knoten zeigt die Abbildung 10-12. Für jeden Knoten wird das Kräftepolygon gezeichnet. Dabei kann die Konstruktion nur dort beginnen, wo eine bekannte Kraft (bzw. wo bekannte Kräfte) auf 2 Stäbe aufzuteilen sind. Diese Bedingung erfüllt hier der Knoten I. Das dazugehörige Krafteck ist in Abb. 10-13 rechts oben gegeben. Aus dem Umlaufsinn der Kraftpfeile ergibt sich: Stab 1 zieht am Knoten I (Zugstab), Stab 2 drückt auf den gleichen Knoten (Druckstab). Die Kräfte sind in der Reihenfolge F_1 S_1 S_2 aneinander gesetzt. Das entspricht am Knoten selbst einem Umfahrungssinn entgegengesetzt Uhrzeigersinn. Behält man einen einmal angenommenen Umfahrungssinn bei, dann ergibt sich eine besonders einfache Konstruktion (CREMONAplan s.u.).

Am Knoten II wirken die nunmehr bekannte Kraft S_2 als Reaktionskraft, die Belastung F_2 und die unbekannten Stabkräfte S_3 und S_6. Im angenommenen Umfahrungssinn ist die erste bekannte Kraft F_2. Mit dieser beginnt die Konstruktion. Man setzt die Kräfte F_2 und S_2 (Reaktionskraft am Knoten nach unten wirkend!) aneinander und schließt mit S_3 und S_6. Nach dem gleichen Schema werden die Kraftecke für alle Knoten gezeichnet (Abb. 10-13). Dabei wählt man als nächsten Knoten denjenigen aus, an dem noch 2 unbekannte Stabkräfte wirken. Man erkennt, daß alle Stabkräfte zweimal mit jeweils umgekehrtem Richtungssinn auftreten, denn ein

Stab verbindet 2 Knoten. Hier bietet sich eine Zeichenvereinfachung an. Es ist möglich, alle Kraftecke so zusammenzuschieben, daß jede Stabkraft nur einmal zu zeichnen ist. Das Ergebnis ist der Plan nach Abb. 10-14. Er wird CREMONAplan genannt.

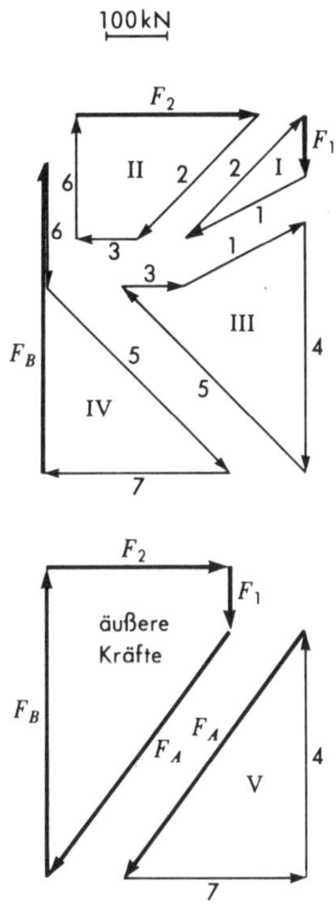

Abb. 10-13

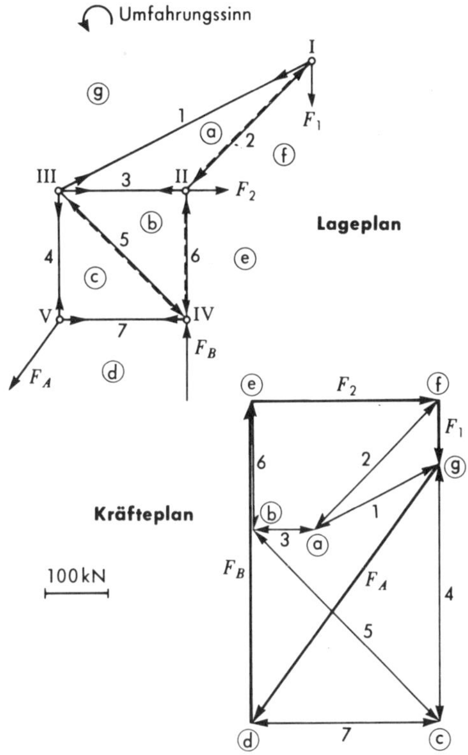

Abb. 10-14

Zusammenfassend sei auf folgende Punkte hingewiesen, die beim Zeichnen des Cremonaplans zu beachten sind:

1. Die Konstruktion kann nur am Knoten mit nicht mehr als zwei unbekannten Stabkräften beginnen. Im vorliegenden Beispiel am Knoten I oder nach Berechnung der Auflagerreaktionen, am Knoten V.
2. Es muß ein Umfahrungssinn festgelegt werden. Dieser sollte auf der Zeichnung angegeben sein.
3. Das jeweilige Krafteck beginnt immer mit der bekannten Kraft, die sich als erste im Umfahrungssinn am Knoten ergibt.
   Im vorliegenden Beispiel:
   Knoten I: Dreieck $F_1\ S_1\ S_2$.
   Knoten II: Wirkungssinn von S_2 wird umgedreht. Geht man um den Knoten im Umfahrungssinn herum, dann ist F_2 die erste bekannte Kraft. Der Vektor F_2 muß

also S_2 vorgesetzt werden. Wird das nicht beachtet, ist das Zeichnen des CREMONA-plans nicht möglich.

4. Die Pfeilspitzen aus dem Kräfteplan sollen sofort in den Lageplan (Fachwerk) übertragen werden.
   Deutung:

Pfeilspitze zum Knoten	Druckstab
Pfeilspitze vom Knoten	Zugstab

   Da Druckstäbe einer anderen Festigkeitsberechnung unterliegen als Zugstäbe, werden die durch eine gestrichelte Linie gekennzeichnet.

5. Kontrolle:
   Aus den oben ausgeführten Punkten, ergeben sich folgende Kontrollmöglichkeiten:

   a) Alle Stabkräfte müssen als innere Kräfte (Aktion-Reaktion) mit zwei entgegengesetzt gerichteten Pfeilspitzen auftreten.
   b) Die äußeren Kräfte, zu denen auch die Auflagerreaktionen gehören, bilden ein gleichsinnig geschlossenes Krafteck. Im vorliegenden Beispiel sind das die Kräfte F_2 F_1 F_A F_B.
   c) Einem durch Kräfte- bzw. Stäbe im Lageplan abgegrenzten Gebiet entspricht ein Schnittpunkt im Kräfteplan. Im vorliegenden Beispiel sind die Gebiete im Lageplan mit kleinen Buchstaben gekennzeichnet. Die jeweils entsprechenden Punkte im Kräfteplan sind mit den gleichen Buchstaben bezeichnet.

   Beispiel:

Lageplan	Kräfteplan
Dreieck c wird von den Stäben 4 5 7 begrenzt.	Die Stabkräfte 4 5 7 haben einen gemeinsamen Schnittpunkt, der mit c bezeichnet ist.
Die Fläche g wird von F_A 4 1 F_1 begrenzt.	Die Kräfte F_A S_4 S_1 F_1 schneiden sich in dem mit g bezeichneten Punkt.

   u.s.w.

Diese Analogie wird auch zur Konstruktion des CREMONAplanes benutzt. In diesem Falle werden im Lageplan alle Teilflächen mit Buchstaben bezeichnet und im Kräfteplan alle sich ergebenden Punkte entsprechend gekennzeichnet. Für das vorliegende Beispiel würde die Konstruktion so aussehen:

Im Umfahrungssinn liegt vor F_1 die Fläche f. Die Konstruktion beginnt deshalb im Kräfteplan im Punkt f. Von f geht es über F_1 nach g, von g über 1 nach a und von f über 2 nach a. Sinngemäß wird die Konstruktion fortgeführt.

Beispiel 2 (Abb. 10-15)

Zu bestimmen ist, ob die Fachwerke a) bis j) statisch bestimmt oder unbestimmt und ob sie stabil oder instabil sind.

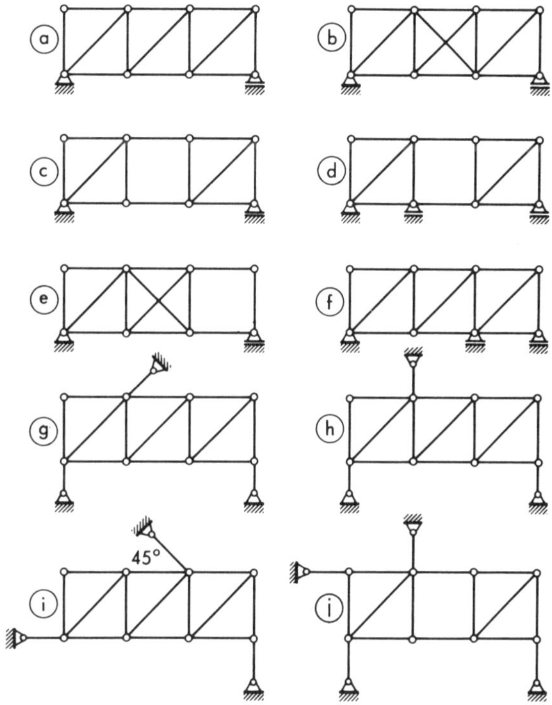

Abb. 10-15

Lösung

a) $s = 2k$, Teilfachwerke erfüllen Bedingung $s = 2k - 3$
Fachwerk statisch bestimmt.

b) $s > 2k$, Fachwerk statisch unbestimmt, stabil.

c) $s < 2k$, Fachwerk instabil.

d) $s = 2k$, Fachwerk statisch bestimmt. Durch einen senkrechten Schnitt im Mittelteil entstehen 2 Teilfachwerke. Gleichgewichtsbedingung für rechten Teil gestatten die Berechnung des rechten Auflagers und der beiden mittleren horizontalen Stabkräfte.

e) $s = 2k$, $s > 2k - 3$ für linkes Teilfachwerk
$s < 2k - 3$ für rechtes Teilfachwerk
Gesamtfachwerk instabil

f) $s > 2k$, statisch bestimmtes Fachwerk statisch unbestimmt gelagert, insgesamt statisch unbestimmt.

g) $s = 2k$, statisch bestimmtes Fachwerk.

h) $s = 2k$, statisch bestimmtes Fachwerk statisch unbestimmt gelagert (3 parallele Auflagerstäbe).
Insgesamt statisch unbestimmt.

i) $s = 2k$, statisch bestimmtes Fachwerk statisch unbestimmt gelagert (3 Auflagerstäbe haben gemeinsamen Angriffspunkt).
Insgesamt statisch unbestimmt.

j) $s = 2k$, statisch bestimmtes Fachwerk, entspricht Fall d).

Aufgaben zum Abschnitt 10.2

A 10-1 bis 17. Für das abgebildete Fachwerk sind alle Stabkräfte und die Auflagerreaktionen graphisch und analytisch zu bestimmen.

Abb. A 10-1

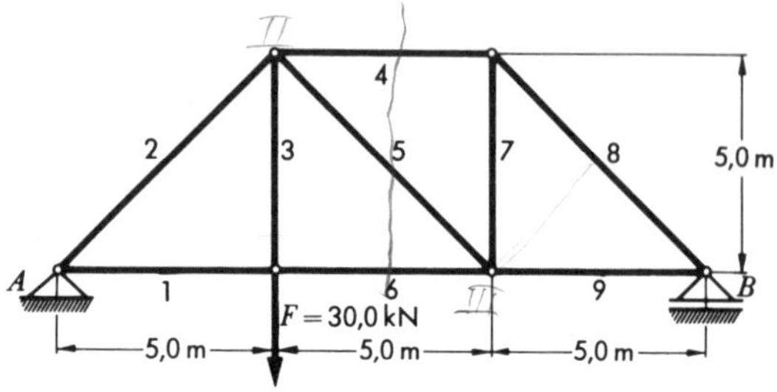

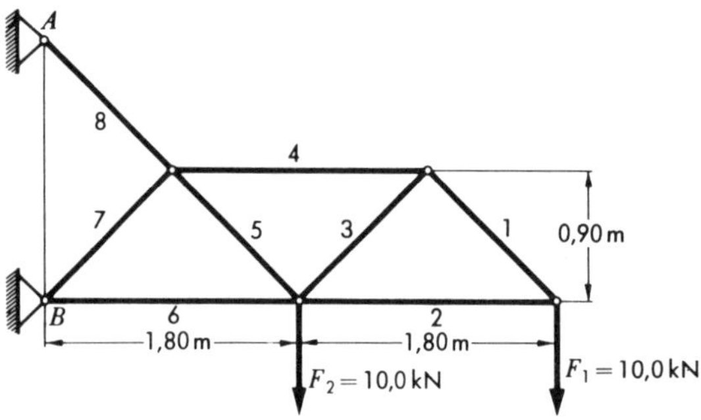

Abb. A 10-2

Abb. A 10-3

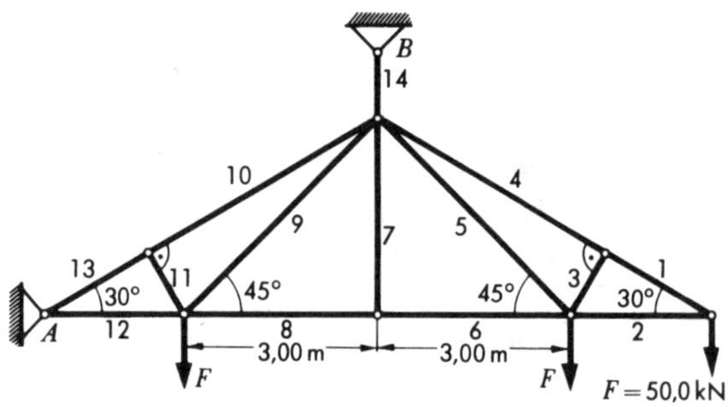

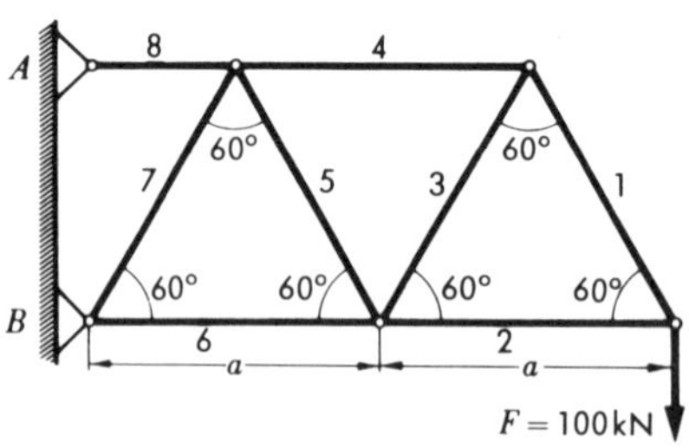

Abb. A 10-4

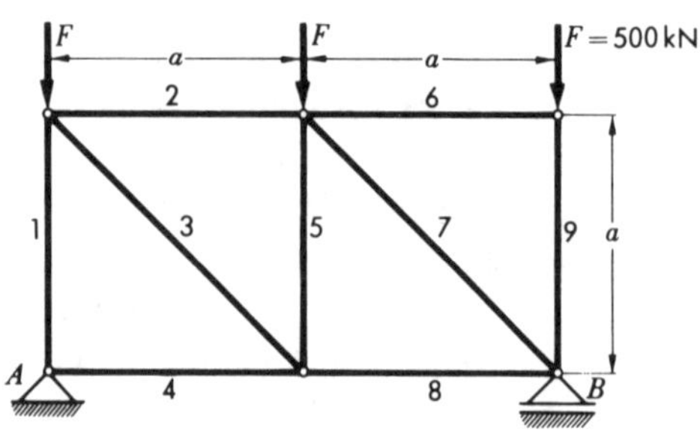

Abb. A 10-5

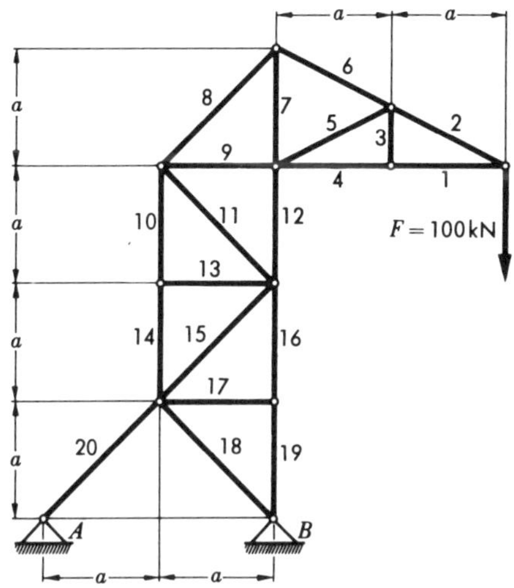

Abb. A 10-6

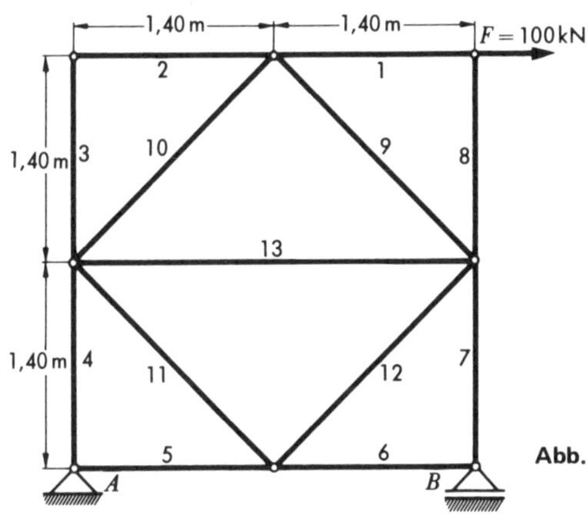

Abb. A 10-7

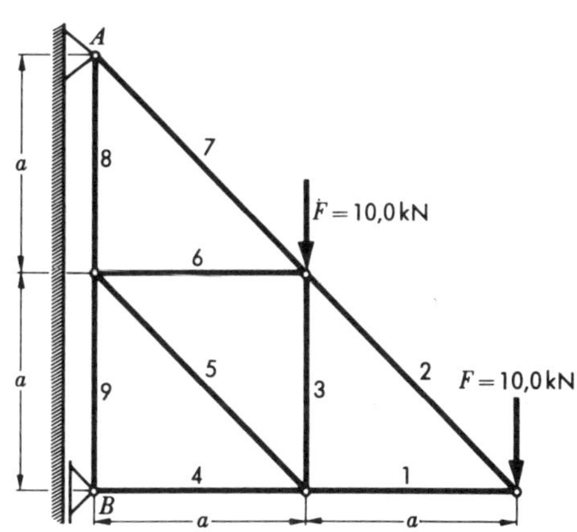

Abb. A 10-8

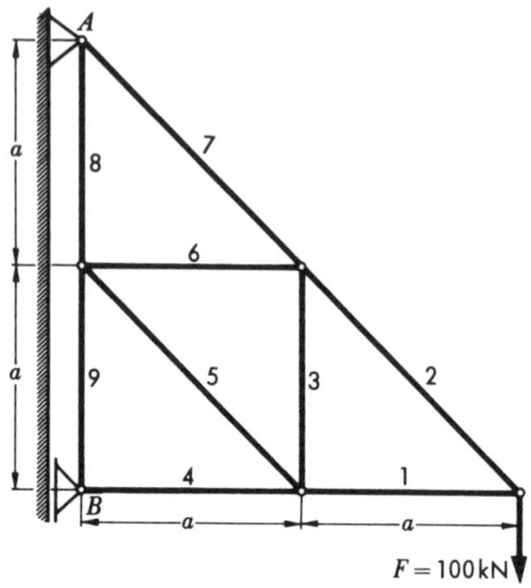

Abb. A 10-9

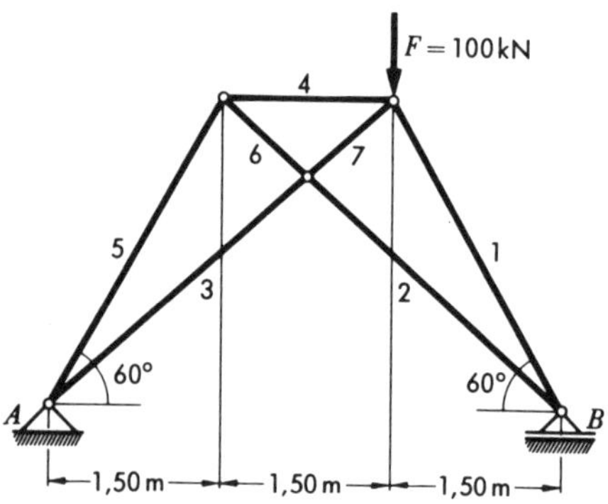

Abb. A 10-10

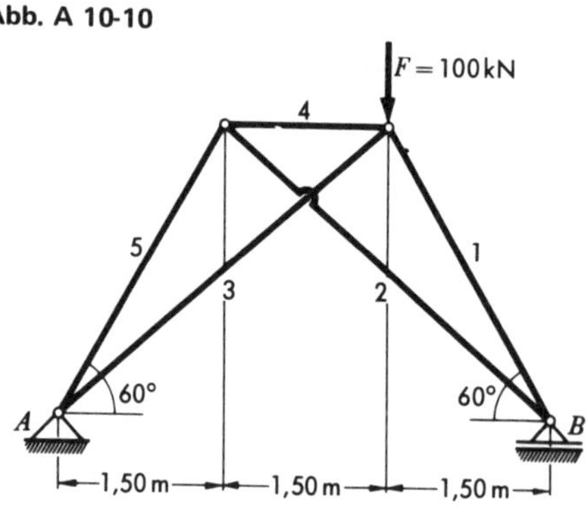

Abb. A 10-11

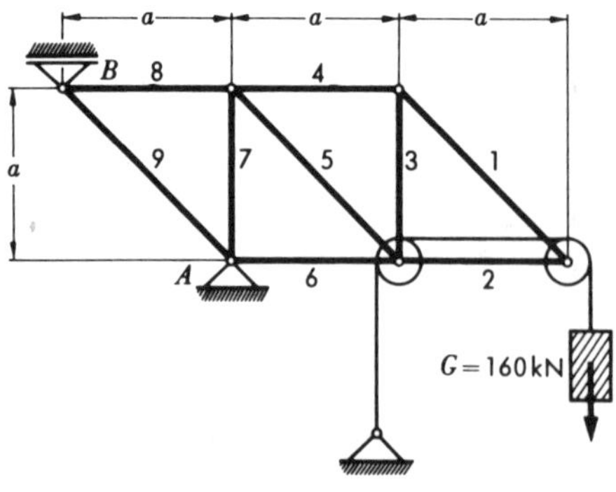

Abb. A 10-12

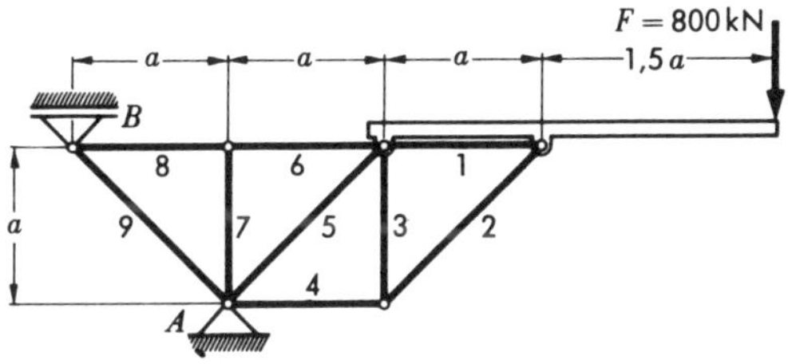

Abb. A 10-13

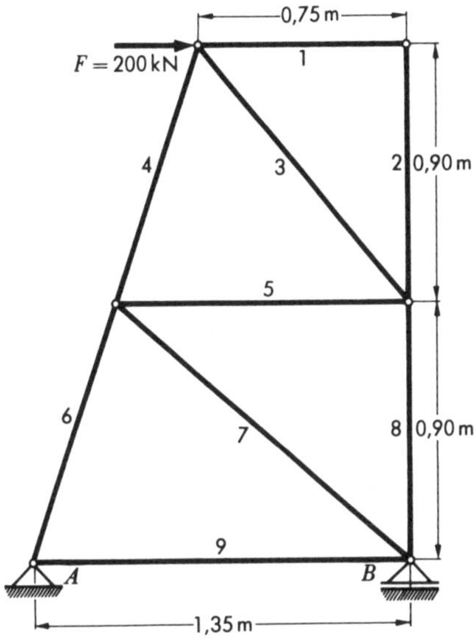

Abb. A 10-14

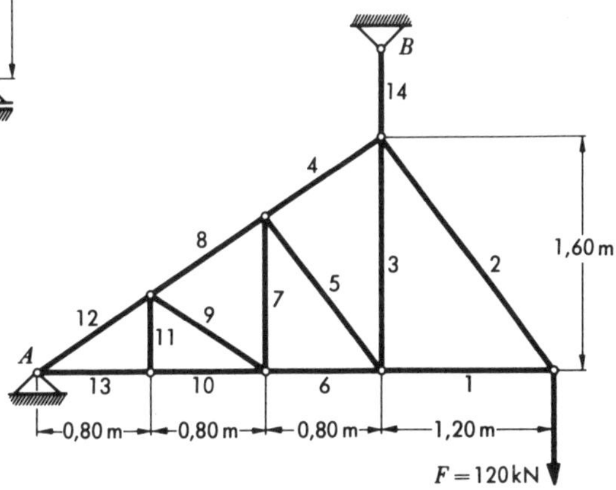

Abb. A 10-15

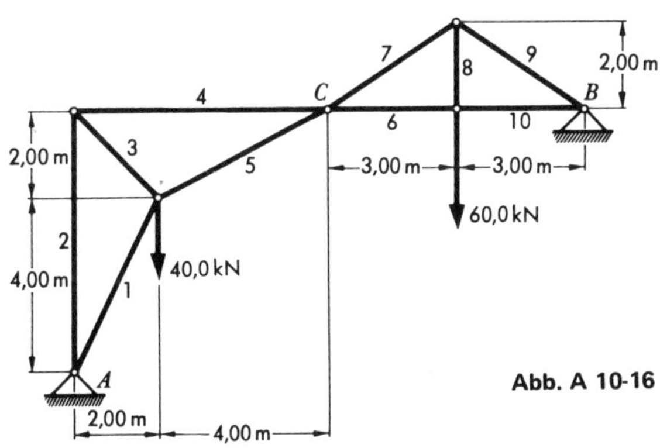

Abb. A 10-16

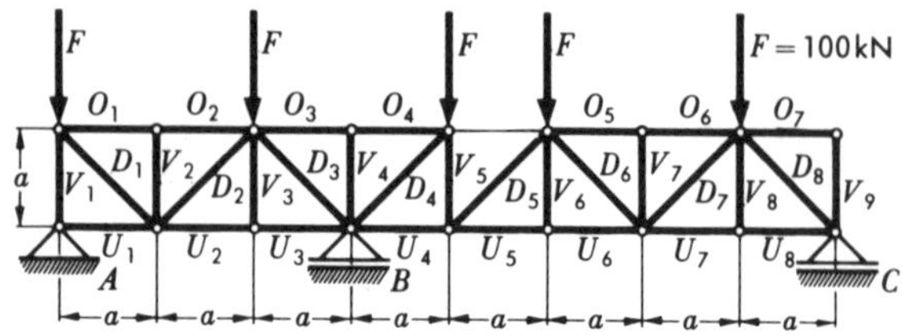

Abb. A 10-17

10.3 Das Fachwerk mit nicht einfachem Aufbau

10.3.1 Analytische Methode (Ritterscher*) Schnitt

Ist das Fachwerk von Abb. 10-4a in allen Knoten belastet (keine Nullstäbe), dann können nach den bisher bekannten Methoden die Stabkräfte in der Reihenfolge 1; 2; 3; 6; 5; 4; 7; 8; 9; 10; 11; 12; 13 bestimmt werden.

Untersucht man daraufhin Fachwerk b, dann ergibt sich folgendes:
Nach Bestimmung der Stabkräfte 1-6 sind an den Knoten IV und V noch je 3 unbekannte Stabkräfte (7 9 8 bzw. 7 10 14). Eine weitere Berechnung bzw. das weitere Zeichnen des CREMONAplans ist nicht möglich. Es ist notwendig, eine der oben genannten Stabkräfte zu berechnen. Man geht dabei von der Überlegung aus, daß die Gleichgewichtsbedingungen nicht nur für die Knoten, sondern auch für Teilabschnitte des Fachwerks erfüllt sein müssen. Das Fachwerk wird durch einen gedachten Schnitt in 2 Teilfachwerke zerlegt, wobei man für die geschnittenen Stäbe die Stabkräfte einführt. Werden dabei nicht mehr als 3 Stäbe geschnitten, dann gestatten die 3 Gleichgewichtsbedingungen die Berechnung dieser 3 Kräfte. Dieses Verfahren nennt man den RITTERschen Schnitt.

Im vorliegenden Beispiel müßte der Schnitt durch die Stäbe 12 13 14 geführt werden (Abb. 10-16). Aus der Momentengleichung für den Knoten VIII kann man die Stabkraft 14 errechnen. Damit können die Stabkräfte in der Reihenfolge 7; 10; 8; 9; 11; 12; 13; usw. bestimmt werden. Die noch verbleibenden 2 Gleichgewichtsbedingungen für das Teilfachwerk gestatten zu Kontrollzwecken die Berechnung der Stabkräfte 12 und 13. Dabei ist es wegen eines möglichst kurzen Rechenganges zweckmäßig, für Berechnung von S_{12} die Gleichung $\Sigma M_V = 0$ und von S_{13} die Gleichung $\Sigma M_I = 0$ zu verwenden.

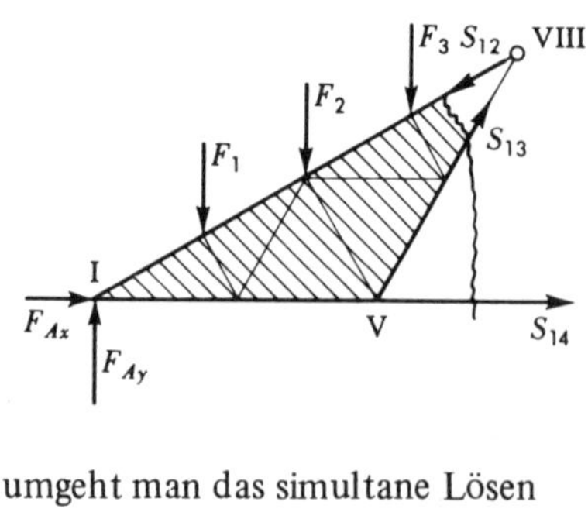

Abb. 10-16

Sind die geschnittenen Stäbe nicht parallel, dann umgeht man das simultane Lösen von Gleichungen, wenn man nur mit Momentengleichungen arbeitet, wobei der Pol jeweils in den Schnittpunkt von 2 Unbekannten gelegt wird.

*) Ritter, August (1826 - 1906) deutscher Ingenieur.

Wird im oben betrachteten Fachwerk Stab 14 herausgenommen und dafür das Loslager durch ein Festlager ersetzt, dann entsteht ein Dreigelenkbogen. Die Bestimmung von S_{14} entspricht der Berechnung von F_{Ax} und F_{Ay} dieses Dreigelenkbogens (vgl. auch Aufgabe 9-10).

Der RITTERsche Schnitt wird vorteilhaft auch bei Fachwerken mit einfachem Aufbau verwendet, wenn man nicht mehr als 3 innenliegende Stabkräfte berechnen oder kontrollieren will (s. Beispiel 4, Abschnitt 6-4).

10.3.2 Graphische Methode

Die Bestimmung der 3 geschnittenen Stabkräfte des Teilfachwerkes kann mit Hilfe der CULMANNschen Gerade erfolgen. Dazu ist es allerdings notwendig, die Auflagerkraft und die an den Knoten angreifenden Kräfte durch die Resultierende zu ersetzen. Man erhält dann insgesamt 4 Kräfte und kann somit das CULMANNsche Verfahren durchführen.

Auch die Anwendung der Seileckkonstruktion ist möglich. Der Seilstrahl 0′ muß in den Schnittpunkt von 2 unbekannten Stabkräften, d.h. in einen Knoten gelegt werden (s. Abschnitt 6-4).

Beispiele zum Abschnitt 10.3

Beispiel 1 (Abb. 10-17)

Der CREMONAplan des abgebildeten Fachwerkes (alle Winkel 90° bzw. 45°; F = 1000 kN) kann an den Knoten IV und V nicht weitergezeichnet werden. Zu bestimmen sind graphisch und analytisch die Stabkräfte S_8 S_{13} S_{14}.

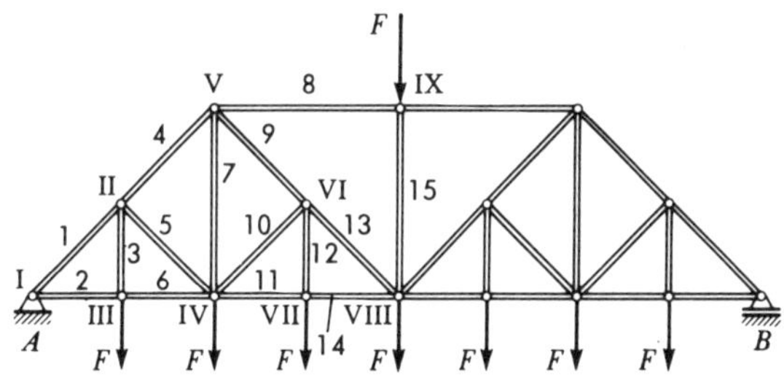

Abb. 10-17

Analytische Lösung (Abb. 10-18)

Der RITTERsche Schnitt schneidet die Stäbe 8; 13; 14. Nimmt man alle Stäbe zunächst als Zugstäbe an, dann ergibt ein negatives Vorzeichen einen Druckstab.

$$\sum M_{VIII} = 0; \qquad -S_8\, 2a + F a + F\, 2a + F\, 3a - 4F \cdot 4a = 0$$

$$S_8 = -5F$$

$$\mathbf{S_8 = -5000\ kN}\ \text{(D)}$$

$$\sum M_V = 0; \qquad -4F \cdot 2a + S_{14} \cdot 2a = 0$$

$$S_{14} = 4F$$

$$\mathbf{S_{14} = 4000\ kN\ (Z)}$$

$$\sum F_y = 0; \qquad 4F - 3F - S_{13} \cdot \sin 45^\circ = 0$$

$$S_{13} = \frac{F}{\sin 45^\circ}$$

$$\mathbf{S_{13} = 1414\ kN\ (Z)}$$

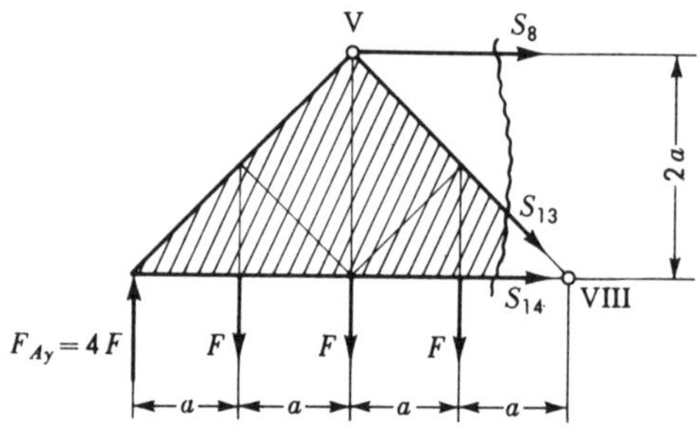

Abb. 10-18

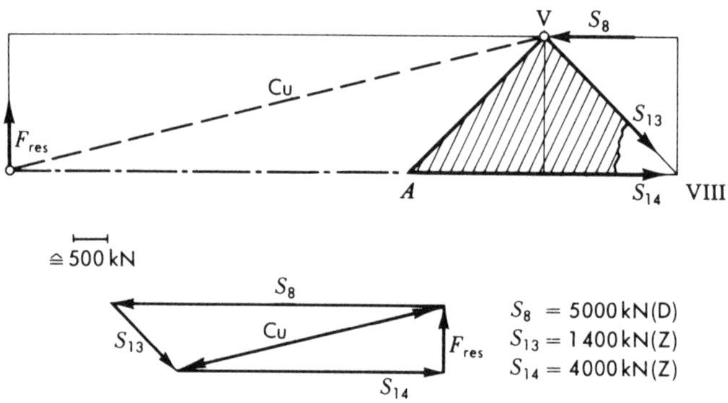

Abb. 10-19

Graphische Lösung (Abb. 10-19)

Die Resultierende der Auflagerreaktion und der angreifenden Kräfte beträgt für das Teilfachwerk $F_{res} = F = 1000$ kN (↑). Sie liegt 6 a links von A. Als CULMANNsche Gerade wurde die Verbindung der Schnittpunkte $F_{res}\ S_{14}$ und $S_8\ S_{13}$ gewählt. Man erhält ein gleichsinnig geschlossenes Kraftviereck mit Cu als Diagonale.

Aufgaben zum Abschnitt 10.3

A 10-18. Für den abgebildeten Stabverband sind alle Stabkräfte zu bestimmen. Lösung graphisch und analytisch.

A 10-19 bis 23. Abgebildet ist ein Fachwerk mit nicht einfachem Aufbau. Es sind die 3 Stabkräfte graphisch und analytisch zu bestimmen, von denen eine für das Zeichnen des CREMONAplanes notwendig ist.

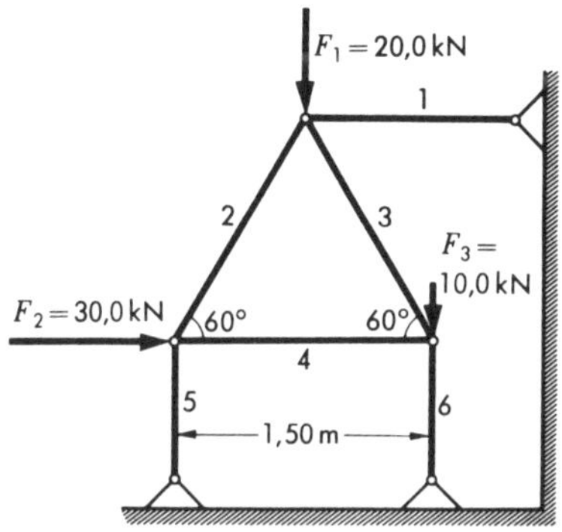

Abb. A 10-18

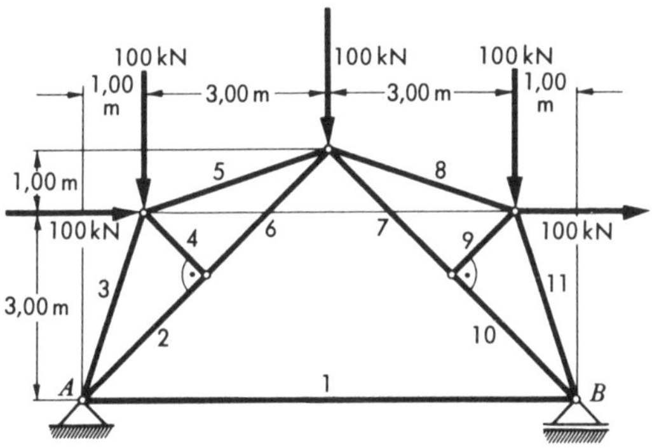

Abb. A 10-19

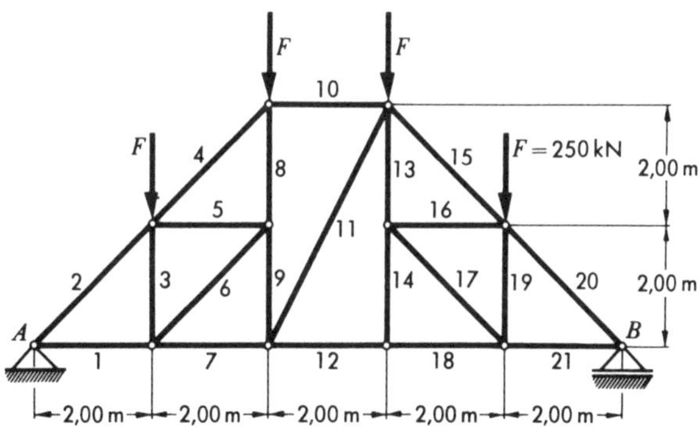

Abb. A 10-20

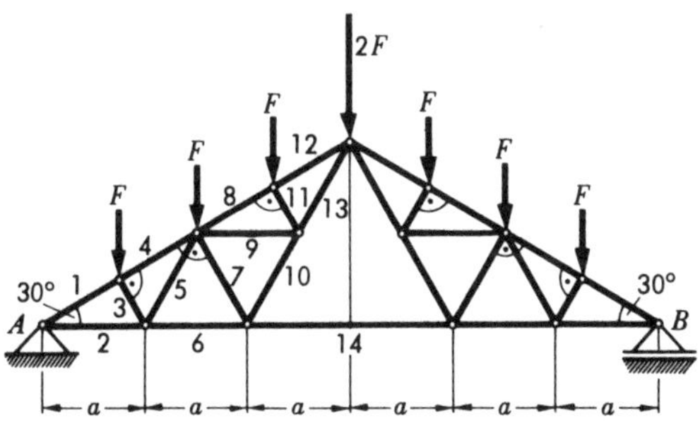

Abb. A 10-21

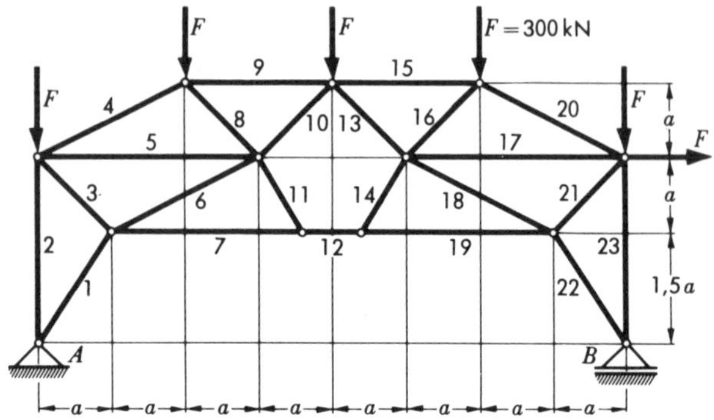

Abb. A 10-22

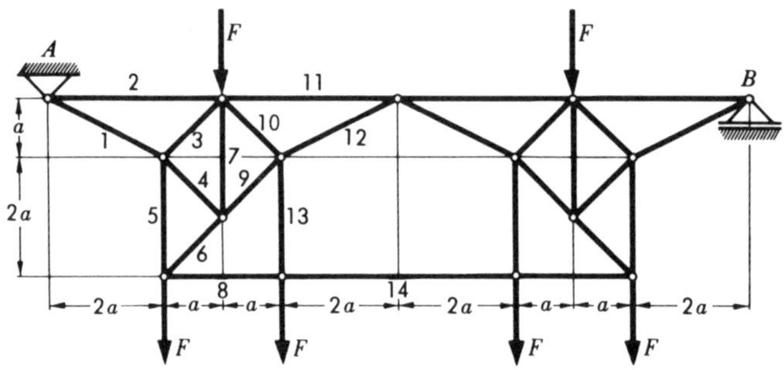

Abb. A 10-23

A 10-24. Für das Fachwerk sind die Stabkräfte S_6 S_7 S_8 mit dem Ritterschen Schnitt zu bestimmen.

A 10-25. Für den Stabverband sind die Stabkräfte S_2 S_3 S_4 graphisch und analytisch zu bestimmen.

A 10-26. Die Stabkräfte S_6 S_7 S_8 des abgebildeten Fachwerkes sind graphisch und analytisch zu bestimmen.

A 10-27. Die Stabkräfte S_4 S_5 S_6 des abgebildeten Fachwerkes sind graphisch und analytisch zu bestimmen.

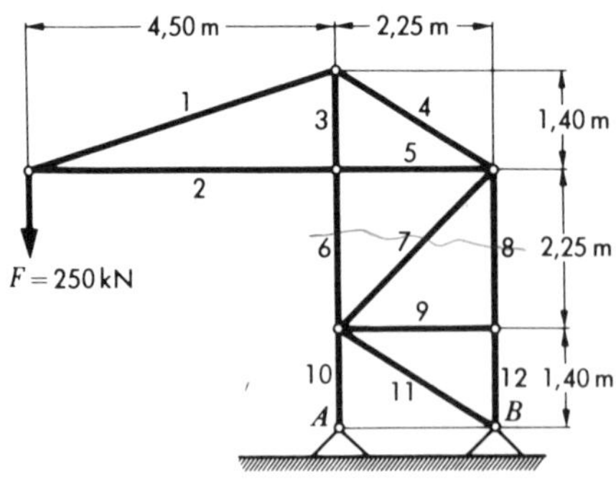

Abb. A 10-24

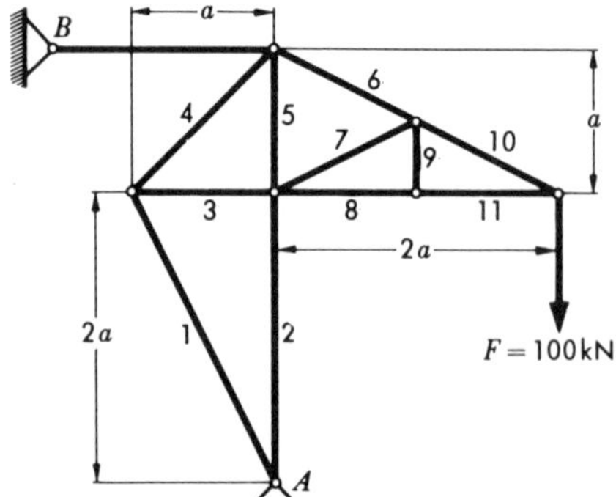

Abb. A 10-25

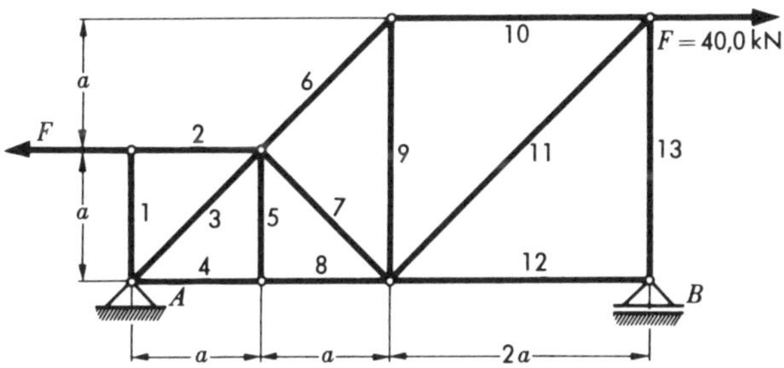

Abb. A 10-26

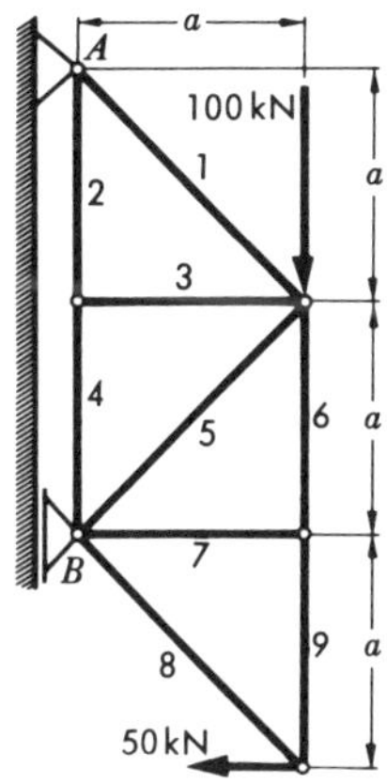

Abb. A 10-27

A 10-28 bis 38. Die jeweils genannten 3 Stabkräfte der folgenden Fachwerke sind mit Hilfe des RITTERschen Schnittes auf ihre Richtigkeit zu kontrollieren.

4;	5;	6	Abb. A 10-1
4;	5;	6	Abb. A 10-2
8;	9;	10	Abb. A 10-3
4;	5;	6	Abb. A 10-4
6;	7;	8	Abb. A 10-5
8;	9;	10	Abb. A 10-7
4;	6;	3	Abb. A 10-10
4;	5;	6	Abb. A 10-12
4;	5;	6	Abb. A 10-13
6;	7;	8	Abb. A 10-14
O_5;	D_6;	U_6	Abb. A 10-17

A 10-39 bis 47. Die Null-Stäbe der folgenden Fachwerke sind zu ermitteln.

Abb. 10-19;	Abb. 10-24;
Abb. 10-20;	Abb. 10-25;
Abb. 10-21;	Abb. 10-26;
Abb. 10-22;	Abb. 10-27.
Abb. 10-23;	

10.4 Zusammenfassung

Das Fachwerk ist ein Stabverband, dessen Stäbe in reibungslos angenommenen Gelenken miteinander verbunden sind. Die Belastung erfolgt nur in den Gelenken. Unter diesen Voraussetzungen werden die Stäbe nur auf Zug oder Druck beansprucht, d.h. die Stabachsen sind gleichzeitig Wirkungslinien von Kräften.

Ein Fachwerk ist statisch bestimmt (s. Beispiel 2, Abschnitt 10.2), wenn zwischen Stabanzahl s und Knotenanzahl k die Bezeichnung $s = 2\,k$ besteht. Dabei werden für ein Festlager 2 Stäbe, für ein Loslager 1 Stab gezählt. Für Teilfachwerke muß $s = 2k - 3$ gelten (s. Abschnitt 10.1).

An den Knoten entstehen Kräftesysteme mit gemeinsamem Angriffspunkt. Ausgehend von einem Knoten mit zwei unbekannten Stabkräften können alle Stabkräfte eines Fachwerkes mit einfachem Aufbau berechnet werden. Ein Fachwerk mit nicht einfachem Aufbau erfordert die zusätzliche Berechnung einer Stabkraft. Dazu wird mit dem RITTERschen Schnitt ein Teilfachwerk abgetrennt, für das die Gleichgewichtsbedingungen aufgestellt werden.

Die graphische Lösung erfolgt mit dem CREMONAplan, der aus den aneinander gelegten gleichsinnig geschlossenen Kraftecken der einzelnen Knoten besteht. Für ein Fachwerk mit nicht einfachem Aufbau kann der CREMONAplan nicht gezeichnet werden, ohne daß eine zusätzliche Stabkraft ermittelt wird. Das kann für ein Teilfachwerk graphisch mit dem Seileck oder der CULMANNschen Geraden erfolgen.

11. Reibung

11.1 Allgemeines

Der Reibungswiderstand bzw. die Reibungskraft kann als Kraft definiert werden, die an den Berührungsflächen von zwei Körpern tangential angreift und immer entgegengesetzt der Richtung wirkt, in die eine Kraft versucht, den Körper zu bewegen bzw. in die der Körper bewegt wird. Verursacht wird diese Kraft durch die Oberflächenrauhigkeiten (Abb. 11-1). Der Körper muß, ehe Bewegung einsetzt, die Unebenheiten der Oberflächen wegdrücken oder er muß über sie gehoben werden.

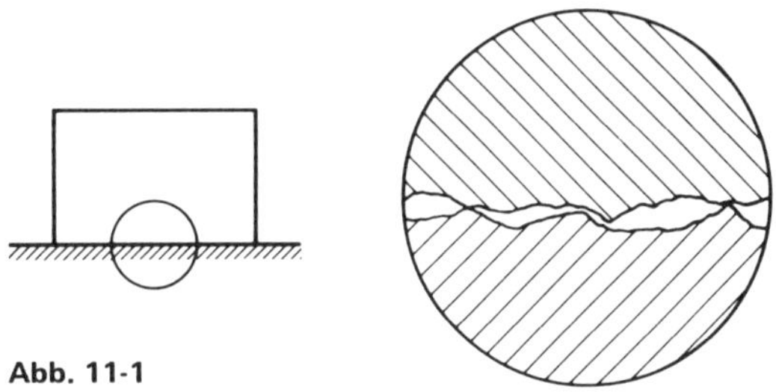

Abb. 11-1

Das nachfolgende Kapitel befaßt sich mit der trockenen Reibung, d.h. mit Reibungsvorgängen, bei denen die Körper sich selbst berühren und nicht durch einen Schmierfilm voneinander getrennt sind. Bei Vorhandensein einer Schmierschicht, die die Oberflächenrauhigkeiten ausfüllt, aber eine direkte Berührung der Oberflächen nicht verhindert, rechnet man nach den Gesetzen der trockenen Reibung mit entsprechenden Erfahrungswerten. Ein Schmierfilm, der die direkte Berührung verhindert, entsteht nur bei höheren Umfangsgeschwindigkeiten in Gleitlagern, wobei die Reibungskräfte in der Ölschicht wirksam sind. Die Erkenntnisse der Hydromechanik müssen deshalb für die Berechnung der Reibungskräfte herangezogen werden.

Bei sehr vielen technischen Vorgängen verursacht die Reibung Verluste und Verschleiß. Die Schmiermittel-, Lagerforschung usw. befassen sich mit der Aufgabe, die Reibungskräfte und den durch sie verursachten Verschleiß möglichst klein zu halten. Auf der anderen Seite wäre z.B. eine Fortbewegung außer durch Impulskräfte ohne Reibungskräfte nicht möglich (Kraftübertragung Reifen – Straße). Reibungskräfte werden dazu benutzt, über Kupplungen, Reibradgetriebe, Riementriebe usw. Leistungen zu übertragen. Die Schraube und der Nagel wären ohne Reibungskräfte als Verbindungselemente nicht brauchbar.

Aus dem oben Gesagten folgt, daß der in den vorigen Kapiteln eingeführte Begriff der glatten Oberfläche, die nur in senkrechter Richtung Kräfte übertragen kann, eine Vereinfachung darstellt. Man kann mit ihm arbeiten, wenn die auftretenden Reibungskräfte gegenüber den anderen Kräften vernachlässigt werden können.

11.2 Das Coulombsche*) Reibungsgesetz

Die Größe der Reibungskraft kann man mit Hilfe einer Versuchseinrichtung nach Abb. 11-2 ermitteln. Solange der Block m auf seiner Unterlage nicht gleitet, muß die durch die Gewichte verursachte Seilkraft mit der Reibungskraft F_{R0} im Gleichgewicht sein (Index 0 für Ruhezustand). Abb. 11-3 zeigt das freigemachte System. Reicht die Reibungskraft nicht aus, um den Block zu halten, setzt beschleunigte Bewegung in Richtung von S ein. Die Größe der Reibungskraft ist demnach kein Festwert, sondern kann von 0 bis zu einem Maximalwert abhängig von den wirkenden Kräften schwanken. Dabei ist, wie oben ausgeführt, die Reibungskraft immer entgegengesetzt der Richtung, in die eine Bewegung eingeleitet werden soll, gerichtet.

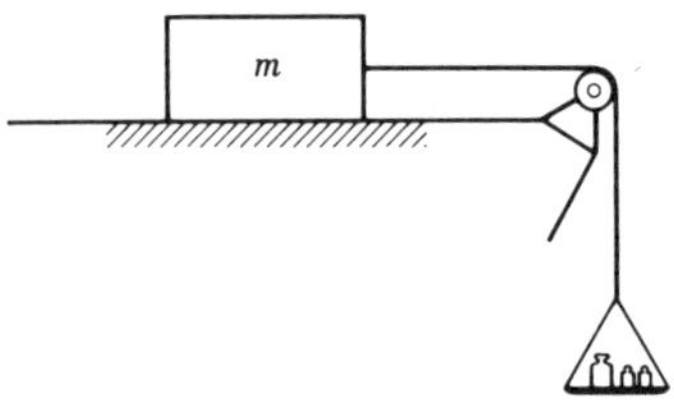

Abb. 11-2

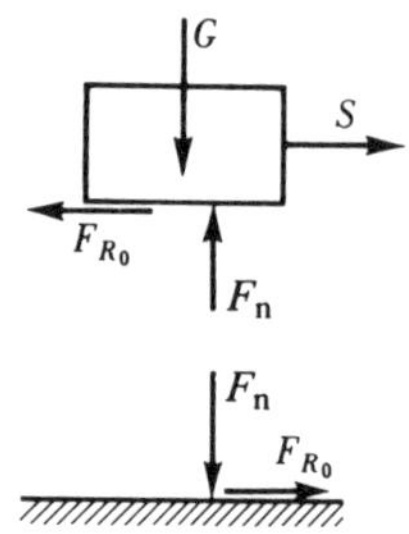

Abb. 11-3

Die Reibung im Ruhezustand nennt man Haft-, im Bewegungszustand Gleitreibung. Die maximale Haftreibung ist immer größer als die Gleitreibung. Die Tatsache kann man am folgenden Experiment veranschaulichen (Abb. 11-4). Auf ein Band wird ein Block gelegt, der über eine Federwaage festgehalten wird. Das Band wird langsam in Bewegung gesetzt, wobei der Block zunächst mitbewegt wird und dabei die Federwaage spannt. Im Augenblick vor dem Losreißen des Blockes vom Band zeigt die Waage die größte Kraft an, um dann beim Gleiten auf einen kleineren Wert zurückzugehen. Dieser Tatbestand spielt auch bei der Bremsung von Fahrzeugen eine Rolle. Die maximale Bremskraft ist wirksam, wenn die Räder gerade noch nicht blockiert sind, d.h. noch auf der Unterlage haften.

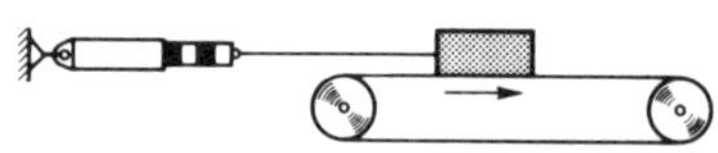

Abb. 11-4

Der Einfluß der Größe der Berührungsfläche auf die maximale Haftreibung kann durch den Versuch nach Abb. 11-5 ermittelt werden. Der quaderförmige Block muß allseitig gleiche Oberflächenbeschaffenheit haben. Die Kraft, die notwendig ist, um den Quader in Bewegung zu setzen, ist für alle 3 Seiten auf die der Block gelegt wird, gleich. Die Reibungskräfte sind demnach von der Größe der berührenden Ober-

*) Coulomb, Charles (1736 - 1806) französischer Physiker.

fläche unabhängig. Bei kleineren Oberflächen ist die Kraft pro Flächeneinheit, d.h. die Flächpressung größer und damit die „Verzahnung“ der Oberflächenrauhigkeiten. Die Unabhängigkeit der Reibungskraft von der Größe der Berührungsfläche ist nicht mehr gegeben, wenn die Flächenpressung so groß wird, daß eine Deformation der Oberflächen erfolgt (Eindrücken des Gegenstandes in die Unterlage).

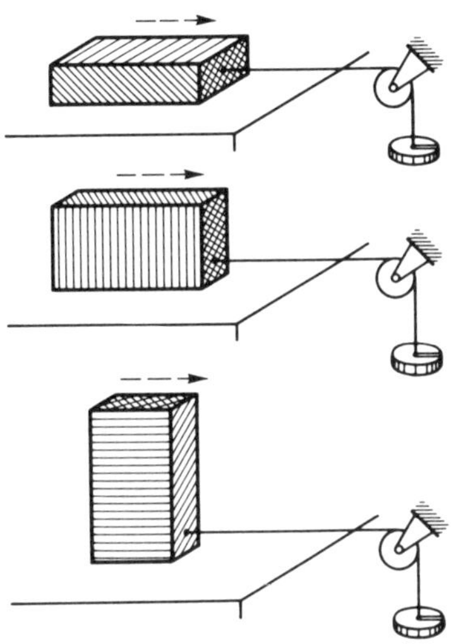

Abb. 11-5

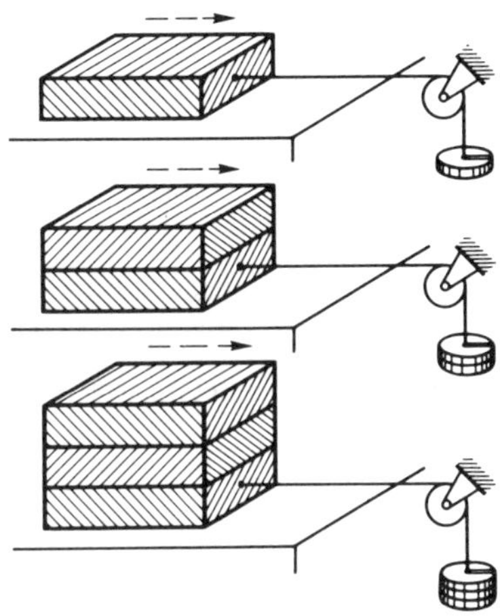

Abb. 11-6

Erhöht man die Anpreßkraft der Oberflächen durch Aufsetzen von Zusatzgewichten auf den Block (Abb. 11-6), dann ergeben die Versuche, daß die maximale Haftreibungskraft proportional dieser senkrecht auf die Oberflächen wirkenden Anpreßkraft ist. Diese Kraft wird Normalkraft F_n genannt. Es gilt demnach

$$F_{\mathrm{R0max}} \sim F_{\mathrm{n}} .$$

Nach Einführung einer Proportionalitätskonstanten erhält man

$$F_{\mathrm{R0max}} = \mu_0 \, F_{\mathrm{n}} .$$

μ_0 wird *Haftreibungskoeffizient* oder *-zahl* genannt und hängt von der Art der in Kontakt miteinander stehenden Oberflächen ab (s. S. 258). Die Dimension von μ_0 ist 1 (Verhältniszahl). μ_0 kann nur experimentell bestimmt werden. In den meisten Fällen müssen die Haftreibungszahlen, die in einem verhältnismäßig weiten Bereich streuen können, geschätzt werden. Für den allgemeinen Fall der Haftreibung gilt

$$\mathbf{F}_{\mathbf{R0}} \leqslant \mu_0 \cdot \mathbf{F}_{\mathbf{n}} . \qquad \textbf{Gl. 11-1}$$

Diese Abhängigkeit wurde zuerst von COULOMB formuliert. Für den Bereich der Gleitreibung kann man ein analoges Gesetz angeben

$$\mathbf{F}_{\mathbf{R}} = \mu \cdot \mathbf{F}_{\mathbf{n}} . \qquad \textbf{Gl. 11-2}$$

In diesem Fall ist die Gleitreibungszahl μ zusätzlich von der Gleitgeschwindigkeit abhängig. Für nicht zu hohe Geschwindigkeiten kann μ jedoch als konstant angesehen werden.

Trägt man für den Versuch nach Abb. 11-2 in einem Diagramm die Reibungskräfte F_R über der Seilkraft S auf (s. Abb. 11-7), dann erhält man für den Bereich der Haftreibung für gleiche Maßstäbe eine Gerade unter 45°, denn es gilt $F_{R0} = S$. Bei einsetzender Bewegung sinkt die Reibungskraft vom Maximalwert $\mu_0 \cdot F_n$ auf den Wert der Gleitreibung $\mu\ F_n$ ab.

Die Resultierende der Normal- und Reibungskraft kann maximal unter dem Winkel (Abb. 11-8)

$$\tan \rho_0 = \frac{\mu_0\ F_n}{F_n}$$

$$\left.\begin{array}{ll} \mathbf{\tan \rho_0 = \mu_0} & \text{Haftreibung} \\ \mathbf{\tan \rho\ = \mu} & \text{Gleitreibung} \end{array}\right\} \qquad \textbf{Gl. 11-3}$$

angreifen. Den Winkel ρ_0 bzw. ρ nennt man *Reibungswinkel.*

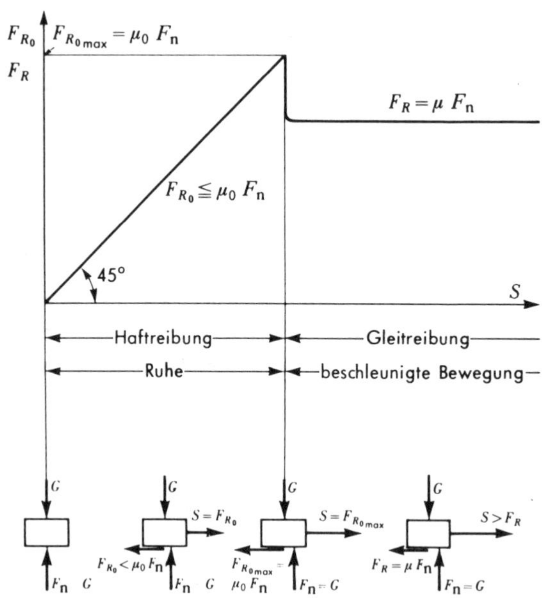

Abb. 11-7

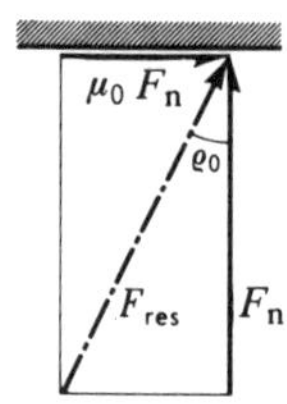

Abb. 11-8

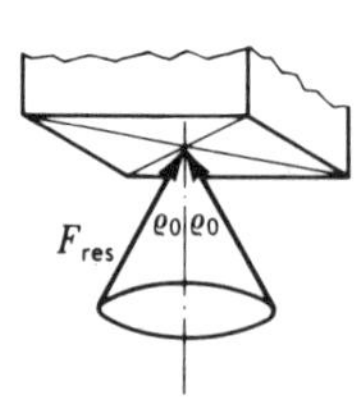

Abb. 11-9

Für den Fall der Haftreibung kann die Resultierende aus Normal- und Reibungskraft innerhalb eines Kegels vom Öffnungswinkel $2\ \rho_0$ liegen (Abb. 11-9).

Bei maximaler Haftreibung liegt die Resultierende auf dem Mantel dieses Kegels. Bei Gleitreibung liegt die Resultierende auf dem Mantel des Kegels mit dem Öffnungswinkel $2\ \rho < 2\ \rho_0$.

Folgende Fälle müssen eindeutig unterschieden werden:

	Lage der res. Kraft an der Oberfläche	Größe der Reibungskraft
Haftreibung (Ruhezustand)	innerhalb Kegel 2 ρ_0	$< \mu_0 \cdot F_n$
max. Haftreibung, Grenzzustand einsetzende Bewegung	auf Kegelmantel 2 ρ_0	$= \mu_0 \cdot F_n$
Gleitreibung	auf Kegelmantel 2 ρ	$= \mu \cdot F_n$

11.3 Die schiefe Ebene

Ein auf einer schiefen Ebene liegender Block ist in Ruhe, wenn die Reibungskraft gleich dem Hangabtrieb ist, oder anders formuliert, wenn die Gewichtskraft mit der Resultierenden aus Reibungs- und Normalkraft im Gleichgewicht ist. Diese beiden Kräfte müssen demnach gleich groß, entgegengesetzt gerichtet und kollinear sein. Die letzte Bedingung kann nur erfüllt sein, wenn der Reibungswinkel ρ_0 größer oder höchstens gleich dem Steigungswinkel der schiefen Ebene α ist (s. Abb. 11-10). Wird der Steigungswinkel größer als der Reibungswinkel, ist Gleichgewicht nicht möglich und es setzt beschleunigte Bewegung ein. Dieser einfache Versuch gestattet die experimentelle Bestimmung von $\mu_0 = \tan \rho_0 = \tan \alpha$ (α = Steigungswinkel für einsetzende Bewegung).

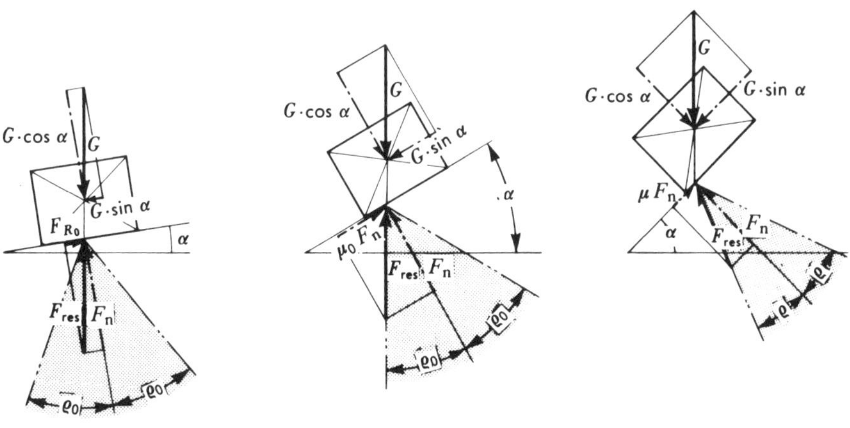

$\rho_0 > \alpha$ | $\rho_0 = \alpha$ | $\rho_0 < \alpha$

$G \cdot \sin \alpha = F_{R_0} < \mu_0 F_n$ | $G \cdot \sin \alpha = \mu_0 F_n$ | $G \cdot \sin \alpha > \mu F_n$

Haftreibung | **max. Haftreibung** | **Gleitreibung**

Ruhe | **beschleunigte Bewegung**

Abb. 11-10

Die Normalkraft F_n ist die Resultierende einer auf der Oberfläche verteilten Flächenlast bzw. der Flächenpressung. Aus Abb. 11-10 ist ersichtlich, daß die Normalkraft um so weiter vorn liegt, je steiler die schiefe Ebene angestellt wird, d.h. die Flächenpressung an der Auflagefläche zwischen Block und Unterlage ist nicht konstant, sondern hat eine Verteilung wie sie Abb. 11-11 zeigt.

Greift an dem betrachteten Block noch zusätzlich eine Kraft F an (Abb. 11-12), dann verteilt sich im Falle des statischen Gleichgewichtes die Flächenpressung so, daß die Resultierende von Reibungs- und Normalkraft durch den Schnittpunkt von F und G geht (Bedingung für 3 Kräfte im Gleichgewicht). Die Kraft F kann in diesem Falle auch die Resultierende mehrerer Kräfte sein.

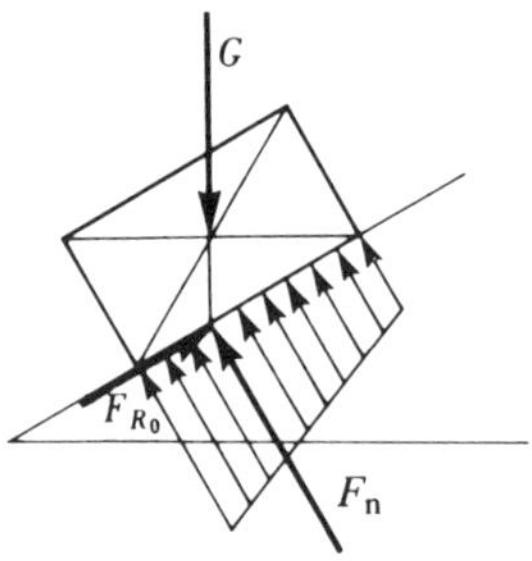

Abb. 11-11

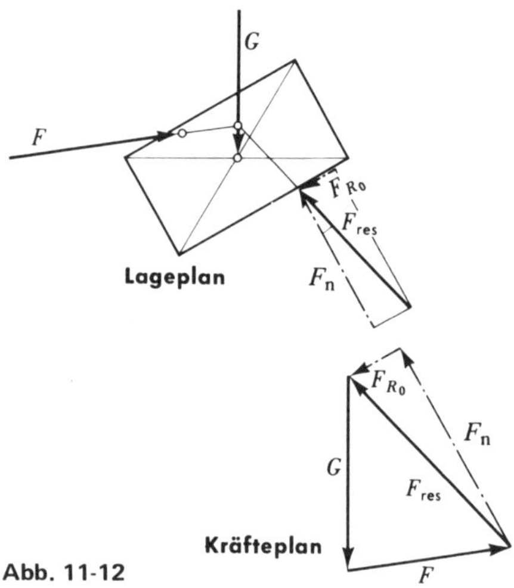

Abb. 11-12

Beispiel 1 (Abb. 11-13)

Eine Maschine (m = 2000 kg) soll nach Skizze mit einem Seil eine Rampe heraufgezogen werden. Die Schwerpunktlage S der Maschine ist bekannt. Für trockene Oberflächen wird die Reibungszahl zu 0,4 geschätzt. Für diesen Fall ist zu untersuchen, ob die Gefahr des Umkippens der Maschine besteht. Für eine durch Schmierung verringerte Reibungszahl von 0,15 ist die zum Heraufziehen notwendige Seilkraft F_S zu bestimmen.

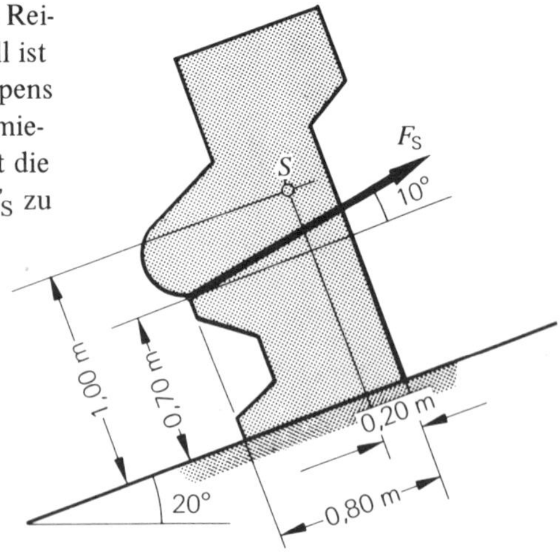

Abb. 11-13

Lösung (Abb. 11-14/15/16)

Für den Grenzfall des Kippens greifen die Oberflächenkräfte in der rechten Auflagekante an. Das System wird nach Abb. 11-14 freigemacht. Die drei Gleichgewichtsbedingungen ergeben

$$\Sigma\ M_A = 0;$$

$$G \cdot \cos 20° \cdot 0{,}20\ \text{m} + G \cdot \sin 20° \cdot 1{,}0\ \text{m} - F_S \cdot \cos 10° \cdot 0{,}70\ \text{m} - F_S \cdot \sin 10° \cdot 0{,}80\ \text{m} = 0$$

$$F_S = 12{,}55\ \text{kN}$$

$$\Sigma\ F_y = 0; \qquad F_n - G \cdot \cos 20° + F_S \cdot \sin 10° = 0$$

$$F_n = 16{,}26\ \text{kN}$$

$$\Sigma\ F_x = 0; \qquad F_S \cdot \cos 10° - G \cdot \sin 20° - F_n \cdot \mu = 0$$

$$\mu = 0{,}35.$$

Die vorhandene Reibung ist größer als die hier errechnete, d.h. die Kante A kann sich nicht nach rechts bewegen und die Maschine würde kippen.

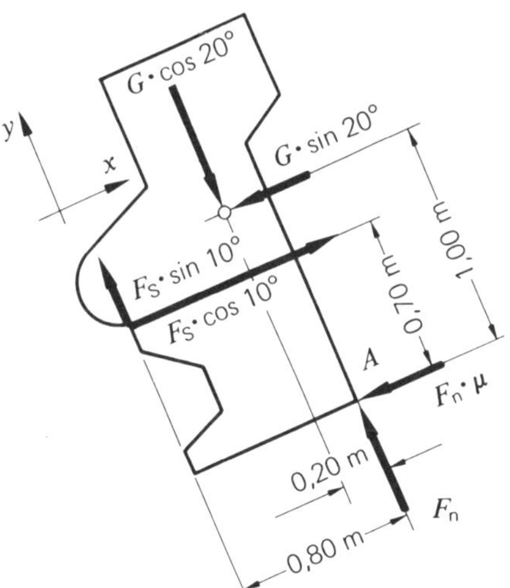

Abb. 11-14

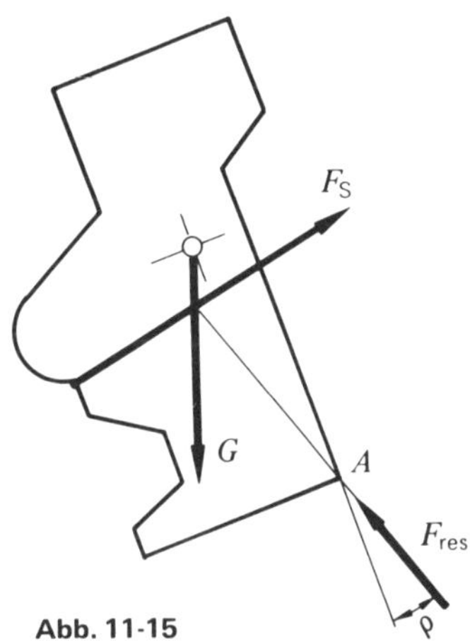

Abb. 11-15

Die graphische Lösung dieses Aufgabenteils zeigt die Abb. 11-15. Die Wirkungslinien von drei Kräften im Gleichgewicht schneiden sich in einem Punkt. Das ergibt die Richtung der Kraft an der Kante A und damit den Reibungswinkel. Man mißt $\rho \approx 19°$. Es ist $\tan \rho = \mu \approx 0{,}35$.

Die Berechnung der Seilkraft für die verminderte Reibung kann aus den Bedingungen $\Sigma\ F_x = 0$ und $\Sigma\ F_y = 0$ für das System Abb. 11-14 erfolgen. Für diesen Teil der Aufgabe darf die Momentengleichung nicht verwendet werden, da jetzt die Lage der resultierenden Kraft unten nicht bekannt ist. Es liegt infolge stark verringerter Reibung der Grenzfall Kippen nicht vor.

$$\Sigma\ F_y = 0; \qquad F_S \cdot \sin 10^\circ + F_n - G \cdot \cos 20^\circ = 0$$

$$\Sigma\ F_x = 0; \qquad F_S \cdot \cos 10^\circ - F_n \cdot \mu - G \cdot \sin 20^\circ = 0$$

mit $\mu = 0{,}15$.

Nach Eliminieren von F_n erhält man $\mathbf{F_S = 9{,}37\ kN}$.

Schneller zum Ziel führt das graphische Verfahren (Abb. 11-16), das durch eine Rechnung ergänzt wird. Die Richtung der resultierenden Kraft an der Unterseite ist bekannt ($\rho = \arctan \mu = 8{,}5^\circ$). Aus dem gleichsinnig geschlossenen Dreieck, das man auch als Skizze anfertigen kann, ergibt der sin-Satz:

$$\frac{F_S}{\sin 28{,}5^\circ} = \frac{G}{\sin 91{,}5^\circ}\ ; \qquad F_S = 9{,}37\ \text{kN}.$$

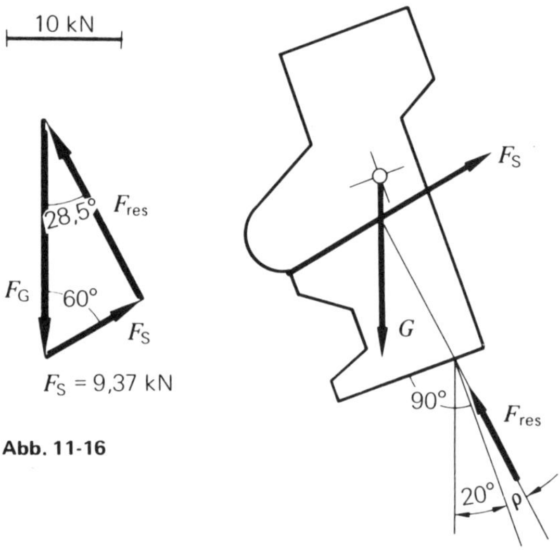

Abb. 11-16

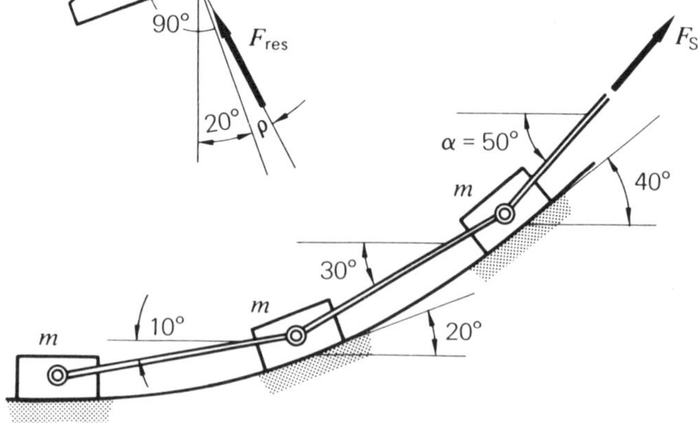

Abb. 11-17

Beispiel 2 (Abb. 11-17)

Drei miteinander verbundene Massen ($m = 30$ kg) werden eine aufsteigende Bahn heraufgezogen. Der Reibungsbeiwert beträgt $\mu = 0{,}2$. Zu bestimmen ist die zum Ziehen notwendige Stangenkraft F_S.

Das vorliegende System kann als Modell für eine Baggerkette aufgefaßt werden.

Lösung (Abb. 11-18/19)

Die Einzelmassen werden freigemacht. Die Lage der resultierenden Kraft an der Auflageseite ergibt sich aus dem Reibungswinkel ρ = arc tan μ = 11,3° und der Neigung der Bahn. Für die analytische Lösung ist es am einfachsten, mit gedrehten Koordinatensystemen zu arbeiten, wobei die y-Achse in Richtung von F_{res} gelegt wird. Die Gleichung $\Sigma F_x = 0$ läßt sich dann nach F_S auflösen.

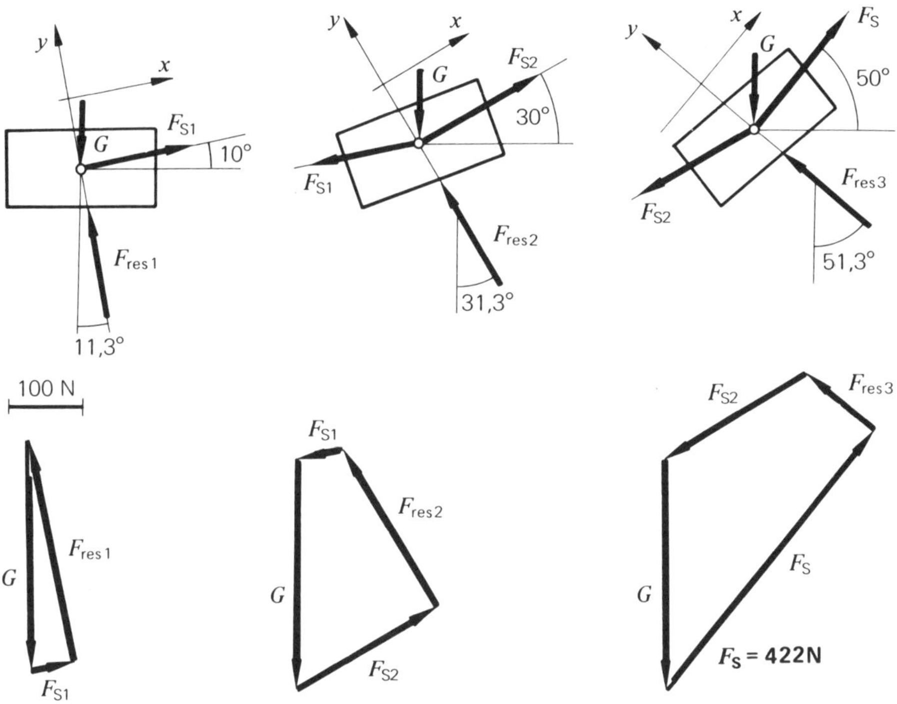

Abb. 11-18

Masse 1:

$$\Sigma F_x = 0; \qquad F_{S1} \cdot \cos 1{,}3° - G \cdot \sin 11{,}3° = 0$$
$$F_{S1} = 57{,}7 \text{ N}$$

Masse 2:

$$\Sigma F_x = 0; \qquad F_{S2} \cdot \cos 1{,}3° - F_{S1} \cdot \sin 68{,}7° - G \cdot \sin 31{,}3° = 0$$
$$F_{S2} = 206{,}7 \text{ N}$$

Masse 3:

$$\Sigma F_x = 0; \qquad F_S \cdot \cos 1{,}3° - F_{S2} \cdot \sin 68{,}7° - G \cdot \sin 51{,}3° = 0$$
$$\mathbf{F_S = 422{,}4\ N.}$$

Die Abb. 11-18 zeigt die Kraftecke der graphischen Lösung. Auch hier muß die Konstruktion an der Masse 1 begonnen werden. Es ist möglich, die Kraftecke so aneinander zu setzen, daß sich ein geschlossenes Krafteck der äußeren Kräfte ergibt mit den Stangenkräften als inneren Kräften (Abb. 11-19).

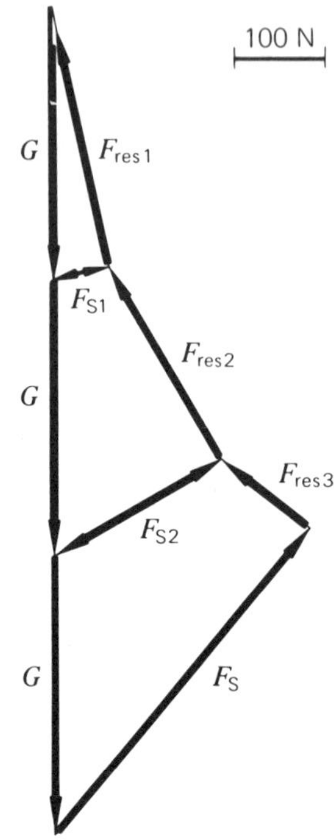

Abb. 11-19

Aufgaben zum Abschnitt 11.3

A 11-1. Für das Beispiel 1 Abb. 11-13 ist die zum Herunterschieben der Last notwendige Kraft für $\mu = 0{,}40$ zu berechnen. Die Kraft soll 0,7 m von unten parallel zur Unterlage angreifen. Besteht dabei die Gefahr des Kippens?

A 11-2. Für das Beispiel 2 Abb. 11-17 ist der maximale Winkel α zu berechnen, für den die oberste Masse gerade nicht von der Unterlage abhebt.

A 11-3. Eine Last von 1200 kg wird nach Skizze auf einem Schlitten eine Rampe hinaufgezogen. Die Reibungszahlen betragen $\mu_0 = 0{,}15$ und $\mu = 0{,}10$. Zu bestimmen sind

a) die Kraft, die notwendig ist, um die Last in Bewegung zu setzen,
b) die Kraft, die notwendig ist, um die Last mit konstanter Geschwindigkeit zu bewegen,
c) die Kraft, die notwendig ist, um ein Zurückgleiten der Last im Stillstand zu vermeiden.

A 11-4. Eine Masse $m = 10{,}0$ kg liegt auf einer schiefen Ebene mit dem Neigungswinkel $\alpha = 30°$. Der Reibungswinkel beträgt $\rho_0 = 10°$. Es ist zu ermitteln, ob die Masse nach oben oder unten gleitet oder im Gleichgewicht ist, wenn a) $F = 90$ N, b) $F = 30$ N ist. F greift horizontal an.

A 11-5. Wie Aufgabe 11-4, jedoch $F = 50$ N. Wie groß ist die Reibungskraft?

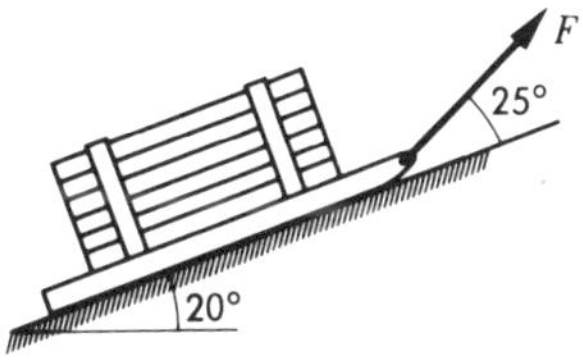

Abb. A 11-3

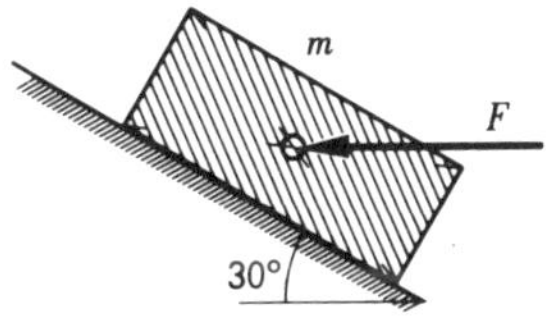

Abb. A 11-4/5/6

A 11-6. Wie groß sind die Reibungskräfte für die Fälle a) und b) von A 11-4, wenn $\rho = 7{,}5^\circ$ beträgt?

A 11-7. Ein homogener Balken wird wie abgebildet, von einem Seil gehalten. Für welchen Winkel α rutscht er auf der Unterlage weg?

A 11-8. Abgebildet ist eine belastete Stehleiter ohne Sicherheitskette. Welche Reibungszahlen sind an den Stellen A und B erforderlich, damit die Leiter nicht auseinanderrutscht? Das Leitergewicht kann vernachlässigt werden. $x = 0{,}50$ m.

A 11-9. Die abgebildete Leiter ist beim Besteigen auseinandergerutscht. Ein Versuch ergab: $\mu_{0A} \approx 0{,}1$; $\mu_{0B} \approx 0{,}3$. Aus welcher Höhe ist der Benutzer etwa abgestürzt? Das Leitergewicht kann vernachlässigt werden.

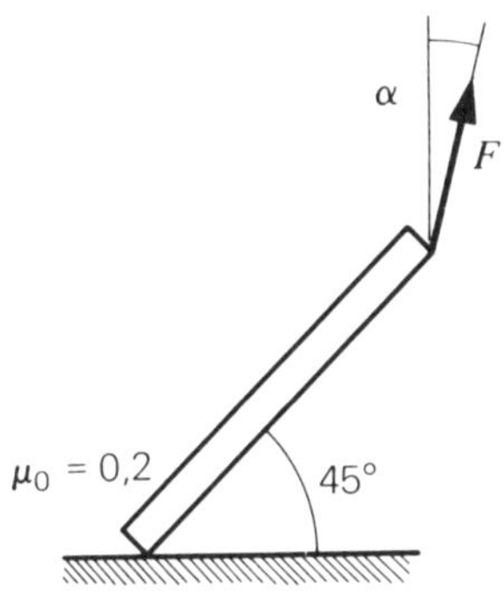

Abb. A 11-7

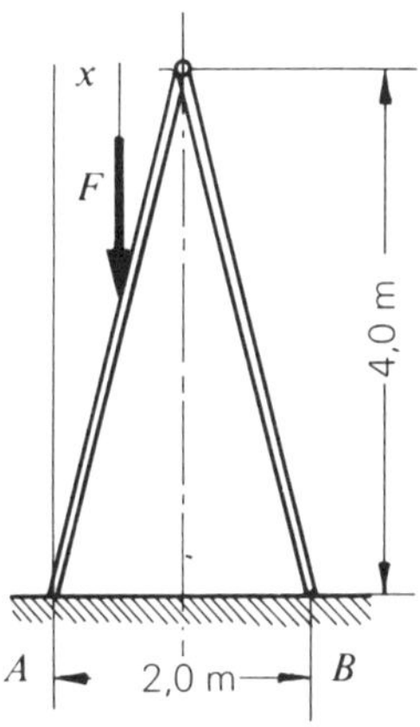

Abb. A 11-8/9

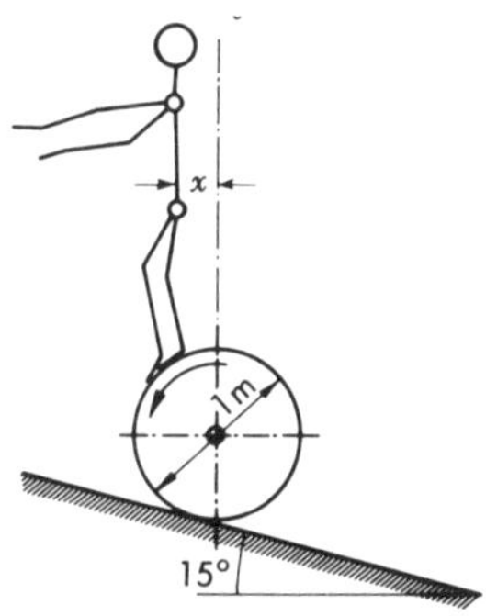

Abb. A 11-10/11

A 11-10. Ein Akrobat rollt in skizzierter Weise eine Walze eine schiefe Ebene mit der Steigung von 15° hinauf. In welchem Abstand x vom Walzenmittelpunkt muß er „laufen", um die Walze mit konstanter Geschwindigkeit hinaufzurollen? Die Gewichtskräfte betragen für die Walze 450 N, für den Akrobaten 700 N.

A 11-11. Fortsetzung von A 11-10. Zu bestimmen sind zusätzlich die mindestens notwendigen Reibungszahlen an der Laufstelle und auf der Rollbahn.

A 11-12. Die abgebildete Leiter ist aus der angegebenen Position durch eine Kraft F umgeschmissen worden. Für die Reibungszahlen $\mu_{0A} \approx 0{,}20$; $\mu_{0B} \approx 0{,}6$ ist abzuschätzen, wie groß F mindestens gewesen sein muß.

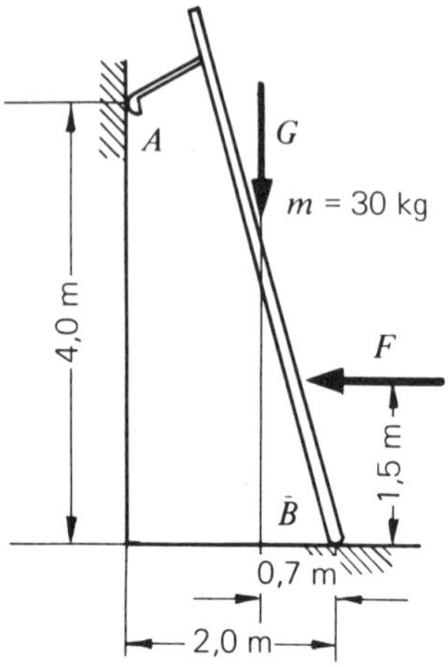

Abb. A 11-12

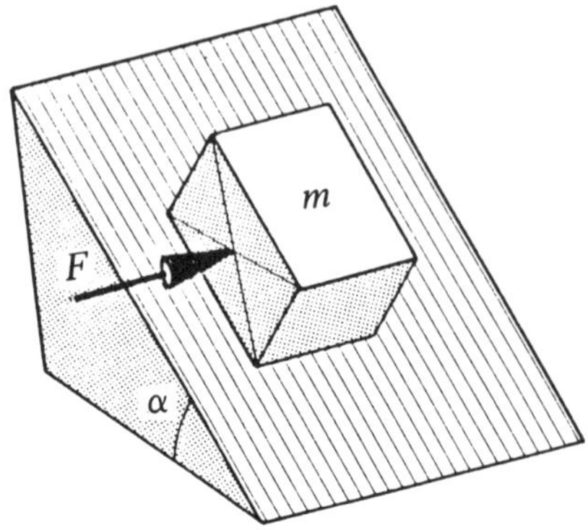

Abb. A 11-13

A 11-13. Auf einer schiefen Ebene liegt ein Block der Masse m. Die zentrisch angreifende Kraft F wirkt nach Skizze parallel zur Grundkante der schiefen Ebene. Zu bestimmen ist die Kraft, die den Block bei allseitig gleicher Reibung (μ_0) in Bewegung setzt. Die Lösung soll zunächst allgemein erfolgen und dann für m = 10,0 kg; $\alpha = 20^\circ$; μ_0 = 0,50 ausgewertet werden.

11.4 Der Keil

Keile werden zur Kraftübersetzung benutzt. Normalerweise sollen kleine Kräfte durch die Wirkung des Keils vergrößert werden, z.B. beim Heben schwerer Lasten durch Eintreiben eines Keils. Bei richtiger Formgebung ist ein Keil selbsthemmend, d.h. er wird durch die Reibungskräfte in seiner Lage gehalten. Der Keil stellt ein einfaches Maschinenelement dar, das die Gesetze der schiefen Ebene anwendet.

Für die Bestimmung der Kräfte bzw. Keilwinkel ist es zweckmäßig, mit Reibungswinkeln und Resultierenden von Reibungs- und Normalkräften zu arbeiten. Man kann das graphische und analytische Verfahren kombinieren, indem man die Kräftedreiecke nicht maßstäblich skizziert und die einzelnen Größen berechnet. Die Lage der Kräfte an den Keilen zu ermitteln, ist normalerweise nicht notwendig. Die Kräfte stellen sich so ein, daß Kräftesysteme mit gemeinsamem Angriffspunkt entstehen (s. Abb. 11-12). Die Eigenmassen der Keile werden immer vernachlässigt.

Wird ein System mit mehreren Keilen freigemacht, dann muß untersucht werden, wie sich die Keile bei Bewegung relativ zueinander verschieben. Danach wird die Lage von F_{res} bestimmt und zwar unter Beachtung der Tatsache, daß die Reibungskraft hemmend wirkt. Es sollte immer kontrolliert werden, ob der Lehrsatz actio = reactio an den freigemachten Stellen erfüllt ist.

Beispiel 1 (Abb. 11-20)

Die Abbildung zeigt in vereinfachter Form ein Spannschloß, wie es z.B. zum Verspannen verschiedener Bauelemente verwendet wird. Die Teile sollen mit einer Kraft

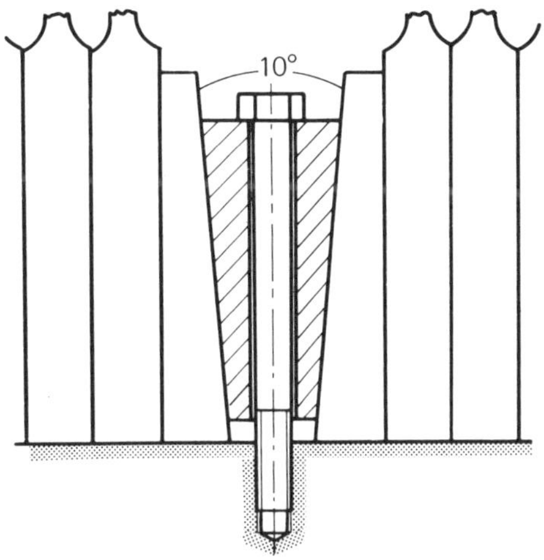

Abb. 11-20

von 10 kN gegeneinander gedrückt werden. Die Reibungszahl für alle Flächen wird zu 0,1 geschätzt. Zu bestimmen ist die notwendige Schraubenkraft, mit der der Keil festgezogen wird. Es ist weiter zu untersuchen, ob die Spannkraft erhalten bleibt, wenn die Schraube brechen sollte, d.h. ob der Keil selbsthemmend ist.

Lösung (Abb. 11-21/22)

Der Keil und die Zwischenstücke werden freigemacht. Da beim Festziehen die maximale Haftreibung überwunden werden muß, liegen die Resultierenden unter dem Winkel ρ_0 = arc tan μ_0 = 5,7° zur Normalen. Der Keil wird nach unten gedrückt, die resultierenden Oberflächenkräfte müssen so wirken, daß die Reibungskraft nach oben gerichtet ist. Diese Überlegungen ergeben die Richtungen der Kräfte $F_{\text{res}\,1}$ und $F_{\text{res}\,2}$. Die dazugehörigen Reaktionskräfte wirken auf die Zwischenstücke. Diese verschieben sich etwas beim Anziehen der Schraube. Deshalb muß auch auf der Unterseite eine Reibungskraft eingeführt werden, die der Bewegung entgegengerichtet ist. Die resul-

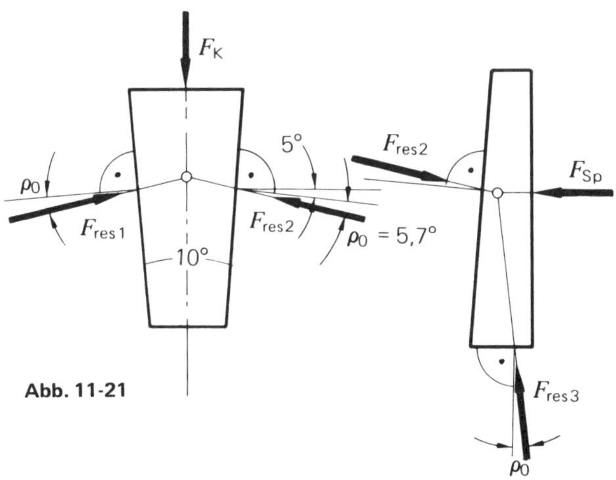

Abb. 11-21

tierende Oberflächenkraft F_{res3} ist aus diesem Grunde in angegebener Weise unter ρ_0 zur Normalen gerichtet. Die Reaktionskraft der Spannkraft wirkt auf das eingeschobene Zwischenstück. Am linken Zwischenstück wirken die Kräfte symmetrisch (Index 4).

Der Kräfteplan besteht für die drei freigemachten Gebilde aus Dreiecken, die man so aneinander setzen kann, daß sich ein gleichsinnig geschlossenes Krafteck aus den Spannkräften, der Keilkraft und den Oberflächenkräften 3 und 4 ergibt (Abb. 11-22). Die Konstruktion muß am Zwischenstück beginnen, da hier eine Kraft bekannt ist (F_{sp}). Die Anwendung des Sin-Satzes ergibt:

$$F_{res2} = \frac{\sin 95{,}7^\circ}{\sin 73{,}6^\circ} \cdot F_{sp}$$

$$F_K = \frac{\sin 21{,}4^\circ}{\sin 79{,}3^\circ} \cdot F_{res2} = \frac{\sin 21{,}4^\circ}{\sin 79{,}3^\circ} \cdot \frac{\sin 95{,}7^\circ}{\sin 73{,}6^\circ} \cdot F_{sp}$$

$\mathbf{F_K = 3{,}85}$ **kN** (Schraubenkraft).

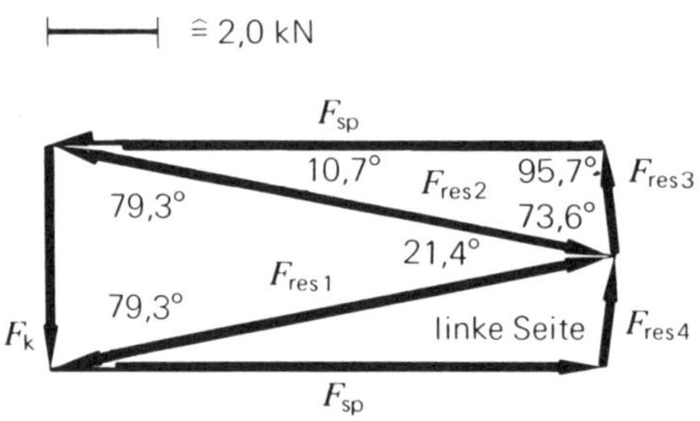

Abb. 11-22

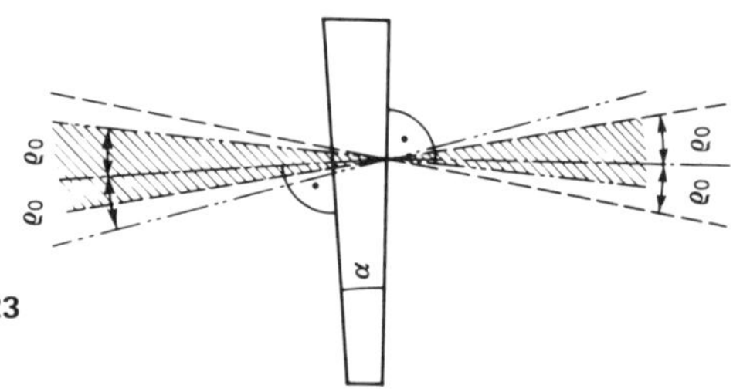

Abb. 11-23

Für den Fall, daß die Schraube brechen sollte, ist zu untersuchen ob sich die beiden Keilkräfte F_{res1} und F_{res2} innerhalb des Reibungskegels kollinear einstellen können. Nur dann ist Gleichgewichtszustand unter Erhaltung der Spannkraft möglich, d.h. der Keil ist selbsthemmend. Der Grenzfall wäre, wie man sich leicht am Keil Abb. 11-21 klar machen kann, $\rho_0 = 5^\circ$ für horizontal liegende Oberflächenkräfte. Dieser Reibungswinkel entspricht $\mu = \tan 5^\circ = 0{,}087$. Da die vorhandene Reibungszahl höher ist, bleibt der Keil in Position, jedoch ist die Sicherheit gegen Herausdrücken des Keils im vorliegenden Fall gering (5° gegenüber 5,7°). Allgemein ist diese Fragestellung in Abb. 11-23 gelöst. Der Leser kann sich hier klar machen, daß *ein Keil dann selbsthemmend ist, wenn der Keilwinkel kleiner als die Summe der beiden Oberflächenreibungswinkel ist.* Im vorliegenden Falle heißt das $10^\circ < 2 \cdot 5{,}7^\circ$.

Grundsätzlich kann man diese Aufgabe auch lösen, wenn für die resultierenden Oberflächenkräfte die Normal- und Reibungskräfte F_n und $F_n \cdot \mu$ eingeführt werden.

Für die vorliegende Aufgabe erhält man vier Gleichungen, die simultan gelöst werden müssen. Da außerdem die meisten Kräfte schräg liegen, ist eine Zerlegung in Komponenten notwendig. Das eben angedeutete Verfahren erfordert einen erheblich höheren Arbeitsaufwand.

Beispiel 2 (Abb. 11-24)

Eine homogene, quadratische Platte ist bei A gelenkig gelagert. Sie soll durch einen Keil in skizzierter Weise angehoben werden. Wie groß darf der Keilwinkel maximal sein, wenn der Haftreibungswinkel $\rho_0 = 25°$ beträgt?

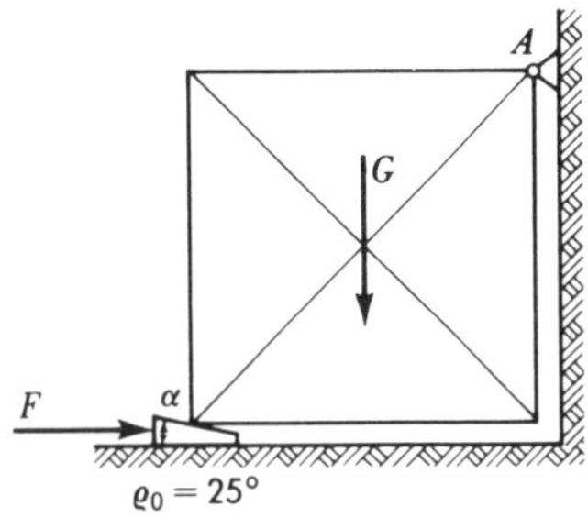

Abb. 11-24

Lösung (Abb. 11-25)

Soll die Platte angehoben werden, dann muß die Wirkungslinie der Resultierenden am Keil oberhalb des Drehpunktes A liegen. Für α_{max} geht sie durch den Punkt A, wobei F_{res} unendlich groß wird. Das ganze System wird verklemmt und es ist weder möglich den Keil einzutreiben, noch die Platte zu heben. Für diesen Fall erhält man α_{max} = **20°**.

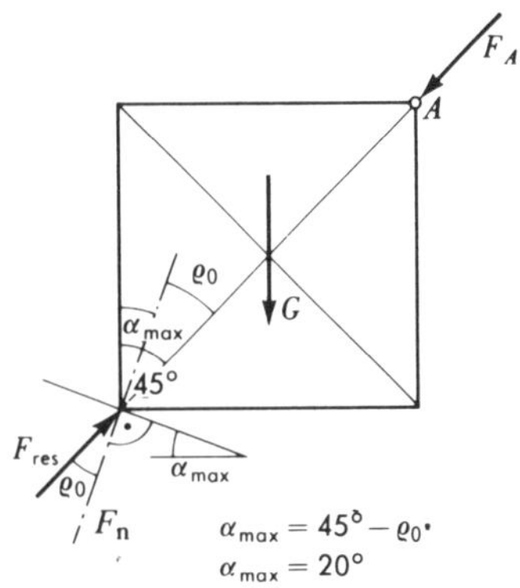

Abb. 11-25

Aufgaben zum Abschnitt 11.4

A 11-14. Für das System Abb. A 5-8 ist die zum Heben der Masse und zum Herausziehen des Keils notwendige Kraft zu bestimmen. $\rho_0 = 10°$ für alle Flächen.

A 11-15. Welche Keilkraft ist im skizzierten System notwendig, um eine vertikale Kraft von 20 kN zu überwinden? $\rho_0 = 5°$ für alle Flächen.

A 11-16. Für das skizzierte System ist eine Keilkraft von 2,0 kN verfügbar. Welche vertikale Belastung kann damit überwunden werden? $\rho_0 = 5°$ für alle Flächen.

A 11-17. Die zwei abgebildeten homogenen Blöcke sollen durch einen Keil bei A angehoben werden. Wie groß ist die notwendige Keilkraft? Keilwinkel $\alpha = 10°$; Ober- und Unterseite $\rho_0 = 12°$.

A 11-18. Ist der Keil bei A (s. vorige Aufgabe) selbsthemmend? Wie groß ist die Kraft, die notwendig ist, um den Keil herauszuziehen?

A 11-19. Die abgebildete Klemmvorrichtung soll gegen eine Kraft von $Q = 1{,}0$ kN zugedrückt werden. Wie groß muß die Kraft F sein, wenn für alle Flächen $\rho_0 = 15°$ geschätzt wird?

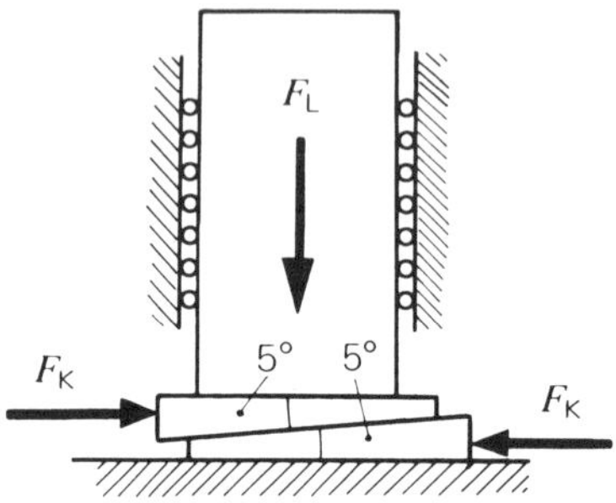

Abb. A 11-15/16

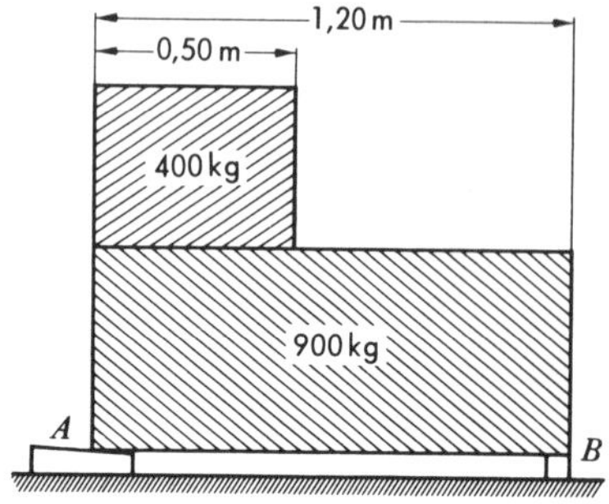

Abb. A 11-17/18

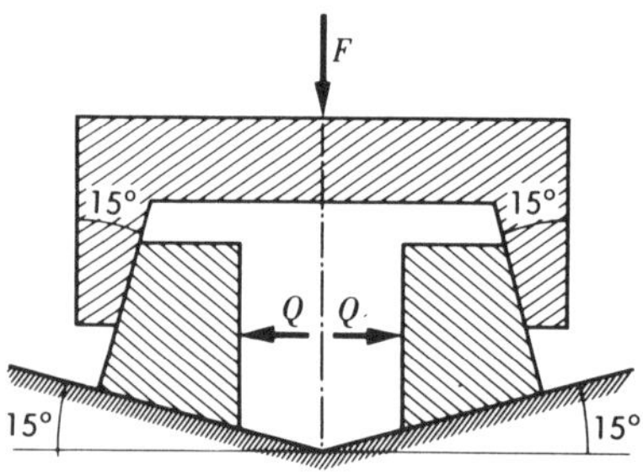

Abb. A 11-19

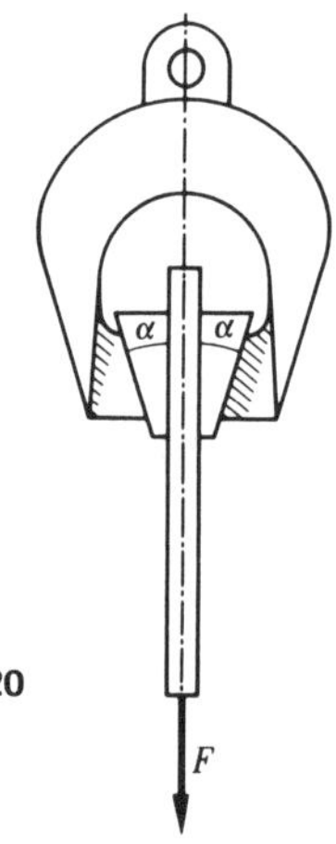

Abb. A 11-20

A 11-20. Die Abbildung zeigt eine Vorrichtung zum Aufhängen von Platten. Die Platten werden im Bügel durch die beiden Keile eingeklemmt. Wie groß muß der Reibungskoeffizient zwischen Platte und Keil mindestens sein, wenn im Grenzfall die Reibung zwischen Keil und Bügel Null wird? $\alpha = 8°$.

A 11-21. Ein Block von 1400 kg soll mit einem Keil nach rechts abgedrückt werden. Zu bestimmen ist die notwendige Keilkraft F. Die Reibungswinkel betragen an den Keilen 5°, an der Unterlage 15°.

A 11-22. Der abgebildete Block soll mit Hilfe der Keile nach rechts eine Rampe hinaufgeschoben werden. Zu bestimmen ist die dazu notwendige Kraft F, wenn der Reibungswinkel für alle Flächen zu 5° geschätzt wird.

A 11-23. Für das abgebildete System betragen die Reibungswinkel 10°. Zu bestimmen ist der Grenzwinkel α, für den das Eintreiben des Keils nicht möglich ist.

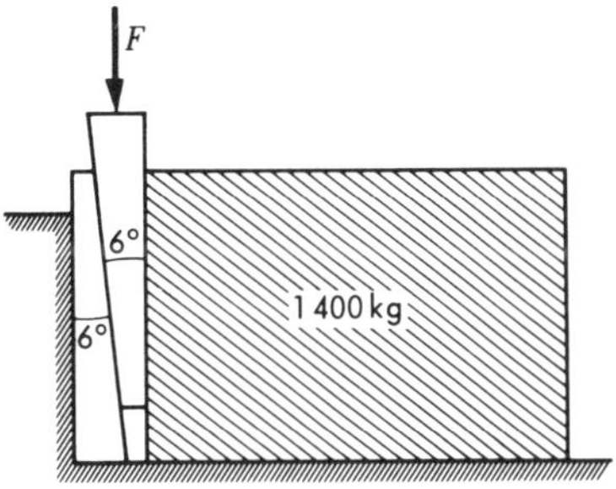

Abb. A 11-21

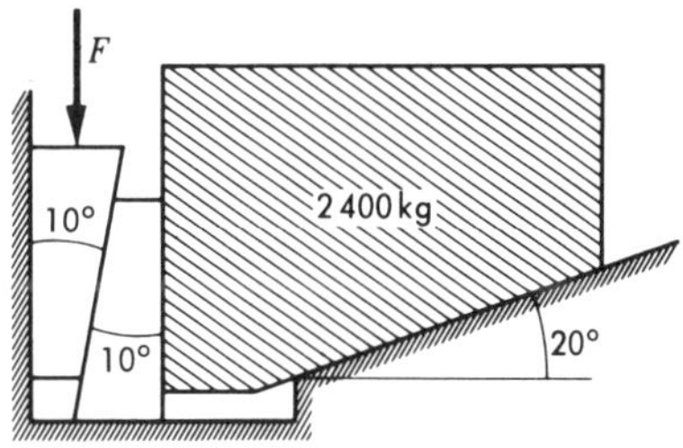

Abb. A 11-22

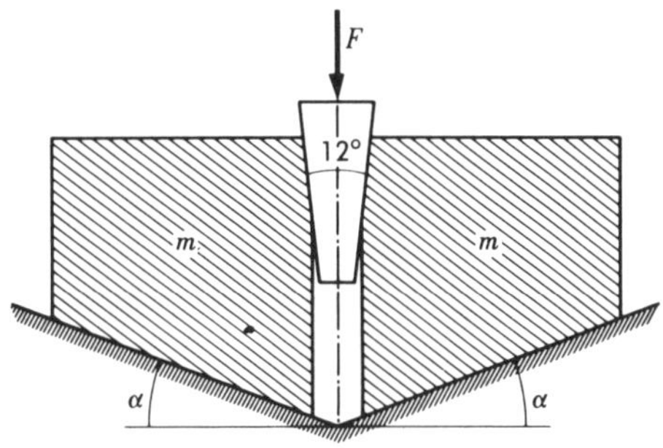

Abb. A 11-23

11.5 Keilnutreibung

In diesem Abschnitt soll untersucht werden, wie groß die in einer Keilnut wirkenden Reibungskräfte sind. Zunächst muß die Belastung F_n in die beiden Normalkräfte F_{n1} und F_{n2} zerlegt werden (Abb. 11-26). Die Reibungskräfte betragen $F_{n1}\,\mu_1$ und $F_{n2}\cdot\mu_2$. Sie sind entgegengesetzt der Kraft F_t gerichtet, die das Prisma verschiebt.

Es gilt:

$$F_t = \mu_1\,F_{n1} + \mu_2\,F_{n2}$$

Aus dem Kräftedreieck erhält man (sin-Satz)

$$F_{n1} = \frac{\cos\alpha_2}{\sin(\alpha_1 + \alpha_2)}\,F_n$$

$$F_{n2} = \frac{\cos\alpha_1}{\sin(\alpha_1 + \alpha_2)}\,F_n$$

nach Einsetzen

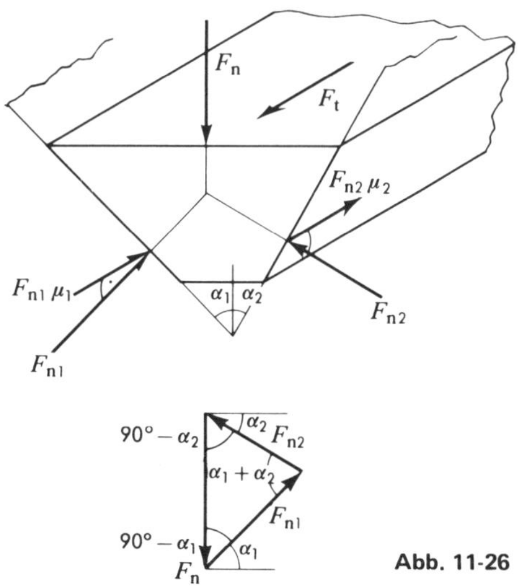

Abb. 11-26

$$\mathbf{F_t} = \frac{\mu_1\cos\alpha_2 + \mu_2\cos\alpha_1}{\sin(\alpha_1 + \alpha_2)}\,\mathbf{F_n} \qquad \text{Gl. 11-4}$$

Für den Sonderfall

$$\mu_1 = \mu_2 = \mu; \qquad \alpha_1 = \alpha_2 = \alpha$$

d.h. für symmetrische Keilnut erhält man

$$F_t = \frac{2\mu\cos\alpha}{\sin 2\alpha} F_n = \frac{2\mu\cos\alpha}{2\sin\alpha\cos\alpha} F_n$$

$$F_t = \frac{\mu}{\sin\alpha} \cdot F_n .$$

Führt man die Keilnutreibungszahl

$$\mu' = \frac{\mu}{\sin\alpha} \qquad \textbf{Gl. 11-5}$$

α halber Keilwinkel

ein, dann erhält man eine Beziehung, die analog ist zu der für die Verschiebung auf der Ebene

$$F_t = \mu' \cdot F_n .$$

Bei Haftreibung wird in den abgeleiteten Gleichungen μ durch μ_0 ersetzt.

Wie man aus Gleichung 11-5 ersieht, ist $\mu' > \mu$, d.h. in der Keilnut können größere Reibungskräfte übertragen werden als in der Ebene. Das wird unter anderem beim Keilriemen angewendet, der eine größere Leistung übertragen kann als ein vergleichbarer Flachriemen.

Beispiel (Abb. 11-27)

Ein Zylinder liegt in einer schräggestellten Rinne. Bei welchem Neigungswinkel α beginnt der Zylinder zu gleiten, wenn die Haftreibungszahl μ_0 = 0,40 beträgt?

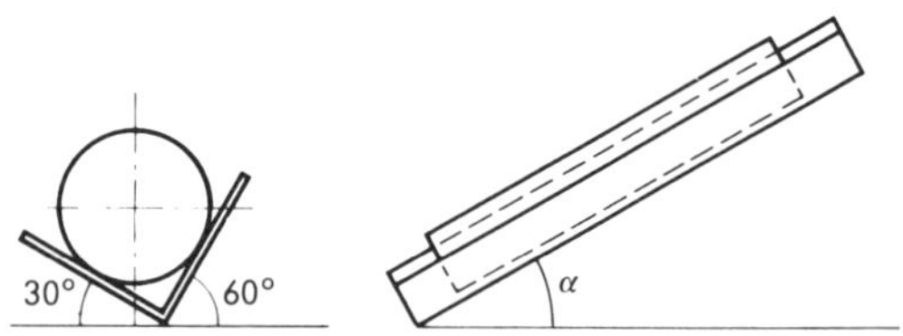

Abb. 11-27

Lösung

In diesem Fall ist

$$F_n = G \cdot \cos\alpha$$
$$F_t = G \cdot \sin\alpha .$$

Gleichung 11-4 lautet demnach

$$G \cdot \sin\alpha = \frac{\cos\alpha_2 + \cos\alpha_1}{\sin(\alpha_1 + \alpha_2)} \mu_0 G \cos\alpha$$

$$\tan\alpha = \frac{\cos 30^\circ + \cos 60^\circ}{\sin 90^\circ} \cdot \mu_0$$

$$\tan\alpha = 0{,}546$$

$$\alpha = \mathbf{28{,}7^\circ}$$

$\tan\alpha$ muß größer als μ_0 sein, da Keilnutreibung größer ist als Reibung in der Ebene.

Aufgaben zum Abschnitt 11.5

A 11-24. Wie groß ist die zur Verschiebung des abgebildeten Prismas notwendige Kraft, wenn $\mu = 0{,}06$ ist?

A 11-25. Für die abgebildete Tischführung einer Werkzeugmaschine ist die Verschiebungskraft für $\mu = 0{,}07$ zu berechnen.

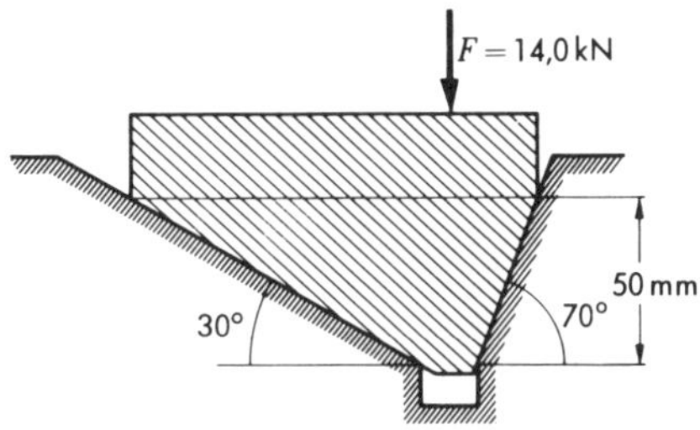

Abb. A 11-24

A 11-26. Die Abb. zeigt ein Reibradgetriebe. Die Reibungszahl μ beträgt 0,50, die Anpreßkraft 180 N. Welches Moment kann das untere Rad übertragen?

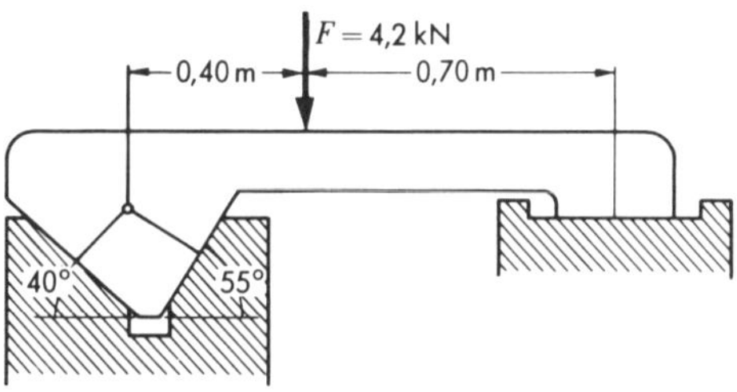

Abb. A 11-25

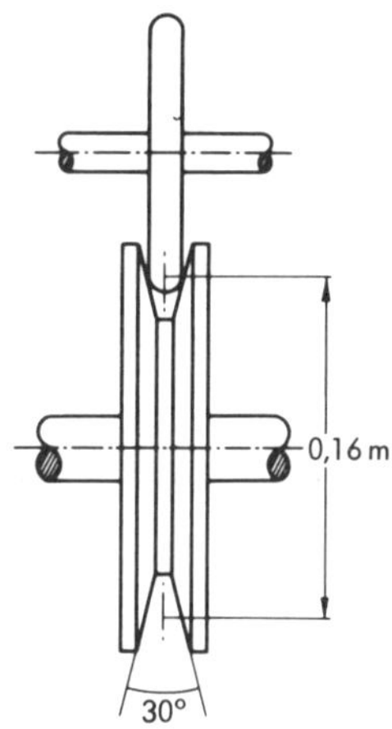

Abb. A 11-26

11.6 Verschiedene Aufgaben aus dem Gebiet der Reibung

Es gibt eine Vielzahl von Anwendungen der Reibungsgesetze, die sich nicht unter einen der in diesem Kapitel behandelten Abschnitte erfassen lassen. Es werden hier einige allgemeine Hinweise gegeben, die eine Lösung mit möglichst geringem Aufwand ermöglichen sollen.

Für den Fall, daß sich die Normalkräfte durch bekannte Kräfte in kurzen Ansätzen ausdrücken lassen, ist es meistens zweckmäßig, mit Normal- und Reibungskräften zu arbeiten, d.h. die Aufgabe analytisch zu lösen (Abschnitt 11-3 Beispiel 1 und nachfolgendes Beispiel 1). Ist dies nicht möglich, ist es günstiger mit den Resultierenden zu arbeiten. Wenn dabei 3 Kräfte an einem freigemachten Teil angreifen, kann man dabei besonders vorteilhaft den sin-Satz anwenden (Keile). Greifen 4 Kräfte an, dann kann man bei 2 Unbekannten vorteilhaft mit einer Kräftesummation im unter Umständen gedrehten Koordinatensystem oder mit dem Verfahren nach CULMANN arbeiten (s. nachf. Beispiel 4). Sind 3 Unbekannte eines allgemeinen ebenen Kräftesystems zu bestimmen, dann kann man zunächst 2 eliminieren, wenn man die Berechnung mit einer Momentengleichung beginnt, für die der Pol in den Schnittpunkt von 2 Unbekannten gelegt wird.

Beispiel 1 (Abb. 11-28)

Eine homogene Platte (Gewichtskraft G) gleitet mit geringem Spiel in einer senkrechten Führung. Sie ist durch 2 Gegengewichte von je $\frac{1}{2}\,G$ ausbalanciert. Es soll untersucht werden, ob die Platte sich in der Führung einklemmt oder heruntergleitet, wenn ein Gegengewicht abreißt. Die Reibungszahl μ_0 wird zu 0,35 geschätzt.

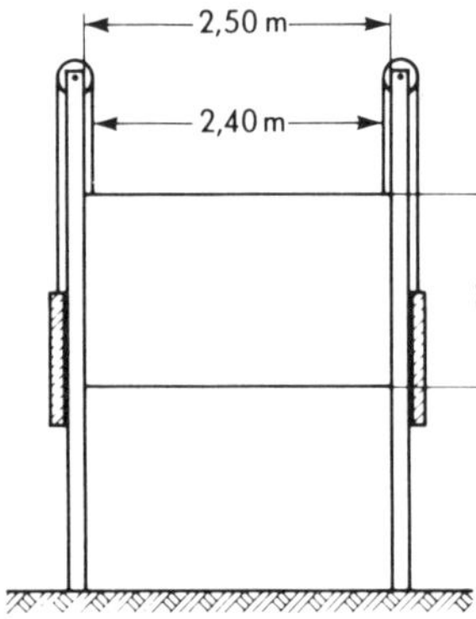

Abb. 11-28

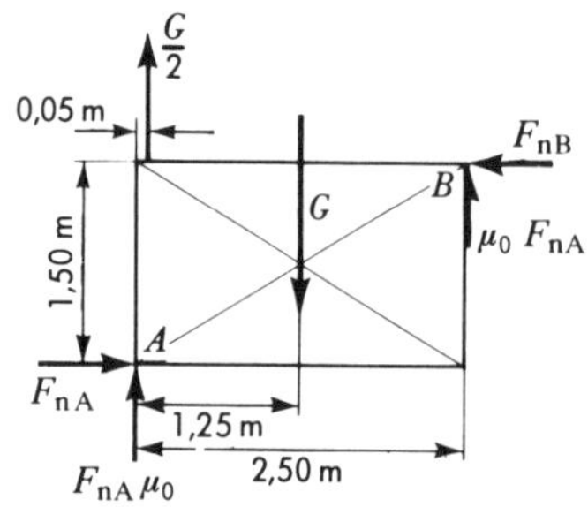

Abb. 11-29

Lösung (Abb. 11-29)

Reißt das rechte Gegengewicht ab, dann legt sich die Platte in den Punkten A und B an die Führung. Unter Berücksichtigung dieser Tatsache wird das System freigemacht. Aus den 3 Gleichgewichtsbedingungen können die 3 Größen F_{nA} F_{nB} μ_0 errechnet werden. Ist die erforderliche Reibungszahl kleiner als die gegebene, dann bleibt die Platte eingeklemmt hängen, ist sie größer, dann gleitet die Platte herunter.

$$\sum F_x = 0; \qquad F_{nA} = F_{nB} = F_n$$

$$\sum F_y = 0; \qquad 2\,\mu_0\,F_n - \frac{G}{2} = 0$$

$$\mu_0\,F_n = \frac{G}{4}$$

$$\sum M_A = 0; \quad 0{,}05\,\text{m}\cdot\frac{G}{2} - 1{,}25\,\text{m}\cdot G + 2{,}50\,\text{m}\cdot\mu_0\cdot F_n + 1{,}50\,\text{m}\cdot F_n = 0$$

$$G\,(0{,}025 - 1{,}25 + 0{,}625)\,\text{m} + 1{,}50\,\text{m}\cdot F_n = 0$$

$$F_n = 0{,}40\,G$$

$$\mu_0 = \frac{G}{4F_n} = \frac{G}{4\cdot 0{,}40\cdot G} = \frac{1}{1{,}60}$$

$$\boldsymbol{\mu_0 = 0{,}625 > 0{,}35}.$$

Die Platte gleitet herunter, wenn ein Gegengewicht abreißt.

Kontrolle: Graphische Lösung.

Beispiel 2 (Abb. 11-30)

Drei gleiche, homogene Walzen sind in der abgebildeten Weise gelagert. Welche Reibungszahl ist mindestens erforderlich, um ein Auseinanderrollen zu verhindern?

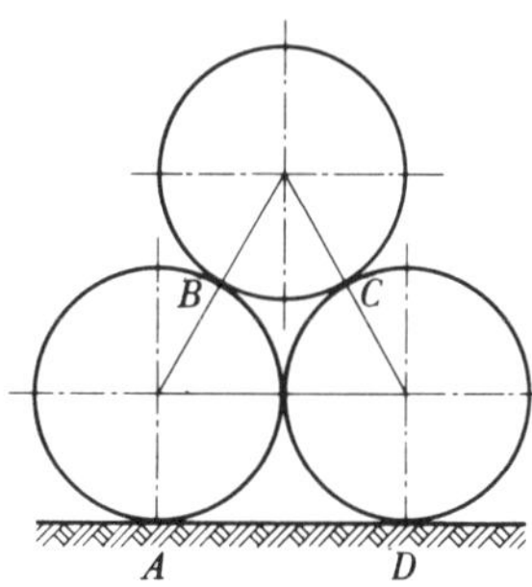

Abb. 11-30

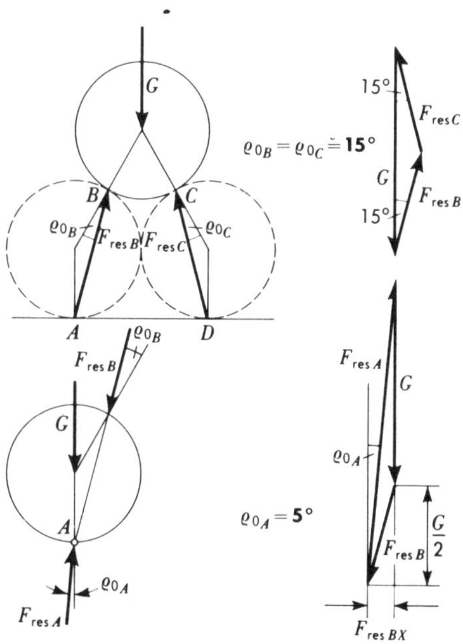

Abb. 11-31

Lösung (Abb. 11-31)

An jeder Walze greifen insgesamt 3 Kräfte an, an der oberen $G\ F_{resB}\ F_{resC}$, an den unteren $G\ F_{resA}\ F_{resB}$ bzw. $G\ F_{resC}\ F_{resD}$. Es entstehen demnach Kräftesysteme mit gemeinsamem Angriffspunkt. An den unteren Walzen kann das nur der Punkt A (bzw. D) sein, denn hier schneiden sich G und F_{resA}. F_{resB} muß also durch diesen Punkt gehen. Aus dieser Bedingung erhält man sofort

$$\rho_{0B} = \rho_{0C} = 15^\circ$$

$$\mu_{0B} = \mu_{0C} = \mathbf{0{,}268}.$$

Die Größe von F_{resB} und F_{resC} erhält man aus den Gleichgewichtsbedingungen an der oberen Walze. Zeichnet man mit diesem Wert das Kräftedreieck für die untere Walze, dann erhält man F_{resA} nach Größe und Richtung und damit

$$\rho_{0A} \approx 5°; \qquad \mu_{0A} = 0{,}088$$

Man kann aus dem Kräftedreieck den Winkel ρ_{0A} errechnen.

$$\tan \rho_{0A} = \frac{F_{resBX}}{\frac{3}{2}\,G}$$

$$\tan \rho_{0A} = \frac{\frac{1}{2}\,G \tan 15°}{\frac{3}{2}\,G}$$

$$\tan \rho_{0A} = \frac{1}{3} \tan 15°$$

$$\boldsymbol{\mu_{0A} = \frac{1}{3}\,\mu_{0B} = 0{,}089.}$$

Sollen die Walzen in der gezeichneten Lage liegen bleiben, muß $\mu_0 \geqslant 0{,}268$ sein.

Beispiel 3 (Abb. 11-32)

Abgebildet ist ein Anschlagmechanismus, an dem eine Kraft entweder auf die obere oder auf die untere Prallplatte wirkt. Die untere Kraft soll das Gebilde im Uhrzeigersinn auslenken, die obere umgekehrt. Um ein Klemmen auszuschließen, wird ein verhältnismäßig großer Reibungswinkel von 12° ($\mu_0 \approx 0{,}2$) in den Führungen angenommen. In welchem Abstand y muß F jeweils mindestens angreifen?

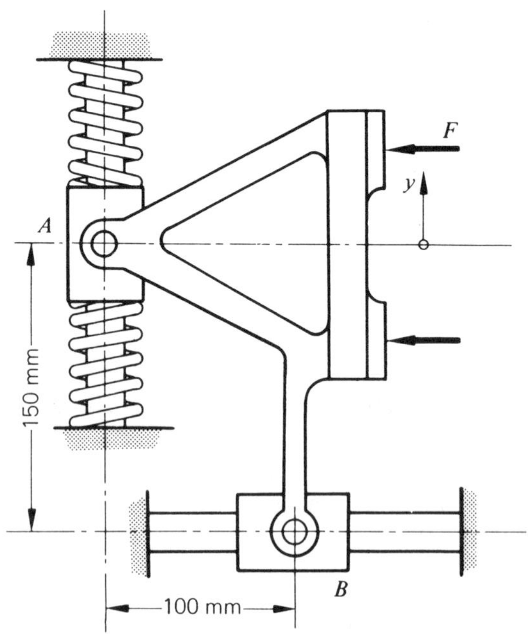

Lösung (Abb. 11-33)

Die Gewichtskraft wird vernachlässigt. Damit greifen für jeden Fall drei Kräfte F, F_A, F_B an. Sie sind im Gleichgewicht, wenn ihre Wirkungslinien einen gemeinsamen Schnittpunkt haben. Das ist im schraffierten Gebiet der Fall. Soll Bewegung einsetzen, muß die Wirkungslinie von F außerhalb dieses Gebietes liegen. Diese Bedingung liefert die eingezeichneten Werte

$$y = -27 \text{ mm}; \qquad y = 30 \text{ mm}.$$

Man kann diese Werte auch aus einer nicht maßstäblichen Skizze mit Hilfe der Dreiecke ABC bzw. ABD berechnen.

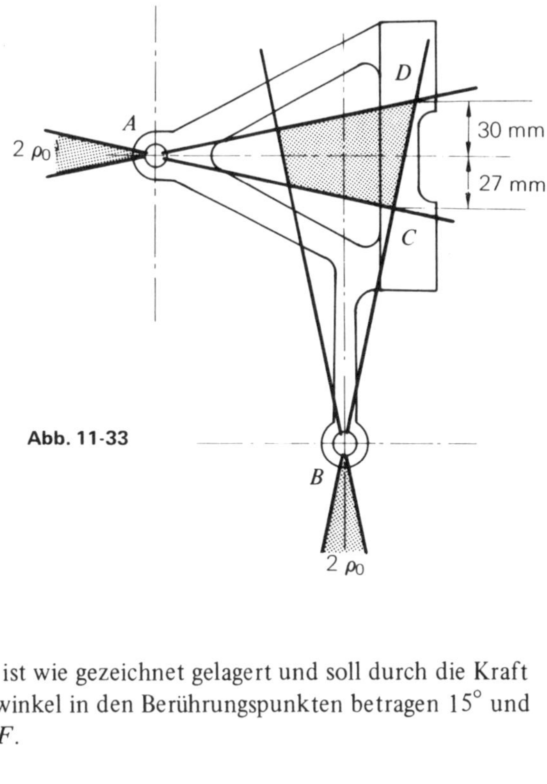

Abb. 11-33

Beispiel 4 (Abb. 11-34)

Eine homogene Walze von 30 kg ist wie gezeichnet gelagert und soll durch die Kraft F gedreht werden. Die Reibungswinkel in den Berührungspunkten betragen 15° und 30°. Zu bestimmen ist die Kraft F.

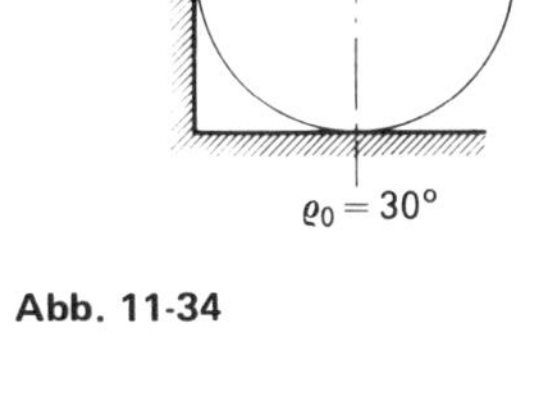

Abb. 11-34

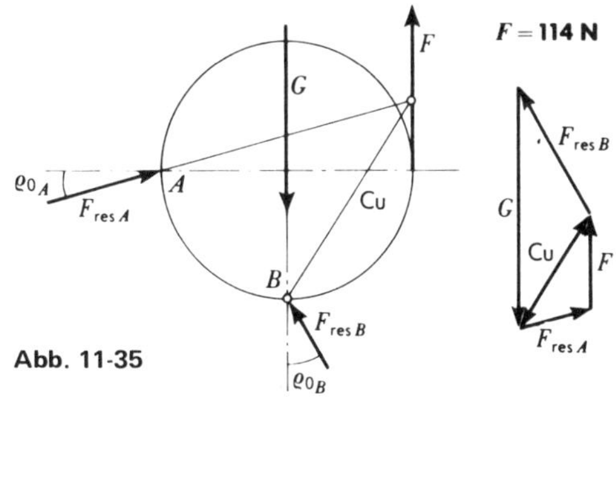

Abb. 11-35

Graphische Lösung (Abb. 11-35)

Die Kräfte F_{resA} F_{resB} G und F müssen im Gleichgewicht sein. F_{resA} und F_{resB} liegen so unter ρ_{0A} bzw. ρ_{0B} zur Normalrichtung, daß die Reibungskomponente die Drehung hemmt. Mit der Konstruktion nach CULMANN wird die Kraft F ermittelt. Als CULMANNsche Gerade wurde die Verbindung der Schnittpunkte F_{resA} F und G F_{resB} gewählt. Man erhält

F = 114 N.

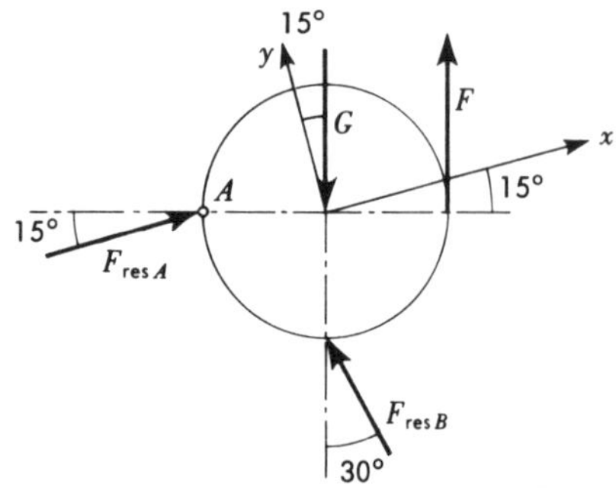

Abb. 11-36

Analytische Lösung (Abb. 11-36)

Auch hier ist es zweckmäßig, mit den Resultierenden F_{resA} und F_{resB} zu arbeiten. Es wird ein gedrehtes System gewählt, dessen x-Achse mit der Unbekannten F_{resA} zusammenfällt.

$$\sum F_y = 0; \qquad F_{resB} \cos 15° - G \cos 15° + F \cos 15° = 0$$

$$F_{resB} = G - F$$

$$\sum M_A = 0; \qquad -r\,G + 2r\,F + r\,F_{res\,B} \cos 30° - r\,F_{res\,B} \sin 30° = 0.$$

Nach Einsetzen und Vereinfachen

$$G\,(1 + \tfrac{1}{2} - \tfrac{1}{2}\sqrt{3}) - F\,(2 + \tfrac{1}{2} - \tfrac{1}{2}\sqrt{3}) = 0$$

$$F = \frac{0{,}634}{1{,}634}\,G$$

F = 114 N.

Aufgaben zum Abschnitt 11.6

A 11-27. Eine Kiste (m = 800 kg) soll nach rechts gezogen werden. Unter welchem Winkel α muß die Kraft F angreifen, damit die Kiste mit minimalem Aufwand nach rechts in Bewegung gesetzt wird? Wie groß ist die Kraft F? μ_0 = 0,35.

A 11-28. Um eine homogene Walze ist nach Skizze ein Seil mit einer angehängten Masse gelegt. Zu bestimmen ist in allgemeiner Form die notwendige Reibungszahl bei A. (Hinweis: Seilkräfte sind nicht gleich.)

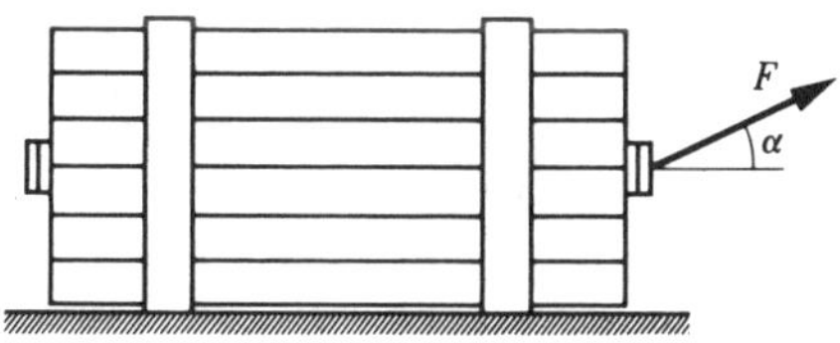

Abb. A 11-27

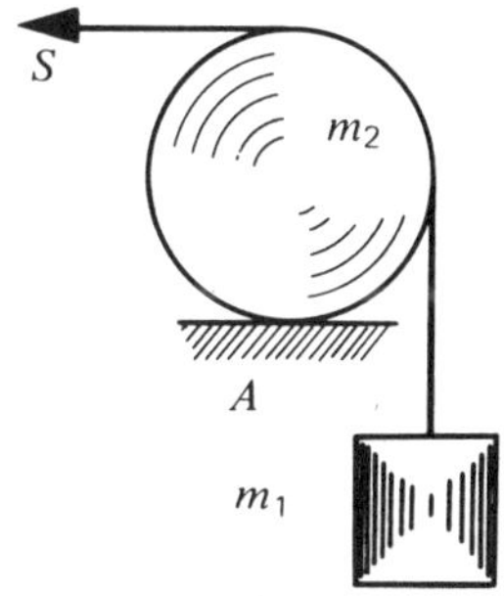

Abb. A 11-28

A 11-29. Die abgebildete Greifklaue wird zum Anhängen von Blechtafeln verwendet. Zu bestimmen sind alle Gelenkkräfte und die mindestens erforderliche Reibungszahl an der Griffstelle, wenn an beiden Blechseiten gleiche Reibungsverhältnisse sind.

A 11-30. Eine Leiter ist wie abgebildet an eine Wand gelehnt. Die Reibung bei A ist sehr gering. Wie groß muß die Reibungszahl in B sein, wenn die Leiter nicht abrutschen soll?

A 11-31. Bis zu welcher Höhe kann ein Mann von 80 kg die abgebildete Leiter (m = 40 kg) benutzen, ohne daß diese abrutscht? Reibungswinkel in A und B $\rho_0 = 10°$. Leiterschwerpunkt in der Mitte.

A 11-32. Welche Reibungszahlen sind mindestens notwendig, damit die abgebildete Leiter in der ganzen Länge sicher begehbar ist? Die Leitermasse soll vernachlässigt werden.

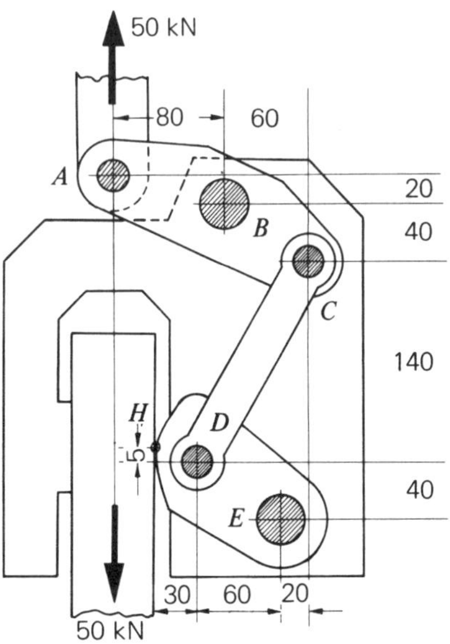

Abb. A 11-29

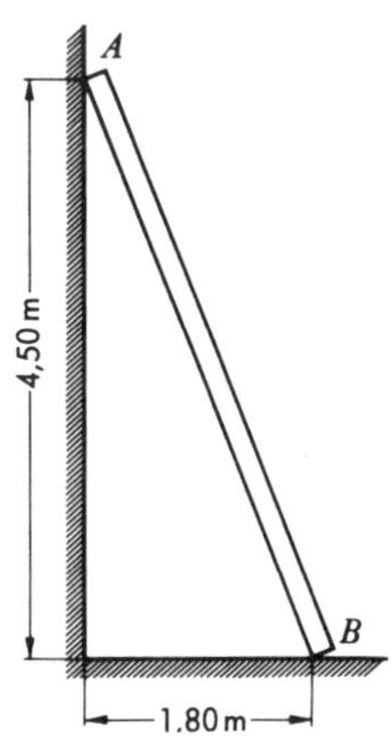

Abb. A 11-30/31/32

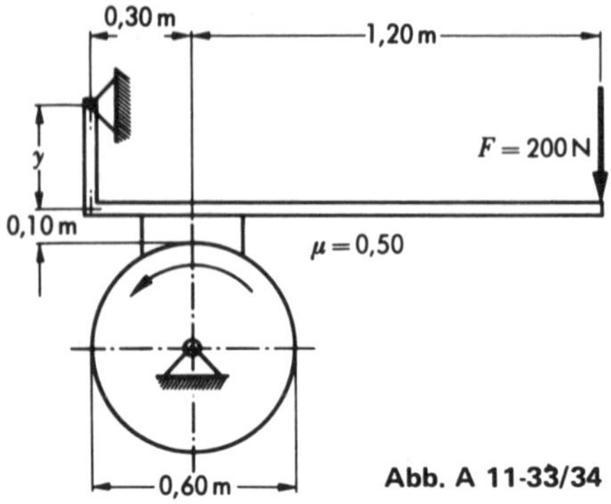

Abb. A 11-33/34

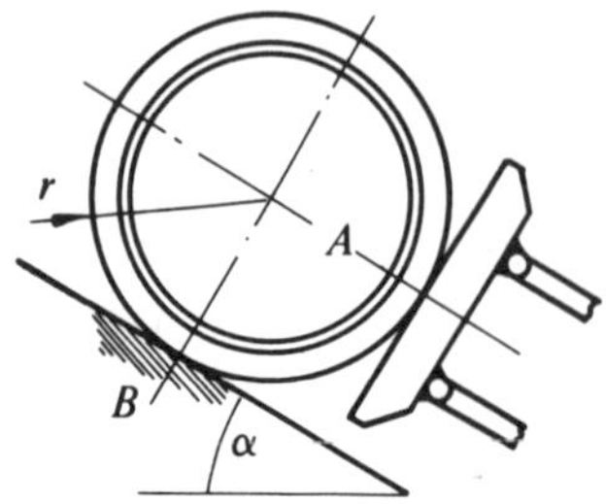

Abb. A 11-35

A 11-33. Für die abgebildete Bremse ist das Bremsmoment zu berechnen. $y = 0{,}10$ m.

A 11-34. Unter Umständen kann die Reibungszahl der abgebildeten Bremse den Wert $\mu = 0{,}70$ erreichen. Wie groß darf y maximal werden, wenn die Bremse nicht blockieren soll?

A 11-35. Eine homogene Walze wird nach Skizze eine Rampe hinaufgeschoben. Zu bestimmen sind: a) die mindestens erforderliche Reibungszahl bei B für Rollen ohne zu gleiten, b) für diese Bedingung die notwendige Schubkraft. $r = 0{,}50$ m; $m = 200$ kg; $\mu_A = 0{,}20$; $\alpha = 30°$.

A 11-36. Eine homogene Walze liegt auf einer schiefen Ebene (Reibungswinkel ρ_0) und wird von der Kraft F gehalten. Es ist in allgemeiner Form eine Beziehung zwischen r; h; ρ_0 und α aufzustellen und die Kraft F zu bestimmen.

A 11-37. Wie A 11-36, jedoch für $h > r$.

A 11-38. Eine Buchse ist mit geringem Spiel auf eine Welle gesteckt. Welchen Abstand x muß die am Hebel angreifende Kraft mindestens haben, wenn die Buchse nicht heruntergleiten soll. $h = 50$ mm, $d = 60$ mm, $\mu_0 = 0{,}25$.

A 11-39. Eine Muffe soll auf einer Stange durch eine Kraft F verschoben werden. Die Kraft hat den Abstand $x = 15$ cm von der Achse der Stange. Die Reibungszahl beträgt 0,20. Welche Abmessung h muß die Muffe mindestens haben, wenn sie nicht klemmen soll?

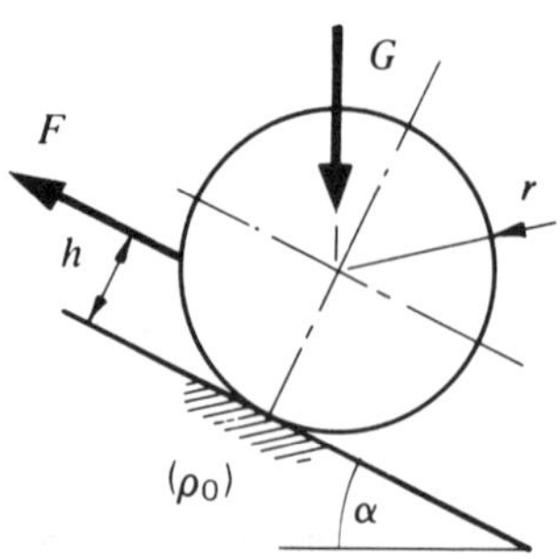

Abb. A 11-36/37

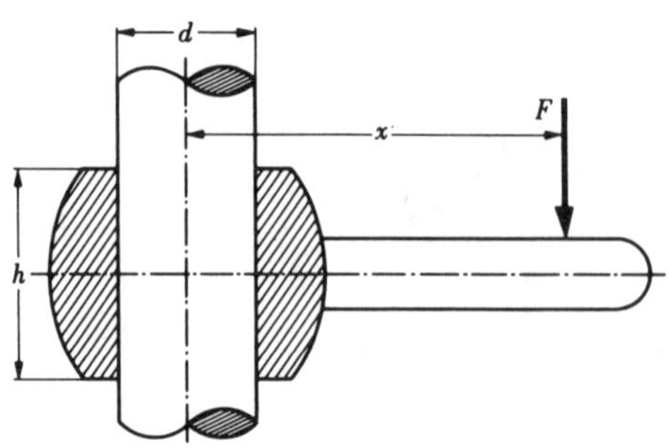

Abb. A 11-38/39

A 11-40. Eine masselos angenommene Stange mit einer Masse am Ende ist wie abgebildet zwischen zwei Sprossen A und B gesteckt. Die Reibungszahl beträgt bei A und B $\mu_0 = 0{,}33$. Unter welchen Winkel kann das System maximal geneigt werden, ohne daß die Stange herausrutscht?

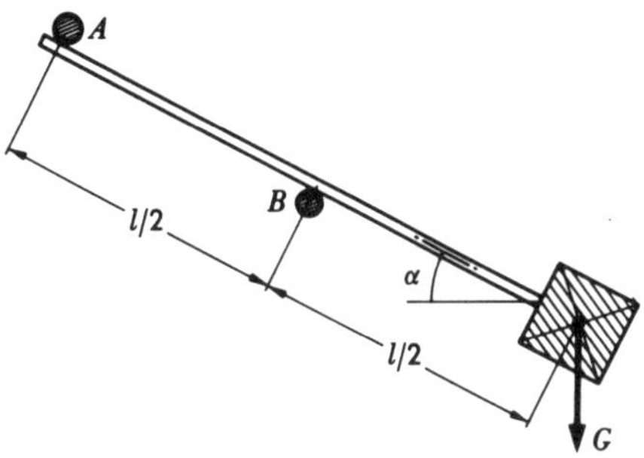

Abb. A 11-40

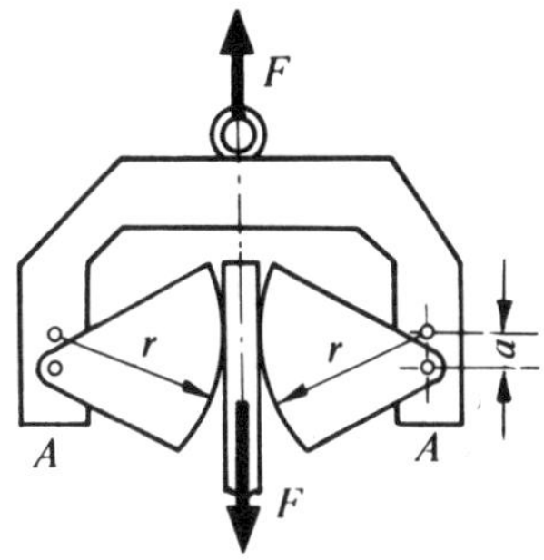

Abb. A 11-41/42

A 11-41. Die abgebildete Klemmvorrichtung dient zum Festhalten von Platten. Kann eine Platte $m = 100$ kg gehalten werden, wenn $\mu_0 = 0{,}2$ an der Klemmstelle ist? Wenn ja, wie groß sind die Gelenkkräfte in A? $a = 10$ mm; $r = 100$ mm.

A 11-42. Mit der abgebildeten Greifvorrichtung soll eine Platte mit möglichst geringer Preßkraft gehalten werden. Das erreicht man durch ein möglichst großes Verhältnis a/r (warum?). Wie groß kann a maximal sein, wenn $\mu_0 = 0{,}4$ und $r = 100$ mm sind?

A 11-43. Für die Greiferzange Abb. 9-13 ist die mindestens notwendige Reibungszahl an den einstellbaren Greiferbacken B und H zu bestimmen.

11.7 Das Gewinde

11.7.1 Das Flachgewinde

Eine Schraubenlinie entsteht, wenn ein rechtwinkliges Dreieck auf einen Kreiszylinder aufgewickelt wird (Abb. 11-37). Das rechtwinklige Dreieck entspricht einer schiefen Ebene, die aufgewickelt die Schraubenfläche eines Flachgewindes ergibt. Aus der Ganghöhe h und dem Durchmesser d kann die Steigung der schiefen Ebene berechnet werden:

$$\tan\alpha = \frac{h}{d\cdot\pi}\,.$$

Aus dieser Beziehung ersieht man, daß die Steigung am Kerndurchmesser des Gewindes größer ist als am Außendurchmesser. Es ist üblich, mit dem mittleren Durchmesser zu rechnen, d.h.

$$\tan\alpha = \frac{h}{d_m\cdot\pi}\,.$$

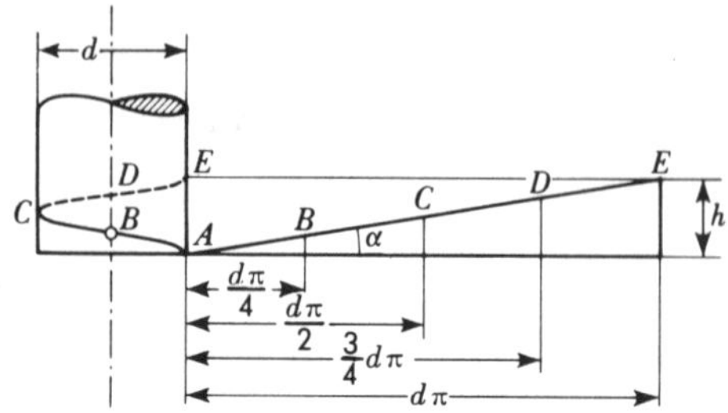

Abb. 11-37

Für mehrgängige Gewinde ist

$$h = n \cdot t$$

wobei n die Anzahl der Gewindegänge, t die Teilung in axialer Richtung ist.

Es gilt demnach

$$\tan\alpha = \frac{\mathbf{n \cdot t}}{\mathbf{d_m} \cdot \pi} \; ; \qquad \mathbf{d_m} = \frac{\mathbf{d_a + d_i}}{2} \qquad \textbf{Gl. 11-6}$$

t	Teilung	d_a	Außendurchmesser
n	Gangzahl	d_i	Innendurchmesser.

Es soll im nachfolgenden berechnet werden, welches Moment notwendig ist, um die Schraube bzw. Mutter zu drehen, und zwar entgegengesetzt der Axialbelastung F_a (Festziehen bzw. Heben einer Last) und in Richtung von F_a (Lösen bzw. Senken einer Last).

Das Drehen einer belasteten Schraube bzw. Mutter entspricht der Verschiebung einer Masse auf einer schiefen Ebene (Abb. 11-38). Man kann deshalb die Kräfte mit den im Abschnitt 11.3 gewonnenen Erkenntnissen berechnen (Abb. 11-39). Für Heben der Last bzw. Anziehen erhält man nach a):

$$F_u = F_a \cdot \tan(\rho + \alpha)$$

und das notwendige Moment

$$M = F_a \cdot \frac{d_m}{2} \tan(\rho + \alpha).$$

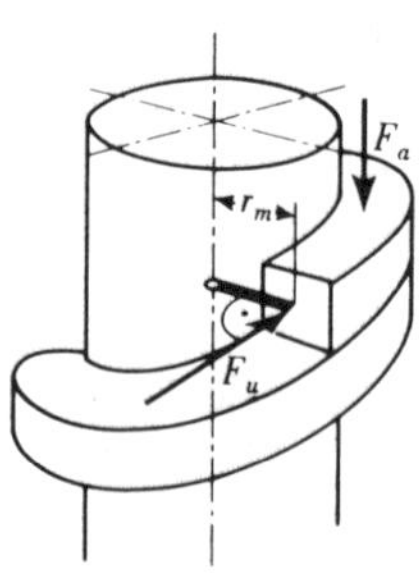

Abb. 11-38

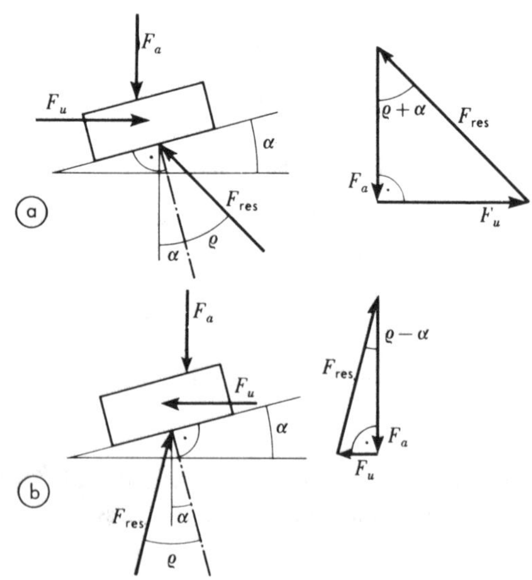

Abb. 11-39

Für Senken der Last bzw. Lösen der Schraube ergibt b):

$$M = F_a \cdot \frac{d_m}{2} \tan(\rho - \alpha).$$

Für Haftreibung wird ρ durch ρ_0 ersetzt.

Für $\rho_0 \geqslant \alpha$ ist das Moment M positiv. Zum Lösen der Schraube ist die Anwendung des Momentes M notwendig, d.h. die Schraube ist selbsthemmend.

Ist $\rho_0 < \alpha$, dann erhält man ein negatives Moment, d.h. die Axiallast beginnt die Schraube zu drehen, wenn nicht das Moment M entgegengesetzt wirksam ist. Die Schraube ist für diesen Fall nicht selbsthemmend (vgl. Abb. 11-10). Aus den obigen Überlegungen folgt, daß eine Befestigungsschraube, da sie selbsthemmend sein muß, die Bedingung $\rho_0 > \alpha$ erfüllen muß, und zwar ist die Schraube um so schwerer zu lösen, je kleiner der Winkel α ist, d.h. je kleiner die Ganghöhe bei gleichem Durchmesser ist.

Um eine gewisse Sicherheit gegen ungewolltes Lösen durch Erschütterungen zu haben, rechnet man vorwiegend mit den Gleitreibungswinkeln.

Zusammenfassend kann man schreiben

$$\mathbf{M = F_a \cdot r_m \cdot \tan(\rho \pm \alpha)} \qquad \textbf{Gl. 11-7}$$

+ Anzugsmoment bzw. Heben einer Last
– Moment zum Lösen bzw. Senken einer Last
$\rho \geqslant \alpha$ selbsthemmende Schraube
(Für Haftreibung ρ_0 anstatt ρ).

Als Wirkungsgrad einer Schraube kann man das Verhältnis der Momente einer reibungsfreien Schraube und einer anzuziehenden reibungsbehafteten Schraube definieren

$$\eta = \frac{F_a\, r_m \cdot \tan\alpha}{F_a\, r_m \tan(\rho + \alpha)}$$

$$\eta = \frac{\tan\alpha}{\tan(\rho + \alpha)}. \qquad \textbf{Gl. 11-8}$$

Nach Erweiterung mit der Winkelgeschwindigkeit ω ist das obere Verhältnis identisch mit dem Verhältnis Nutzleistung zur aufgewendeten Leistung beim Heben einer Last mit einer Schraubenspindel. Für den Fall der Selbsthemmung $\alpha \leqslant \rho$.

$$\eta \leqslant \frac{\tan\alpha}{\tan 2\alpha}.$$

Mit $\tan 2\alpha = \dfrac{2\tan\alpha}{1 - \tan^2\alpha}$; $\quad \eta \leqslant \dfrac{\tan\alpha\,(1 - \tan^2\alpha)}{2\tan\alpha}$

$$\eta \leqslant \frac{1}{2}(1 - \tan^2\alpha).$$

Der Wirkungsgrad einer selbsthemmenden Schraube ist demnach immer kleiner als 50 %.

11.7.2 Trapezgewinde und Spitzgewinde

Die Reibung eines Spitzgewindes entspricht der Reibung in einer Keilnut. In Abb. 11-40 ist ein Gewindegang skizziert. Für nicht zu große Steigungen (Symmetriebedingungen) ergibt Gleichung 11-5:

$$\mu' = \frac{\mu}{\sin\left(90^\circ - \frac{\beta}{2}\right)} = \frac{\mu}{\cos\frac{\beta}{2}}$$

$$\tan\rho' = \frac{\tan\rho}{\cos\frac{\beta}{2}} \qquad \text{Gl. 11-9}$$

Für das Trapez- und Spitzgewinde und die scharfgängigen Schrauben gelten alle im vorigen Abschnitt abgeleiteten Beziehungen, wenn anstatt ρ die Reibungszahl ρ' nach Gleichung 11-9 eingeführt wird. Da $\rho' > \rho$ ist, sind die Reibungskräfte größer als am Flachgewinde. Aus diesem Grunde werden Befestigungsschrauben mit Spitzgewinden ausgeführt.

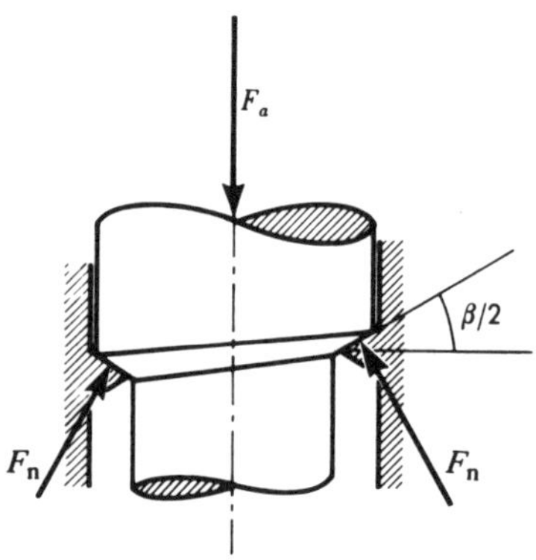

Abb. 11-40

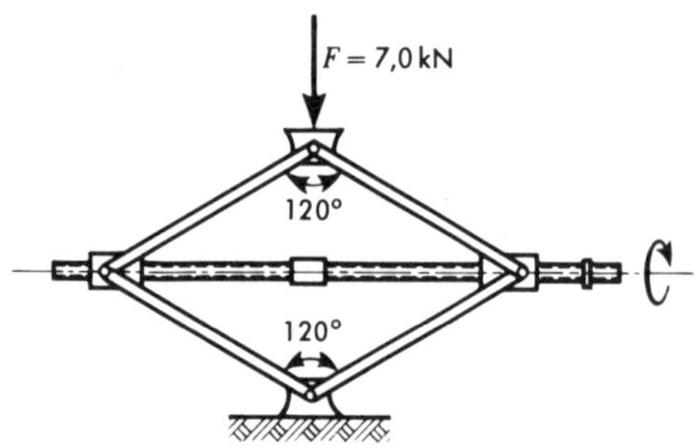

Abb. 11-41

Beispiel (Abb. 11-41)

Für den abgebildeten Wagenheber, dessen linker Teil der Spindel Rechtsgewinde, der rechte Teil Linksgewinde hat, soll das zum Heben und Senken einer Last von $F = 7{,}0\,\text{kN}$ notwendige Moment für die gezeichnete Stellung der Schenkel errechnet werden. Es handelt sich um eingängiges Trapezgewinde Tr 20 × 4. Die Reibungszahl wird zu $\mu = 0{,}10$ geschätzt.

Lösung

Axiale Schraubenkraft

$$F_a = 2F\cos 30^\circ$$

$$F_a = 12{,}1\ \text{kN}$$

Reibungszahl

$$\mu' = \frac{\mu}{\cos\frac{\beta}{2}} = \frac{\mu}{\cos 15^\circ} = \frac{0{,}10}{0{,}966} = 0{,}104$$

$$\rho' = 6^\circ$$

Steigungswinkel

$$\tan\alpha = \frac{h}{d_m \cdot \pi} = \frac{4\ \text{mm}}{18\ \text{mm} \cdot \pi}$$

$$\alpha = 4{,}1^\circ.$$

Das zum Heben notwendige Moment (2 Muttern):

$$M = 2\,F_a \cdot r_m \cdot \tan(\rho + \alpha)$$

$$M = 2 \cdot 12{,}1\ \text{kN} \cdot 9 \cdot 10^{-3}\ \text{m}\ \tan 10{,}1^\circ$$

M = 39 Nm.

Das zum Senken notwendige Moment

$$M = 2\,F_a \cdot r_m\ \tan(\rho - \alpha)$$

$$M = 2 \cdot 12{,}1\ \text{kN} \cdot 9 \cdot 10^{-3}\ \text{m}\ \tan 1{,}9^\circ$$

M = 7,2 Nm.

Aufgaben zum Abschnitt 11.7

A 11-44. An der abgebildeten Spannvorrichtung wird die Gewindespindel mit 1,0 Nm angezogen. Wie groß sind die Spannkraft F_S und alle Gelenkkräfte? Gewinde $\mu = 0{,}1$. Reibung im unteren Zapfen vernachlässigbar.

A 11-45. Zwei Schrauben M 20 und M 20 × 1,5 sind mit 25 kN axial belastet. Welches Moment ist zum Lösen der Schrauben notwendig, wenn die Reibung am Bund nicht berücksichtigt wird? $\mu_0 = 0{,}08$. Das Ergebnis ist zu diskutieren.

A 11-46. Abgebildet ist eine Schraubzwinge mit der Teile zusammengepreßt werden. Wie groß ist die Preßkraft für folgende Größen: Gewinde Tr 14 × 4, $\mu = 0{,}12$, Moment am Griff 7 Nm. Wie groß ist das zum Lösen der Zwinge notwendige Moment? $\mu_0 = 0{,}15$. Voraussetzung: die beim Anziehen erzeugte Axialkraft ändert sich nicht.

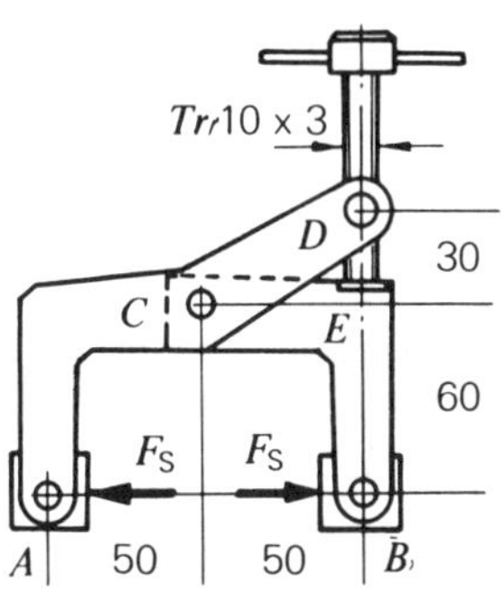

Abb. A 11-44

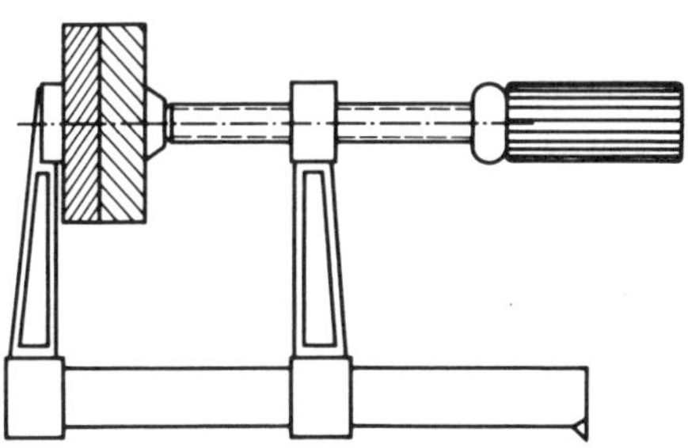

Abb. A 11-46

A 11-47. Die Preßkraft und das zum Lösen notwendige Moment sind für die abgebildete Kniehebelpresse zu bestimmen. Gewinde, Tr 24 × 5, $\mu = 0{,}08$, $\mu_0 = 0{,}10$, Anzugsmoment am Handrad 45 Nm. Voraussetzung wie A 11-46.

A 11-48. Mit einer doppelgängigen Spindel mit Flachgewinde soll eine Kraft von 20 kN ausgeübt werden. Wie groß ist die zum Anziehen und Lösen notwendige Kraft am Handrad? Gewinde $d_m = 30$ mm; Teilung $t = 5$ mm; $\mu = 0{,}15$. Voraussetzung wie A 11-46.

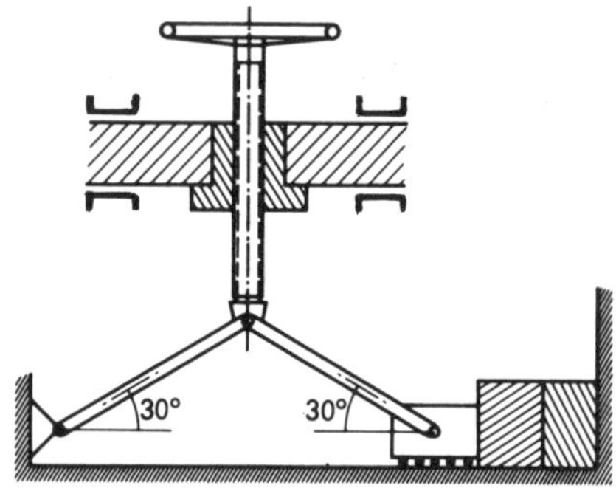

Abb. A 11-47

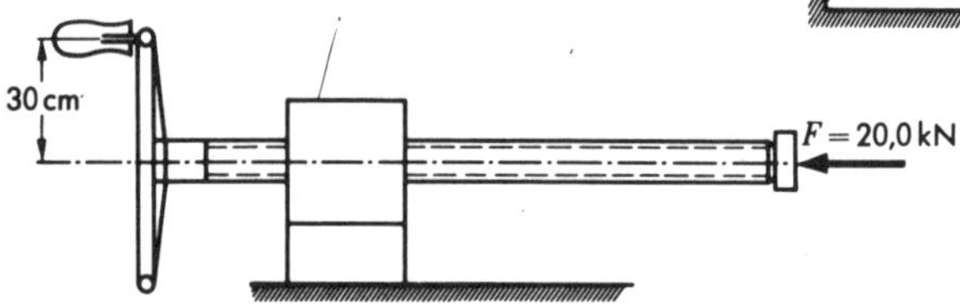

Abb. A 11-48

11.8 Zapfenreibung

11.8.1 Radiale Belastung

Es soll in diesem Abschnitt untersucht werden, wie groß die Reibungskräfte in einem mit geringem Spiel eingesetzten Zapfen sind. Wie in Abschnitt 11-1 bereits ausgeführt, werden in diesem Kapitel nur Vorgänge der trockenen Reibung behandelt. Die nachfolgenden Ausführungen gelten demnach nur in gewisser Näherung für Reibung in geschmierten schnellaufenden Gleitlagern. Für diese hängt die Größe der Reibungskräfte in erster Linie von der Umfangsgeschwindigkeit des Wellenzapfens, vom Lagerspiel und von der Viskosität des Schmieröls ab.

Ein mit Spiel eingesetzter Zapfen berührt die zylindrische Buchse auf einer Linie, wenn man von der Deformation von Zapfen und Buchse absieht (Abb. 11-42a; Senkrechte zur Zeichenebene in A).

Ein angreifendes Moment rollt den Zapfen zunächst in der Buchse soweit, wie es die Haftreibung zuläßt. Das ist in Abb. b der Punkt B. Das aus F und F_{resB} gebildete Kräftepaar steht im Gleichgewicht mit dem Moment M_0. Setzt Drehung ein, dann werden die kleineren Gleitreibungskräfte wirksam. Der Zapfen gleitet zurück, bis er sich in eine neue Gleichgewichtslage einspielt. Das ist der Punkt C. Das Moment $M < M_0$, das zur Aufrechterhaltung der Rotation notwendig ist, ist im Gleichgewicht mit dem aus F und F_{resC} gebildeten Kräftepaar.

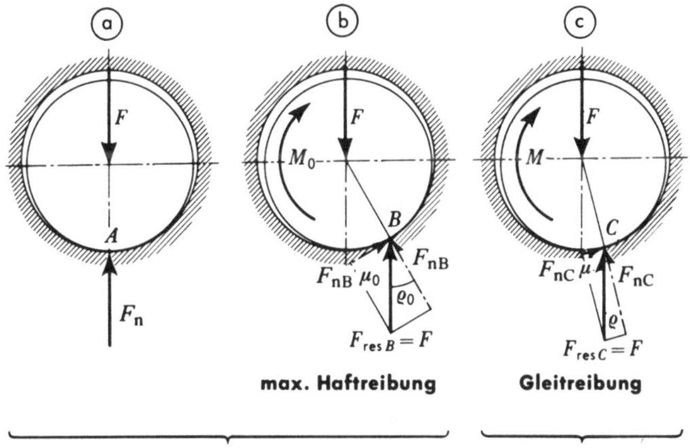

Abb. 11-42

Bei geringem Spiel und höherer Belastung des Zapfens muß man die Tatsache in die Überlegungen einbeziehen, daß die Berührung zwischen Zapfen und Buchse nicht linienförmig sondern auf einer Fläche erfolgt. Die Größe der Berührungsfläche und die Verteilung der Normalkomponenten sind jedoch unbestimmt. Die Resultierenden aller Flächenelemente müssen aber unter dem Reibungswinkel ρ zur Normalen wirken (Abb. 11-43). Sie tangieren alle einen Kreis mit dem Radius $r \cdot \sin \rho_0$. Das Reibungsmoment hat die Größe

$$M_R = \sum F_{res} \cdot r \sin \rho$$

$$= \sum \frac{F_n}{\cos \rho} \cdot r \cdot \sin \rho$$

$$= \sum F_n \cdot r \cdot \tan \rho$$

$$= \sum F_n \cdot r \cdot \mu$$

$$M_R = r \cdot \mu \cdot \sum F_n$$

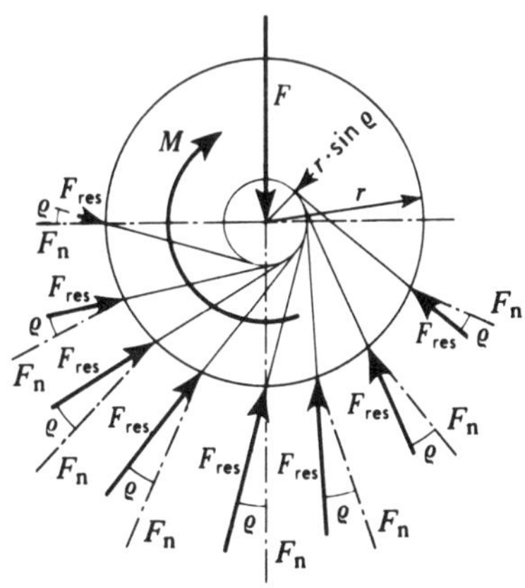

Abb. 11-43

Da ΣF_n unbestimmt ist, führt man eine neue Reibungszahl, die *Zapfenreibungszahl* μ_z ein, die auf die Zapfenbelastung F bezogen ist.

$$\mu_z \cdot F = \mu \cdot \sum F_n$$

$$\mathbf{M_R = r \cdot \mu_z \cdot F} \qquad \textbf{Gl. 11-10}$$

Da $\Sigma F_n > F$ ist (s. Abb. 11-43), muß die Zapfenreibungszahl μ_z größer sein als die Reibungszahl μ. Ihre Größe kann nur experimentell ermittelt werden. Soll die Drehung des Zapfens durch eine exzentrische Kraft F eingeleitet werden, dann muß diese mindestens den Abstand $r \cdot \mu_z = e$ vom Mittelpunkt haben, da sonst das Reibungsmoment $r \cdot \mu_z \cdot F$ größer ist als das Moment der Kraft F. Der Kreis mit dem Radius $e = r \cdot \mu_z$ heißt *Reibungskreis*. Man kann für die Größe des Reibungsmomentes auch schreiben:

$$\mathbf{M_R = e \cdot F} \qquad \textbf{Gl. 11-11}$$

Daraus folgt, daß eine Kraft, deren Wirkungslinie durch den *Reibungskreis* geht, eine Drehung des Zapfens nicht einleiten kann.

Beispiel 1 (Abb. 11-44)

Durch einen homogenen Balken ist bei A ein Zapfen ohne Spiel durchgesteckt. Dreht man langsam den Zapfen, dann wird der Balken bis zum Winkel $\alpha = 6°$ mitgenommen, ohne daß der Zapfen im Balken gleitet. Dreht man den Zapfen weiter, dann geht der Winkel α auf einen mittleren Wert von 4° zurück. Zu bestimmen sind die Zapfenreibungszahl und der Radius des Reibungskreises für Haft- und Gleitreibung.

Lösung (Abb. 11-45)

Haftreibung

$$\sum M = 0; \qquad M_{R0} = G \cdot 0{,}40\ \text{m} \cdot \sin 6°$$

$$e = \frac{M_{R0}}{F}$$

$$e = \frac{G \cdot 0{,}40\ \text{m} \cdot \sin 6°}{G}$$

$$\mathbf{e = 0{,}042\ m}$$

$$\mu_{z0} = \frac{e}{r} = \frac{0{,}042\ \text{m}}{0{,}05\ \text{m}} = \mathbf{0{,}84}$$

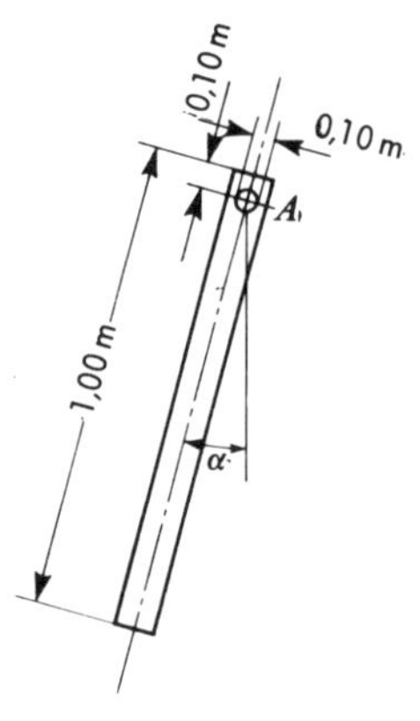

Abb. 11-44

Gleitreibung

$$e = \frac{G \cdot 0{,}40\ \text{m} \cdot \sin 4°}{G} = 0{,}40\ \text{m} \cdot \sin 4°$$

$$\mathbf{e = 0{,}028\ m}$$

$$\mu_z = \frac{0{,}028\ \text{m}}{0{,}05\ \text{m}}$$

$$\mu_z = \mathbf{0{,}56}.$$

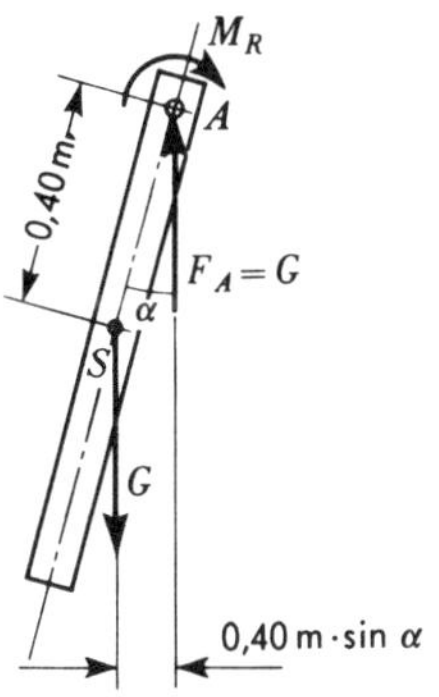

Abb. 11-45

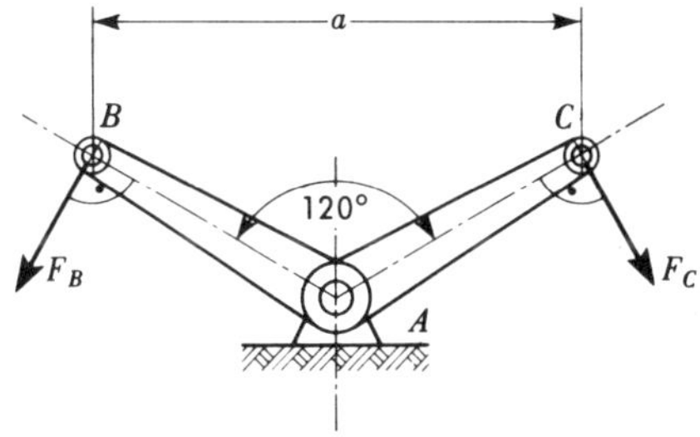

Abb. 11-46

Beispiel 2 (Abb. 11-46)

Der gegebene Gelenkmechanismus soll im Uhrzeigersinn gedreht werden. Dafür sind graphisch in allgemeiner Form die Kräfte F_C und F_A zu bestimmen, wenn F_B, μ_z und Zapfendurchmesser $d = 2r$ bekannt sind.

Lösung (Abb. 11-47)

Es greifen 3 Kräfte F_A F_B F_C an. Der Schnittpunkt dieser Kräfte liegt durch F_B und F_C fest. Für ein reibungsloses Gelenk geht die Kraft F_A durch den Punkt A. Soll das Reibungsmoment überwunden werden, dann muß die Kraft tangential am Reibungskreis $e = \mu_z \cdot r$ angreifen und zwar so, daß sie die Bewegung hemmt. Aus dieser Bedingung erhält man die Richtung von F_A und kann damit das gleichsinnig geschlossene Krafteck beginnend mit F_B zeichnen. Es muß $F_C > F_B$ sein.

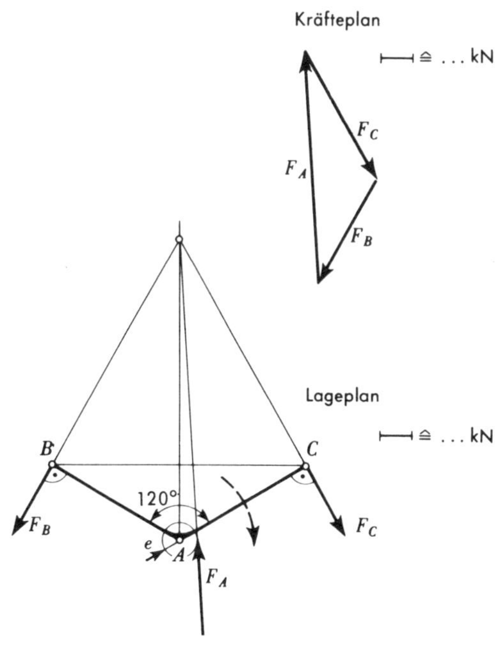

Abb. 11-47

Für eine analytische Lösung ist es zweckmäßig, die Kraft F_A in den Punkt A zu legen (F_{Ax} und F_{Ay}) und ein Reibungsmoment M_R entgegengesetzt der einzuleitenden Bewegung einzuführen. Aus den Gleichgewichtsbedingungen erhält man F_B und F_C.

11.8.2 Axiale Belastung

Der Zapfen kann als Voll- bzw. Ringzapfen ausgebildet sein.
Denkt man sich die Berührungskreisfläche eines Vollzapfens in Segmente zerlegt, dann greifen die Reibungskräfte dieser Segmente unter Voraussetzung konstanter Flächenpressung und μ = konst im Schwerpunkt der Segmente an (Abb. 11-48). Die Schwerpunkte haben einen Abstand von $\frac{2}{3}r$ von der Drehachse. Das Reibungsmoment hat demnach die Größe

$$M_R = \frac{2}{3} r \, \mu \cdot F.$$

Die Reibungszahl streut innerhalb eines verhältnismäßig breiten Bereiches. Die Flächenpressung ist normalerweise nicht konstant. Deshalb ist es üblich und für eine technische Genauigkeit ausreichend, anzunehmen, daß die Reibungskräfte auf dem mittleren Durchmesser konzentriert sind. Das ergibt folgende Gleichung, die sowohl für Voll- als auch für Ringzapfen gilt:

$$\mathbf{M_R = \mu \cdot r_m \cdot F \; ; \qquad r_m = \frac{r_a + r_i}{2}} \qquad \textbf{Gl. 11-12}$$

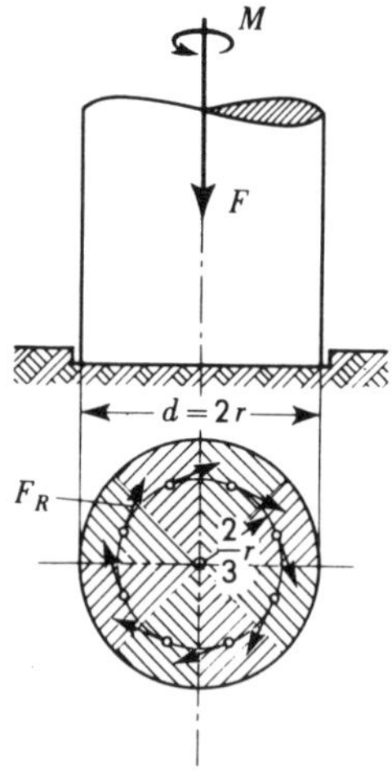

Abb. 11-48

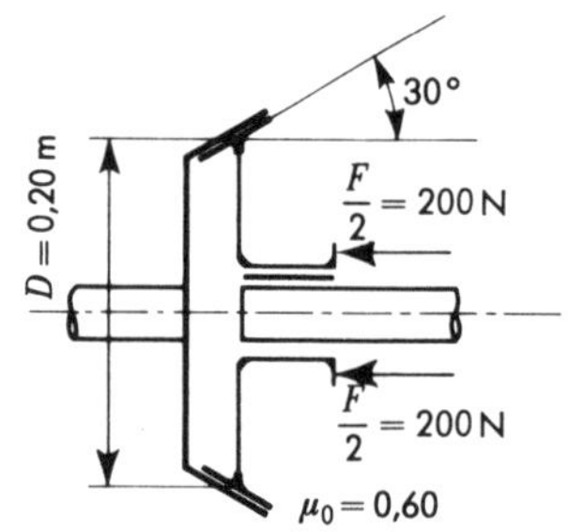

Abb. 11-49

Beispiel 1 (Abb. 11-49)

Für die abgebildete Kegelkupplung ist das übertragbare Moment zu berechnen.

Lösung:

Annahme: Reibungskräfte wirken auf den mittleren Durchmesser von 0,20 m.

Zerlegung der Kräfte an den Kegeln ergibt

$$F_n = \frac{F}{2 \sin 30^\circ} = F$$

Übertragbare Reibungskraft

$$F_n \mu_0 = F \mu_0$$

Übertragbares Moment

$$M = F \cdot \mu_0 \cdot D$$

$$M = 400\ \text{N} \cdot 0{,}60 \cdot 0{,}20\ \text{m}$$

$$\mathbf{M = 48\ Nm.}$$

Beispiel 2

Eine Schraube M16 soll Bauteile mit einer Kraft von $F_a = 9$ kN zusammenspannen. Welche Kraft ist zum Anziehen und zum Lösen der Schraube an einem 25 cm langen Schlüssel notwendig, wenn $\mu = 0{,}12$ für das Anziehen und $\mu_0 = 0{,}20$ für das Lösen angenommen werden? Die Reibungszahlen sollen für Gewinde und Unterlegscheibe gelten.

Lösung

Anziehen Gewindereibung

Gl. 11-9 $$\mu' = \frac{\mu}{\cos \frac{\beta}{2}} = \frac{0{,}12}{\cos 30^\circ} = 0{,}139 \qquad \rho' = 7{,}9^\circ$$

Gl. 11-6 $$\tan \alpha = \frac{h}{d_m \cdot \pi} = \frac{2\ \text{mm}}{14{,}7\ \text{mm} \cdot \pi} = 0{,}0434$$

$$\alpha = 2{,}5^\circ$$

Gl. 11-7 $$M_G = F_a \cdot r_m \cdot \tan(\rho' + \alpha) \qquad d_m = 14{,}7\ \text{mm}$$

$$= 9 \cdot 10^3\ \text{N} \cdot 0{,}50 \cdot 14{,}7 \cdot 10^{-3}\ \text{m} \cdot \tan 10{,}4^\circ$$

$$M_G = 12{,}1\ \text{Nm.}$$

Reibung der Mutter auf der Auflagefläche

Gl. 11-15 $$M_M = \mu \cdot r_{mM} \cdot F$$

Schlüsselweite 24 mm

Reibungskräfte am Bund wirken auf dem Radius

$$r_{mM} = \frac{1}{2} \left(\frac{24 + 16}{2}\right) \text{mm} = 10\ \text{mm}$$

$$M_M = 0{,}12 \cdot 10 \cdot 10^{-3}\ \text{m} \cdot 9 \cdot 10^3\ \text{N}$$

$$M_M = 10{,}8\ \text{Nm.}$$

Gesamt-Anzugsmoment

$M = M_G + M_M = 22{,}9$ Nm.

$$F_A = \frac{M}{l} = \frac{22{,}9 \text{ Nm}}{0{,}25 \text{ m}}$$

$\mathbf{F_A \approx 92\ N.}$

Lösen

Gewindereibung

$$\mu_0' = \frac{\mu_0}{\cos 30^\circ} = \frac{0{,}20}{\cos 30^\circ} = 0{,}231 \qquad \rho_0' = 13{,}0^\circ$$

$$M_G = F_a\, r_m \tan(\rho_0' - \alpha)$$

$$= 9 \cdot 10^3 \text{ N} \cdot 0{,}50 \cdot 14{,}7 \cdot 10^{-3} \text{ m} \tan 10{,}5^\circ$$

$M_G = 12{,}2$ Nm.

Reibung der Mutter auf der Auflagefläche

$$M_M = \mu_0 \cdot r_{mM} \cdot F$$

$$= 0{,}20 \cdot 10 \cdot 10^{-3} \text{ m} \cdot 9 \cdot 10^3 \text{ N}$$

$M_M = 18$ Nm.

Gesamtmoment

$M = M_G + M_M = 30{,}2$ Nm.

$$F_L = \frac{M}{l} = \frac{30{,}2 \text{ Nm}}{0{,}25 \text{ m}}$$

$\mathbf{F_L \approx 121\ N.}$

Aufgaben zum Abschnitt 11.8

A 11-49. Ein Wagen mit einer Ladung von 450 kg soll auf einer Horizontalen mit konstanter Geschwindigkeit gezogen werden. Wie groß ist die zur Überwindung der Zapfenreibung notwendige Kraft F in Fahrtrichtung? Lagerdurchmesser 60 mm, Raddurchmesser 50 cm, $\mu_z = 0{,}30$.

A 11-50. Ein homogener Balken von 25 kg Masse ist wie abgebildet mit geringem Spiel auf einen Zapfen von 8,0 cm ϕ gesteckt. Wird eine Masse von 2 kg langsam von der Mitte ausgehend verschoben, dann setzt Drehung des Balkens bei $x = 40$ cm ein. Wie groß ist die Zapfenreibungszahl μ_z?

A 11-51. Für das abgebildete System betrage die Zapfenreibungszahl $\mu_z = 0{,}28$. In welchen maximalen Abstand x kann man die Masse $m = 2{,}5$ kg verschieben, ohne daß Drehung einsetzt?

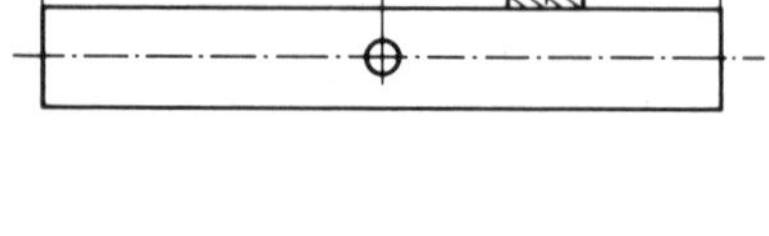

Abb. A 11-50/51

A 11-52. Abgebildet ist ein Seilrolle. Zum Heraufziehen einer Last von 50 kg mit konstanter Geschwindigkeit wird eine Kraft von 500 N gebraucht. Wie groß ist die Zapfenreibungszahl μ_z?

A 11-53. Die Zapfenreibungszahl des Lagers der Rolle beträgt $\mu_z = 0{,}25$. Welche Kraft ist notwendig, um eine Last von 80 kg mit konstanter Geschwindigkeit herunterzulassen?

A 11-54. Ein homogener Balken ist auf einen Zapfen mit dem Durchmesser d = 3,0 cm gesteckt. Welche Überlänge x darf ein Teil des Balkens haben, wenn für $\mu_z = 0{,}10$ der Balken horizontal bleiben soll?

A 11-55. Der Gelenkhebel soll im Uhrzeigersinn um Gelenk A gedreht werden. Wie groß muß F sein, wenn $\mu_z = 0{,}20$ und $r = 1{,}5$ cm sind?

A 11-56. Ein Stempel von 25 cm Durchmesser soll unter einer axialen Last von 52 kN gedreht werden. Wie groß muß das Moment sein, wenn $\mu = 0{,}60$ ist? Reibung nur an Unterseite.

A 11-57. Eine Lamellenkupplung besteht aus 5 Scheiben (4 Berührungsflächen). Für die folgenden Daten ist das übertragbare Moment zu bestimmen. $D_a = 280$ mm, $D_i = 180$ mm, $\mu = 0{,}40$, $F_{(\text{axial})} = 1{,}2$ kN.

A 11-58. Die Abbildung zeigt in vereinfachter Form eine Rutschkupplung. Die Summe der Federkräfte beträgt auf jeder Seite 160 N. Wie groß ist das Moment, bei dem die Kupplung rutscht, wenn $\mu = 0{,}60$ ist?

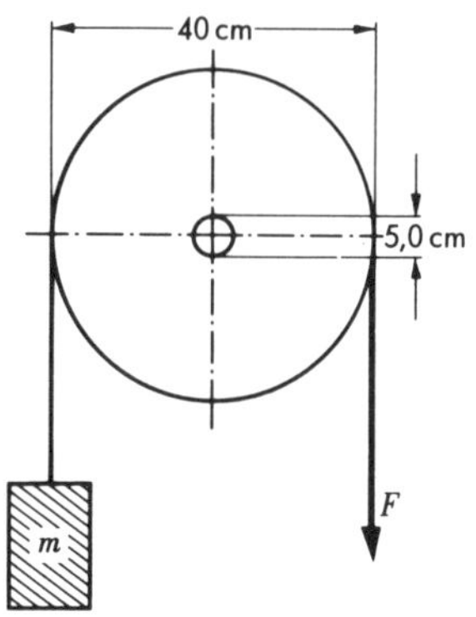

Abb. A 11-52/53

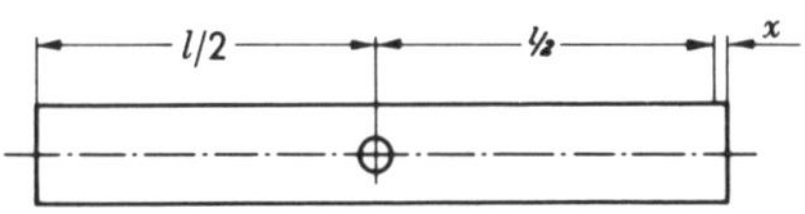

Abb. A 11-54

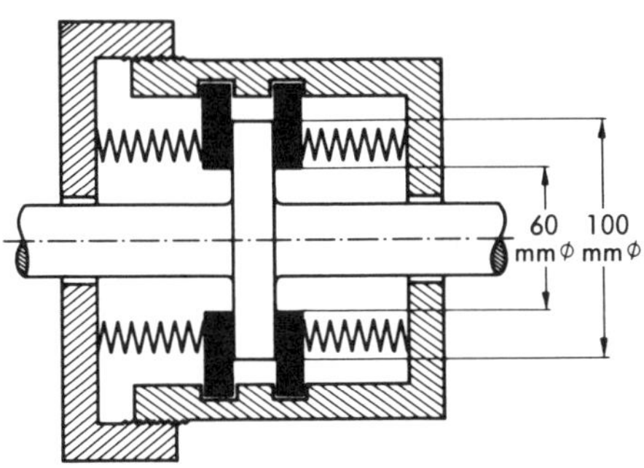

Abb. A 11-58

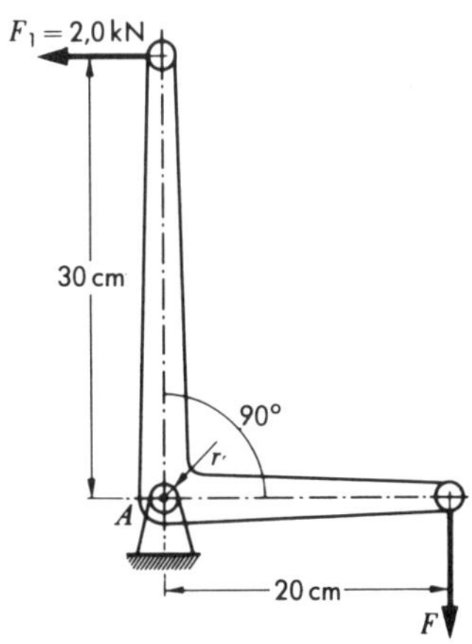

Abb. A 11-55

11.9 Das umgeschlungene Seil

Wird ein Seil um einen Kreiszylinder gelegt, dann können bis zu einem gewissen Grade die beiden Seilenden unterschiedlich belastet werden, ohne daß Bewegung einsetzt (Abb. 11-50). Das ist möglich, weil zwischen Seil und Zylinderoberfläche Reibungskräfte entstehen. Die Größe dieser Kräfte soll im nachfolgenden ermittelt werden.

Zwischen den Seilkräften S_1 und S_2 in Abb. 11-51 soll Gleichgewicht bestehen. Für $S_1 > S_2$ versuchen die Kräfte das Seil insgesamt im Uhrzeigersinn zu verschieben. Den Zylinderumfang entlang müssen Reibungskräfte auftreten, die summiert gleich der Differenz $S_1 - S_2$ sind. Die Seilkraft S ändert sich infolgedessen stetig von Punkt zu Punkt von S_2 nach S_1. Entlang einem Teilabschnitt $r \cdot \Delta\alpha$ ändert sich die Seilkraft von S nach $S + \Delta S$ (s. Abb. 11-51a). Diese Änderung wird bewirkt durch die Reibungskraft $\Delta F_R = \mu_0 \cdot \Delta F_n$, demnach gilt

$$\Delta S = \Delta F_R = \mu_0 \cdot \Delta F_n$$

$$\text{d.h.: } S + \Delta S = S + \mu_0 \cdot \Delta F_n$$

Setzt man das Seil in dieser Art aus vielen Teilabschnitten zusammen (s. Abb. 11-51b), dann erhält man für den

1. Abschnitt $\quad S_2' = S_2 + \mu_0 \Delta F_n'$

2. Abschnitt $\quad S_2'' = S_2' + \mu_0 \Delta F_n''$

usw.

Es gilt aber für kleine Winkel $\Delta\alpha$ (s. Kräfteplan)

1. Abschnitt $\quad \Delta F_n' = \Delta\alpha \cdot S_2'$

2. Abschnitt $\quad \Delta F_n'' = \Delta\alpha \cdot S_2''$

usw.

Damit erhält man

1. Abschnitt $\quad S_2' = S_2 + \mu_0 \cdot \Delta\alpha \cdot S_2'$

2. Abschnitt $\quad S_2'' = S_2' + \mu_0 \cdot \Delta\alpha \cdot S_2''$

usw.

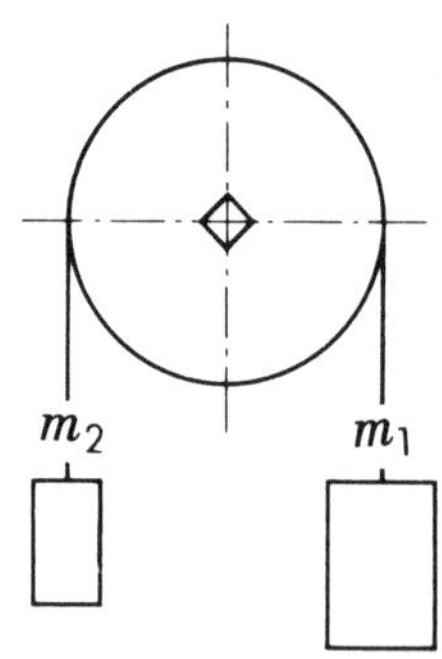

Abb. 11-50

Nach Umwandlung:

1. Abschnitt $\quad S_2' = \dfrac{S_2}{1 - \mu\,\Delta\alpha}$

2. Abschnitt $\quad S_2'' = \dfrac{S_2'}{1 - \mu\,\Delta\alpha}$

nach Einsetzen des oberen Wertes

$$= \frac{S_2}{(1 - \mu\,\Delta\alpha)^2}$$

3. Abschnitt $\quad S_2''' = \dfrac{S_2}{(1 - \mu\,\Delta\alpha)^3}$

usw.

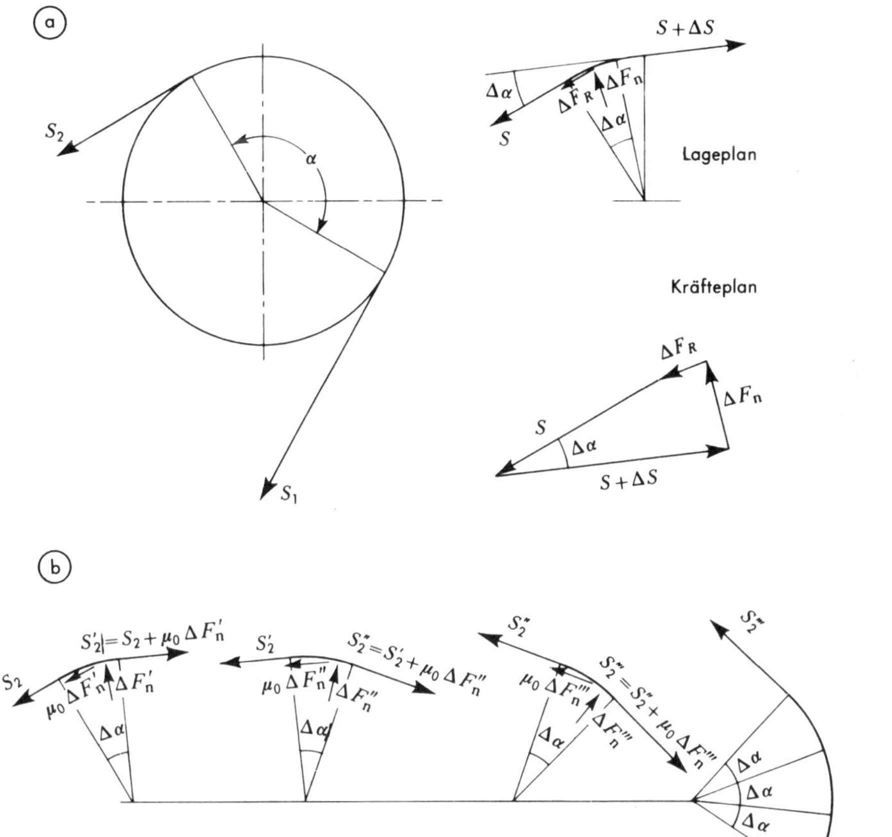

Abb. 11-51

Für den letzten Abschnitt, d.h. für den *z*. Abschnitt gilt

$$S_1 = \frac{S_2}{(1 - \mu\,\Delta\alpha)^z}$$

$$\frac{S_1}{S_2} = \left(\frac{1}{1 - \mu\,\Delta\alpha}\right)^z = \left(\frac{1}{1 - \mu\,\Delta\alpha}\right)^{z \cdot \frac{\mu \cdot \Delta a}{\mu \cdot \Delta a}}$$

Es gilt aber

$$z \cdot \Delta\alpha = \alpha$$

und somit

$$\frac{S_1}{S_2} = \left(\frac{1}{1 - \mu \cdot \Delta\alpha}\right)^{\frac{\mu a}{\mu\,\Delta a}}$$

Setzt man für $\mu \cdot \Delta\alpha = i$, dann erhält man

$$\frac{S_1}{S_2} = \left[\left(\frac{1}{1 - i}\right)^{\frac{1}{i}}\right]^{\mu a}.$$

Es erhebt sich die Frage, was für den Wert i einzusetzen ist. Das Ergebnis wird um so genauer, je mehr Teilabschnitte gewählt wurden, d.h. je kleiner der Winkel $\Delta\alpha$ und somit i ist. Man muß also untersuchen, welchem Wert die eckige Klammer zustrebt, wenn fortlaufend kleiner werdende Zahlen eingesetzt werden. Es ergeben sich folgende Werte

$$i = 0{,}50; \qquad 0{,}33; \qquad 0{,}25; \qquad 0{,}10; \qquad 0{,}01$$

$$\left(\frac{1}{1-i}\right)^{\frac{1}{i}} = 4{,}00; \qquad 3{,}38; \qquad 3{,}17; \qquad 2{,}87; \qquad 2{,}74$$

Werden diese Ergebnisse in einem Diagramm aufgetragen, dann erkennt man, daß für kleiner werdendes i die Kurve sich etwa dem Wert 2,72 nähert. Der exakte Wert der eckigen Klammer für $i \to 0$ ist

$$e = 2{,}71828\ldots..$$

Das Endergebnis lautet demnach

$$\frac{S_1}{S_2} = e^{\mu_0 \alpha} \qquad \textbf{Gl. 11-13}$$

(μ für Gleitreibung).

Der Winkel α heißt Umschlingungswinkel und muß wie aus der Ableitung hervorgeht, im Bogenmaß eingesetzt werden.

Mit Hilfe der Integralrechnung kann man das Problem geschlossen lösen.

Dem Kräfteplan Abb. 11-51 entnimmt man für $\Delta\alpha = d\alpha$; $\Delta F_R = dF_R$; $\Delta F_n = dF_n$; $\Delta S = dS$

$$dF_n = S \cdot d\alpha \qquad dF_R = dS.$$

Das Reibungsgesetz liefert die Beziehung

$$dF_R = \mu_0 \cdot dF_n .$$

Die Gleichsetzung dF_R ergibt

$$dS = \mu_0 \cdot dF_n .$$

Mit der ersten Gleichung erhält man

$$dS = \mu_0 \cdot S \cdot d\alpha.$$

Nach Trennung der Variablen wird die Integration durchgeführt

$$\int_{S_2}^{S_1} \frac{dS}{S} = \mu_0 \int_0^{\alpha} d\alpha$$

$$\ln \frac{S_1}{S_2} = \mu_0 \cdot \alpha$$

$$\frac{S_1}{S_2} = e^{\mu \cdot \alpha}$$

Aus der Gleichung ersieht man, daß die Seilkraft exponential nach der e-Funktion mit dem Umschlingungswinkel steigt, d.h. schon kleine Zunahmen von α vergrößern das Verhältnis S_1/S_2 erheblich.

Diese Tatsache macht man sich bei Anwendungen von Spannrollen am Treibriemen nutzbar. Aus dem gleichen Grunde soll bei Treibriemen der lose Riemen oben laufen, da der Durchhang des Riemens den Umschlingungswinkel und damit das übertragbare Moment vergrößert. Bei Treibriemen mit höherer Umfangsgeschwindigkeit werden die Normalkräfte durch die am Riemen angreifenden Fliehkräfte verkleinert. Dem steht eine Zunahme der Reibungszahlen mit der Riemengeschwindigkeit gegenüber. Weiterhin hat die Riemensteifigkeit und der immer zwischen Riemen und Rad vorhandene Schlupf Einfluß auf die übertragbare Leistung.

Beispiel (Abb. 11-52)

Für die abgebildete Bandbremse soll das Bremsmoment unter Vernachlässigung der Gewichtskraft der Hebelstange für $\mu = 0{,}15$ ermittelt werden. Die Drehung der Bremsscheibe erfolgt im Uhrzeigersinn.

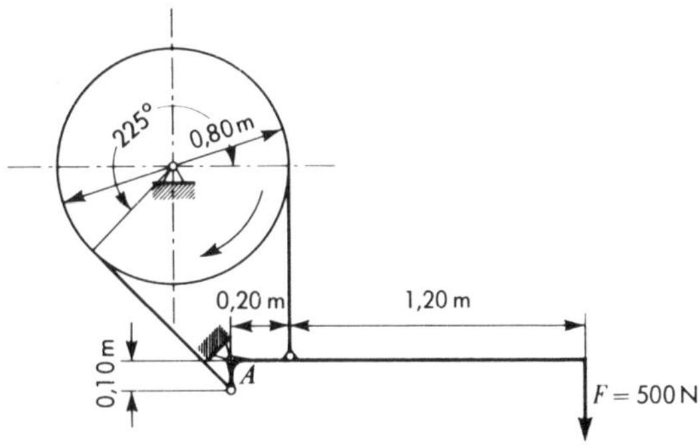

Abb. 11-52

Lösung (Abb. 11-53)

Bei Drehung der Trommel im Uhrzeigersinn muß die Seilkraft $S_1 > S_2$ links liegen.

$$S_1 = S_2 \cdot e^{\mu \alpha}$$

$$S_1 = S_2 \cdot e^{0{,}15 \cdot \frac{225^\circ}{180^\circ} \pi}$$

$$S_1 = 1{,}802 \cdot S_2$$

$$\sum M_A = 0 ; \qquad -S_1 \tfrac{1}{2}\sqrt{2} \cdot 0{,}10 \text{ m} + S_2\, 0{,}20 \text{ m} - F \cdot 1{,}40 \text{ m} = 0$$

$$S_2\,(-1{,}802 \cdot 0{,}707 \cdot 0{,}10 \text{ m} + 0{,}20 \text{ m}) = 700 \text{ Nm}$$

$$S_2 = 9{,}65 \text{ kN}$$

$$S_1 = 1{,}802\, S_2$$

$$S_1 = 17{,}38 \text{ kN}$$

$$M = (S_1 - S_2)\, r$$

$$\mathbf{M = 3{,}09 \text{ kNm}.}$$

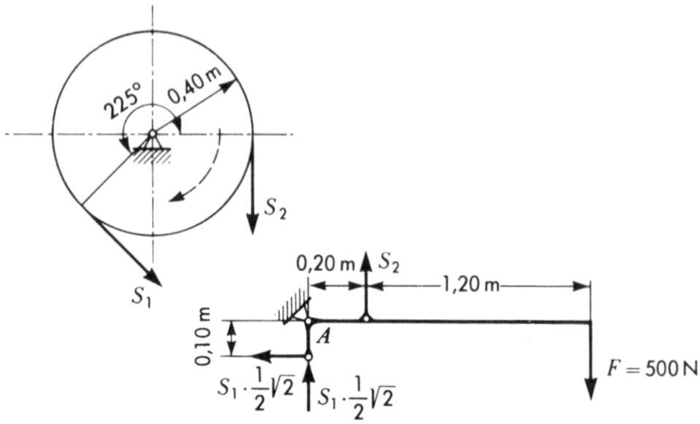

Abb. 11-53

Aufgaben zum Abschnitt 11.9

A 11-59/60/61. Für die nachfolgenden Daten ist das Bremsmoment der abgebildeten Bandbremse zu berechnen. Das Ergebnis ist zu diskutieren (Vergleich der 3 Ergebnisse).

$F = 300$ N; $l = 0{,}60$ m; $a = 0{,}12$ m; $d = 0{,}60$ m; $\mu = 0{,}15$.

A 11-62. Abgebildet ist ein Elektromotor auf einer Wippe. Der Motor soll ein Moment von 70 Nm mit einer Riemenreibungszahl von 0,1 übertragen. Die Vorspannung soll durch die Eigenmasse erzeugt werden. Dafür ist l zu bestimmen. Drehrichtung mathematisch positiv.

A 11-63. Wie A 11-63 jedoch umgekehrte Drehrichtung.

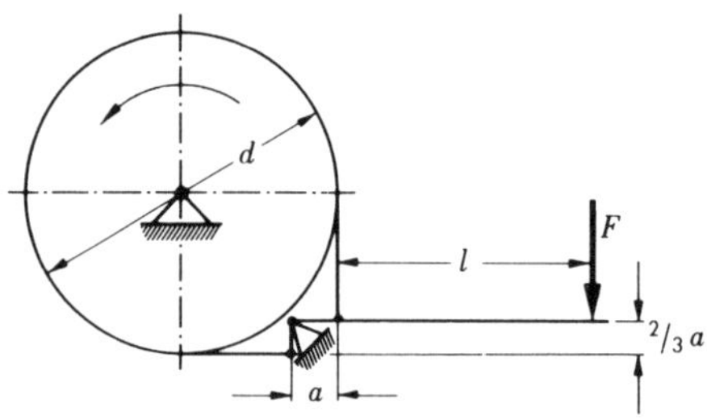

Abb. A 11-59

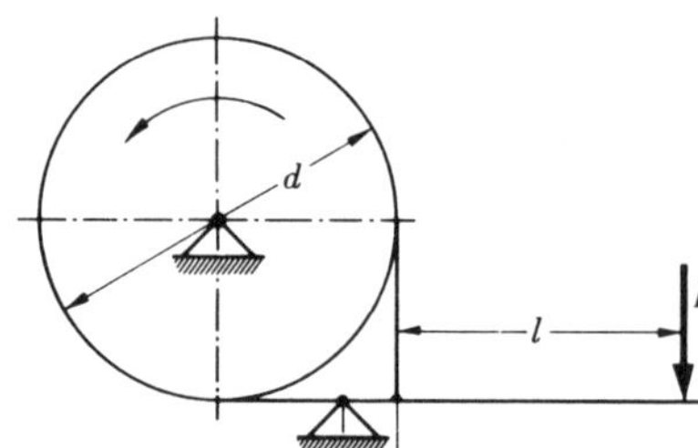

Abb. A 11-60

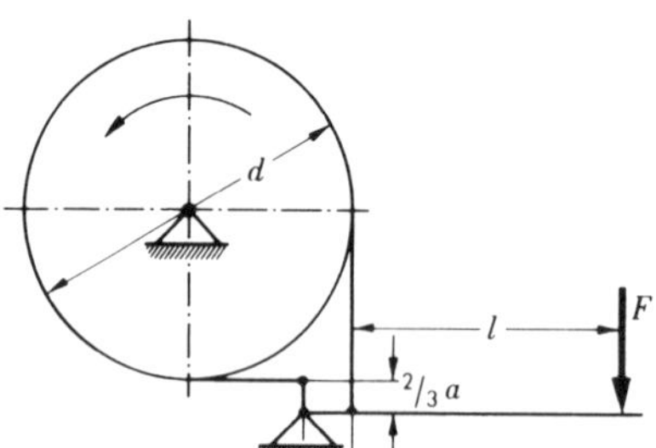

Abb. A 11-61

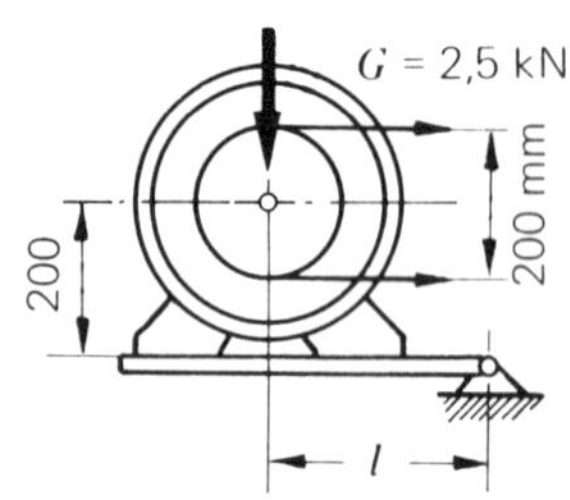

Abb. A 11-62/63

A 11-64. Skizziert ist eine Versuchseinrichtung zur Messung der Gleitreibungszahl am Treibriemen. Dazu wird die obere Trommel angetrieben und gleitet auf dem ruhenden Riemen. Die untere Trommel ist reibungslos gelagert. Es werden gemessen $S_1 = 675\,N$; $S_2 = 500\,N$. Zu bestimmen ist die Gleitreibungszahl.

A 11-65. Ein Seil wird 3,5 mal um einen Pflock geschlungen. An einem Ende wird das Seil mit 70 N festgehalten. Wie groß kann die am anderen Ende des Seils befestigte Last für $\mu_0 = 0{,}25$ werden, ohne daß das Seil rutscht?

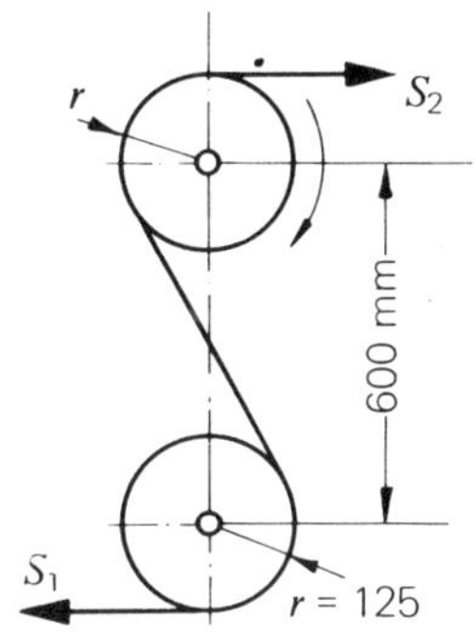

Abb. A 11-64

11.10 Rollwiderstand

Der Rollwiderstand wird im wesentlichen durch die Deformation von Rolle und Unterlage verursacht. Dabei sind auch die bei der Berührung auftretenden Reibungskräfte von Bedeutung. Vereinfacht kann man sich den Vorgang folgendermaßen vorstellen.

Eine Walze, die härter ist als ihre Unterlage, verursacht beim Abrollen eine Deformation, wie sie Abb. 11-54a zeigt. Es wirken dabei folgende Kräfte: Die zur Aufrechterhaltung der Bewegung notwendige Kraft F_t, die Walzenbelastung F_n, die Reibungskraft $F_R \leqslant \mu_0 F_n$ und die Normalkraft F_n. Die resultierende Bodenkraft F_{res} muß mit der aus F_n und F_t gebildeten Resultierenden im Gleichgewicht sein, d.h. beide Kräfte müssen kollinear sein.
Die Momentengleichung für den Mittelpunkt der Walze ergibt

$$F_R \cdot r = f \cdot F_n \,; \qquad F_R \leqslant \mu_0 F_n$$

$$\mathbf{F_R = \frac{f}{r} F_n} \qquad \textbf{Gl. 11-14}$$

$$\frac{f}{r} < \mu_0 \qquad \text{Bedingung für Rollen}$$

$$\frac{f}{r} > \mu_0 \qquad \text{Bedingung für Gleiten.}$$

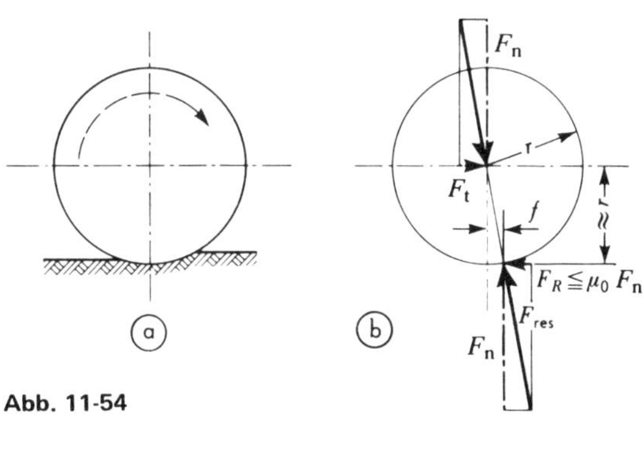

Abb. 11-54

Dabei ist f ein Erfahrungswert. Er wird „Arm der rollenden Reibung“ genannt. Die Werte für f sind stark abhängig von der Werkstoffpaarung Rolle-Unterlage, von dem elastischen Verhalten beider, von den Härten, der Oberflächenbehandlung, der Herstellungsgenauigkeit, von eventuell vorhandener Schmierung usw. Außerdem ist es sehr schwierig, die Rollreibung von anderen Reibungseinflüssen zu trennen, wie überhaupt der oben benutzte Ansatz eine starke Vereinfachung des komplexen Reibungsvorganges darstellt.

Aus den oben genannten Gründen findet man in den Taschenbüchern nur wenig Angaben über die Größe von f. Für Stahlrolle auf Stahlunterlage (z.B. Kranbahn) rechnet man mit Werten um $f = 0{,}05$ cm. Sind Rolle und Unterlage aus gehärtetem Stahl (Wälzlager) vermindert sich dieser Wert ganz erheblich. Oft ist es nicht möglich, den Rollwiderstand und den Lagerwiderstand der Rolle zu trennen. Man ermittelt dann den gesamten Fahrwiderstand, z.B. mit Hilfe eines Schleppversuches. Da die Belastungen linear eingehen, definiert man als spezifischen Fahrwiderstand den Quotienten Fahrwiderstand zu Gewichtskraft.

Beispiel 1

Eine Walze von 2 cm Durchmesser beginnt zu rollen, wenn man die Unterlage um 2,5° neigt. Wie groß ist der Arm der Rollreibung?

Lösung

$$F_{R0} = G \cdot \sin\alpha \text{ (Reibungskraft = Hangabtrieb)}$$

$$F_n \frac{f_0}{r} = G \cdot \sin\alpha$$

$$G \cdot \cos\alpha \frac{f_0}{r} = G \cdot \sin\alpha$$

$$\tan\alpha = \frac{f_0}{r}$$

$$\mathbf{f_0 = r \cdot \tan\alpha}$$

$$f_0 = 1{,}0 \text{ cm} \cdot \tan 2{,}5^\circ = \mathbf{0{,}044 \text{ cm.}}$$

Man kann f_0 genau wie μ_0 mit Hilfe der schiefen Ebene in dieser einfachen Weise bestimmen.

Beispiel 2

Eine Fahrzeugachse (Eigengewichtskraft G) ist mit einer senkrechten Kraft F belastet. Der Raddurchmesser ist $2R$, der Zapfendurchmesser $2r$. Der Arm der Rollreibung ist f, die Zapfenreibungszahl μ_z. Zu bestimmen ist in allgemeiner Form der Fahrwiderstand der Achse.

Lösung

Rollwiderstand F_{R1} (Gl. 11-17)

$$F_{R1} = \frac{f}{R} \cdot F_n = \frac{f}{R} (F + G).$$

Lagerwiderstand F_{R2} (Gl. 11-10)

$$M = \mu_z \cdot r\, F = R \cdot F_{R2}; \qquad F_{R2} = \frac{r}{R} \mu_z \cdot F.$$

Gesamtwiderstand

$$F_R = \frac{f}{R} (F + G) + \frac{r}{R} \mu_z \cdot F.$$

Diese Ableitung ist nicht ganz exakt, da das Lager nicht mit F, sondern mit der Resultierenden aus F und der Zugkraft (= Widerstand) der Achse belastet wird. Diese ist jedoch normalerweise viel kleiner als die Belastung. Bei höheren Geschwindigkeiten kommt noch der Luftwiderstand dazu.

Aufgaben zum Abschnitt 11.10

A 11-66. Ein Wagen soll mit konstanter Geschwindigkeit eine geneigte Bahn ablaufen. Welches Gefälle ist erforderlich, wenn die Lagerreibung gegenüber der Rollreibung vernachlässigt werden kann und f = 0,06 cm beträgt? Raddurchmesser 0,35 m.

A 11-67. Wie Aufgabe 11-66, jedoch mit Berücksichtigung der Lagerreibung. Die Gewichtskraft der Achsen kann vernachlässigt werden. Lagerdurchmesser 50 mm; Raddurchmesser 0,35 m; f = 0,06 cm; Wagenmasse 280 kg; μ_z = 0,03.

A 11-68. Eine homogene Walze (m = 120 kg) wird eine schiefe Ebene durch eine am Umfang parallel zur Unterlage wirkende Kraft heraufgezogen. Wie groß muß F sein, wenn f = 0,06 cm ist und der Durchmesser der Walze 0,20 m beträgt?

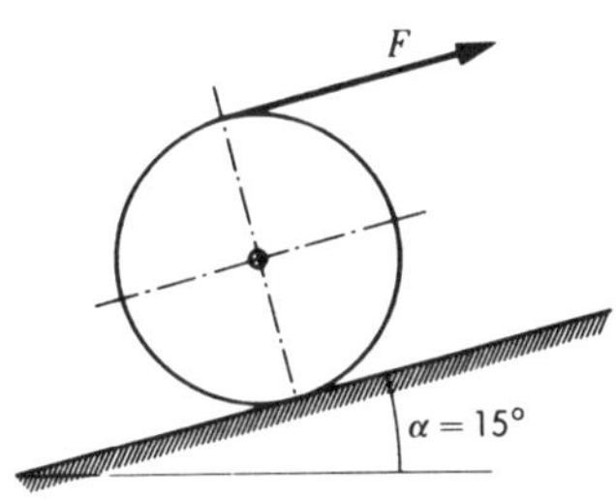

Abb. A 11-68

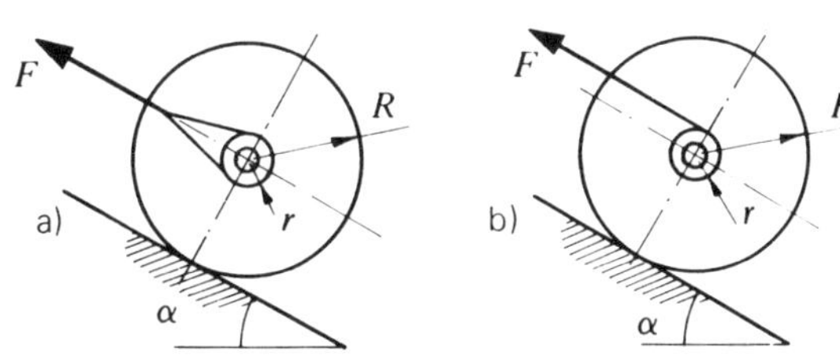

Abb. A 11-69

A 11-69. Eine homogene Walze wird eine schiefe Ebene hinaufgezogen. Für beide Fälle sind die dazu notwendige Kraft F und die auf der Unterlage notwendige Reibungszahl für Rollen ohne zu gleiten zu bestimmen. r = 0,10 m; R = 0,50 m; m = 200 kg; $\alpha = 30°$. Für Fall a) Seil μ = 0,15, Umschlingungswinkel $\approx \pi$.

11.11 Zusammenfassung

Reibungskräfte (trockene Reibung) werden an Berührungsflächen zweier Körper wirksam, wenn versucht wird, einen Körper auf dem anderen zu verschieben. Die Reibungskraft kann zwischen Null und einem Maximalwert je nach der Wirkung von anderen Kräften schwanken. Die Größe der maximalen Haftreibung hängt nicht von der Größe der Berührungsfläche, sondern nur von ihrer Beschaffenheit und der Normalkraft ab.

$$\mathbf{F}_{R0} \leqslant \mu_0 \, \mathbf{F}_n \qquad \text{Gl. 11-1}$$

Ein analoges Gesetz gilt für die Gleitreibung

$$\mathbf{F}_R = \mu \, \mathbf{F}_n \qquad \text{Gl. 11-2}$$

μ und μ_0 siehe Tabelle 11-I.

Die Resultierende von Reibungs- und Normalkraft liegt bei Haftreibung innerhalb eines Kegels bzw. auf dem Kegelmantel mit dem Öffnungswinkel $2\,\rho_0$, bei Gleitreibung auf dem Kegelmantel mit dem Öffnungswinkel $2\,\rho < 2\,\rho_0$

$$\tan \rho_0 = \mu_0 \qquad \text{Gl. 11-3}$$
$$\tan \rho = \mu \, .$$

Ein auf einer schiefen Ebene liegender Block beginnt zu gleiten, wenn

$$\alpha > \rho_0$$

(α Neigungswinkel; einfache Bestimmung von μ_0).

Ein Keil wendet die Gesetze der schiefen Ebene an und wird zur Kraftübersetzung benutzt. Er ist selbsthemmend, wenn

$\alpha < \rho_{01} + \rho_{02}$ ist.

α Keilwinkel; ρ_0 Reibungswinkel der beiden Keilflächen.

Es ist zweckmäßig, beim Lösen von Keilaufgaben die Resultierende von Reibungs- und Normalkraft zu verwenden.

In der Keilnut sind größere Reibungskräfte wirksam als auf der Ebene. Für symmetrische Keilnut gelten die Gleichungen der ebenen Reibung, wenn anstatt μ mit der Keilnutreibungszahl

$$\mu' = \frac{\mu}{\sin \alpha} \qquad \text{Gl. 11-5}$$

gerechnet wird (α halber Nutwinkel).

Zur Drehung eines belasteten Flachgewindes ist das Moment

$$\mathbf{M} = \mathbf{F}_a \cdot \mathbf{r}_m \cdot \tan(\rho \pm \alpha) \qquad \text{Gl. 11-7}$$

notwendig. Für $\rho \geqslant \alpha$ ist die Schraube selbsthemmend.
Diese Gleichung gilt auch für Spitzgewinde, wenn anstatt mit ρ mit ρ' gerechnet wird.

$$\tan \rho' = \frac{\tan \rho}{\cos \frac{\beta}{2}} \qquad \text{Gl. 11-9}$$

β Spitzenwinkel

Das Reibungsmoment eines durch F radial belasteten Zapfens beträgt

$$\mathbf{M = r \cdot \mu_z \cdot F} \qquad \text{Gl. 11-10}$$

wobei $\mu_z > \mu$ ist und durch Versuche ermittelt werden muß.

Bei axialer Belastung ist es in den meisten Fällen ausreichend, anzunehmen, daß die Reibungskräfte auf dem mittleren Durchmesser der Berührungsflächen angreifen.

Das Verhältnis der Kräfte am umgeschlungenen Seil ist

$$\mathbf{\frac{S_1}{S_2} = e^{\mu a}} \qquad \text{Gl. 11-13}$$

Der Rollwiderstand eines Rades beträgt

$$\mathbf{F_R = \frac{f}{r} F_n} \qquad \text{Gl. 11-14}$$

f „Arm der rollenden Reibung"

f ist wie μ ein Erfahrungswert, der durch Messungen ermittelt wird. Die Bedingung für das Rollen auf einer Ebene ist

$$\frac{f}{r} \leqslant \mu_0$$

Für $\frac{f}{r} > \mu_0$ gleitet das Rad.

Der Rollwiderstand ist bei sonst gleichen Bedingungen um so kleiner, je größer der Raddurchmesser ist.

Tabelle 11-I. Reibungszahlen

Stoffpaarung	μ_0 trocken	μ_0 gefettet	μ trocken	μ gefettet
Stahl auf Stahl . . .	0,15–0,3	0,1	0,1	0,01–0,05
Stahl auf GG . . .	0,2	0,1	0,15–0,2	0,01–0,06
Holz auf Stein . . .	0,7	0,4	0,3	
Holz auf Holz . . .	0,4–0,7	0,15–0,2	0,2–0,4	0,05–0,15
Leder auf Metall . .	0,6	0,2	0,25	0,12
Bremsbelag auf Stahl .			0,5–0,6	0,2–0,5
Gummi auf Beton . .	0,6–0,8	naß 0,4–0,6		

12. Das räumliche Kräftesystem

12.1 Die räumlichen Komponenten

Eine Kraft F soll in die senkrecht aufeinander stehenden Richtungen $x; y; z$ eines räumlichen Cartesischen Koordinatensystems zerlegt werden (Abb. 12-1). Man kann zunächst die Zerlegung in der aus F und der y-Achse gebildeten Ebene vornehmen. Das ergibt die beiden Komponenten F_y und F_{xz}. Anschließend wird F_{xz} in der $x-z$-Ebene in die Komponenten F_x und F_z zerlegt. Die Kraft F bildet die Raumdiagonale eines Quaders mit den Kantenlängen $F_x; F_y; F_z$.
Folgende Winkel werden definiert

α_x	∢ zwischen positiver x-Achse und F
α_y	∢ zwischen positiver y-Achse und F
α_z	∢ zwischen positiver z-Achse und F

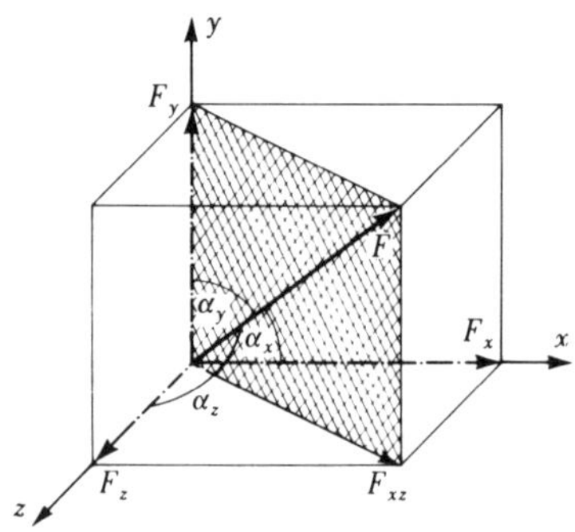

Abb. 12-1

Es gelten folgende Beziehungen

$$\mathbf{F_x = F \cdot \cos \alpha_x}$$
$$\mathbf{F_y = F \cdot \cos \alpha_y} \qquad \text{Gl. 12-1}$$
$$\mathbf{F_z = F \cdot \cos \alpha_z}$$

Nach dem Satz von Pythagoras erhält man

$$\mathbf{F^2 = F_x{}^2 + F_y{}^2 + F_z{}^2} \qquad \text{Gl. 12-2}$$

$$F^2 = F^2 (\cos^2 \alpha_x + \cos^2 \alpha_y + \cos^2 \alpha_z)$$

$$\mathbf{\cos^2 \alpha_x + \cos^2 \alpha_y + \cos^2 \alpha_z = 1.} \qquad \text{Gl. 12-3}$$

Die Summe der cos-Quadrate der drei Winkel ist gleich 1.

Die Gleichungen 12-1 können auch folgendermaßen geschrieben werden.

$$\mathbf{\frac{F_x}{\cos \alpha_x} = \frac{F_y}{\cos \alpha_y} = \frac{F_z}{\cos \alpha_z} = F.} \qquad \text{Gl. 12-4}$$

Die letzte Beziehung gestattet ein besonders einfaches Arbeiten .

Sind die Koordinaten eines Punktes der durch 0 gehenden Wirkungslinie der Kraft gegeben, dann können die Winkel aus den nachfolgenden Beziehungen berechnet werden (Abb. 12-2).

$$\cos\alpha_x = \frac{x}{l}$$

$$\cos\alpha_y = \frac{y}{l} \qquad \text{Gl. 12-5}$$

$$\cos\alpha_z = \frac{z}{l}$$

$$l^2 = x^2 + y^2 + z^2$$

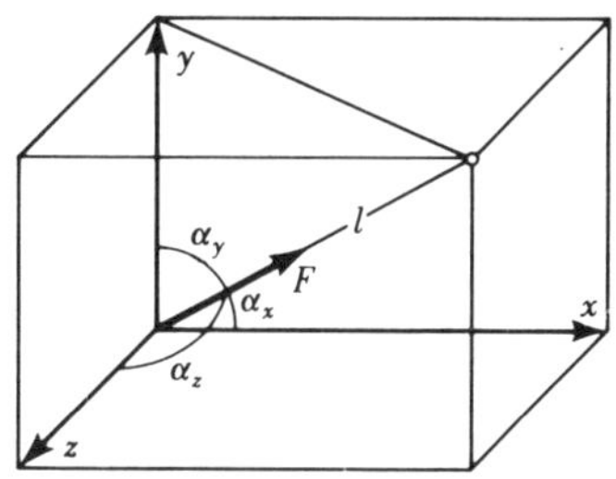

Abb. 12-2

Nach Einsetzen in Gleichungen 12-4

$$\frac{F_x}{x} = \frac{F_y}{y} = \frac{F_z}{z} = \frac{F}{l}\,. \qquad \text{Gl. 12-6}$$

12.2 Die Resultierende eines räumlichen Kräftesystems mit gemeinsamem Angriffspunkt

Die Erweiterung der für die Ebene abgeleiteten Beziehung auf die z-Achse ergibt unter Verwendung der Ergebnisse des vorigen Abschnittes:

$$F_{resx} = \sum F_x = \sum F \cos\alpha_x$$

$$F_{resy} = \sum F_y = \sum F \cos\alpha_y \qquad \text{Gl. 12-7}$$

$$F_{resz} = \sum F_z = \sum F \cos\alpha_z$$

$$F_{res} = \sqrt{F_{resx}^2 + F_{resy}^2 + F_{resz}^2} \qquad \text{Gl. 12-8}$$

$$\cos\alpha_x = \frac{F_{resx}}{F_{res}}$$

$$\cos\alpha_y = \frac{F_{resy}}{F_{res}} \qquad \text{Gl. 12-9}$$

$$\cos\alpha_z = \frac{F_{resz}}{F_{res}}$$

Beispiel (Abb. 12-3)

Die Resultierende der 3 gegebenen Kräfte ist nach Größe und Richtung zu bestimmen.

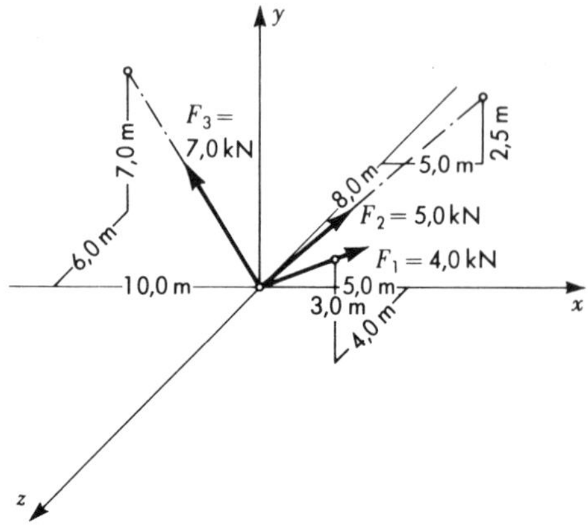

Abb. 12-3

Lösung

Die Komponenten der Resultierenden werden am einfachsten unter Verwendung der Gleichungen 12-6/7 tabellarisch ermittelt.

i	$\frac{x_i}{m}$	$\frac{y_i}{m}$	$\frac{z_i}{m}$	$\frac{l}{m}$	$\frac{F_x}{kN}$	$\frac{F_y}{kN}$	$\frac{F_z}{kN}$	$\frac{F}{kN}$
1	+ 5,0	+ 3,0	+ 4,0	7,07	+ 2,83	+ 1,70	+ 2,26	4,0
2	+ 5,0	+ 2,5	− 8,0	9,75	+ 2,56	+ 1,28	− 4,11	5,0
3	− 10,0	+ 7,0	− 6,0	13,60	− 5,14	+ 3,60	− 3,08	7,0
					Σ + 0,25 = $F_{res\,x}$	Σ **6,58** = $F_{res\,y}$	Σ **− 4,93** = $F_{res\,z}$	

Gl. 12-2 als Kontrolle (letzte Spalte)

Gl. 12-8 $F_{res} = \sqrt{F_{res\,x}^2 + F_{res\,y}^2 + F_{res\,z}^2}$

$$F_{res} = \sqrt{0{,}25^2 + 6{,}58^2 + 4{,}93^2}\ \text{kN}$$

$$\mathbf{F_{res} = 8{,}22\ kN}$$

Gl. 12-9 $\cos\alpha_x = \dfrac{F_{res\,x}}{F_{res}} = \dfrac{0{,}25\ \text{m}}{8{,}22\ \text{m}}$; $\quad \alpha_x = \mathbf{+\,88{,}2^\circ}$

$$\cos\alpha_y = \frac{6{,}58\ \text{m}}{8{,}22\ \text{m}}; \quad \alpha_y = \mathbf{+\,36{,}8^\circ}$$

$$\cos\alpha_z = -\frac{4{,}93\ \text{m}}{8{,}22\ \text{m}}; \quad \alpha_z = \mathbf{126{,}9^\circ}.$$

Aufgaben zum Abschnitt 12.2

A 12-1/2/3. Die Resultierende des Kräftesystems mit gemeinsamem Angriffspunkt ist nach Größe und Richtung zu bestimmen. Die Wirkungslinie geht durch den Ursprungspunkt des Koordinatensystems und durch den Punkt, dessen Koordinaten in der Reihenfolge $x\ y\ z$ gegeben sind:

F_1	= 2,5 kN	(+ 3; + 4; – 2)
F_2	= 3,0 kN	(– 2; + 3; – 2)
F_3	= 3,2 kN	(– 4; – 3; + 2)
F_1	= 4,0 kN	(– 5; + 2; + 4)
F_2	= 6,0 kN	(+ 5; + 4; + 5)
F_3	= 5,0 kN	(– 3; – 2; – 3)
F_1	= 15,0 kN	(+ 1; + 1; + 1)
F_2	= 30,0 kN	(+ 3; + 4; – 5)
F_3	= 28,0 kN	(– 3; – 2; + 3)
F_4	= 10,0 kN	(– 1; – 2; – 4)

A 12-4. Ein 8,0 m hoher Mast ist durch die abgebildeten 3 Seile verspannt. Die Seilkräfte betragen $S_1 = 4{,}0$ kN, $S_2 = 5{,}5$ kN, $S_3 = 3{,}0$ kN. Zu bestimmen sind a) die resultierende Kraft in Richtung der Mastachse, b) die resultierende Kraft senkrecht zur Mastachse.

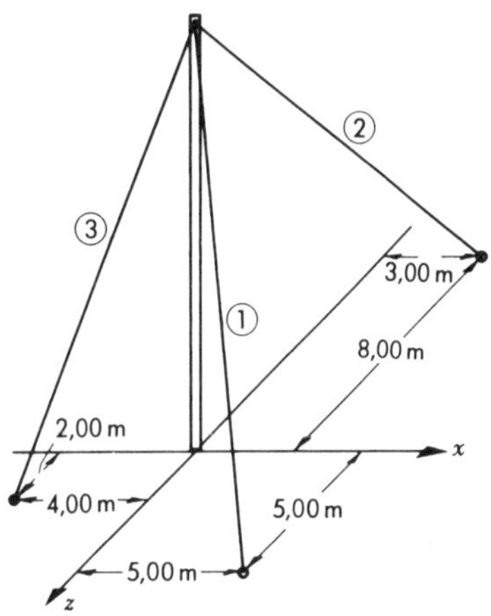

Abb. A 12-4

12.3 Das Moment einer Kraft in bezug auf die x-, y- und z-Achse

Das Moment einer beliebig im Raum liegenden Kraft F soll in bezug auf die Achsen des räumlichen Cartesischen Koordinatensystems bestimmt werden (Abb. 12-4). Wie bereits bei der Behandlung der ebenen Kräftesysteme ausgeführt (s. Abb. 2-20), haben nur Kraftkomponenten, die in einer senkrecht zur Achse liegenden Ebene wirken, ein Moment in bezug auf diese Achse, d.h. für die x-Achse $F_y\ F_z$, für die y-Achse $F_x\ F_z$ und für die z-Achse $F_x\ F_y$. Das positive Moment wird folgendermaßen definiert: Zeigt der Daumen der rechten Hand in positiver Achsenrichtung, dann weisen die gekrümmten Finger in die positive Richtung des Momentes (Rechte-Hand-Regel). Danach erhält man für Abb. 12-4.

$$\begin{aligned} \mathbf{M_x} &= \mathbf{F_z\ y - F_y\ z} \\ \mathbf{M_y} &= \mathbf{F_x\ z - F_z\ x} \qquad \text{Gl. 12-10} \\ \mathbf{M_z} &= \mathbf{F_y\ x - F_x\ y} \end{aligned}$$

Momente haben genau wie Kräfte Vektoreigenschaften, d.h. sie können wie diese geometrisch addiert werden. Der Momentenvektor steht dabei senkrecht auf der Ebene, in der die Kräfte angreifen. Die Pfeilrichtung (zur Unterscheidung von Kraftvektoren wird ein Doppelpfeil benutzt) wird nach der oben beschriebenen Rechte-Hand-Regel festgelegt (Abb. 12-5).

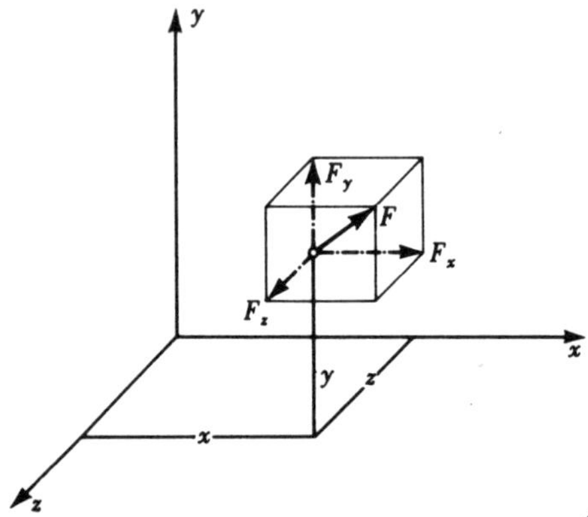

Abb. 12-4

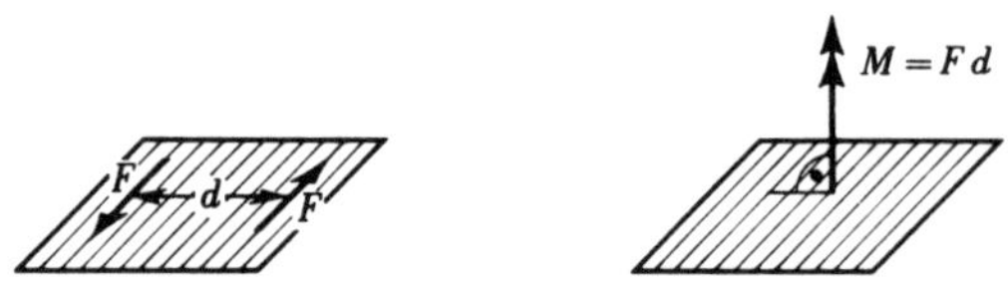

Abb. 12-5

In Abb. 12-6 wird für 2 senkrecht stehende Momentenvektoren gezeigt, daß man mit Hilfe der geometrischen Addition der Momentenvektoren das resultierende Moment erhält.

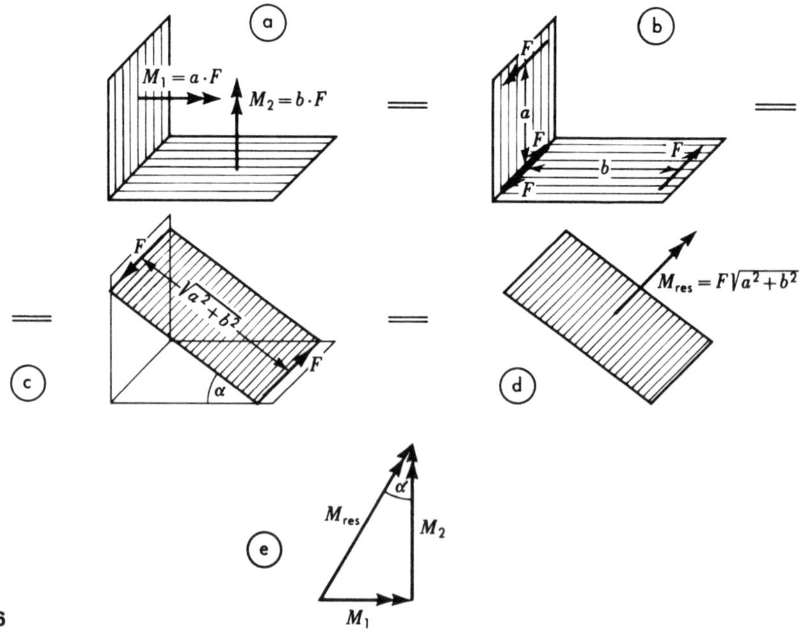

Abb. 12-6

Bild a) zeigt die beiden Vektoren, die in b) durch zwei Kräftepaare von der Größe $a\,F$ und $b\,F$ ersetzt werden. Da sich die beiden Kräfte in der Schnittlinie beider Ebenen aufheben, verbleibt in c) ein Kräftepaar von der Größe $F\cdot\sqrt{a^2+b^2}$, das in einer Ebene unter dem Winkel α wirkt. Nach der Definition des Momentenvektors erhält man Bild d). Die geometrische Addition ergibt e).

$$M_{\text{res}} = \sqrt{M_1{}^2 + M_2{}^2} = F\cdot\sqrt{a^2+b^2}$$

$$\tan\alpha = \frac{M_1}{M_2} = \frac{a}{b}\ .$$

was auch aus c) folgt.

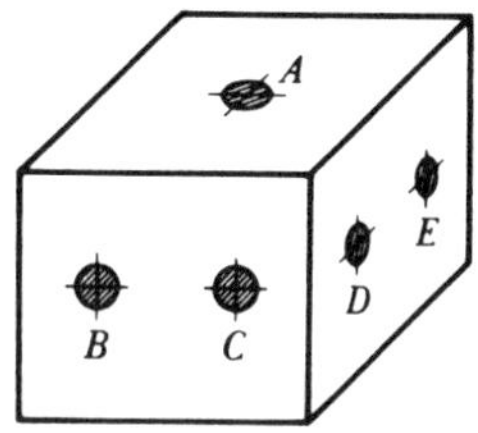

Abb. 12-7

Beispiel 1 (Abb. 12-7)

Ein Quader wird gleichzeitig an den Stellen $A - E$ senkrecht zur Oberfläche gebohrt. Die von den Bohrern übertragenen Momente betragen:

$M_A = 4{,}0$ Nm
$M_B = 2{,}5$ Nm
$M_C = 3{,}0$ Nm
$M_D = 5{,}0$ Nm
$M_E = 2{,}0$ Nm

Zu bestimmen ist das auf den Block übertragene resultierende Moment nach Größe und Richtung.

Lösung (Abb. 12-8)

Die Momentenvektoren sind parallel verschiebbar (s. Sätze über Kräftepaare). Man kann alle Momentenvektoren in den Ursprungspunkt eines Cartesischen Koordinatensystems verschieben und dabei parallel laufende Vektoren addieren.

$$M_{\text{res}} = \sqrt{M_A{}^2 + (M_B + M_C)^2 + (M_D + M_E)^2}$$

$$M_{\text{res}} = \sqrt{4{,}0^2 + 5{,}5^2 + 7{,}0^2}\ \text{Nm}$$

$$\mathbf{M_{res} = 9{,}76\ Nm}$$

$$\cos\alpha_x = \frac{M_x}{M_{\text{res}}} = -\frac{7{,}0}{9{,}76}$$

$$\alpha_x = 180^\circ - 44{,}1^\circ$$

$$\boldsymbol{\alpha_x = 135{,}9^\circ}$$

$$\cos\alpha_y = \frac{M_y}{M_{\text{res}}} = -\frac{4{,}0}{9{,}76}$$

$$\alpha_y = 180^\circ - 65{,}8^\circ$$

$$\boldsymbol{\alpha_y = 114{,}2^\circ}$$

$$\cos\alpha_z = \frac{M_z}{M_{\text{res}}} = -\frac{5{,}5}{9{,}76}$$

$$\alpha_z = 180^\circ - 55{,}7^\circ$$

$$\boldsymbol{\alpha_z = 124{,}3^\circ}.$$

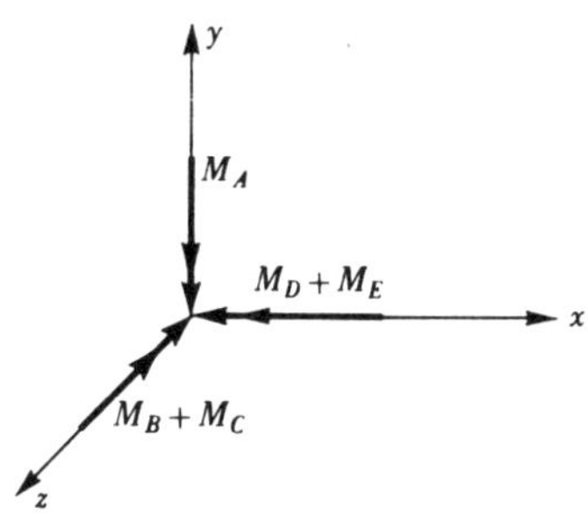

Abb. 12-8

Beispiel 2 (Abb. 12-9)

Die Momente der Kräfte F_1 F_2 F_3 sind in bezug auf den Punkt 0 zu ermitteln.

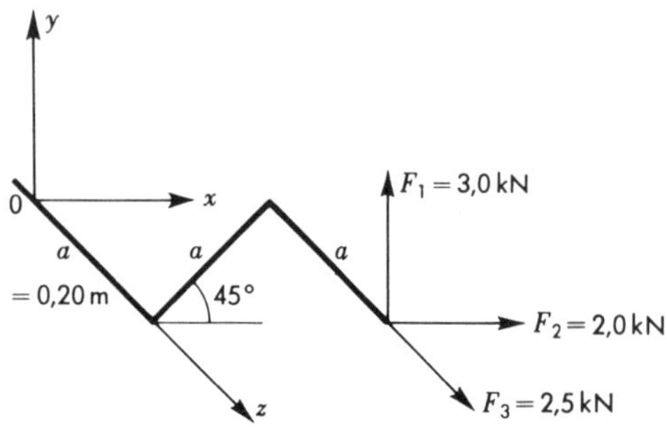

Abb. 12-9

Lösung

$$M_x = -F_1\,2a + F_3\,a\,\tfrac{1}{2}\sqrt{2}$$

$$\mathbf{M_x = -\,846\ Nm}\ (\leftarrow\leftarrow)$$

$$M_y = F_2\,2a - F_3\,a\,\tfrac{1}{2}\sqrt{2}$$

$$\mathbf{M_y = +\,446\ Nm}\ (\Uparrow)$$

$$M_z = F_1\,\tfrac{1}{2}\sqrt{2}\,a - F_2\,\tfrac{1}{2}\sqrt{2}\,a$$

$$\mathbf{M_z = +\,141\ Nm}\ (\searrow\searrow).$$

Aufgaben zum Abschnitt 12.3

A 12-5/6/7. Gegeben ist der Mast Abb. A 12-4. Zu bestimmen ist das Moment der am Mast angreifenden Seilkraft 1; 2; 3; in bezug auf die eingezeichnete x und z-Achse. $S_1 = 4{,}0$ kN; $S_2 = 5{,}5$ kN; $S_3 = 3{,}0$ kN.

A 12-8. Die Abbildung zeigt einen Getriebekasten, an dessen Wellenenden die eingezeichneten Momente wirken. Zu bestimmen ist das resultierende Moment nach Größe und Richtung. $M_1 = 1{,}25$ kNm, $M_2 = M_3 = 2{,}5$ kNm.

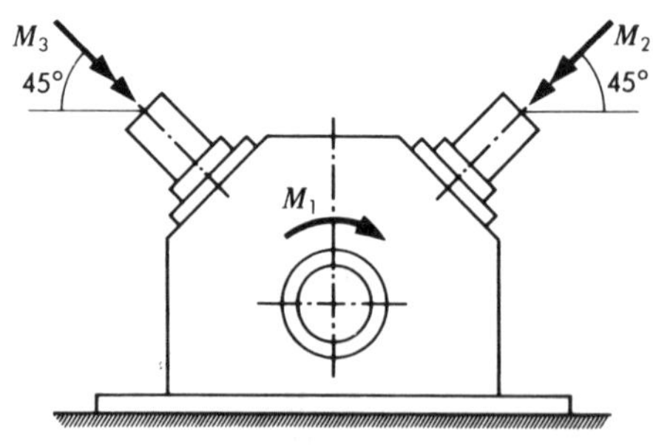

Abb. A 12-8

A 12-9. Das Moment der Seilkraft, die die abgebildete Platte abstützt, ist in bezug auf die x- und z-Achse in allgemeiner Form zu bestimmen.

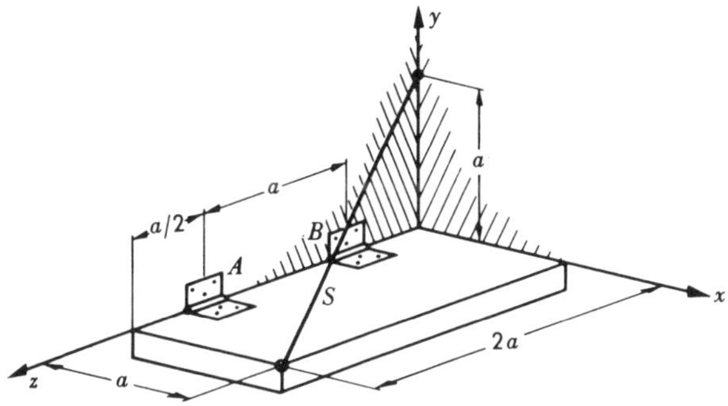

Abb. A 12-9

A 12-10. Eine schwere Tür ist wie abgebildet in 2 Scharnieren aufgehängt. Zu bestimmen ist das durch die Gewichtskraft verursachte Moment in bezug auf die durch den Aufhängepunkt A gehende x- und z-Achse.

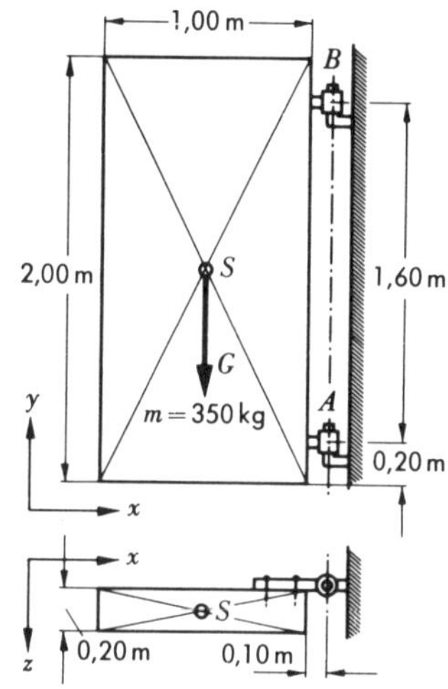

Abb. A 12-10

12.4 Das Freimachen

Über das Freimachen gilt grundsätzlich das gleiche, das in Kapitel 5 ausgeführt wurde.

Tabelle 12-I zeigt eine Zusammenstellung der wichtigsten Lagerungen und die von diesen übertragenen Kräfte und Momente.

Eine feste Einspannung kann Verschiebungen und Verdrehungen in allen Richtungen verhindern, d.h. alle 3 Kraft- und Momentenkomponenten können wirksam sein, mithin treten insgesamt 6 Auflagerreaktionen auf. Ein Scharnier, dessen axiale Verschiebung durch Bunde verhindert wird, kann sich nur in einer Richtung drehen, d.h. eine Momentenkomponente der 6 Auflagerreaktionen entfällt. Ein Scharnier ohne seitliche Bunde kann 2 Kraft- und Momentenkomponenten übertragen. Zu den letzten beiden Gruppen gehören auch das lange Fest- bzw. das lange Radiallager.

Ein Cardangelenk überträgt Kräfte in alle Richtungen und ein Moment entlang der Achse.

Ein Kugelgelenk kann kein Moment, dafür alle Kraftkomponenten aufnehmen. Für kleine Deformation kann das auch von einem kurzen Festlager gesagt werden, das bis zu gewissem Grade Winkeländerungen zuläßt.

Kräfte in 2 Richtungen können im wesentlichen die Lager und Abstützungen aufnehmen, die beim ebenen Kräftesystem nur eine Kraftkomponente übertragen. Ausnahmen bilden der Stab und das Seil.

Eine auf einer Ebene rollenden Kugel, ein Seil oder Stab und eine glatte Oberfläche (s. Kapitel 11) können Kräfte nur in einer Richtung aufnehmen.

Tabelle 12-1 Lagerungsarten im Raum

	Wirkende Kräfte und Momente	Anzahl der Unbekannten
 Kugel, glatte Oberfläche, Seil oder Stab	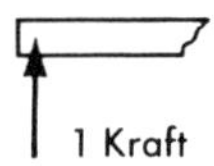 1 Kraft	1
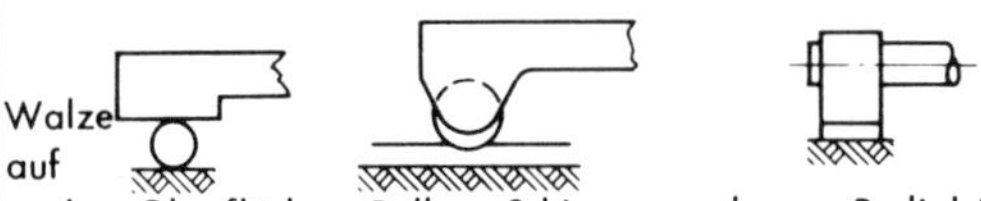 Walze auf rauher Oberfläche, Rolle u. Schiene, kurzes Radial-Lager	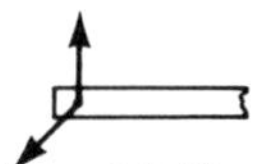 2 Kräfte	2
 Kugelgelenk, kurzes Festlager	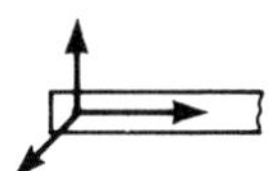 3 Kräfte	3
 Cardan-Gelenk	 3 Kräfte 1 Moment	4
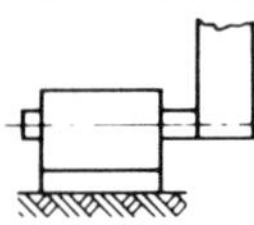 Scharnier axial verschieblich	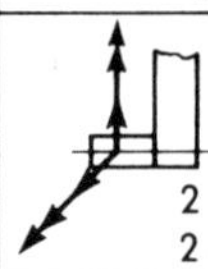 2 Kräfte 2 Momente	4
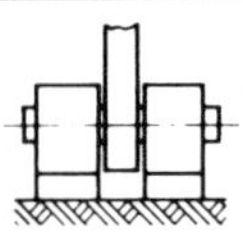 Scharnier axial fest	 3 Kräfte 2 Momente	5
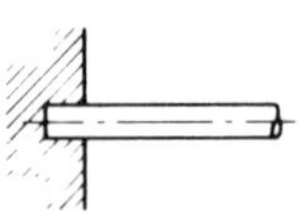 Einspannung	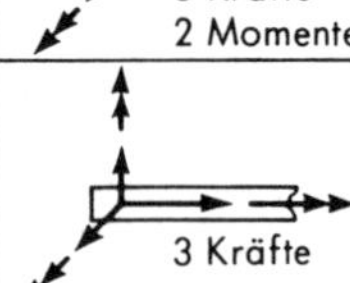 3 Kräfte 3 Momente	6

12.5 Die Gleichgewichtsbedingungen

Soll ein räumliches Kräftesystem im Gleichgewicht sein, dann muß genau wie beim ebenen Kräftesystem $F_{res} = 0$ und $M_{res} = 0$ gelten. In der Komponentenschreibweise führt das zu den folgenden Gleichungen:

$$\sum F_x = 0; \qquad \sum M_x = 0$$
$$\sum F_y = 0; \qquad \sum M_y = 0 \qquad \text{Gl. 12-11}$$
$$\sum F_z = 0; \qquad \sum M_z = 0.$$

Die ersten 3 Gleichungen können durch Momentengleichungen für andere Achsen ersetzt werden.

Insgesamt stehen 6 unabhängige Gleichungen zur Verfügung, die eine Berechnung von insgesamt 6 Auflagerreaktionen gestatten.

Für ein Kräftesystem mit gemeinsamem Angriffspunkt entfallen die Momentengleichungen, d.h. die Bedingung für ein Kräftesystem mit gemeinsamem Angriffspunkt im Gleichgewicht lautet:

$$\sum F_x = 0; \qquad \sum F_y = 0; \qquad \sum F_z = 0. \qquad \text{Gl. 12-12}$$

Ergeben sich beim Freimachen für ein allgemeines Kräftesystem mehr als 6 Unbekannte, dann ist der Körper statisch unbestimmt gelagert. Bei weniger als 6 Unbekannten ist der Körper bei allgemeiner Belastung instabil. Für bestimmte Belastungen können jedoch Beziehungen zu der Identität $0 \equiv 0$ zusammenschrumpfen, so daß der Körper für diesen speziellen Fall stabil und statisch bestimmt gelagert ist. Als Beispiel dafür ist in Abb. 12-10 ein Balken gezeigt, der bei A in einem Kugelgelenk und bei B und C durch 2 räumlich verspannte Seile gehalten wird. Man erhält insgesamt 3 (A) + + 1 (B) + 1 (C) = 5 Auflagerreaktionen. Die Auflagerreaktionen und auch F schneiden alle die Balkenachse, d.h. die Momentengleichung für diese Achse ist erfüllt und lautet $0 \equiv 0$. Dieser Balken kann nicht mit einem Moment, dessen Vektor in der Balkenachse liegt, belastet werden.

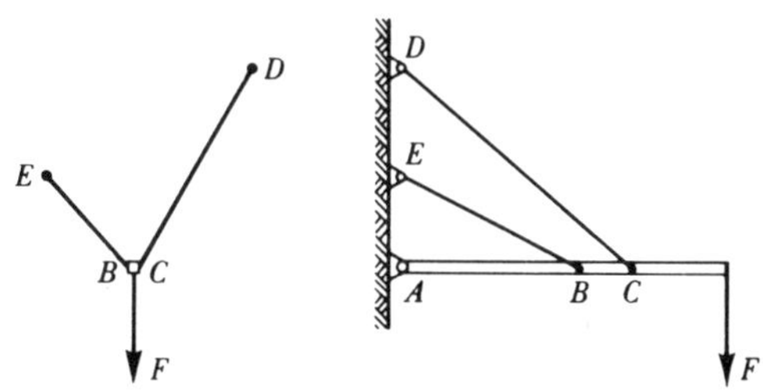

Abb. 12-10

Auch bei 6 Auflagerreaktionen ist die Lagerung statisch unbestimmt, wenn mehr als 3 davon parallel sind (ein Tisch auf 4 Beinen steht auf nicht ganz ebenem Boden oder bei nicht exakt gleicher Länge der Beine unstabil) oder wenn alle 6 Auflagerreaktionen eine Gerade schneiden. Für den zweiten Fall kann die Momentengleichung für diese Achse nicht erfüllt werden (vgl. Abb. 6-33 b).

Für ein Kräftesystem mit gemeinsamem Angriffspunkt können 3 Stabkräfte ermittelt werden, wenn sie nicht in einer Ebene liegen.

Eine graphische Lösung läßt sich durch Projektion der Kräfte in zwei senkrecht zueinander stehende Ebenen durchführen.

Beispiel 1 (Abb. 12-11)

Die Stabkräfte des Dreifußes sind für $F = 10$ kN nach Größe und Vorzeichen (Zug, Druck) unter Vernachlässigung der Stabgewichte zu bestimmen.

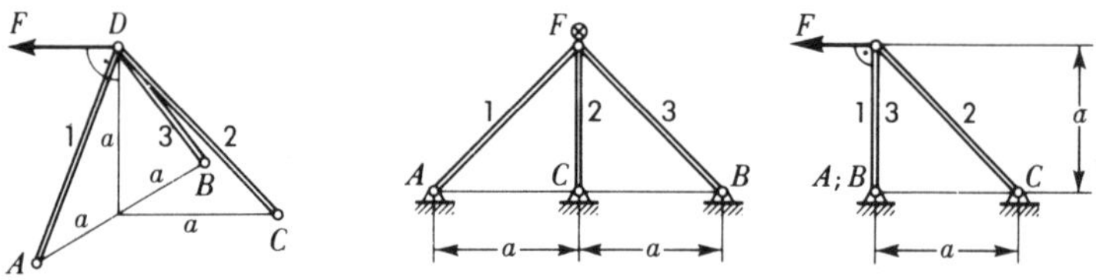

Abb. 12-11

Analytische Lösung (Abb. 12-12)

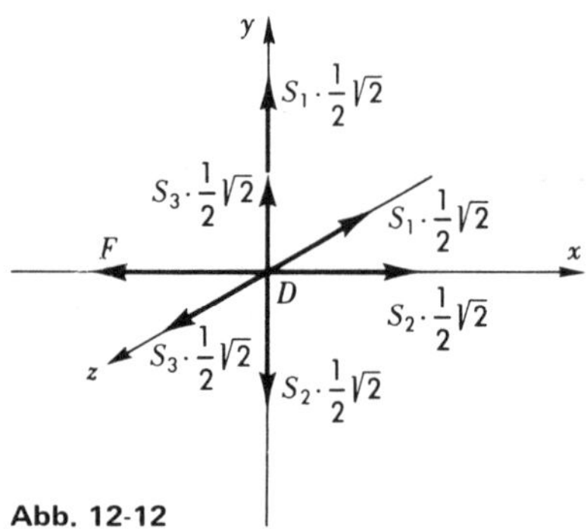

Abb. 12-12

Es handelt sich um ein räumliches Kräftesystem mit gemeinsamem Angriffspunkt. In Abb. 12-12 sind die einzelnen Stabkräfte in ihre Komponenten zerlegt, wobei von der Überlegung ausgegangen wurde, daß S_2 ein Zugstab sein muß, S_1 und S_3 Druckstäbe sein müssen (Überlegung in welche Richtung das Gebilde umkippt, wenn man die einzelnen Stäbe entfernt). Anwendung der Gleichgewichtsbedingungen:

$$\sum F_x = 0; \qquad S_2 \tfrac{1}{2}\sqrt{2} - F = 0$$

$$\mathbf{S_2 = 14{,}14\ kN\ (Zug)}$$

$$\sum F_z = 0; \qquad S_3 \tfrac{1}{2}\sqrt{2} - S_1 \tfrac{1}{2}\sqrt{2} = 0$$

$$S_1 = S_3 .$$

$$\sum F_y = 0; \qquad S_1 \tfrac{1}{2}\sqrt{2} + S_3 \tfrac{1}{2}\sqrt{2} - S_2 \tfrac{1}{2}\sqrt{2} = 0$$

$$S_1 + S_3 - S_2 = 0$$

$$S_1 = \tfrac{1}{2} S_2 = \frac{\sqrt{2}}{2} F$$

$\mathbf{S_1 = 7{,}07\ kN}$ (Druck)

$\mathbf{S_3 = 7{,}07\ kN}$ (Druck).

Zusammenfassung

i	S_i/kN	
1	– 7,07	+ Zug
2	+ 14,14	– Druck
3	– 7,07	

Graphische Lösung (Abb. 12-13)

Der Dreifuß wird zunächst so projiziert, daß die Stäbe 1 und 3 zusammenfallen (Abb. 12-13a). Man erhält ein ebenes Kräftesystem in dem die Stäbe 1 und 3 durch ihre Resultierende $F_{res\,13}$ ersetzt sind. Das gleichsinnig geschlossene Kräftedreieck ergibt:

$F_{res\,13} = 10{,}0$ kN (↑)

$\mathbf{S_2 = 14{,}14}$ **kN** (Z).

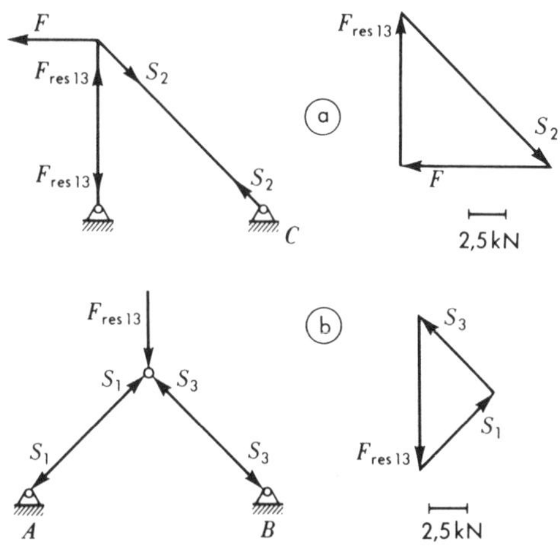

Abb. 12-13

Nunmehr wird die Kraft $F_{res\,13}$ als Reaktionskraft im umgekehrten Wirkungssinn in die Stabrichtungen 1 und 3 zerlegt (Abb. 12-13b). Das Krafteck ergibt

$\mathbf{S_1 = -\ 7{,}07}$ **kN (D)**

$\mathbf{S_2 = -\ 7{,}07}$ **kN (D).**

Man kann auch hier das graphische Verfahren mit dem analytischen kombinieren und ohne Definition eines Kräftemaßstabes aus den Skizzen der Kraftecke die einzelnen Größen berechnen.

Das oben gezeigte Verfahren ist besonders vorteilhaft, wenn die Projektion eines Stabes senkrecht auf die Verbindungslinie der Aufstützpunkte der anderen Stäbe liegt. Im vorliegenden Beispiel Projektion von $S_2 \perp \overline{AB}$.

Beispiel 2 (Abb. 12-14)

Für den abgebildeten Dreifuß sind alle Stabkräfte unter Vernachlässigung der Eigengewichte der Stäbe zu berechnen. $F = 10{,}0$ kN.

Lösung

Es ist zweckmäßig, diese Aufgabe genau so zu lösen wie das Beispiel Abb. 12-3. Dabei legt man in die Punkte *A B C* je ein räumliches Koordinatensystem (Gl. 12-6):

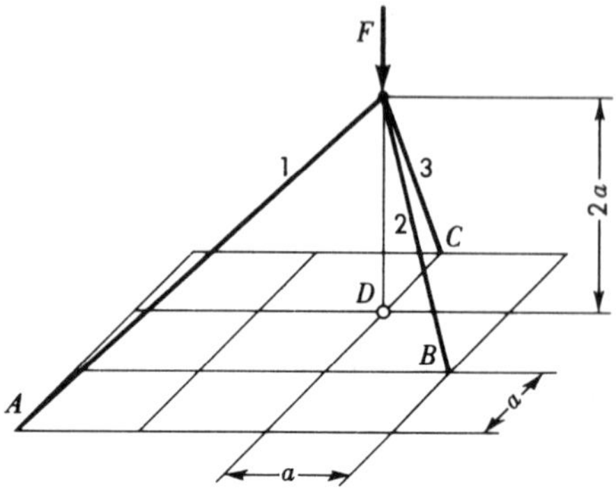

Abb. 12-14

i	$\frac{x_i}{a}$	$\frac{y_i}{a}$	$\frac{z_i}{a}$	$\frac{l_i}{a}$	S_{ix}	S_{iy}	S_{iz}
1	+ 2	+ 2	− 2	$2\sqrt{3}$	$+\frac{1}{\sqrt{3}} S_1$	$+\frac{1}{\sqrt{3}} S_1$	$-\frac{1}{\sqrt{3}} S_1$
2	− 1	+ 2	− 1	$\sqrt{6}$	$-\frac{1}{\sqrt{6}} S_2$	$+\frac{2}{\sqrt{6}} S_2$	$-\frac{1}{\sqrt{6}} S_2$
3	0	+ 2	+ 1	$\sqrt{5}$	0	$+\frac{2}{\sqrt{5}} S_3$	$+\frac{1}{\sqrt{5}} S_3$
äußere Kräfte					$\sum$	− 10,0 kN $\sum$	$\sum$

$$\sum F_x = 0; \qquad \frac{1}{\sqrt{3}} S_1 - \frac{1}{\sqrt{6}} S_2 = 0$$

$$\sum F_y = 0; \qquad \frac{1}{\sqrt{3}} S_1 + \frac{2}{\sqrt{6}} S_2 + \frac{2}{\sqrt{5}} S_3 - 10 \text{ kN} = 0$$

$$\sum F_z = 0; \qquad -\frac{1}{\sqrt{3}} S_1 - \frac{1}{\sqrt{6}} S_2 + \frac{1}{\sqrt{5}} S_3 = 0.$$

Die Lösung dieser 3 Gleichungen ergibt:

S_1 = 2,47 kN (D)
S_2 = 3,50 kN (D)
S_3 = 6,39 kN (D)

Kontrolle: Einsetzen in die Ausgangsgleichungen.

Man kann das simultane Lösen der 3 Gleichungen mit 3 Unbekannten umgehen, wenn man die Kräfte in den Punkten *A B C* in die *x*-*y*-*z*-Komponenten zerlegt und mit Momentengleichungen für die Verbindungslinien $\overline{AB}$; $\overline{BC}$; $\overline{CA}$ arbeitet. Die Linie *AB* wird von allen Kraftlinien geschnitten außer von S_{3y} und F. Man kann aus dieser Gleichung S_{3y} ausrechnen. Nach Gleichung 12-6 ist

$$S_3 = \frac{1}{y} \cdot S_{3y}\,.$$

Die Momentengleichungen für $\overline{BC}$ und $\overline{CA}$ liefern in gleicher Weise S_1 und S_2. Für diesen Rechengang ist es notwendig, die Länge der Lote $C - \overline{AB}; D - \overline{AB}; B - AC; D - \overline{AC}$ usw. zu berechnen.

Eine graphische Lösung kann durch Projektion in gleicher Weise wie für Beispiel 1 durchgeführt werden, wenn man berücksichtigt, daß das Krafteck nicht die Stabkräfte liefert, sondern nur die in der Projektionsebene liegende Komponente.

Beispiel 3 (Abb. 12-15)

Die abgebildete Welle soll ein Moment von 80 Nm übertragen. Bei A befindet sich ein Fest-, bei B befindet sich ein Loslager, Zahnrad 1 ist schräg verzahnt, Zahnrad 2 hat Geradverzahnung. Die Zahnkräfte sind in ihrer Richtung eingezeichnet. Zu bestimmen sind die Lagerkräfte in A und B.

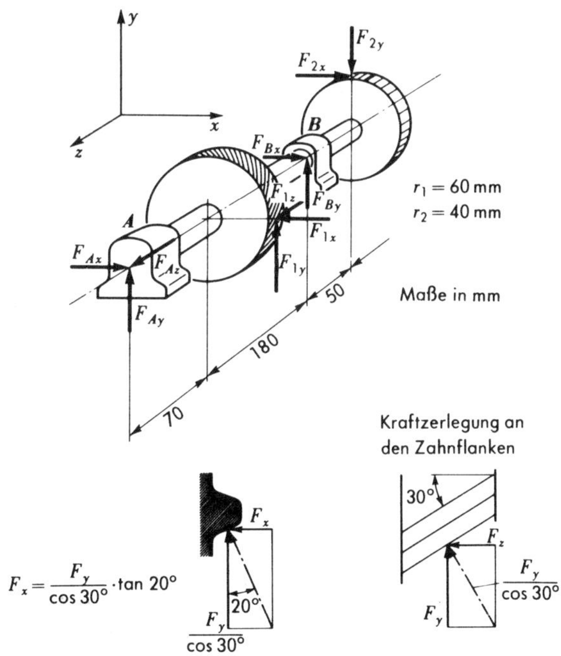

Abb. 12-15

Lösung

Es müssen die 5 Auflagerreaktionen in A und B bestimmt werden. Die Welle ist statisch bestimmt gelagert. Aus der 6. Gleichgewichtsbedingung werden die Zahnkräfte berechnet.

Momentengleichung für Wellenachse.

$$F_{1y}\, r_1 = F_{2x} \cdot r_2 = M = 80{,}0 \text{ Nm}$$

$$F_{1y} = \frac{M}{r_1} = 1{,}33 \text{ kN}$$

$$F_{2x} = \frac{M}{r_2} = 2{,}0 \text{ kN}.$$

Die Zerlegung an der Zahnflanke liefert (Abb. 12-15).

$$F_{1x} = F_{1y} \tan 20° \cdot \frac{1}{\cos 30°}$$

$$\mathbf{F_{1x} = 560\ N}$$

$$F_{1z} = F_{1y} \cdot \tan 30°$$

$$\mathbf{F_{1z} = 770\ N}$$

$$F_{2y} = F_{2x} \cdot \tan 20°$$

$$\mathbf{F_{2y} = 728\ N}.$$

An den Punkten A und B werden Kraftkomponenten in x-, y- und z-Richtung angenommen.

Momentengleichung für die in A liegende x-Achse:

$$F_{1y} \cdot 7 \text{ cm} + F_{By} \cdot 25 \text{ cm} - F_{2y} \cdot 30 \text{ cm} = 0$$

$$1333 \cdot 7 \text{ Ncm} + F_{By} \cdot 25 \text{ cm} - 728 \cdot 30 \text{ Ncm} = 0$$

$$\mathbf{F_{By} = 500\ N}\ (\uparrow).$$

Momentengleichung für die in A liegende y-Achse:

$$F_{1z} \cdot 6 \text{ cm} - F_{1x} \cdot 7 \text{ cm} + F_{Bx} \cdot 25 \text{ cm} + F_{2x} \cdot 30 \text{ cm} = 0$$

$$\mathbf{F_{Bx} = -2428\ N}\ (\leftarrow)$$

$\sum F_x = 0;$ $\quad F_{Ax} - F_{1x} + F_{Bx} + F_{2x} = 0$

$$F_{Ax} = F_{1x} - F_{Bx} - F_{2x}$$

$$\mathbf{F_{Ax} = 988\ N}\ (\rightarrow)$$

$\sum F_y = 0;$ $\quad F_{Ay} + F_{1y} + F_{By} - F_{2y} = 0$

$$F_{Ay} = F_{2y} - F_{By} - F_{1y}$$

$$\mathbf{F_{Ay} = -1105\ N}\ (\downarrow)$$

$\sum F_z = 0;$ $\quad F_{Az} + F_{1z} = 0$

$$F_{Az} = -F_{1z}$$

$$\mathbf{F_{Az} = -770\ N}\ (\nearrow).$$

Kontrolle: Momentengleichungen für Achsen durch B.

Beispiel 4 (Abb. 12-16)

Ein horizontaler Balken ist in einem Kugelgelenk bei C gelagert und wird durch 2 räumlich verstrebte Stäbe S_1 und S_2 horizontal gehalten. Die vertikale Last beträgt $F = 6{,}0$ kN. Zu bestimmen sind die Auflagerreaktionen bei C und die Stabkräfte. Die Lager A B C liegen in einer Ebene senkrecht zum Balken.

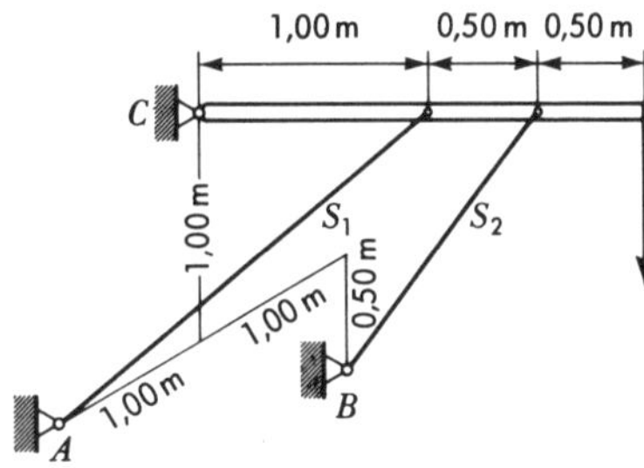

Abb. 12-16

Lösung (Abb. 12-17)

$$\sum M_{cy} = 0; \qquad S_{1x} \cdot 1\text{ m} - S_{2x} \cdot 1\text{ m} = 0$$

$$S_{1x} - S_{2x} = 0 \qquad (1)$$

$$\sum M_{cz} = 0; \qquad S_{1x} \cdot 1\text{ m} + S_{2x} \cdot 1{,}5\text{ m} - F \cdot 2\text{ m} = 0. \qquad (2)$$

Lösung beider Gleichungen ergibt:

$$S_{1x} = 4{,}8\text{ kN}$$

$$S_{2x} = 4{,}8\text{ kN}.$$

Nach Gleichung 12-6 ist

$$\frac{S_{1x}}{x_1} = \frac{S_{1y}}{y_1} = \frac{S_{1z}}{z_1} = \frac{S_1}{l_1}$$

$$\frac{S_{1x}}{1} = \frac{S_{1y}}{1} = \frac{S_{1z}}{-1} = \frac{S_1}{\sqrt{3}}$$

$$S_{1y} = 4{,}8\text{ kN}$$

$$S_{1z} = -4{,}8\text{ kN}$$

$$\mathbf{S_1 = 8{,}31\text{ kN}}$$

$$\frac{S_{2x}}{x_2} = \frac{S_{2y}}{y_2} = \frac{S_{2z}}{z_2} = \frac{S_2}{l_2}$$

$$\frac{S_{2x}}{1{,}5} = \frac{S_{2y}}{1{,}5} = \frac{S_{2z}}{1{,}0} = \frac{S_2}{\sqrt{5{,}50}}$$

$$S_{2y} = 4{,}8\text{ kN}$$

$$S_{2z} = 3{,}2\text{ kN}$$

$$\mathbf{S_2 = 7{,}5\text{ kN}}$$

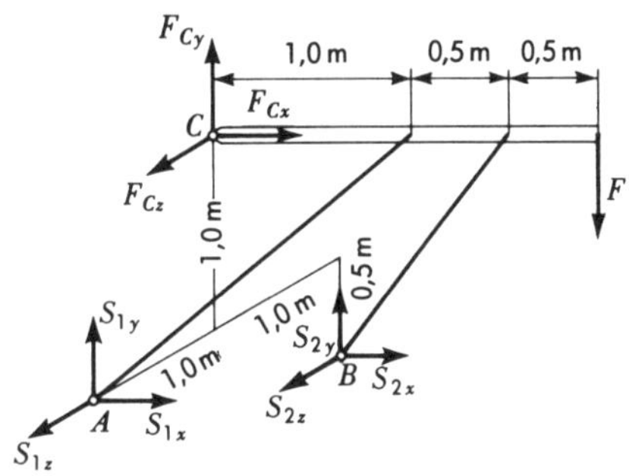

Abb. 12-17

$$\sum F_x = 0; \qquad F_{Cx} + S_{1x} + S_{2x} = 0$$

$$\mathbf{F_{Cx} = -9{,}6\text{ kN}}\ (\leftarrow)$$

$$\sum F_y = 0; \qquad F_{Cy} + S_{1y} + S_{2y} - F = 0$$

$$\mathbf{F_{Cy} = -3{,}6\text{ kN}}\ (\downarrow)$$

$$\sum F_z = 0; \qquad F_{Cz} + S_{1z} + S_{2z} = 0$$

$$\mathbf{F_{Cz} = +1{,}6\text{ kN}}\ (\swarrow).$$

Kontrolle: Momentengleichung für Achsen durch Punkt A

Aufgaben zum Abschnitt 12.5

A 12-11. Für den abgebildeten Dreifuß sind die Stabkräfte zu ermitteln.

A 12-12. Wie Aufgabe 12-11, jedoch soll Stab 3 in Punkt D verankert sein.

A 12-13. Eine homogene Platte von $120 \frac{\text{kg}}{\text{m}^2}$ Masse ist an 3 parallelen Stäben aufgehängt. Zu bestimmen sind die Stabkräfte.

A 12-14. Die Abbildung zeigt von oben gesehen eine runde Tischplatte von 2,0 m Durchmesser und der Masse von 40 kg. In den Punkten S sind die 3 Tischbeine angebracht. Wie groß muß eine in A wirkende Kraft sein, wenn der Tisch gekippt werden soll. Masse eines Tischbeins 8 kg.

A 12-15. Für den abgebildeten Ladebaum sollen die Seilkräfte 1 und 2 bestimmt werden (A Kugelgelenk).

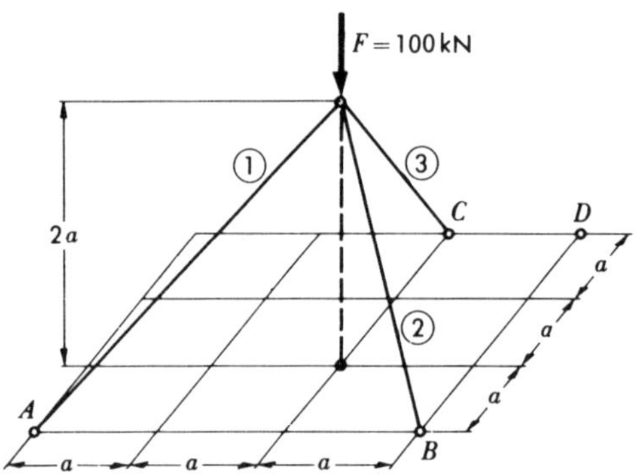

Abb. A 12-11/12

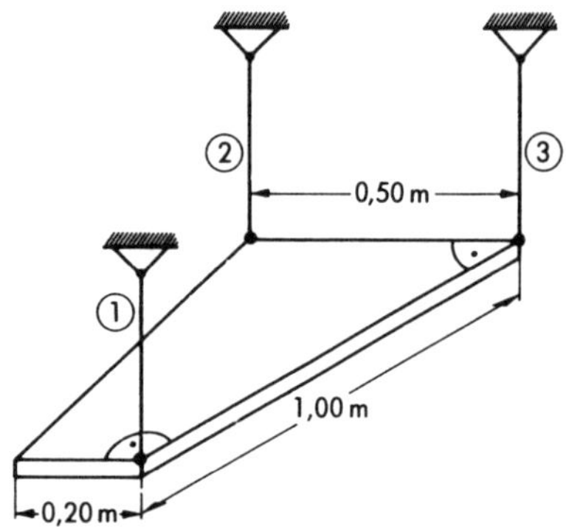

Abb. A 12-13

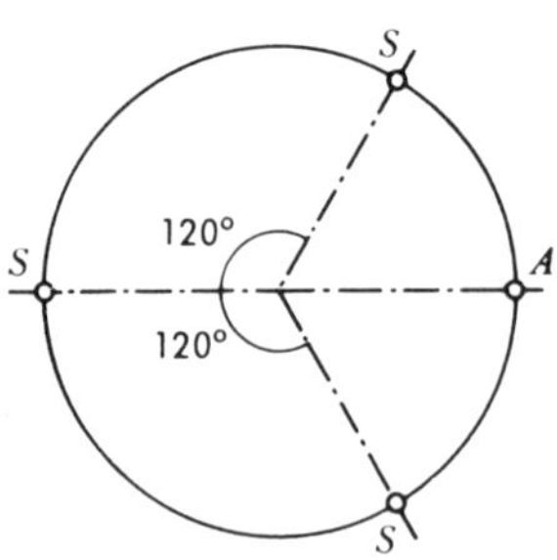

Abb. A 12-14

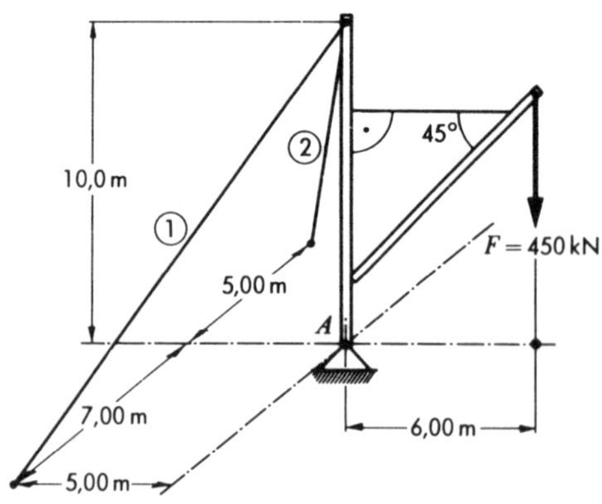

Abb. A 12-15

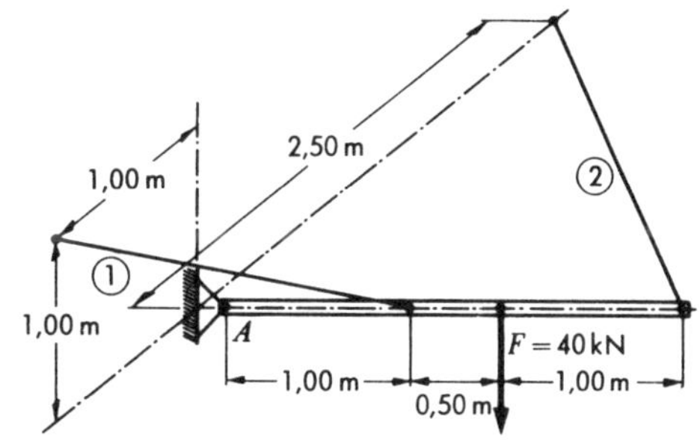

Abb. A 12-16

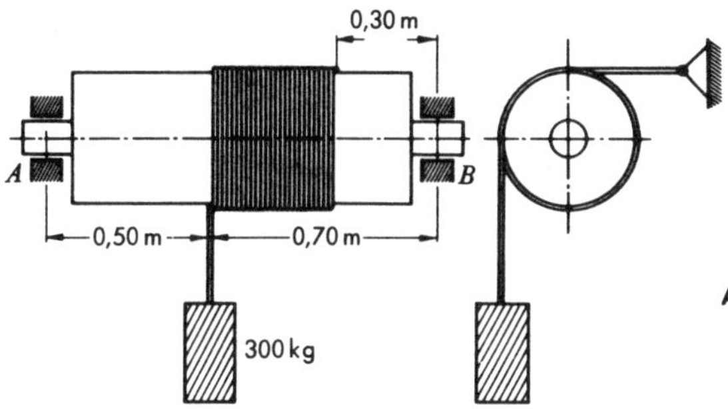

Abb. A 12-17

A 12-16. Ein masselos angenommener Balken ist in A in einem Kugelgelenk gelagert und durch 2 Seile räumlich verspannt. Zu bestimmen sind die Seilkräfte und die Auflagerreaktionen in A.

A 12-17. Eine Walze (m = 80 kg) ist wie abgebildet gelagert und in skizzierter Weise durch ein Seil mit einer Masse belastet. Zu bestimmen sind die Auflagerreaktionen.

A 12-18. Für die skizzierte Winde sollen die Lagerkräfte in A und B und die Kraft F berechnet werden.

Abb. A 12-18

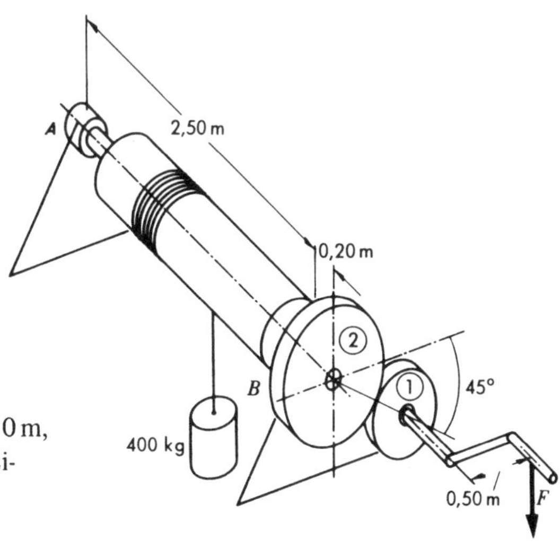

Trommeldurchmesser 0,30 m
Raddurchmesser 1 0,12 m
Raddurchmesser 2 0,54 m.
Abstand der Last vom Lager A 1,50 m, Zahnradeingriffswinkel 20°. Die Eigenmassen können vernachlässigt werden.

A 12-19. In das abgebildete Getriebe wird rechts unten ein Moment von 800 Nm eingeleitet. Zu bestimmen sind die Lagerkräfte in *A B C D*. Eingriffswinkel der Zahnräder 20°.

A 12-20. Für den abgebildeten eingespannten Träger sind die Auflagerreaktionen zu bestimmen. Die Kraft *F* liegt in der *x*-*y*-Ebene.

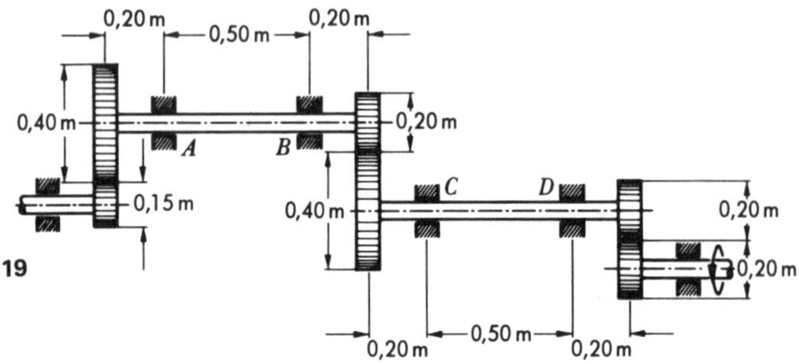

Abb. A 12-19

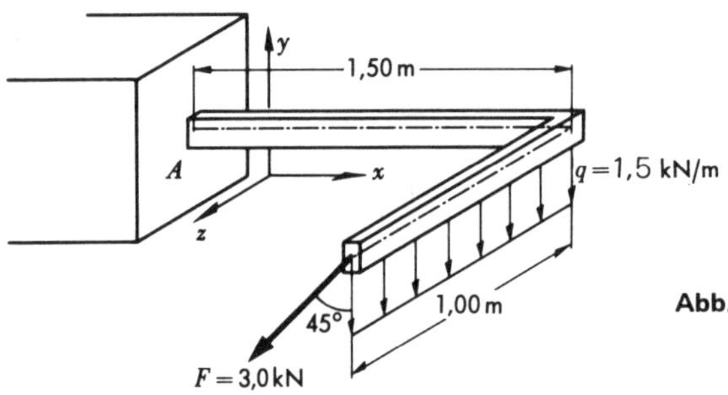

Abb. A 12-20

A 12-21. Die Auflagerreaktionen der homogenen Platte Abb. A 12-9 sind zu bestimmen. Das Scharnier *A* ist axial verschieblich. Plattenmasse 1000 kg; $a = 0{,}80$ m.

A 12-22. Die Auflagerreaktionen der Tür Abb. A 12-10 sind zu bestimmen.

A 12-23. Für das Getriebe Abb. 5-9 sind die Zahnkräfte und alle Lagerkräfte zu bestimmen.
$M_A = 1{,}0$ kNm; $d_1 = 10$ cm; $d_2 = 30$ cm; AE = CE = 15 cm; ED = EB = 20 cm.
Schrägverzahnung 10°; Eingriffswinkel 20° (siehe Beispiel).

12.6 Zusammenfassung

Je nach den gegebenen Größen werden die Komponenten einer räumlichen Kraft entweder mit den Gleichungen

$$\frac{F_x}{\cos\alpha_x} = \frac{F_y}{\cos\alpha_y} = \frac{F_z}{\cos\alpha_z} = F \qquad \text{Gl. 12-4}$$

oder mit den Gleichungen

$$\frac{F_x}{x} = \frac{F_y}{y} = \frac{F_z}{z} = \frac{F}{l} \qquad \text{Gl. 12-6}$$

berechnet.

Analog zum ebenen Kräftesystem berechnet man die Resultierende von Kräften am gemeinsamen Angriffspunkt nach

$$F_{resx} = \sum(F \cdot \cos\alpha_x) \qquad \cos\alpha_x = \frac{F_{resx}}{F_{res}}$$

$$F_{resy} = \sum(F \cdot \cos\alpha_y) \qquad \cos\alpha_y = \frac{F_{resy}}{F_{res}} \qquad \text{Gl. 12-7/8/9}$$

$$F_{resz} = \sum(F \cdot \cos\alpha_z) \qquad \cos\alpha_z = \frac{F_{resz}}{F_{res}}$$

$$F_{res} = \sqrt{F_{res\,x}^2 + F_{res\,y}^2 + F_{res\,z}^2}.$$

Die Momente einer räumlichen Kraft betragen

$$M_x = F_z\,y - F_y\,z$$

$$M_y = F_x\,z - F_z\,x \qquad \text{Gl. 12-10}$$

$$M_z = F_y\,x - F_x\,y.$$

Die Momente können durch Vektoren dargestellt und wie solche addiert werden.

Tabelle 12-I enthält die räumlichen Reaktionskräfte und Momente von verschiedenen Auflagern und Verbindungen.

Die Gleichgewichtsbedingungen lauten

$$\sum F_x = 0; \qquad \sum M_x = 0$$

$$\sum F_y = 0; \qquad \sum M_y = 0 \qquad \text{Gl. 12-11}$$

$$\sum F_z = 0; \qquad \sum M_z = 0.$$

Die letzten 3 Gleichungen entfallen für Kräfte am gemeinsamen Angriffspunkt. Für den allgemeinen Belastungsfall ist ein System statisch bestimmt gelagert, wenn 6 Auflagerreaktionen vorhanden sind. Davon dürfen nicht mehr als 3 Kräfte parallel sein und es dürfen nicht 6 Reaktionskräfte eine Gerade schneiden.

Ergebnisse

Ergebnisse Kapitel 3

A 3-1.	$F_{res} = 2{,}66$ kN;	$\alpha = -45{,}1°$
A 3-2.	$\alpha = 48{,}4°$	
A 3-3.	$F_{res} = 32{,}9$ kN;	$\alpha = -101{,}1°$
A 3-4.	$F_1 = 66{,}7$ kN;	$F_{res} = 105{,}1$ kN
A 3-5.	$\alpha = 38{,}7°$	$F_{res} = 74{,}5$ kN
A 3-6.	$F_{res} = 19{,}75$ kN;	$\alpha = 33{,}9°$
A 3-7.	$F_{res} = 1{,}30$ kN;	$\alpha = 6{,}0°$
A 3-8.	$F_x = -9{,}29$ kN (←);	$F_y = 23{,}2$ kN (↑)
A 3-9.	$F_1 = 63{,}6$ kN (↗);	$F_2 = 53{,}6$ kN (↙)
A 3-10.	$F = 2{,}61$ kN;	$F_N = 1{,}68$ kN
A 3-11.	$F = 1{,}04$ kN;	
A 3-12.	$F = 4{,}08$ kN	$\alpha = 177{,}2°$
A 3-13.	$F_N = 75$ N;	$F_T = 100$ N
A 3-14.	$F_N = 57{,}37$ kN	
A 3-15.	$F_{res} = 17{,}10$ kN	
A 3-16.	$F = 76{,}3$ N;	$\alpha = 18{,}1°$
A 3-17.	$F_N = 84$ N	$F_S = 249$ N
A 3-18.	$S_x = 3{,}73$ kN;	$S = 4{,}92$ kN
A 3-19.	$G = 622$ N;	$F_N = 477$ N
A 3-20.	$F_{res} = 4{,}08$ kN;	$\alpha = -2{,}8°$
A 3-21.	$F_{res} = 18{,}99$ kN;	$\alpha = -51{,}7°$
A 3-22.	$F_{res} = 647$ N;	$\alpha = 100{,}3°$;
A 3-23.	$F_{res} = 48{,}7$ kN;	$\alpha = -61°$
A 3-24.	$F = 1{,}70$ kN;	$\alpha = 120°$
A 3-25.	$F_1 = 5{,}42$ kN;	$\alpha = -24{,}7°$
A 3-26.	$M_A = -10{,}5\, a F$ (↷)	
A 3-27.	$M_A = -75$ kNm (↷)	
A 3-28.	$M_A = +1{,}2$ kNm (↶)	
A 3-29.	$M_A = -5{,}0$ kNm (↷)	
A 3-30.	$F = 42$ kN	
A 3-31.	$F = 310$ kN	
A 3-32.	$M_A = M_B = M_C = M_D = M_E = 250$ Nm (↶)	
A 3-33.	$F_{res} = 3{,}60$ kN (→);	Kollinear mit $F = 1{,}2$ kN
A 3-34.	$F_{res} = -8\,F$ (↓);	1,31 a rechts von A
A 3-35.	$F_{res} = 25$ kN (↑);	3,0 m links von A
A 3-36.	$F_{res} = 0$ (Kräftepaar)	

A 3-37.	$F_{res} = -10{,}5$ kN ($\downarrow$)	im Abstand 3,43 m von links	
A 3-38.	$G = 530$	im Abstand 1,00 m von links	
A 3-39.	120 mm links von A	$F = 3{,}14$ N	
A 3-40.	$F_A = 100$ N ($\downarrow$);	$F_E = 100$ N ($\uparrow$)	
A 3-41.	$M = -3{,}0$ Nm ($\curvearrowright$)		
A 3-42.	$F_A = 4{,}42$ N ($\nwarrow$);	$F_B = 4{,}42$ N ($\searrow$)	
A 3-43.	$F_S = 7500$ kN		
A 3-44.	$F_A = 8{,}0$ kN ($\downarrow$);	$F_B = 8{,}0$ kN ($\uparrow$)	
A 3-45.	$F_{Ax} = 100$ N ($\rightarrow$);	$F_B = 100$ N ($\leftarrow$)	
A 3-46.	$F = 45{,}0$ kN		
A 3-47.	$F_A = 14{,}4$ N ($\leftarrow$);	$F_B = 14{,}4$ N ($\rightarrow$)	
A 3-48.	–		
A 3-49.	$F_B = 6{,}0$ kN	$F_A = 14{,}0$ kN	
A 3-50.	$F_{res} = 0{,}70$ kN ($\uparrow$);	$M = 110$ Nm ($\curvearrowright$)	
A 3-51.	Parallelverschiebung 0,25 m nach oben.		
A 3-52.	$M_{res} = 0$		
A 3-53.	$F_{res} = 81{,}9$ kN;	2,36 m	rechts von A unter $-116°$
A 3-54.	$F_{res} = 9{,}13$ kN;	92,3 cm	rechts von A unter $-122{,}1°$
A 3-55.	siehe A 3-34		
A 3-56.	siehe A 3-35		
A 3-57.	$F_{res} = 7{,}07$ kN ($\swarrow$);	$\alpha = 225°$	
	senkrechter Abstand vom Punkt A 17,0 cm nach links oben		
A 3-58.	$F_{res} = 4{,}47$ kN ($\searrow$);	$\alpha = -63{,}4°$	
	senkrechter Abstand vom Punkt A 1,12 m nach rechts oben		
A 3-59.	$M = 3{,}0$ kNm ($\curvearrowleft$)		
A 3-60.	Abschnitt 3.3.4 angewendet für beide Kräfte an den Rollen.		
A 3-61.	$F_{res} = 1{,}194$ kN;	$\alpha = -82°$;	$M = 100$ Nm ($\circlearrowleft$)
A 3-62.	Parallelverschiebung von F, Addition von $M_A = -149{,}1$ Nm ($\curvearrowright$)		
A 3-63.	Parallelverschiebung von F in den Punkt B, Addition von		
	$F_A = 380$ N ($\uparrow$);	$F_C = 380$ N ($\downarrow$)	
A 3-64.	siehe A 3-57		
A 3-65.	siehe A 3-58.		

Ergebnisse Kapitel 4

A 4-1.	$h_1 = 2{,}36$ cm		
A 4-2.	$x_s = 15$ mm;	$y_s = 19$ mm;	$z_s = 15$ mm
A 4-3.		$y_s = 59{,}8$ mm;	
A 4-4.	$\alpha = 9{,}5°$		
A 4-5.		$y_s = 2{,}07$ m	
A 4-6.	$V = 12{,}15\,l$		

A 4-7.		$y_s = 52{,}1$ mm;	
A 4-8.		$y_s = 1{,}97$ m	
A 4-9.	$x_s = \frac{65}{48} a$;	$y_s = a$;	$z_s = \frac{5}{6} a$
A 4-10.	$y_s = 28$ cm;	$x_s = 38$ cm	
A 4-11.	$x_s = 18{,}8$ cm		
A 4-12.	47,2 mm von der rechten Kante		
A 4-13.	$x_s = 22{,}2$ cm;	$y_s = 22{,}2$ cm;	$z_s = 25{,}0$ cm
A 4-14.	$x_s = 13{,}9$ cm;	$y_s = 33{,}1$ cm;	$z_s = 15$ cm
A 4-15.	$y_s = 1{,}0$ cm		
A 4-16.	$x_s = 0{,}25$ cm;	$y_s = 1{,}25$ cm	
A 4-17.	$x_s = -0{,}6$ mm;	$y_s = -13{,}9$ mm	
A 4-18.	$y_s = 14{,}6$ cm		
A 4-19.	$x_s = -1{,}17$ cm;	$y_s = 2{,}17$ cm	
A 4-20.	$x_s = -12{,}5$ mm;	$y_s = -5{,}6$ mm	
A 4-21.	$y_s = -2{,}33$ cm		
A 4-22.	$y_s = 5{,}30$ cm		
A 4-23.	$x_s = 32{,}4$ cm;	$y_s = 22{,}6$ cm	
A 4-24.	2,28 cm von Oberkante		
A 4-25.	$x_s = 5{,}65$ m	$y_s = 2{,}68$ m	
A 4-26.	$y_s = 26{,}1$ cm		
A 4-27.	$y = 36{,}3$ cm		
A 4-28.	$\alpha = 62{,}5°$		
A 4-29.	$x_s = 12{,}9$ cm	$y_s = 30{,}2$ cm	
A 4-30.	Mittelpunktskoordinaten $x = -12{,}5$ cm;		$y = 0$
A 4-31.	$a = 13{,}7$ cm;	$b = 28{,}9$ cm (Kubische Gleichung!)	
A 4-32.	$x_s = 22{,}5$ cm;	$y_s = 23{,}75$ cm;	$z_s = 3{,}75$ cm
A 4-33.	$x_s = 25{,}4$ cm;	$y_s = 26{,}9$ cm;	$z_s = 2{,}3$ cm
A 4-34.	$x_s = 5{,}57$ cm;	$y_s = 35{,}5$ cm;	$z_s = 20$ cm
A 4-35.		$y_s = 49$ mm	
A 4-36.	$x_s = 0{,}293$ m;	$y_s = 0{,}50$ m	
A 4-37.	$x_s = 23{,}8$ cm;	$y_s = 0$	
A 4-38.	$x_s = -7{,}57$ cm;	$y_s = 2{,}57$ cm	
A 4-39.	$x_s = 18{,}42$ cm;	$y_s = 5{,}94$ cm	
A 4-40.	$x_s = 3{,}0$ cm;	$y_s = 1{,}0$ cm;	$z_s = 4{,}0$ cm
A 4-41.	$x_s = 1{,}25$ cm;	$y_s = 5{,}0$ cm;	$z_s = 3{,}75$ cm
A 4-42.	$x_s = 0{,}50$ a;	$y_s = 0{,}274$ a;	$z_s = 0{,}113$ a
A 4-43.	$x_s = 0{,}286$ a;	$y_s = 0{,}143$ a;	$z_s = -0{,}071$ a
A 4-44.	$x_s = 0{,}968$ a;	$y_s = 0{,}266$ a;	$z_s = 0{,}935$ a
A 4-45.	$\alpha = 90°$		
A 4-46.	$x = 19{,}8$ mm		
A 4-47.	S 1,83 mm außermittig links		
A 4-48.	S 17,1 mm von Oberkante		

A 4-49.	$V = 124{,}4\ \text{dm}^3$	$A = 251{,}9\ \text{dm}^2$
A 4-50.	$V = 2113\ \text{cm}^3$	$A = 2259\ \text{cm}^2$
A 4-51.	$V = 282{,}7\ \text{cm}^3$	$A = 622\ \text{cm}^2$
A 4-52.	$V = 78{,}5\ \text{m}^3$	$A = 123{,}3\ \text{m}^2$
A 4-53.	$V = 2{,}47\ \text{dm}^3$	$A = 9{,}87\ \text{dm}^2$

Anleitung zur Lösung der Aufgaben Kapitel 5

A 5-1. In A und B Kräfte senkrecht zur Oberfläche.

A 5-2. In A Komponenten F_{Ax} und F_{Ay}; in B Kraft senkrecht zur Oberfläche.

A 5-3. In A; B; C; jeweils x- und y-Komponenten einführen. In C actio = reactio beachten. Oder: BC als Pendelstütze mit $F_B = F_C$ in Richtung BC.

A 5-4. Konstante Seilkraft $S = G_2$. Seil links und rechts von m_1 schneiden.

A 5-5. Rolle freimachen: Seilkräfte nach unten jeweils 0,5 G, F_E nach oben. In D Reaktionskraft zur Kraft in E. In B und C nur Kräfte in x-Richtung (Seil), in A x- und y-Komponente.

A 5-6. Seil schneiden, Seilkraft links und rechts gleich. In A x- und y-Komponente.

A 5-7. In A Komponenten F_{Ax} und F_{Ay}; in C Komponenten F_{Cx} und F_{Cy}; in B und D vertikale Kräfte. (Für die vorliegende Belastung erhält man $F_{Ax} = F_{Cx} = 0$).

A 5-8. Voraussetzung: reibungsfreie Oberflächen. Gewichtskraft am Block nach unten wirkend. An allen aneinander liegenden Oberflächen senkrecht zur Oberfläche liegende Kräfte unter Beachtung von actio = reactio einführen. Einfluß der Reibung s. Kapitel 11.

A 5-9. Fall a) Stabkräfte gesucht. Alle Stäbe schneiden, an der starren Scheibe wirken neben der Kraft F, die Stabkräfte 1-3 in Stabrichtung.
Fall b) Auflägerreaktionen in A und B gesucht. In A x- und y-Komponente, in B Kraft in Richtung von Stab 1 einführen.
Diese Kraft in x- und y-Komponente zerlegen.
Stabkraft 1 gleich Lagerkraft in B; Resultierende aus Stabkraft 1 und 2 gleich Lagerkraft in A.

A 5-10. In A Komponenten F_{Ax} F_{Ay} und Moment M_A; in B Kraft in Seilrichtung; in C Komponenten F_{Cx} und F_{Cy}. Balken und Rolle getrennt zeichnen.

A 5-11. Balken A D C H

in A Komponenten	F_{Ax} F_{Ay}
in D Kraft	$F_{Dx} = F_D = G$ $(\rightarrow)$
in C Komponenten	F_{Cx} F_{Cy}
in H Kraft	$F_{Hy} = F_H = G$ $(\downarrow)$

Balken B E C
in C Reaktionskräfte von Balken A D C H

	in E Komponenten	$F_{Ex} = G\ (\leftarrow)$
		$F_{Ey} = G\ (\downarrow)$
	in B Komponenten	$F_{Bx}\ F_{By}$

A 5-12. Alle Teile getrennt zeichnen. In B vertikale Kraft, in allen anderen Gelenken unter Beachtung von actio = reactio x- und y-Komponenten einführen.

A 5-13. a) unvollständig, es fehlt Moment M$\curvearrowleft$.
b) unvollständig, es fehlt x- Komponente in A.
c) unvollständig, es fehlen Gewichtskraft und x-Komponente in A.
d) falsche Kraftzerlegung an der Rolle, deshalb fehlt x-Komponente in der Rollenachse (= $m \cdot g$) und Reaktionskraft dazu in der Einspannstelle.
e) falsch, in A Kraft senkrecht zur Oberfläche, in B Kräfte senkrecht und tangential zur Oberfläche.

Ergebnisse Kapitel 6

A 6-1.	$F_A = 819$ N.	$F_B = 574$ N	
A 6-2.	$F_{Ax} = 34$ kN (→);	$F_{Ay} = 29{,}4$ kN (↑);	
	$F_C = 34$ kN (←);	$F_D = 29{,}4$ kN (↓);	
A 6-3.	$h = 0{,}26$ m ;	$\alpha = 14{,}5°$;	$F_A = 196$ N
A 6-4.	$m_2 = 5{,}59$ kg		
A 6-5.	$m = 1000$ kg ;	$F_A = 8{,}49$ kN (←)	
A 6-6.	$F = 1{,}38$ kN ;	$\alpha = 5{,}0°$	
A 6-7.	$S_1 = 2{,}41$ kN (Z) ;	$S_2 = 0{,}067$ kN (D)	
	$S_3 = 0{,}82$ kN (Z)	$S_4 = 0{,}57$ kN (Z)	
A 6-8.	$S_1 = 2{,}03$ kN (D);	$S_2 = 2{,}87$ kN (D)	
	$S_3 = 5{,}65$ kN (Z);	$S_4 = 9{,}75$ kN (D)	
A 6-9.	$m_2 = 100$ kg ;	$S_1 = 1{,}387$ kN (D)	
	$S_2 = 0{,}981$ kN (D) ;	$S_3 = 0{,}981$ kN (D)	
A 6-10.	$F = 2{,}87$ kN;		
A 6-11.	$F_{Ax} = 0{,}50$ kN (→);	$F_{Ay} = 1{,}50$ kN (↑)	
	$F_B = 0{,}707$ kN (↖);	$F_C = F_B$	
A 6-12.	$F_2 = 896$ N (↘);	$F_{Ay} = 1{,}448$ kN (↑);	$F_{Ax} = 776$ N (←)
A 6-13.	Tragseil 21,97 kN		
	Schleppseil 4,98 kN		
A 6-14.	$x = 0{,}65$ m		
A 6-15.	$x = \frac{2}{3}\, l$		
A 6-16.	$F_N = 4{,}60$ kN		
A 6-17.	$F_S = 6{,}79$ kN ;	$\alpha = 30°$	
A 6-18.	$F_{Ax} = 2{,}50$ kN (→) ;	$F_{Ay} = 3{,}00$ kN (↑) ;	$F_B = 2{,}50$ kN(←)
A 6-19.	$F_A = 15{,}0$ kN (↑) ;	$F_B = 25{,}0$ kN (↑)	

A 6-20.	$F_A = 46{,}67$ kN ($\uparrow$) ;	$F_B = 73{,}33$ kN ($\uparrow$)	
A 6-21.	$F_A = -6{,}67$ kN ($\downarrow$) ;	$F_B = 36{,}67$ kN ($\uparrow$)	
A 6-22.	$F_A = 188{,}7$ kN ($\uparrow$) ;	$F_B = 244{,}6$ kN ($\uparrow$)	
A 6-23.	$F_A = 15{,}00$ kN ($\downarrow$) ;	$F_B = 34{,}31$ kN ($\uparrow$)	
A 6-24.	$F_A = 50{,}0$ kN ($\uparrow$) ;	$F_B = 40{,}0$ kN ($\uparrow$)	
	$F_C = 30{,}0$ kN ($\uparrow$) ;	$F_D = 30{,}0$ kN ($\uparrow$ am oberen Balken)	
A 6-25.	$x = 2{,}63$ m		
A 6-26.	$F_{Ax} = 21{,}56$ kN ($\rightarrow$);	$F_{Ay} = 3{,}33$ kN ($\downarrow$);	$S = 24{,}89$ kN
A 6-27.	$m_3 = 261{,}4$ kg ;	$F_A = 3{,}34$ kN ($\uparrow$)	
A 6-28.	$x = 20{,}0$ cm ;	$G_3 = 2{,}0$ kp	
A 6-29.	$x_s = 36{,}4$ cm		
A 6-30.	$x_s = 2{,}01$ m (von der Vorderachse)		
A 6-31.	$F_A = 1{,}70$ kN ($\uparrow$) ;	$F_B = 0{,}667$ kN ($\downarrow$)	
A 6-32.	a) $S = G$;	$F_A = 2\,G$ ($\uparrow$)	
	b) $S = \frac{1}{2}\,G$;	$F_A = G$ ($\uparrow$)	
A 6-33.	$F = 157$ N		
A 6-34.	$F = 83{,}3$ N		
A 6-35.	$S = q \cdot l/3$;	$F_{Ax} = q \cdot l/2$;	$F_{Ay} = S \cdot \cos 30^\circ$
A 6-36.	$F_A = 120{,}0$ kN ($\downarrow$);	$F_B = 130{,}0$ kN ($\uparrow$)	
A 6-37.	$F_{Ax} = 301$ N ($\rightarrow$);	$F_{Ay} = 507$ N ($\uparrow$)	
	$F_B = 787$ N ($\rightarrow$)		
A 6-38.	siehe A 6-2		
A 6-39.	siehe A 6-5		
A 6-40.	$F_{Ax} = 39{,}65$ kN ($\rightarrow$);	$F_{Ay} = 39{,}24$ kN ($\uparrow$);	$F_B = 39{,}65$ kN ($\leftarrow$)
A 6-41.	$S_1 = F_B = 49{,}5$ kN ;	$S_2 = 35{,}36$ kN (Z);	$S_3 = 60$ kN (D)
	$F_{Ax} = 35{,}0$ kN ($\rightarrow$)	$F_{Ay} = 25{,}0$ kN ($\downarrow$)	
A 6-42.	siehe A 6-11		
A 6-43.	siehe A 6-12		
A 6-44.	siehe A 6-15		
A 6-45.	siehe A 6-17		
A 6-46.	siehe A 6-18		
A 6-47.	$h = 1{,}40$ m		
A 6-48.	$F_{Ax} = 61{,}3$ N ($\leftarrow$) ;	$F_{Ay} = 245$ N ($\uparrow$)	
	$F_{Bx} = 61{,}3$ N ($\rightarrow$);	$F_{By} = 0$	
A 6-49.	$F_{Ax} = 72{,}2$ kN ($\rightarrow$) ;	$F_{Ay} = 25{,}0$ kN ($\uparrow$)	
	$F_B = 144{,}3$ kN ($\nwarrow$) in Stabrichtung		
A 6-50.	$m = 21{,}9$ kg		
A 6-51.	$F_{Ax} = 100{,}0$ kN ($\leftarrow$);	$F_{Ay} = 183{,}3$ kN ($\uparrow$)	$F_B = 216{,}7$ kN ($\uparrow$)
A 6-52.	$F_{Ax} = 100{,}0$ kN ($\leftarrow$);	$F_{Ay} = 125{,}0$ kN ($\downarrow$)	$F_B = 375{,}0$ kN ($\uparrow$)

A 6-53.	$F_{Ax} = 29{,}61$ (←) ;	$F_{Ay} = 19{,}81$ kN (↑)	
	$F_B = 39{,}42$ kN (→)		
A 6-54.	$F_{Ax} = 40{,}0$ kN (→) ;	$F_{Ay} = 30{,}0$ kN (↑)	
	$F_B = 40{,}0$ kN (←)		
A 6-55.	$F_f = 13{,}7$ N;	$F_R = 24{,}7$ N;	$\alpha = -54°$
A 6-56.	$S_1 = 0$;	$S_2 = 1{,}387$ kN (Z) ;	$S_3 = 0{,}981$ kN (D)
A 6-57.	$S_1 = 0{,}490$ kN (Z) ;	$S_2 = 2{,}773$ kN (Z)	
	$S_3 = 2{,}451$ kN (D)		
A 6-58.	$S_1 = 1{,}73$ kN (Z) ;	$S_2 = 1{,}00$ kN (D) ;	$S_3 = 1{,}73$ kN (Z)
A 6-59.	$F_A = 0{,}588$ kN (→) ;	$F_B = 1{,}373$ kN (↑) ;	$S = 0{,}707$ kN
A 6-60.	$F_n = 0{,}69$ kN;	$F_A = 1{,}13$ kN(←);	$F_t = 0{,}90$ kN
A 6-61.	$S_1 = 0{,}707\,F$ (Z) ;	$S_2 = 0{,}707\,F$ (Z) ;	$S_3 = F$ (Z)
	2. Teil der Aufgabe statisch unbestimmt		
A 6-62.	$S_1 = 1{,}20$ kN (Z) ;	$S_2 = 1{,}20$ kN (Z) ;	$S_3 = 1{,}20$ kN (D)
A 6-63.	$S_1 = 2{,}165$ kN (Z) ;	$S_2 = 2{,}165$ kN (D) ;	$S_3 = 1{,}250$ kN (Z)
A 6-64.	$S_1 = 2{,}00$ kN (Z) ;	$S_2 = 0{,}866$ kN (Z);	$S_3 = 0{,}50$ kN (Z)
A 6-65.	entfällt		
A 6-66.	$F_{Ax} = 1{,}961$ (←) ;	$F_{Ay} = 1{,}961$ kN (↑)	$M_A = 0{,}981$ kNm(↺)
A 6-67.	$M_{max} = 1{,}44$ kNm		
A 6-68.	$M_A = 1{,}50$ kNm (↺) ;	$F_A = 2{,}50$ kN (↑)	
A 6-69.	$F_{Ay} = 2{,}50$ kN (↑) am Bund. Kraft $F_{A1x} = 15$ kN (←) links oben Kraft $F_{A2x} = 15$ kN (→) rechts unten	Annahmen: 1. F_{Ay} wirkt zentral, 2. Nabe und Welle starr, d.h. Anliegen nur an den Kanten.	
A 6-70.	für a) b) und c) $F_A = 0{,}625$ kN (↓) ; $F_B = 0$;		$F_C = 0{,}625$ kN (↑)
A 6-71.	$M_B = 12{,}0$ kNm (↻) ;	$B = 10{,}0$ kN (↑)	
A 6-72.	siehe A 6-71		
A 6-73.	$F_{Ax} = 5{,}53$ kN (←) ;	$F_{Ay} = 3{,}78$ kN (↑)	
	$M_A = 24{,}88$ kNm (↺)		
	$F_{Bx} = 5{,}53$ kN (→) ;	$F_{By} = 6{,}13$ kN (↑)	
	$M_B = 32{,}07$ kNm (↻)		
A 6-74.	$\nu = \dfrac{\rho \cdot \pi \cdot r^3 \cdot g}{F}$		
A 6-75.	$\nu = 1$ Wirkungslinie von F_{res} liegt in A		
	$\nu > 1$ Wirkungslinie von F_{res} liegt in der Auflagefläche		
	$\nu < 1$ Wirkungslinie von F_{res} liegt außerhalb der Auflagefläche, Körper kippt		
A 6-76.	$\nu_A = 2{,}0$;	$\nu_B = 1{,}43$; System kippt nicht	
A 6-77.	$a = 20$ cm:		
	$\nu_A = \nu_B = 1{,}00$;	vgl. A 6-28	
	$a = 10$ cm:		
	$\nu_A < 1$;	$\nu_B < 1$; System kippt	
A 6-78.	$F_1 = 20{,}2$ kN		

Ergebnisse Kapitel 7

A 7-1.	F_A = 16,25 kN (↑)	F_{Bx} = 5,00 kN (←) ;	F_{By} = 3,75 kN (↑)
A 7-2.	F_{Ax} = 11,0 kN (→) ;	F_{Ay} = 5,5 kN (↑)	F_B = 16,5 kN (↑)
A 7-3.	F_{Ax} = 1,00 kN (→) ;	F_{Ay} = 0,75 kN (↑) ;	F_B = 2,25 kN (↑)
A 7-4.	F_{Ax} = 280 kN (←) ;	F_{Ay} = 505 kN (↑) ;	F_B = 361 kN (↑)
A 7-5.	F_{Ax} = 11,0 kN (←) ;	F_{Ay} = 286,1 kN (↑) ;	F_B = 67,9 kN (↑)
A 7-6.	F_{Ax} = 40,00 kN (←) ;	F_{Ay} = 11,22 kN (↑) ;	F_B = 16,34 kN (↑)
A 7-7.	F_{Ax} = 106,7 kN (→) ;	F_{Ay} = 120 kN (↑) ;	F_B = 386,7 kN (←)
A 7-8.	F_{Ax} = 20,0 kN (→) ;	F_{Ay} = 5,0 kN (↑) ;	F_B = 30,0 kN (←)
A 7-9.	F_{Ax} = 1,636 kN (→) ;	F_{Ay} = 0,913 kN (↑) ;	F_B = 1,609 kN (↖) senkrecht zur Oberfläche
A 7-10.	F_{Ax} = 60 kN (→) ;	F_{Ay} = 119 kN (↑) ;	F_B = 121 kN (↑)
A 7-11.	F_{Ax} = 0 (→) ;	F_{Ay} = 1,1 kN (↓) ;	F_B = 1,1 kN (↑)
A 7-12.	p_{max} = 48 N/cm²		
A 7-13.	x = 4,85 m		
A 7-14.	a) F_A = 0,70 kN (↑) ;	M_A = 0,63 kNm (↺)	
	b) F_A = 0,70 kN (↑) ;	M_A = 0,63 kNm (↺)	
	c) F_A = 0,70 kN (↑) ;	M_A = 0,56 kNm (↺)	
	d) F_A = 0,70 kN (↑) ;	M_A = 0,63 kNm (↺)	
	e) F_A = 1,40 kN (↑) ;	M_A = 1,12 kNm (↺)	
	f) F_{Ax} = 0,70 kN (→) ;	M_A = 0 ;	F_{Ay} = 0,70 kN (↑)
A 7-15.	Für alle Belastungsfälle		
	F_{Ax} = 0 ;	F_{Ay} = 0 ;	M_A = 2,0 kNm (↺)
A 7-16.	x = 1,50 m ;	M_A = 0	
A 7-17.	x = 3,00 m ;	M_A = 4,50 kNm (↺)	
A 7-18.	F_{Ax} = 13,50 kN (→) ;	F_{Ay} = 59,40 kN (↑) ;	
	M_A = 86,25 kNm (↺)		
A 7-19.	F_{Ax} = 0 ;	F_{Ay} = 5,4 kN (↑) ;	M_A = 2,43 kNm (↺)
A 7-20.	M_B = M_C = 2,43 kNm (↻)		
A 7-21.	M_A = 4,24 kNm (↻) ;	F_A = 7,06 kN (↓)	} An den Stangen wirkend
	M_B = 5,18 kNm (↺) ;	F_B = 4,71 kN (↓)	
A 7-22.	F_A = 4,90 kN (↑) ;	M_A = 1,47 (↻)	} Am Block wirkend
	F_B = 3,92 kN (↑) ;	M_B = 0,785 kNm (↶)	
A 7-23.	F_A = 120 kN (↑) ;	F_B = 480 kN (↑)	
	F_C = 60 kN (↑) ;	F_D = 300 kN (↑)	
	F_E = 120 kN (↑ am linken Abschnitt)		
	F_H = 120 kN (↑ am rechten Abschnitt)		
A 7-24.	F_A = 55 kN (↑) ;	F_B = 34 kN (↑)	
	F_C = 676 kN (↑) ;	F_D = 0	
A 7-25.	nein		
A 7-26.	8,49 m links von Lager C,	F_D = 0	
A 7-27.	F_A = 15 kN (↑) ;	F_B = 30 kN (↑) ;	F_C = 75 kN (↑)

Ergebnisse Kapitel 8

A 8-1/2.	$F_{Ax} = 5{,}50$ kN (←);	$F_{Ay} = 5{,}50$ kN (↑)
	$F_{Bx} = 5{,}50$ kN (→);	$F_{By} = 5{,}50$ kN (↑)
	$S_1 = S_4 = 7{,}78$ kN;	$S_2 = S_3 = 5{,}70$ kN
	$y_1 = 4{,}00$ m;	$y_2 = y_{max} = 4{,}82$ m
A 8-3/4.	$F_{Ax} = 8{,}35$ kN (←);	$F_{Ay} = 5{,}50$ kN (↑)
	$F_{Bx} = 8{,}35$ kN (→);	$F_{By} = 5{,}50$ kN (↑)
	$S_1 = S_4 = 10{,}0$ kN;	$S_2 = S_3 = 8{,}49$ kN
	$y_1 = y_3 = 2{,}63$ m;	$y_2 = y_{max} = 3{,}17$ m
A 8-5.	$F_{Ax} = 5{,}94$ kN (←);	$F_{Ay} = 3{,}42$ kN (↑)
	$F_{Bx} = 5{,}94$ kN (→);	$F_{By} = 5{,}58$ kN (↑)
	$S_1 = 6{,}85$ kN;	$S_2 = 6{,}15$ kN
	$S_3 = 8{,}15$ kN;	$y_1 = 2{,}30$ m
A 8-6.	$F_{Ax} = 5{,}16$ kN (←);	$F_{Ay} = 5{,}89$ kN (↑)
	$F_{Bx} = 5{,}16$ kN (→);	$F_{By} = 5{,}11$ kN (↑)
	$S_1 = 7{,}83$ kN;	$S_2 = 5{,}34$ kN
	$S_3 = 5{,}57$ kN;	$S_4 = 7{,}26$ kN
	$y_1 = 2{,}86$ m;	$y_3 = 2{,}57$ m

Ergebnisse Kapitel 9

A 9-1.	$F_{Ax} = 60$ kN (→);	$F_{Ay} = 60$ kN (↑)	
	$F_{Bx} = 60$ kN (←);	$F_{By} = 20$ kN (↓)	
	$F_{Cx} = 60$ kN (← am Teil AC)		
	$F_{Cy} = 40$ kN (↓ am Teil AC)		
A 9-2.	$F_{Ax} = 2{,}5$ kN (←);	$F_{Ay} = 1{,}0$ kN (↓)	
	$F_{Bx} = 2{,}5$ kN (→);	$F_{By} = 3{,}0$ kN (↑)	
	$F_{Cx} = 2{,}5$ kN (← am Teil BC)		
	$F_{Cy} = 2{,}0$ kN (↓ am Teil BC)		
A 9-3.	$F_{Ax} = 1{,}31$ kN (→);	$F_{Ay} = 17{,}0$ kN (↑)	
	$F_{Bx} = 1{,}31$ kN (←);	$F_{By} = 22{,}2$ kN (↑)	
	$F_{Cx} = 20{,}9$ kN (← am Teil AC)		
	$F_{Cy} = 2{,}62$ kN (↑ am Teil AC)		
A 9-4.	$F_{Ax} = 2{,}5$ kN (→);	$F_{Ay} = 5{,}0$ kN (↑)	
	$F_{Bx} = 2{,}5$ kN (←);	$F_{By} = 5{,}0$ kN (↑)	
	$F_{Cx} = 2{,}5$ kN (← am Teil AC);		$F_{Cy} = 0$
A 9-5.	$F_{Ax} = 3{,}75$ kN (→);	$F_{Ay} = 8{,}75$ kN (↑)	
	$F_{Bx} = 3{,}75$ kN (←);	$F_{By} = 6{,}25$ kN (↑)	
	$F_{Cx} = 3{,}75$ kN (← am Teil AC)		
	$F_{Cy} = 1{,}25$ kN (↑ am Teil AC)		

A 9-6. F_{Ax} = 5,88 kN (→) ; F_{Ay} = 1,96 kN (↑)
F_{Bx} = 5,88 kN (←) ; F_{By} = 13,73 kN (↑)
F_{Cx} = 13,73 kN (← am Teil AC)
F_{Cy} = 5,88 kN (↑ am Teil AC)

A 9-7. F_{Ax} = 4,36 kN (←) ; F_{Ay} = 1,64 kN (↑)
F_{Bx} = 1,64 kN (←) ; F_{By} = 4,36 kN (↑)
F_{Cx} = 1,64 kN (→ am Teil CB)
F_{Cy} = 4,36 kN (↓ am Teil CB)

A 9-8. F_{Ax} = 0,308 kN (←) ; F_{Ay} = 25,59 kN (↑)
F_{Bx} = 9,69 kN (←) ; F_{By} = 48,41 kN (↑)
F_{Cx} = 0,308 kN (← am Teil CB)
F_{Cy} = 8,41 kN (↓ am Teil CB)

A 9-9. F_{Ax} = 5,0 kN (←) ; F_{Ay} = 27,0 kN (↑)
F_{Bx} = 20,0 kN (←) ; F_{By} = 7,0 kN (↓)
F_{Cx} = 5,0 kN (← am Teil AC)
F_{Cy} = 27,0 kN (↓ am Teil AC)

A 9-10. F_A = 2,25 kN (↑) ; F_B = 2,75 kN (↑)
S = 2,0 kN
F_{Cx} = 2,0 kN (→ am Teil BC)
F_{Cy} = 0,25 kN (↑ am Teil BC)

A 9-11. F_{Ax} = 16,2 kN (→) ; F_{Ay} = 10,0 kN (↑)
F_{Bx} = 5,0 kN (→) ; F_{By} = 56,2 kN (↑)
F_{Cx} = 5,0 kN (→ am Teil AC)
F_{Cy} = 31,2 kN (↑ am Teil AC)

A 9-12. F_{Ax} = 114,8 kN (→) ; F_{Ay} = 74,50 kN (↑)
F_{Bx} = 114,8 kN (←) ; F_{By} = 81,50 kN (↑)
F_{Cx} = 114,8 kN (← am Teil AC)
F_{Cy} = 6,07 kN (↓ am Teil AC)

A 9-13. F_{Ax} = 4,0 kN (→) ; F_{Ay} = 12,0 kN (↓)
F_{Bx} = 10,0 kN (←) ; F_{By} = 12,0 kN (↑)
Stab CD = 8,0 kN (Zug)
Stab EH = 17,0 kN (Druck)

A 9-14. F_{Ax} = 10,0 kN (←) F_{Ay} = 30,0 kN (↑)
F_{Bx} = 30,0 kN (→ am Teil AB) F_{By} = 10,0 kN (↑ am Teil AB)
$F_C = F_D$ = 56,57 kN (↗ am Teil BE)
$F_E = F_H$ = 14,14 kN (Pendelstütze)

A 9-15. F_{Ax} = 4,89 kN (←); F_{Ay} = 1,67 kN (↓)
F_{Bx} = 4,89 kN (→); F_{By} = 3,67 kN (↑)
F_{Cx} = 5,61 kN (← Teil CH) Hubkolben F = 1,61 kN
F_{Cy} = 0,23 kN (↓ Teil CH)

A 9-16. $F_A = F_{Ay}$ = 0,50 kN (↑); $F_B = F_{By}$ = 0,50 kN (↑)
F_{Cx} = 2,50 kN (← am Teil AC); F_{Cy} = 0
Stab DE = 2,00 kN (Zug)

A 9-17. $F_{Ax} = 20$ kN (→); $F_{Ay} = 0$ kN
$F_{Bx} = 20$ kN (←); $F_{By} = 40$ kN (↑)
$F_{Cx} = 10$ kN (← am Teil CD)
$F_{Cy} = 10$ kN (↑ am Teil CD)
$F_{Dx} = 10$ kN (→ am Teil CD)
$F_{Dy} = 30$ kN (↓ am Teil CD)

A 9-18. $F_{Ax} = 6{,}6$ kN (→); $F_{Ay} = 11{,}0$ kN (↑)
$F_B = 4{,}4$ kN (→)
$F_{Cx} = 11{,}0$ kN (← am Teil AB)
$F_{Cy} = 11{,}0$ kN (↓ am Teil AB)

A 9-19. $F_{Ax} = F$ (←); $F_{Ay} = 2\,F$ (↓); $F_B = 3\,F$ (↑)
$F_{Dx} = F$ (← am Teil BE) $F_{Dy} = F$ (↓ am Teil BE)
$F_E = 2\,F$ (↑ am Teil CE)

A 9-20. $M = 14{,}7$ Nm

A 9-21. $F_{Ax} = 139$ N (→); $F_{Ay} = 118$ N (↑)
$F_B = 222$ N (→)
$F_{Dx} = 360$ N (←); $F_{Dy} = 118$ N (↑)

A 9-22. $F_{Ax} = 1{,}80$ kN (← am Rahmen)
$F_{Ay} = 3{,}50$ kN (↓ am Rahmen)
$F_{Bx} = 1{,}80$ kN (→ am Rahmen); $F_{By} = 0$
$F_{Cx} = 1{,}80$ kN (← am Radkörper); $F_{Cy} = 0$
$F_{Dx} = 1{,}80$ kN (→ am Radkörper)
$F_{Dy} = 4{,}20$ kN (↓ am Radkörper)
$F_{Ey} = 7{,}70$ kN (↑ am Rahmen)

A 9-23. $F_{Ax} = 392$ kN (→); $F_{Ay} = 363$ kN (↑)
$F_B = 392$ kN (←)
$F_{Cx} = 118$ kN (→ am Teil AC)
$F_{Cy} = 284$ kN (↓ am Teil AC)
$F_{Dx} = 118$ kN (→ am Teil DH)
$F_{Dy} = 78{,}5$ kN (↑ am Teil DH)
$F_{Ex} = 69{,}3$ kN (→ am Teil DH)
$F_{Ey} = 28{,}7$ kN (↓ am Teil DH)
$F_{Hx} = 69{,}3$ kN (← am Teil DH) $F_K = 166{,}4$ kN (Seilkraft)
$F_{Hy} = 167{,}4$ kN (↓ am Teil DH)

A 9-24. $F_s = 1{,}68$ kN
$F_A = 0{,}94$ kN; $F_B = 2{,}52$ kN; $F_C = 0{,}84$ kN

A 9-25. $F_A = 63{,}3$ kN; $F_B = 66{,}4$ kN; $F_C = 63{,}3$ kN
$F_D = 93{,}7$ kN; $F_E = 75{,}6$ kN; $F_H = 26{,}4$ kN
$F_I = 93{,}7$ kN; $F_K = 100{,}3$ kN; $F_L = 26{,}4$ kN

A 9-26. $F = 2\,a \cdot q$; $S_1 = F$ (D); $S_2 = F$ (Z)
$F_A = F$ (↑); $F_B = F$ (↑)

A 9-27. $F = 2\,a \cdot q$; $S_1 = \frac{2}{3}\,F$ (D); $S_2 = \frac{1}{3}\,F$ (Z)

$F_A = \frac{1}{3} F (\uparrow)$; $F_B = \frac{2}{3} F (\uparrow)$

A 9-28. $S_1 = \dfrac{4\sqrt{2}}{3} F$ (D); $S_2 = \dfrac{2\sqrt{2}}{3} F$ (Z)

$F_{Ax} = \frac{2}{3} F (\rightarrow)$; $F_{Ay} = \frac{2}{3} F (\uparrow)$

$F_{Bx} = \frac{1}{3} F (\rightarrow)$; $F_{By} = -\frac{2}{3} F (\downarrow)$

A 9-29. Hinweis: durch Stab 5 und C schneiden und Teilsystem betrachten.

$S_1 = S_4 = \dfrac{\sqrt{2}}{2} F$ (D); $S_2 = S_3 = \frac{1}{2} F$ (Z)

$S_5 = \frac{1}{2} F$ (D); $F_{Cx} = \frac{1}{2} F$ ($\leftarrow$ rechtes Teil)

$F_{Cy} = \frac{1}{4} F$ ($\uparrow$ rechtes Teil)

A 9-30. Hinweis: durch die Stäbe 2; 3; 4 und C schneiden und Teilsystem betrachten.
Symmetriebedingung: $S_2 = S_3$; Resultierende beider liegt parallel zu S_4 (Kräftepaar).

$S_1 = S_5 = \frac{9}{8} \sqrt{2}\, q \cdot a$ (Z) $F_C = 0$

$S_2 = S_3 = \frac{9}{8} \sqrt{2}\, q \cdot a$ (D)

$S_4 = \frac{9}{4} \cdot q \cdot a$ (Z)

Ergebnisse Kapitel 10

A 10-1.

i	S_i/kN
1	+ 20,0
2	– 28,3
3	+ 30,0
4	– 10,0
5	– 14,1
6	+ 20,0
7	+ 10,0
8	– 14,1
9	+ 10,0

A 10-2.

i	S_i/kN
1	+ 14,14
2	– 10,00
3	– 14,14
4	+ 20,00
5	+ 28,28
6	– 40,00
7	+ 14,14
8	+ 42,43
F_{Bx}	30,00 →
F_{By}	10,00 ↓

A 10-3.

i	S_i/kN
1	+ 100,0
2	– 86,6
3	0
4	+ 100,0
5	+ 70,7
6	– 136,6
7	0

weiter nach Symmetriebedingungen

$F_A = 50{,}0$ kN ↓

$F_B = 200{,}0$ kN ↑

A 10-4.

i	S_i/kN
1	+ 115,5
2	– 57,7
3	– 115,5
4	+ 115,5
5	+ 115,5
6	– 173,2
7	– 115,5
8	+ 230,9
F_{Bx}	230,9 →
F_{By}	100 ↑

A 10-5.

i	S_i/kN
1	– 750
2	– 250
3	+ 354
4	0
5	– 250
6	0
7	– 354
8	+ 250
9	– 500

A 10-6.

i	S_i/kN
1	– 200
2	+ 224
3	0
4	– 200
5	0
6	+ 224
7	– 300
8	+ 283
9	– 200
10	+ 200
11	0
12	– 300
13	0
14	+ 200
15	0
16	– 300
17	0
18	+ 141
19	– 300
20	+ 141
F_{Bx}	100 →
F_{By}	200 ↑

A 10-7.

i	S_i/kN
1	+ 100,0
2	0
3	0
4	+ 100,0
5	+ 100,0
6	0
7	– 100,0
8	0
9	– 70,7
10	+ 70,7
11	– 70,7
12	+ 70,7
13	0

A 10-8.

i	S_ikN
1	– 10,0
2	+ 14,1
3	– 5,0
4	– 15,0
5	+ 7,1
6	– 5,0
7	+ 21,2
8	+ 5,0
9	0

A 10-9.

i	S_i/kN
1	– 100
2	+ 141
3	0
4	– 100
5	0
6	0
7	+ 141
8	0
9	0

A 10-10.

i	S_i/kN
1	− 154
2	+ 102
3	+ 51
4	− 115
5	− 77
6	+ 102
7	+ 51

A 10-11.

i	S_i/kN
1	− 154
2	+ 102
3	+ 51
4	− 115
5	− 77

A 10-12.

i	S_i/kN
1	+ 226
2	− 320
3	− 160
4	+ 160
5	+ 453
6	− 480
7	− 320
8	+ 480
9	− 679

A 10-13.

i	S_i/kN
1	+ 2000
2	− 2828
3	+ 2000
4	− 2000
5	− 1131
6	+ 2800
7	0
8	+ 2800
9	− 3960

A 10-14.

i	S_i/kN
1	0
2	0
3	− 223
4	+ 180
5	+ 142
6	+ 280
7	− 150
8	− 170
9	+ 113

A 10-15.

i	S_i/kN
1	− 90
2	+ 150
3	0
4	+ 108
5	0
6	− 90
7	0
8	+ 108
9	0
10	− 90
11	0
12	+ 108
13	− 90

A 10-16.

i	S_i/kN
1	− 96,9
2	+ 16,7
3	− 23,6
4	+ 16,7
5	− 67,1
6	+ 1,7
7	− 54,1
8	+ 60,0
9	− 54,1
10	+ 1,7

A 10-17.

V i	S_i/kN	O i	S_i
1	− 66,7	1	+ 33,3
2	0	2	+ 33,3
3	0	3	+ 200,0
4	0	4	+ 200,0

5	+ 100,0	5	− 100,0
6	0	6	− 100,0
7	0	7	0
8	0		
9	0		

U i	S_i	D i	S_i
1	0	1	− 47,1
2	− 66,7	2	+ 47,1
3	− 66,7	3	− 188,1
4	0	4	− 282,8
5	+ 100,0	5	− 141,4
6	+ 100,0	6	0
7	+ 100,0	7	0
8	+ 100,0	8	− 141,4

A 10-18.

i	S_i/kN
1	− 30,0
2	− 41,5
3	+ 18,5
4	− 9,2
5	− 36,0
6	+ 6,0

A 10-19.

i	S_i/kN
1	+ 175
7	− 212
8	+ 79

A 10-20.

i	S_i/kN
10	− 375
11	0
12	+ 375

A 10-21.

i	S_i
12	− 6,50 F
13	+ 2,60 F
14	+ 4,33 F

A 10-22.

i	S_i/kN
12	+ 938
13	− 345
15	− 394

A 10-23.

i	S_i
11	− 3 F
12	0
14	+ 3 F

A 10-24.

i	S_i/kN
6	− 750
7	0
8	+ 500

A 10-25.

i	S_i/kN
2	− 233
3	− 200
4	+ 189

A 10-26.

i	S_i/kN
6	+ 42,4
7	+ 28,3
8	− 10,0

A 10-27.

i	S_i/kN
4	+ 25
5	− 106
6	+ 50

A 10-28/38. entfällt
A 10-39. 4; 9
A 10-40. 9; 14; 11 (Symmetrie)
A 10-41. –
A 10-42. 11; 14
A 10-43. 12 und symmetrisch liegender Stab
A 10-44. 9
A 10-45. 7; 9
A 10-46. 1; 5; 12
A 10-47. 3; 7

Ergebnisse Kapitel 11

A 11-1. $F = 664$ N keine Kippgefahr
A 11-2. $\alpha = 65{,}8°$
A 11-3. a. $F = 5{,}86$ kN; b. $F = 5{,}41$ kN; c. $F = 2{,}81$ kN
A 11-4. a. gleitet nach oben; b. gleitet nach unten
A 11-5. bleibt liegen; $F_R = 5{,}8$ N $\rho = 3°$
A 11-6. a) $F_R = 17{,}1$ N (↘ am Block) b) $F_R = 13{,}2$ N (↖ am Block)
A 11-7. $\alpha = 8{,}1°$
A 11-8. $\mu_{0A} = 0{,}083$; $\mu_{0B} = 0{,}25$
A 11-9. $h \approx 2{,}3$ m
A 11-10. $x = 21{,}3$ cm
A 11-11. $\mu = 0{,}47$ Laufstelle
$\mu = 0{,}27$ schiefe Ebene
A 11-12. $F = 451$ N
A 11-13. Ansatz: $\mu_0 \cdot F_n = \sqrt{F_{Rx}^2 + F_{Rz}^2}$; $F = m \cdot g \cdot \cos\alpha \sqrt{\mu_0^2 - \tan^2\alpha} = 31{,}6$ N
Beachten: Bewegung schräg nach unten bei $\mu_0 > \tan\alpha$, wenn Kraft quer angreift!
A 11-14. Heben 4,57 kN; Herausziehen 2,59 kN
A 11-15. $F_K = 5{,}28$ kN
A 11-16. $F = 7{,}58$ kN
A 11-17. $F = 4{,}64$ kN
A 11-18. $F = 1{,}86$ kN
A 11-19. $F = 1{,}16$ kN
A 11-20. $\mu = 0{,}14$
A 11-21. $F = 1{,}06$ kN
A 11-22. $F = 4{,}13$ kN
A 11-23. $\alpha = 64°$
A 11-24. $F_T = 1{,}23$ kN
A 11-25. $F_T = 381$ N
A 11-26. $M = 27{,}8$ Nm
A 11-27. $\alpha = 19{,}3°$; $F_{min} = 2{,}59$ kN
A 11-28. a) $\mu_0 = m_1/2(m_1 + m_2)$
A 11-29. $\mu_0 = 0{,}18$; $F_B = 102$ kN; $F_C = F_D = 55{,}6$ kN; $F_E = 133$ kN
A 11-30. $\mu_{min} = 0{,}20$
A 11-31. $h = 1{,}96$ m
A 11-32. $\mu_{Bmin} = 0{,}40$ unabhängig von μ_A
A 11-33. $M = 225$ Nm
A 11-34. $y_{max} = 0{,}328$ m
A 11-35. a) $\mu_0 = 0{,}13$; b) $F = 1{,}23$ kN

A 11-36., A 11-37. $h = \dfrac{r}{1 \pm \dfrac{\tan \rho}{\tan \alpha}}$ $F = (\sin \alpha \pm \mu \cos \alpha)$ mg

(–) = Verminderung von F durch Reibung!

A 11-38. $x = 100$ mm

A 11-39. $h = 60$ mm

A 11-40. $\alpha = 45°$

A 11-41. $F_A = 4{,}93$ kN

A 11-42. $\mu_0 = a/r$; $F = 1{,}35$ G

A 11-43. $\mu_{min} = 0{,}24$

A 11-44. $F_A = F_B = F_S = 0{,}90$ kN; $F_C = 1{,}40$ kN; $F_D = F_E = 1{,}08$ kN

A 11-45. Normalgewinde $M = 11{,}3$ Nm
Feingewinde $M = 16{,}0$ Nm
Feingewinde ist sicherer gegen unbeabsichtigtes Lösen durch z.B. Erschütterungen

A 11-46. Anziehen $F_a = 5{,}00$ kN
Lösen $M = 1{,}59$ Nm

A 11-47. Anziehen $F_p = 22{,}9$ kN
Lösen $M = 8{,}35$ Nm

A 11-48. Anziehen $F = 261$ N
Lösen $F = 43$ N

A 11-49. $F = 159$ N

A 11-50. $\mu_z = 0{,}74$

A 11-51. $x = 12{,}3$ cm

A 11-52. $\mu_z = 0{,}078$

A 11-53. $F = 737$ N

A 11-54. $x = 0{,}30$ cm

A 11-55. $F = 3{,}05$ kN

A 11-56. $M = 1{,}95$ kNm

A 11-57. $M = 221$ Nm

A 11-58. $M = 7{,}68$ Nm

A 11-59. $M = 40{,}8$ kN Differenzbremse

A 11-60. $M = 274$ Nm Einfache Bremse

A 11-61. $M = 206$ Nm Summenbremse
Die Summenbremse (11-61) erfordert für das gleiche Bremsmoment ein größeres Bremsgewicht, da S_2 der Kraft F entgegenwirkt

A 11-62. $l = 388$ mm

A 11-63. $l = 332$ mm

A 11-64. $\mu = 0{,}15$

A 11-65. $F = 17{,}1$ kN

A 11-66. 0,34 % Gefälle

A 11-67. 0,77 % Gefälle

A 11-68. $F = 156{,}6$ N
A 11-69. a) $\mu_0 = 0{,}028$; $F = 1{,}03$ kN
b) $\mu_0 = 0{,}096$; $F = 0{,}82$ kN (siehe A 11-37.)

Ergebnisse Kapitel 12

A 12-1. $F_{res} = 3{,}53$
$\alpha_x = 133{,}7°$; $\alpha_y = 50{,}3°$; $\alpha_z = 109{,}8°$
A 12-2. $F_{res} = 4{,}31$ kN
$\alpha_x = 125{,}3°$; $\alpha_y = 62{,}1°$; $\alpha_z = 48{,}0°$
A 12-3. $F_{res} = 10{,}00$ kN
$\alpha_x = 82{,}6°$; $\alpha_y = 21{,}2°$; $\alpha_z = 109{,}7°$
A 12-4. axial: $F = 9{,}38$ kN; senkrecht: $F = 2{,}33$ kN
A 12-5. $M_{x1} = +\,15$ kNm; $M_{z1} = -\,15$ kNm
A 12-6. $M_{x2} = -\,30{,}1$ kNm; $M_{z2} = -\,11{,}3$ kNm
A 12-7. $M_{x3} = +\,5{,}24$ kNm; $M_{z3} = +\,10{,}47$ kNm
A 12-8. $M_{res} = 3{,}75$ kNm
M_{res} liegt in der Symmetrieebene und wirkt unter 70,5° zur Achse M_1 nach unten
A 12-9. $M_x = -\sqrt{\frac{2}{3}} \cdot a \cdot S$; $M_z = +\frac{a \cdot S}{\sqrt{6}}$
A 12-10. $M_x = 343$ Nm $M_z = 2060$ Nm
A 12-11. $S_1 = 33{,}3$ kN, $S_2 = 54{,}4$ kN, $S_3 = 47{,}1$ kN } Druckstäbe
A 12-12. $S_1 = 50{,}0$ kN, $S_2 = 40{,}8$ kN, $S_3 = 50{,}0$ kN } Druckstäbe
A 12-13. $S_1 = 177$ N $S_2 = 153$ N; $S_3 = 82$ N
A 12-14. $F_A = 628$ N
A 12-15. $S_1 = 297$ kN; $S_2 = 386$ kN
A 12-16. $S_1 = 103{,}9$ kN; $S_2 = 33{,}9$ kN
$F_{Ax} = 84{,}0$ kN (→); $F_{Ay} = 20{,}0$ kN (↓)
$F_{Az} = 36{,}0$ kN (↗)
A 12-17. $F_{Ax} = 0$; $F_{Ay} = 2{,}11$ kN (↑); $F_{Az} = 0{,}735$ kN (↗)
$F_{Bx} = 0$; $F_{By} = 1{,}62$ kN (↑); $F_{Bz} = 2{,}21$ kN (↗)
A 12-18. $F_A = 1{,}74$ kN; $F_B = 1{,}06$ kN
A 12-19. $F_A = 4{,}42$ kN; $F_B = 6{,}63$ kN
$F_C = 4{,}00$ kN; $F_D = 10{,}67$ kN

A 12-20. $F_{Ax} = 2{,}12$ kN (→); $F_{Ay} = 3{,}62$ kN (↑)
$F_{Az} = 0$
$M_{Ax} = 2{,}87$ kNm (↞)
$M_{Ay} = 2{,}12$ kNm (↟); $M_{Az} = 5{,}43$ kNm (↙)

A 12-21. $S = 12{,}01$ kN
$F_{Ax} = 2{,}45$ kN (↖); $F_{Ay} = 2{,}45$ kN (↓)
$F_{Bx} = 7{,}36$ kN (↘); $F_{By} = 7{,}36$ kN (↑)
$F_{Bz} = 9{,}81$ kN (↙)

A 12-22. $F_{Ax} = 1{,}29$ kN (←); $F_{Ay} = 3{,}43$ kN (↑)
$F_{Az} = 0{,}22$ kN (↓)
$F_{Bx} = 1{,}29$ kN (→); $F_{Bz} = 0{,}22$ kN (↑)

A 12-23. $F_{Ax} = 4{,}73$ kN $F_{Bx} = 2{,}66$ kN
$F_{Ay} = 11{,}73$ kN $F_{By} = 8{,}57$ kN
$F_{Az} = 3{,}53$ kN

$F_{Cx} = 2{,}71$ kN $F_{Dx} = 4{,}68$ kN
$F_{Cy} = 11{,}43$ kN $F_{Dy} = 8{,}57$ kN
$F_{Cz} = 3{,}53$ kN
$M_D = 3{,}0$ kNm

Radiale Belastung verursacht durch die Resultierende aus x- und y-Komponente.

Weiterführendes Schrifttum

Föppl, A. Technische Mechanik. Oldenbourg, München.
Föppl, L. Elementare Mechanik vom höheren Standpunkt. Oldenbourg, München.
Marguerre, K. Technische Mechanik 1. Springer, Berlin.
Neuber, H. Technische Mechanik 1. Springer, Berlin.
Pestel, E. Technische Mechanik 1. Bibliographisches Institut, Mannheim.

Sachwortverzeichnis